21 世纪高等学校规划教材

Textbook Series of 21st Century

电力用油与六氟化硫

DIANLIYONGYOU YU

LIUFUHUALIU

主　编　罗竹杰

副主编　刘吉堂

编　写　张杏梅

主　审　李　智

中国电力出版社

http://jc.cepp.com.cn

内 容 提 要

本书为 21 世纪高等学校规划教材。

本书共分为三篇十一章，主要内容包括：电力用油的炼制加工、汽轮机油、抗燃油、绝缘油、电力用油的净化与再生处理、气相色谱分析基础、绝缘油中溶解气体组分含量分析、充油电气设备气潜伏性故障诊断、六氟化硫绝缘气体、六氟化硫气体的质量监督与管理、六氟化硫运行气体的管理。每章后还附有思考题，供读者自测。

本书可作为高等院校电厂化学及相关专业教材，也可作为发电、供电油务监督工作人员的培训教材和参考用书。

图书在版编目(CIP)数据

电力用油与六氟化硫/罗竹杰主编．—北京：中国电力出版社，2007.8(2018.8 重印)
21 世纪高等学校规划教材
ISBN 978-7-5083-5952-6

Ⅰ．电… Ⅱ．罗… Ⅲ．①电力系统-润滑油-高等学校-教材②电力系统-液体绝缘材料-高等学校-教材③气体绝缘材料-氟化物-高等学校-教材 Ⅳ．TE626.3 TM213

中国版本图书馆 CIP 数据核字(2007)第 112392 号

中国电力出版社出版、发行
(北京市东城区北京站西街 19 号 100005 http://jc.cepp.com.cn)
北京建宏印刷有限公司印刷
各地新华书店经售

*

2007 年 8 月第一版 2018 年 8 月北京第七次印刷
787 毫米×1092 毫米 16 开本 18 印张 433 千字
定价 48.00 元

前　言

在电力系统中，油务监督是化学监督的重要组成部分。监督质量的好坏直接影响发电机组润滑系统、调速系统、充油（充气）电气设备的安全经济运行。

电力系统中普遍使用的汽轮机油和变压器油都是从石油炼制而来的矿物油。要做好矿物油的监督工作，就必须了解和掌握石油的组成、性质以及炼制加工技术对成品油的影响。但是，随着电力事业的发展，高参数、大容量设备的日益增加，传统上普遍使用的矿物油难以满足发、供电设备的使用要求，从而使"油务监督"有了新的内涵和外延。

对发电机组而言，由原来润滑、调速液压系统采用单一的汽轮机油介质，转变为润滑、调速液压介质分离，即润滑介质仍使用矿物汽轮机油，而调速液压介质则采用人工合成的抗燃液——抗燃油。

对输电设备来说，虽然变压器仍以使用变压器油为主，但以六氟化硫气体作为绝缘介质的变压器已经在生产上得到应用。为了克服变压器油易燃、易爆的缺点，原来使用变压器油作介质的断路器、互感器、套管等充油电气设备正逐步被六氟化硫绝缘气体介质取代，六氟化硫组合电器（GIS）变电站越来越多。

由此可见，油务监督的内容不仅指传统的汽轮机油、变压器油监督，还涵盖了抗燃油和六氟化硫绝缘气体介质的监督。因此，本书以电力系统发、供电设备中使用的润滑介质、液压介质及绝缘介质的国家标准和行业标准为基础，系统阐述这些介质的物理化学及电气性质，介绍了其主要检测、诊断技术和方法，指出了维护监督中的难点和注意事项。

本书共分三篇，第一篇分五章，主要介绍电力用油的相关知识；第二篇分三章，介绍气相色谱分析基础，油中溶解气体分析及充油电气设备故障诊断技术；第三篇分三章，介绍六氟化硫绝缘气体介质的监督检测知识。本书第二章由张杏梅编写；第五章由刘吉堂编写；其余各章由罗竹杰编写。本书由罗竹杰担任主编，由广东省电力试验研究所高级工程师李智认真审阅，并提出宝贵意见，在此表示感谢！

由于作者专业知识水平有限，书中可能会有不足之处，恳请相关专家、读者给予指正。

编　者

2007 年 5 月

目　　录

第二篇　充油电气设备油中溶解气体组分含量检测与潜伏性故障诊断

第三篇　六氟化硫绝缘气体

第一篇　电　力　用　油

电力系统主要由两大部分组成：一是由发电厂构成的电源部分，二是由供电公司和用户构成的供电部分。发电厂中的机组主要使用润滑介质，其升压站的变电设备与供电企业相同，主要使用绝缘介质。

发电机组使用的润滑介质类有汽轮机油、机械油、齿轮油等，输变电设备使用的绝缘介质类有变压器油、断路器油、电缆油、电容器油等。其中用量最大、对发供电设备运行安全产生直接影响的是变压器油和汽轮机油，这两种油通常称为电力用油。电力用油是由天然石油炼制而成的，属于矿物油的范畴，它们具有相似的性质和特点，原油的组成及炼制加工工艺对油品的性能影响很大，因此本篇第一章主要介绍了电力用油的炼制加工工艺。第二、四章介绍了汽轮机油、变压器油的相关标准和知识。

20 世纪 80 年代开始，在发电机组中普遍使用的液压介质磷酸脂抗燃油不属于矿物油的范畴，其组成和性质也与矿物油有较大的差别，该类油品尽管在发电机组中的用量不大，但其对机组的安全经济运行影响很大，且其物理化学性能的大多数指标及检测方法与矿物油相似或相同，因此也将其归于本篇，在第三章中进行系统阐述。

第四章介绍汽轮机油、变压器油、抗燃油的检测方法及分析要点，第五章则主要介绍废油的再生处理。

第一章　电力用油的炼制加工

天然石油经过炼油厂的加工而形成各类成品油。电力系统常用的汽轮机用润滑油、变压器用绝缘油及开关设备使用的断路器油等都是石油加工炼制的成品油，电力行业通常把这类油称为电力用油。

本章将简要介绍石油的组成及炼制加工技术，加工工艺对成品油组成及性能的影响。

第一节　石油的化学组成与分类

天然石油又称原油，是从埋藏在地下的石油矿层中开采出来的。依石油产地的不同，其颜色、气味及组成差别很大。尽管如此，它们却有其共同的特点，即均是一种黏稠的可燃性液体矿物，通常呈黑色、褐色，其密度一般小于 $1g/cm^3$，在 $0.77\sim0.96g/cm^3$ 之间。

石油的分子组成十分复杂，是一种含有碳、氢、氧、氮、硫、磷及各种金属元素化合物的混合物。要精确地弄清石油的分子构成是一项十分复杂的任务，在大多情况下也无此必要。因为石油的化学组成虽然复杂，但其主要由碳、氢两种元素组成，其中碳元素约占 $83\%\sim87\%$，氢元素约占 $11\%\sim14\%$，表 1-1 是几种不同来源石油的典型元素组成。

表 1-1   **石油的典型元素组成**

石油产地	密度 ρ_4^{20} (g/cm³)	元素组成（质量分数,%）				
		C	H	S	O	N
克拉玛依	0.8679	86.12	13.30	0.04	0.25	0.28
玉 门	0.8698	83.50	12.90	0.15	0.45	—
抚顺页岩油	0.9033	84.6	12.1	0.54	1.27	1.53
伊 朗	0.8740	85.4	12.8	1.06	0.74	—
美国宾州	0.810	85.8	14.0	0.10	0.10	—

一、石油的烃类组成

在有机化学上，将由碳、氢两种元素构成的化合物统称为烃类化合物。烃是石油中最基本的化合物，其他各类有机化合物都可视为其相应烃类的衍生物。

按照烃类分子中碳、氢元素排列组合方式的不同，烃类化合物主要可分为烷烃、环烷烃和芳香烃 3 大类，其结构特点如下：

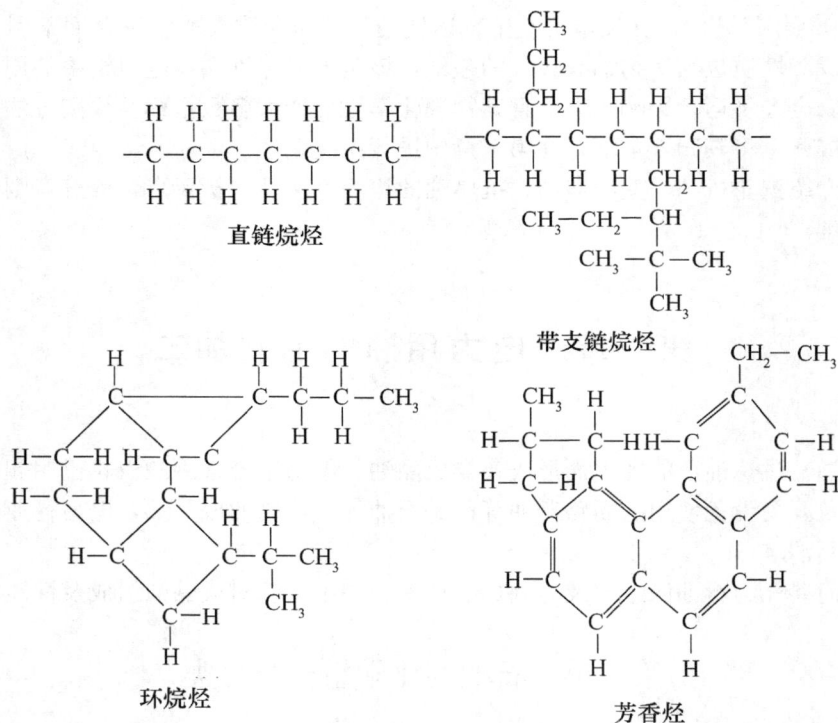

直链烷烃

带支链烷烃

环烷烃

芳香烃

不同烃类有不同的物理化学性质，对石油产品性能的影响也是各不相同的，下面简单介绍 3 种烃类的化学性质及其对成品油性能的影响。

1. 烷烃

烷烃中最简单的是含一个碳原子的化合物甲烷，其分子式为 CH_4。含两个碳原子的化合物是乙烷，其分子式为 C_2H_6。随着碳原子数目的增多，可以得到一系列的化合物。由上述化合物可以看出，从甲烷开始，每增加一个碳原子，就相应增加两个氢原子，因此可用 C_nH_{2n+2}（n 为由 1 开始的整数）这样一个式子来表示该系列化合物的组成，这个式子叫做烷烃的化学通式。

这类化合物碳原子之间以单键相连，其余价键被氢原子饱和。烷烃的结构可分为直链型和支链型两类。直链型烷烃分子对碳原子数量没有限制，而支链型烷烃分子则要求碳原子数不少于 4 个，也就是说异丁烷是最简单的支链型烷烃分子。

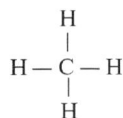

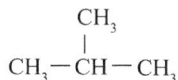

甲烷　　　　　　　　　　　　　异丁烷

烷烃的物理性质随分子量的增加而递变。如烷烃的沸点和密度都随分子量的增加而升高，见表 1-2。在常温、常压下，含 1～4 个碳元素的烷烃呈气态，是石油天然气的主要成份；含 5～15 个碳元素的烷烃呈液态，是汽油、柴油、绝缘油、润滑油等液体石油产品的主要成分；含 16 个以上碳元素的正构烷烃呈固态，俗称石蜡，其熔点随分子量的增大而升高。

直链型烷烃也称正构烷烃，由于大分子直链型烷烃与同分子量的支链烷烃相比，在较高的温度下易于凝固，形成石蜡，故俗称为石蜡烃，简称石蜡。烷烃含量在 25％～30％ 的石油称为石蜡基石油。

表 1-2　　　　　　　　　　　　部分正构烷烃的物理性质

名　称	密度（g/cm³）	沸点（℃）	熔点（℃）	状　态
甲烷	0.4240	−161.7	−182.6	气体
乙烷	0.5462	−88.6	−172.0	气体
丙烷	0.5824	−42.2	−187.1	气体
丁烷	0.5788	−0.5	−135.0	气体
戊烷	0.6244	36.1	−127.7	液体
己烷	0.6594	68.7	−94	液体
庚烷	0.6837	98.4	−90.5	液体
辛烷	0.7028	125.6	−56.8	液体
壬烷	0.7179	150.7	−53.7	液体
癸烷	0.7298	174.0	−29.7	液体
十一烷	0.7404	195.8	−25.6	液体
十四烷	0.7680	251	5.5	液体
十八烷	0.7767	308	28.0	固体

表 1-3　　　　　　　　　　　　己烷各异构体的沸点

结构式	沸点（℃）	结构式	沸点（℃）
CH₃—CH₂—CH₂—CH₂—CH₂—CH₃	68.7	CH₃—CH₂—C(CH₃)(CH₃)—CH₃	49.7
CH₃—CH₂—CH₂—CH(CH₃)—CH₃	60.3	CH₃—CH(CH₃)—CH(CH₃)—CH₃	58.0
CH₃—CH₂—CH₂—CH₂—CH(CH₃)—CH₃	63.3		

由于烷烃是非极性的饱和烃，其化学稳定性好，在一般情况下，烷烃与大多数试剂，如

强酸、强碱、强氧化剂都不起化学反应。

烷烃具有黏度高、闪点高、凝固点高、黏温性好的特点，但对水和氧化产物的溶解能力较差。正是由于烷烃的这些特点，石蜡基石油特别适合炼制要求黏温性好、而对凝固点要求不高的汽轮机用润滑油。

2. 环烷烃

环烷烃是由碳氢两种元素组成的具有环状结构的饱和化合物。环烷烃的结构较为复杂，有单环、双环和多环之分。其单环环烷烃的化学分子通式与烯烃相同，为 C_nH_{2n}（n 为大于等于 3 的整数），最简单的环烷烃为环丙烷。

$$\begin{array}{c} CH_2 \\ H_2C \diagup \diagdown CH_2 \end{array}$$

环烷烃比水轻，不溶于水，其沸点比相应的烷烃高，见表 1-4。

环丙烷和环丁烷由于分子中的张力较大，故其化学性质比较活泼，它们与烯烃相似，容易与氢气（H_2）、溴气（Br_2）发生加成反应，开环而形成链状化合物。而五圆环以上的环烷烃则较为稳定，不易与氢发生加氢反应。

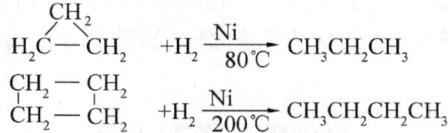

$$\begin{array}{c} CH_2 \\ H_2C\text{——}CH_2 \end{array} + H_2 \xrightarrow[80℃]{Ni} CH_3CH_2CH_3$$

$$\begin{array}{c} CH_2\text{——}CH_2 \\ CH_2\text{——}CH_2 \end{array} + H_2 \xrightarrow[200℃]{Ni} CH_3CH_2CH_2CH_3$$

表 1-4   **几种环烷烃的沸点**

名　称	沸点（℃）	名　称	沸点（℃）
环丙烷	−34	环戊烷	50
环丁烷	13	环己烷	81

环烷烃含量超过 75% 的石油称为环烷基石油。由于环烷烃也是饱和烃，其化学性质与烷烃相似，其化学稳定性及热稳定性都很好，且黏度低、凝固点低、低温流动性好。故以环烷烃为主要成分的环烷基石油是炼制加工电气绝缘油的最好原料。

3. 芳香烃

芳香烃化合物原来指的是由树脂中取得的一些有香味的物质，由于这些物质分子中都含有苯环，所以在有机化学中把含有苯环的化合物称为芳香烃化合物。

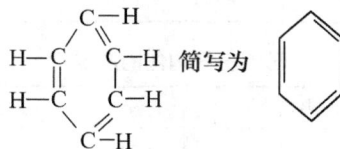

$$\begin{array}{c} C\text{-}H \\ H\text{-}C \diagup \diagdown C\text{-}H \\ | \qquad | \\ H\text{-}C \diagdown \diagup C\text{-}H \\ C\text{-}H \end{array} \quad 简写为 \quad \bighexagon$$

实际上，许多含有苯环的化合物不但不香，还有很难闻的臭味，故"芳香烃"这一名称并不恰当。所以芳香烃已失去了原有的具有芳香气味烃类的本意，而仅指具有苯环结构特征的碳氢化合物。芳香烃的化学通式为 C_nH_{2n-6}（n 为大于等于 6 的整数）。苯是芳香烃中最简单的化合物。

根据分子中所含苯环的数目，可将芳香烃分为单环和多环两大类。单环芳香烃包括苯、甲苯等苯的同系物。多环芳香烃是指分子中含有一个以上苯环的化合物，多环芳香烃根据苯环间的连接方式分为联苯类（如联苯）、多苯代烃（如二苯基甲烷）和稠环芳香烃（如萘、蒽）3 大类。

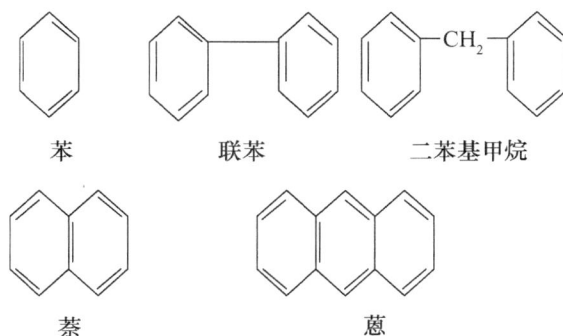

苯　　　　　　联苯　　　　　　二苯基甲烷

萘　　　　　　　　蒽

芳香烃包括苯、甲苯等苯的低分子量同系物，都是无色液体，不溶于水，而易溶于石油醚、醇等有机溶剂。芳香烃燃烧时产生带浓烟的火焰。苯及其同系物有毒，长期吸入它们的蒸汽能损坏造血器官和神经系统。稠环芳香烃都是固体，密度大于 1，大多具有致癌作用，其中萘、蒽、菲是合成染料和药物的重要原料。芳香烃的物理参数见表 1-5。

表 1-5　　　　　　　　　　　　部分芳香烃的物理参数

名　　称	沸点（℃）	熔点（℃）	密度（g/cm³）
苯	80.1	5.4	0.879
甲苯	110.6	−95	0.867
乙苯	136	−93.5	0.867
丙苯	159.5	−99.5	0.862
异丙苯	152	−96	0.862
邻二甲苯	144	−28	0.880
间二甲苯	139	−54	0.864
对二甲苯	133	13	0.861
萘	218	80.3	1.162
蒽	354	216	1.25
菲	340	101	1.179

苯的结构实际上并不像分子结构式上表示的那样，具有碳—碳双键，所以它不具备烯烃的典型化学性质。苯环相当稳定，不易被氧化，不易进行加成反应，而容易发生取代反应。

所谓取代反应，是指苯环上的氢原子被其他原子或基团替代的化学反应。苯与卤族元素（氯、溴）、硝酸、浓硫酸在一定的条件下都会发生取代反应，如苯与浓硫酸共热，苯环上的氢原子可被磺酸基（−SO₃H）取代，生成苯磺酸。

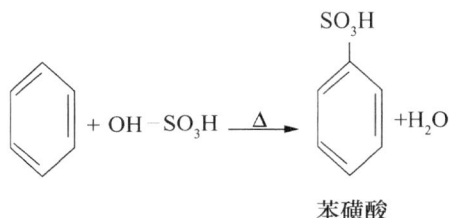

苯磺酸

苯及其同系物虽不像烯烃和炔烃那样容易进行加成反应，但在一定条件下，仍可与氢气、氯气等发生加成反应，生成环烷烃或其衍生物。

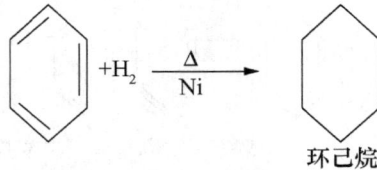

环己烷

在较高温度及特殊催化剂的作用下，苯可被空气中的氧气氧化开环，生成顺丁烯二酸酐。

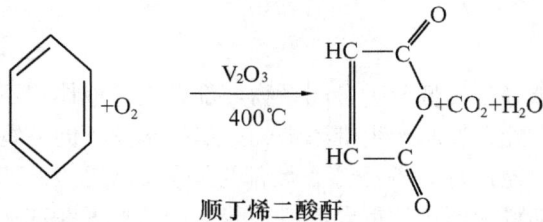

顺丁烯二酸酐

在天然石油中芳香烃的含量相对较低，一般不超过 30%。煤焦油则是获取芳香烃化合物的主要原料。

芳香烃因具有独特的双键结构，故其对成品油性能的影响也较为复杂。一般来说，单环芳香烃化学稳定性较好，其电气性能与环烷烃没有明显的差别；而多环芳香烃的化学稳定性差，易于与氢发生加成反应，被空气中的氧气氧化而形成酸、醛、酚等化合物，甚至形成油泥，使油品的酸值升高，颜色加深，通常是炼制、加工电力用油时要去除的不良成分。

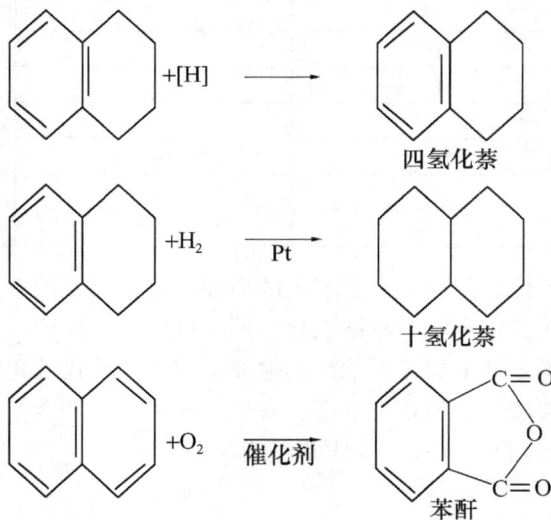

四氢化萘

十氢化萘

苯酐

虽然多环芳香烃氧化稳定性差，但多环芳香烃对于电气绝缘油来说，也有有益的一面。如正因为其氧化稳定性差，所以它是成品油中的一种天然的抗氧化剂，即通过自身的被氧化，而保护其他结构的烃类化合物；多环芳香烃的双键化学键能相对较低，在外界能量的作用下易于断裂，极易与运行充油电气设备产生的 —H、—CH₃ 等自由基发生加成反应，即具有一定的吸气性。另外，芳香烃化合物相对来说极性较强，具有一定的溶剂性，对运行使用中油品产生的极性氧化产物有较强的溶解能力，不致形成沉淀性油泥，这对电气设备使用的绝缘油来说非常重要。

4. 非烃类化合物

天然石油中，除了含有上述 3 类烃之外，依石油的产地不同，还含有少量的非烃类化合物，如含硫化合物、含氮化合物、含氧化合物及胶质、沥青等其他化合物，其典型结构如：

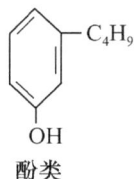

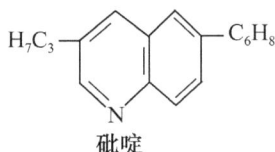

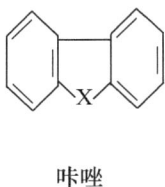

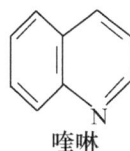

酚类

砒啶

咔唑

喹啉

非烃类化合物在天然石油中的含量少，其分子中具有极性原子或基团，化学稳定性、热稳定性及光稳定性都很差，是形成油泥沉淀的主要组分，在成品油加工过程中都应被去除。

另外，由于这些组分的存在，增加了石油加工的难度和成本，因而含非烃类化合物较高的天然石油的经济价值相对较低。

二、石油的商品分类

石油分类的主要目的是为了便于判断石油的经济价值，促进石油加工和贸易。

石油的分类方法很多，常用的工业分类法主要有密度分类法、含硫量分类法、含蜡量分类法、族组成分类法和含胶类分类法等。

1. 密度分类法

密度是石油成分组成的宏观反映。石油的密度大，说明石油的平均分子量大；反之，则说明石油的平均分子量小。

目前，石油的主要用途是作燃料。通常使用的汽油、柴油都是燃料油，是石油加工后的产品，其平均分子量均较低。由此可见，低密度轻质石油天然含有的汽油、柴油成分高，提取加工的成本低；而高密度重质石油的平均分子量均较大，其天然含有的汽油、柴油成分少，如用其生产低分子量的燃料油，则加工设备的投资大，工艺技术要求高，生产成本高。故低密度轻质石油更适合加工燃料油。石油的密度分类指标见表 1-6。如图 1-1 所示为几个不同产地石油的典型成分构成示意图。

表 1-6　　　　　　　　　　　　石油的密度分类表

名　称	密度 $\rho_4^{15.6}$（g/cm³）
轻质石油	<0.830
中质石油	0.830~0.904
重质石油	0.904~0.966
特重质石油	>0.966

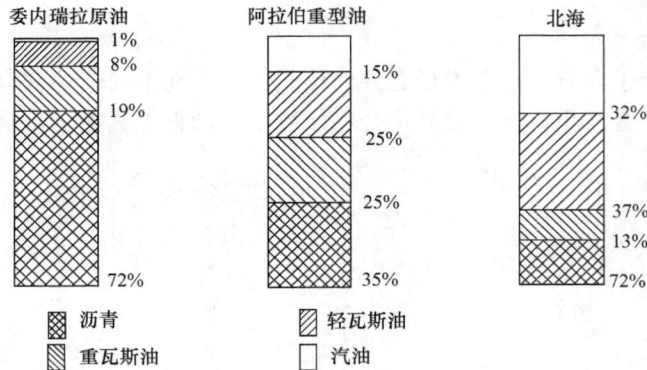

图 1-1　不同产地石油的成分示意图

2. 含硫量分类法

石油中含硫量的高低与其经济价值密切相关，含硫量越高，经济价值越低。其主要原因有 3 个：①高含硫石油加工成本高，石油中的硫元素易引起石油加工过程中所用金属催化剂中毒；②在加工过程中生成的硫化物会引起设备的腐蚀；③含硫副产物易于引发环境污染。表 1-7 是石油的含硫量分类指标。

3. 含蜡量分类法

石油的含蜡量分类法有助于指导石油炼制设备的设计及加工工艺。如高含蜡石油不适合加工低黏度及低温流动性好的成品油；而较适合加工黏度指数高，对低温流动性要求不高的润滑油及工艺用油（如医用白油等）。表 1-8 是石油的含蜡量分类指标。

表 1-7　石油的含硫量分类指标

名　　称	含硫量（质量分数,%）
低硫石油	<0.5
含硫石油	0.5～2.0
高硫石油	>2.0

表 1-8　石油的含蜡量分类指标

名　　称	含硫量（质量分数,%）
低蜡石油	0.5～2.5
含蜡石油	2.5～10
高蜡石油	>10

4. 族组成分类法

根据石油中烃类族组成，通常把以烷烃为主的石油称为石蜡基原油；把以环烷烃、芳香烃为主的石油称为环烷基原油；把介于二者之间的石油称为混合基（中间基）原油。

烃类族组成的分类方法主要有两种，即特性因数分类法和关键馏分特性分类法。在此简单介绍特性因数分类法。

表征石油烃类组成的特性因数 k 用下式表示：

$$k = T^{1/3} / \rho_{15.6}^{15.6}$$

式中　T——烃类的热力学沸点；

$\rho_{15.6}^{15.6}$——烃类的相对密度。

对于不同族类的烃，其特性因数 k 值是不同的，以烷烃的 k 值最大。这样就可根据其原油特性因数 k 值的大小，将原油大致分为 3 类。表 1-9 是特性因数 k 值的分类指标。

我国乃至世界上的石油当中，石蜡基原油居多，混合基原油次之，环烷基原油很少。我国克拉玛依油田是世界上少数的环烷基油田之一。

表 1-9　　　　　　　　　　　　　　　　特性因数 k 值的分类指标

名称	石蜡基	中间基	环烷基
特性因数 k 值	>12.1	11.5～12.1	10.5～11.5

5. 含胶类分类法

所谓含胶类分类法，就是根据石油中胶质成分含量的高低进行分类的。前文曾提到过，石油中的胶质成分主要是非烃化合物。此类石油炼制加工成品油技术要求高，难度大，因此胶质含量高的石油，其经济价值低。表 1-10 是石油含胶量分类指标。

我国原油的特点是含蜡多、凝固点高、含氮量高，含硫量低。除个别油田外，我国原油中汽油馏分较少，油渣占 1/3。如大庆原油就属于低硫石蜡基原油，而克拉玛依部分原油则属于低硫环烷基原油。

表 1-10　　石油含胶量分类指标

名称	含硫量（质量分数，%）
低胶石油	<5
含胶石油	5～15
多胶石油	>15

石油的组成不同，其加工炼制方法及用途也不相同。石油炼制加工的原则是，根据石油的组成，设计适宜的加工工艺，降低生产成本，做到物尽其用。

第二节　石油的炼制工艺方法

对于大多数炼油企业来说，电气设备使用的绝缘油和汽轮机使用的润滑油只是其业务的一小部分，仅占原油加工量的 2%～3%。然而由于电力用油的特殊性，炼制工艺要求却很高，炼制工艺的好坏直接决定着油品的使用寿命和设备的运行安全。

在炼油企业中，从原油制取电力用油，一般经过 5 步工艺流程，即预处理、常压蒸馏、减压蒸馏、精制和调和。

一、预处理

原油预处理的主要目的是去除其中的水分，分离出原油中存在的机械杂质及无机盐类。

从地下开采出的石油含有大量的水分、机械杂质和无机盐类等，虽然原油开采出后，就地经过沉降和脱水，但水分、机械杂质的分离很不彻底，尤其是乳化水和悬浮物仍然较多，含盐量（主要是氯化物）也比较高，这样的原油不能直接投入炼油设备进行加工，否则这些物质会引起设备的腐蚀、结垢，故需在加工前脱除。

原油预处理方法很多，一般常用热沉降法、离心分离法、化学药剂法等，以经济实用为原则。

原油中的大部分水分和机械杂质，可通过对原油进行加热，使其黏度降低，促使乳化水破乳，因水分和机械杂质的比重较大，自然沉降而得到分离，为加快分离速度也可使用离心机分离。

原油中含有盐类和乳化水，通过热沉降法和离心分离法往往难以取得满意的分离效果，此时一般需要向原油中添加一定剂量的破乳化剂或凝聚剂等化学药品，促使乳化水破乳、盐类絮凝，再通过热沉降和离心分离的方法将其去除。

二、蒸馏

蒸馏的目的是调整成品油的黏度和闪点。换句话说，成品油的黏度和闪点指标是由蒸馏工艺决定的。

　　蒸馏工艺分为常压蒸馏和减压蒸馏。常压蒸馏和减压蒸馏习惯上合称常减压蒸馏。

　　常减压蒸馏基本属物理过程，它是在专用的蒸馏塔里，把原料油分成沸点范围不同的组分，通常称为馏分油。这些馏分油，有一小部分经调合、加添加剂后，以产品形式出厂；而相当大的部分是后续加工装置的原料，因此，常减压蒸馏又被称为原油的一次加工。

　　1. 常压蒸馏

　　常压蒸馏是在大气压力下，把石油加热至 350℃ 左右后，送入炼油厂中细高的常压塔，"热油"中沸点较低的烃类汽化后，迅速上升，经过层层塔盘直达塔顶。由于常压塔塔体非常高，塔体内的温度自下而上逐渐降低，所以，被汽化的烃类气体在上升过程中会被逐渐冷却，沸点高的组分行程较短，在温度较高的低位的塔盘上冷凝成液体；而沸点低的组分会则继续上升，在温度较低的高位塔盘上冷凝成液体。

　　由此可见，用常压蒸馏就能把石油中的低沸点烃类组分按沸点的高低进行分离，从常压塔塔体自上而下，依次得到沸点从低到高的馏分油，即燃料油馏分，生活中常用的汽油、柴油等产品就是燃料油馏分进一步加工后的成品油。

　　轻质原油通过简单的常压蒸馏就可获取大量的燃料油馏分，故燃料油的生产成本相对较低。

　　2. 减压蒸馏

　　在常压蒸馏塔底部没有被汽化的高沸点石油组分通常被称为"重油"。这些组分在常压塔下，其烃类的分子难以汽化，若继续提高热油的温度，烃类的分子则可能发生裂解，破坏烃类分子的原有结构，甚至因为空气的存在，会引发火灾事故。

　　为了得到高沸点的大分子石油

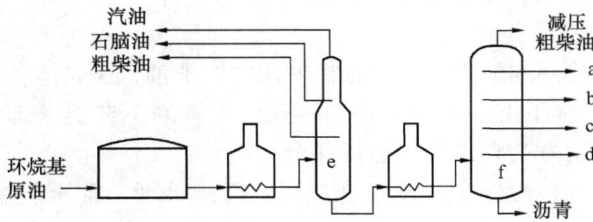

图1-2　从石油中获取润滑油馏分的炼油装置示意图
a—轻质锭子油；b—重质锭子油；c—轻质润滑油；
d—重质润滑油；e—常压蒸馏塔；f—减压蒸馏塔

馏分，通过降低蒸馏塔的大气压力，即在真空条件下，不提高"热油"的温度，而降低烃类组分的沸点，使"重油"像常压蒸馏那样，按烃类组分沸点的高低进行分离，这就是人们俗称的减压蒸馏。

　　减压蒸馏获得的产品是润滑油馏分，电力用油就是润滑油馏分进一步加工形成的产品。图1-2是从石油中获取润滑油馏分的炼油装置示意图。

　　由于成品油的黏度和闪点在通常情况下是其分子量或密度的函数，所以也可以说，蒸馏的作用是调整成品油的分子构成。每一馏分油中，分子量大小的范围取决于蒸馏塔的分馏效率。分馏效率越高，截取的温度范围越窄，馏分油中的分子量大小越均匀。成品油的闪点温度是由低沸点的小分子量组分决定的。

　　图1-3是润滑油馏分的蒸馏曲线。表

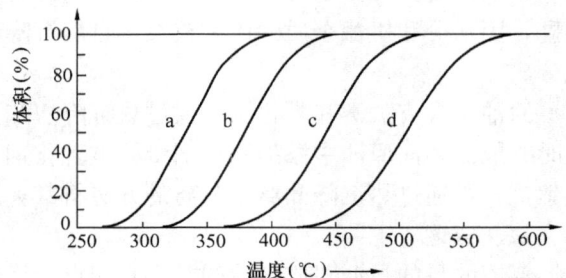

图1-3　润滑油馏分的蒸馏曲线

1-11 是图 1-3 中 a、b、c、d 这 4 种润滑油馏分的典型数据指标。

表 1-11　　　　　　　　　　　　　　4 种润滑油馏分的典型数据指标

指标＼油种		常压重油	轻质锭子油 a	重质锭子油 b	轻质润滑油 c	重质润滑油 d
密度（15℃）（g/mL）		0.949	0.900	0.915	0.930	0.936
黏度（mm²/s）	40℃	271	10.1	26.6	119	380
	100℃	21.8	2.48	4.25	9.73	19.5
黏度指数		65	52	28	36	37
闪点（℃）		203	160	181	221	258

三、精制

成品油精制的主要目的是提高油品的抗氧化安定性，改善其粘温性能和低温流动性等指标。

减压蒸馏获取的润滑油馏分与原油的族组成类似，主要含有烷烃、环烷烃和芳香烃。前面提到，这 3 种烃类对油品性能的影响是不同的，如不控制其组成，则往往难以获得符合要求的成品油。图 1-4 是 3 种烃类影响油品指标的示意图。

另外馏分油中仍含有原油中存在的非烃化合物等不良组分，这些组分会使油品短期内产生颜色加深、酸值升高、黏度增大，甚至形成沉淀淤渣等现象。表 1-12 是润滑油馏分中的不良组分及其对成品油的影响。

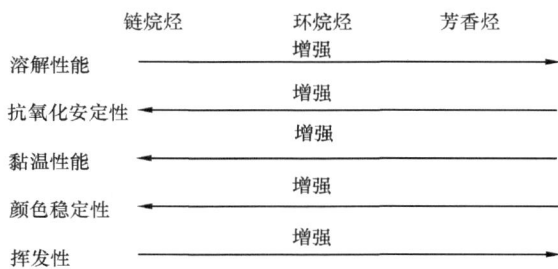

图 1-4　3 种烃类对油品指标影响的示意图

表 1-12　　润滑油馏分中的不良组分及其对成品油的影响

组分	对成品油的影响
酸，如环烷酸等	（1）降低抗氧化安定性 （2）易引起设备腐蚀
硫化物	（1）降低抗氧化安定性 （2）易引起设备腐蚀 （3）产生难闻气味
不稳定化合物，如烯烃、芳香烃、氮化物等	降低抗氧化安定性
沥青质和胶质	生成沉淀淤渣
石蜡	低温流动性差

对润滑基础油而言，最理想的烃类是含 20 个碳原子的异构烷烃，该类烷烃具有高黏度指数、低倾点和极好的抗氧化性能。带有长支链烷基侧链环基分子的化合物也是非常理想的组分，这样的烷烃挥发度比芳香烃低。

正构烷烃虽然具有黏度指数高和抗氧化性能强的特点。然而由于其倾点高，并不是理想的基础油成分。同样原因，一些异构烷烃、带有长烷基支链的环烷烃和芳香烃化合物也不是理想的成分。环烷基芳香烃对氧具有典型的感受性，易于被氧化。多环环烷基芳香烃黏度指数低，氧化稳定性差。含有杂质原子的有机物的黏度指数非常低，热稳定性和氧化稳定性均很差。

在生产高质量润滑油基础油加工工艺中，希望对这些非理想化合物，或用化学转化法转化为需要的分子结构，或用物理和/或化学的方法将其除去。这就是精制工艺要解决的问题。

精制的工艺方法主要有酸碱精制、溶剂精制、白土补充精制、脱蜡和催化加氢精制等。

利用不同的精制方法，生产成本不同，对成品油性能指标的影响也不同。采用什么样的具体精制工艺，取决于馏分油的组成、成品油的指标要求和加工工艺技术上的技术进步。

1. 酸碱精制

酸碱精制是电力用油加工过程中传统的经典工艺。酸碱精制工艺使用的主要化学物质有硫酸、发烟硫酸、氧化钙和苛性钠等。

酸碱精制工艺的过程是，馏分油首先与硫酸进行混合反应，分离出反应形成的酸渣；然后馏分油再与碱溶液或氧化钙混合，中和油中残存的硫酸和（或吸附）反应形成的酸性产物；最后经过水洗，去除油品中的碱性产物。最后经过滤后得到成品油。图1-5是典型的酸碱精制工艺流程。

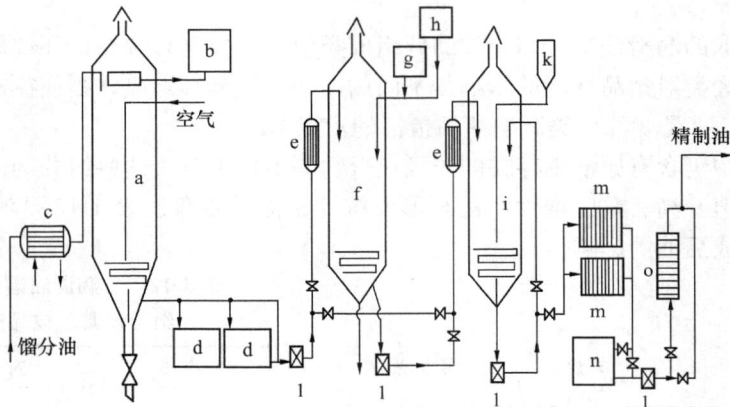

图1-5　在搅拌塔中进行润滑油间歇式酸碱精制工艺流程

a—酸搅拌塔；b—酸配料槽；c—冷却器或预热器；d—中间槽（酸性油）；
e—预热器；f—中和搅拌塔；g—碱酒精溶液配料槽；h—酒精洗液配料槽；
i—漂白土搅拌塔；k—漂白土与氢氧化钙的配料槽；l—过滤循环泵；
m—主压滤机；n—精制油中间储罐；o—最终压滤机

酸碱精制工艺的特点是，利用硫酸与馏分油中的不良组分进行化学反应，如硫酸与馏分油中的含氧、硫、氮等非烃化合物、特定结构的芳香烃、不饱和烯烃等不稳定化合物起化学反应，形成磺化酸渣而被去除，从而显著改善成品油的抗氧化安定性。

在酸碱精制过程中，由于除去了密度较大的非烃化合物和部分芳香烃，使油品的密度有所下降，而黏度指数升高。

另外，由于酸碱精制过程中除去了馏分油中大部分天然降凝剂，提高了油品的凝固点。该工艺对油品的闪点指标几乎没有影响。

酸碱精制过程中，硫酸的浓度及用量、精制的温度及硫酸与馏分油接触时间的长短，对精制深度有很大的影响。因此，应根据馏分油的组成及成品油的技术要求，通过试验来选定工艺条件。表1-13是某些成品油酸碱精制的工艺条件。

表 1-13 某些成品油酸碱精制的工艺条件

试剂	产品	硫酸用量（%，油重）	处理温度（℃）	馏分油精制损耗（%）
硫酸	锭子油	1～3	20～30	2～3
	润滑油	2～6	25～40	3～10
	汽缸油	4～10	35～45	10～30
发烟硫酸	变压器油	4～10	20～30	5～10
	工业白油	15～30	20～30	10～30
	医用白油	60～100	20～35	30～60

酸碱精制的优点是，适度精制可显著改善油品的抗氧化安定性，提高黏度指数；深度精制时，几乎能够除去馏分油中所有的不良组分，获得无色、无味的工业和医用"白油"，如凡士林等。

该工艺的主要缺点是硫酸反应物的选择性差，馏分油损耗大，既浪费资源，又产生大量难以处理没用的酸渣，污染环境。因此，在现代油品加工中，该工艺已极少采用，基本被淘汰，而目前仅少量用于废油的再生处理。

2. 溶剂精制

溶剂精制是一种物理化学工艺方法，具体来说就是液—液抽提工艺，现在被世界上大多数基础油生产商所采用。

所谓液—液抽提工艺，就是利用不同溶剂对润滑油馏分中的芳香烃及其他不良组分选择性萃取的原理，进行分离去除。

芳香烃虽然溶解性好，但由于芳香烃是天然油品中最活泼的成分，容易被氧化而大大缩短润滑油的使用寿命，是溶剂精制所要除去的主要组分。

早在 1912 年，艾德雷奴（B. Edeleanu）就发现芳香烃易溶于二氧化硫中，而烷烃和环烷烃则不容易溶解，基于这一原理，发明了世界上第一个溶剂抽提精制过程——艾德雷奴过程。尽管现在使用了不同的萃取剂，发展了新的抽提精制工艺，但所依据的原理是相同的。

溶剂精制除了可以获得低芳香烃含量的油品外，其抽提液蒸去溶剂后，还可得到橡胶工业和印刷工业等需要的高芳香烃含量的工艺用油。

同一精制装置,改变操作条件,如温度和剂/油比等,对油品的精制深度影响很大。成品油的回收率一般在 50%～90%（体积比）之间。由于经济上的考虑,溶剂抽提的操作条件以精制油中芳香烃含量所允许的最高值为前提。在实际工艺控制中,决定溶剂抽提的操作条件的依据是黏度指数或黏重常数（viscosity-density constant，VDC），而不是芳香烃含量。一般以石蜡基原油制出的中性油黏度指数在 90～100 之间,残余芳香烃含量在 5%～10% 之间。

经溶剂精制获得低芳香烃含量的油品与原料油相比，抗氧化安定性显著提高，其密度和黏度则有所降低。精制过程抽出液量越大，即精制深度越深，黏度指数提高得越多。精制油的凝固点有所上升，硫含量降低幅度可达 50% 以上，色度及颜色的稳定性显著提高，而闪点几乎不变。

一种溶剂是否适合用作精制工艺，主要取决于其选择性。它对需要除去的不良组分（见表 1-12）应是一种良好的溶剂，而对饱和烃则应是一种不良溶剂。此外，该溶剂还必须满足下列要求：

（1）为了使精制油与抽出液快速分离，溶剂需密度大，且不易形成乳浊液；

（2）为了防止高温分解，溶剂的蒸汽压应低，化学稳定性好，对金属设备无腐蚀；

（3）溶剂应价格低廉，易于用闪蒸的方法回收，无毒且对环境无害。

适合作润滑油精制的溶剂很多，主要有糠醛、N—甲基—2—砒咯烷酮（NMP）、DUO—SUL 酚苯酚等。

由于烯烃在溶剂中的溶解度介于芳香烃与饱和烃之间，因而在溶剂精制的油品中，仍含有少量的烯烃和其他不稳定的化合物。因此，在溶剂精制后，以前往往采用硫酸补充精制，而现在大多采用加氢补充精制。

图 1-6 是糠醛精制馏分油的典型工艺。表 1-14 是糠醛精制馏分油的典型数据，表 1-15 是石蜡基润滑油溶剂精制馏分油的典型数据，表 1-16 是石蜡基润滑油溶剂精制抽出物典型数据。

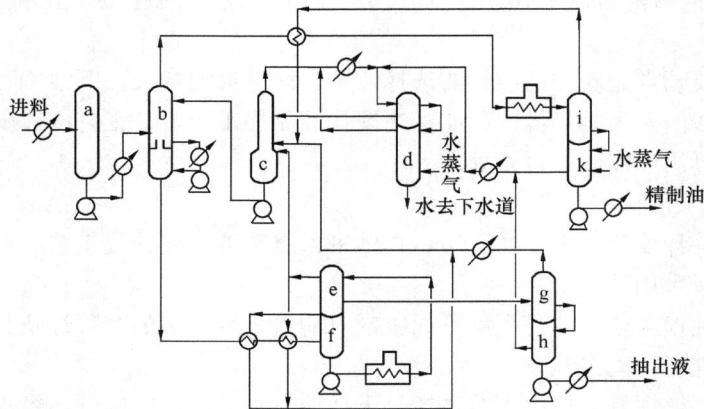

图 1-6 糠醛精制馏分油的典型工艺

a—脱气塔；b—逆流抽提塔；c—从糠醛中汽提出水的汽提塔；d—从水中汽提出糠醛的汽提塔；e—从抽提液中分离出糠醛的高压塔；f—从抽提液中分离出糠醛的常压塔；g—从抽提液中分离出糠醛的减压塔；h—抽出液汽提塔；i—从精制油中分离糠醛的减压塔；k—精制油汽提塔

表 1-14　　　　　　　　　　　糠醛精制馏分油的典型数据

性 能 指 标		原料油	精制油（糠醛/油的精制体积比为174%）
密度（15℃，g/mL）		0.929	0.906
黏度（mm²/s）	40℃	171.5	133.9
	100℃	14.6	13.3
黏度指数		26	61
凝固点（℃）		—32	—32

表 1-15　　　　　　　　　　　石蜡基润滑油溶剂精制的典型参数

项　目	中 度 抽 提				深 度 抽 提			
	抽提油 1	抽提油 2	抽提油 3	抽提油 4	抽提油 11	抽提油 12	抽提油 13	抽提油 14
密度（15℃，g/mL）	0.857	0.857	0.890	0.911	0.842	0.860	0.870	0.892

续表

项　目	中　度　抽　提				深　度　抽　提			
	抽提油 1	抽提油 2	抽提油 3	抽提油 4	抽提油 11	抽提油 12	抽提油 13	抽提油 14
黏度(40℃，mm²/s)	8.8	22	35	135	7.8	19	30	112
黏度指数 VI	85	90	88	85	98	103	105	95
闪点(℃)	154	200	212	270	156	200	208	260
倾点(℃)	−17	−17	−10	−10	−15	−15	−9	−9
康氏残碳值(%)	<0.01	0.01	0.07	0.3	<0.01	<0.01	0.05	0.15

注　表中抽提 1 与抽提 11、抽提 2 与抽提 12、抽提 3 与抽提 13、抽提 4 与抽提 14 分别是同一原料油。

表 1-16　　　　　　　　　　石蜡基润滑油溶剂萃取物的典型参数

项　目		中　度　抽　提		深　度　抽　提	
密度（15℃）（g/mL）		1.005	1.032	0.982	1.00
运动黏度（mm²/s）	40℃	17	670	210	2800
	100℃	—	14	11	42
硫含量（%）		2.2	2.0	1.8	1.5
烃类分布（w/w）（%）	芳香烃	87	80	80	76
	饱和烃	6	6	12	8
	极性烃类	7	14	8	16

溶剂精制与酸碱精制相比，其主要优点是：能有控制的萃取馏分油中的芳香烃，并可有效地予以利用，不产生无用的污染环境的废渣，馏分油几乎没有损耗。

溶剂精制的主要缺点是：溶剂萃取不能彻底除掉馏分油中所有的不良组分，只能去除约 $50\% \sim 80\%$ 的杂质（芳香烃、极性物质、含硫及含氮化合物）。

溶剂精制的基础油一般被称为 I 类基础油，其饱和烃含量小于 90%（芳香烃含量大于 10%），硫含量低于 $300\mu g/g$。

3. 吸附精制

吸附精制顾名思义就是利用吸附材料的物理吸附性能，除去液体中的少量极性杂质。在油品加工过程中，常使用漂白土作为吸附剂，故又称为白土精制。由于该工艺一般不独立使用，而常在酸碱精制和溶剂精制后，用来去除油品中残留的胶质和沥青质组分，又称为白土补充精制。

吸附精制有两种工艺：①通过渗滤塔过滤；②用搅拌塔混合接触。在渗滤工艺中，原料油自上而下渗过装有粗颗粒的吸附剂渗滤塔；在混合接触工艺中，把原料油与细颗粒的吸附剂在搅拌塔中强力搅拌，使之充分接触后，通过过滤把精制油与吸附剂分离。在吸附精制过程中，适当提高原料油的温度，可以有效地改善吸附精制的效果。图 1-7 是白土渗滤工艺流程。

白土补充精制的优点是，可以明显

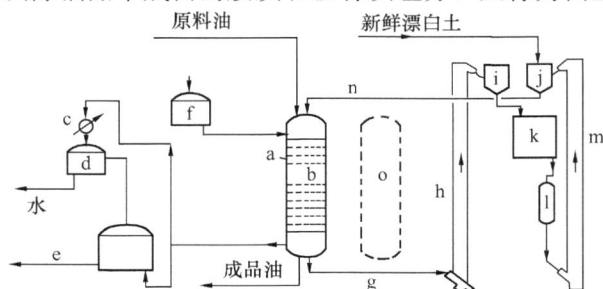

图 1-7　白土渗滤工艺流程

a—渗滤塔；b—漂白土床层；c—冷凝器；d—澄清罐；e—废溶剂油回再蒸馏装置；f—冲洗油溶剂；h—输送废白土的装置；i—白土料斗；k—白土再生炉；l—冷却器；m—白土输送装置；n—再生白土输送装置；o—备用渗滤塔

地改善油品的颜色、气味，提高油品的抗氧化安定性；其缺点是吸附剂选择性差，产生大量污染环境的废渣，且油品的损耗大。

为了尽可能地减少油品损耗及工业废渣，该工艺一般只作为润滑油精制加工的最后一道工序，以降低白土的用量和馏分油的损耗。

4. 脱蜡精制

脱蜡的主要目的就是降低成品油的凝固点或倾点，改善其低温流动性指标。

成品油凝固点高、低温流动性差的主要原因是馏分油中含有高熔点石蜡，因此含蜡量过高的润滑馏分油不适合加工电力用油。因为低温流动性好是电力用油的共同特点，尤其对绝缘油而言，该指标在使用上具有重要的指导意义。因此，尽管石蜡不是馏分油中的不良组分，但对石蜡基馏分油来说，在电力用油的加工工艺中，脱蜡是一道必不可少的工序。

脱蜡工艺方法主要有溶剂脱蜡和加氢脱蜡等。

（1）冷冻脱蜡。冷冻脱蜡属于物理分离工艺方法，一般来说，冷冻脱蜡适用于黏度低、要求脱蜡深度不高的成品油的加工。

该工艺的方法是：人为降低馏分油的温度，促使油品中的大分子正构烷烃——石蜡结晶析出，然后通过低温过滤，将其去除。

（2）溶剂脱蜡。溶剂脱蜡（SDW）也属于物理分离工艺，传统工艺采用的溶剂主要有糠醛、甲基乙基酮/甲苯、甲基乙基酮/甲基丁基酮，甲基乙基酮/丙酮（MEK）等。

实际上溶剂脱蜡是冷冻脱蜡工艺的改进和发展，由于冷冻法析出的石蜡的机械过滤性很差，其滤除效率很低。为了提高石蜡的滤除效率，人们先将溶剂与馏分油混合，然后再将稀释油冷却到−10～−20℃，使大分子量正构烷烃形成结晶、沉积，最后经过滤除去，以降低成品油的倾点或凝固点。图1-8是典型的酮脱蜡工艺流程。表1-17是溶剂脱蜡典型数据。

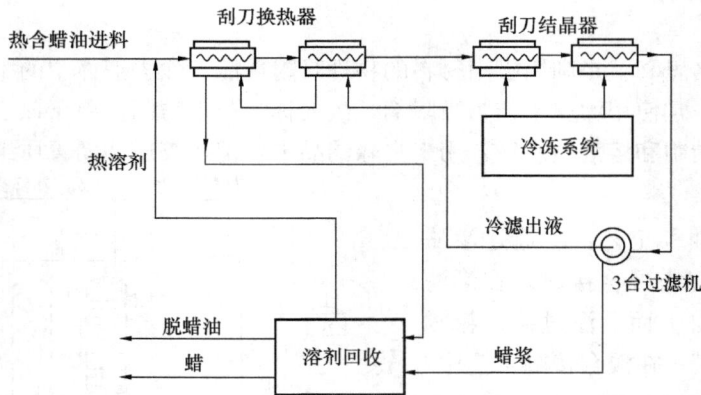

图 1-8　典型的酮脱蜡工艺流程

表 1-17　　　　　　　　　　　　　　溶剂脱蜡典型数据

	项　目	液剂中性油（轻质）	液剂中性油	残渣润滑油
工艺条件	溶剂/油（％）（体积比）	300	380	600
	二氯乙烷：二氯甲烷	50：50	50：50	35：65
	过滤温度（℃）	−20	−20	−20

续表

项　　目		液剂中性油（轻质）		液剂中性油		残渣润滑油	
		进料	脱蜡油	进料	脱蜡油	进料	脱蜡油
产品性质	黏度（100℃）（mm²/s） 凝固点（℃）	2.7 25	2.0 —19	9.3 40	10.5 —18	31 55	36 —15
含油蜡的含油量（质量比，%）		2～3		4～5		4～7	

溶剂脱蜡获得的产品是脱蜡基础油（SDWO）和含油蜡。溶剂脱蜡与冷冻脱蜡工艺相比，石蜡的含量更低，倾点或凝固点改善得更加明显。

（3）加氢脱蜡。加氢脱蜡又称为催化脱蜡和蜡加氢异构化。它与冷冻脱蜡和溶剂脱蜡不同，是一种石油分子裂化或重整的化学工艺。

催化脱蜡是溶剂脱蜡的理想替代技术，该工艺降低了基础油的倾点，基础油的低温流动性好。但由于加氢程度较低，馏分油的组成基本不变，如芳香烃、杂质化合物的含量仍然较高。图1-9是催化脱蜡的工艺流程。表1-18是催化加氢脱蜡的实例数据。

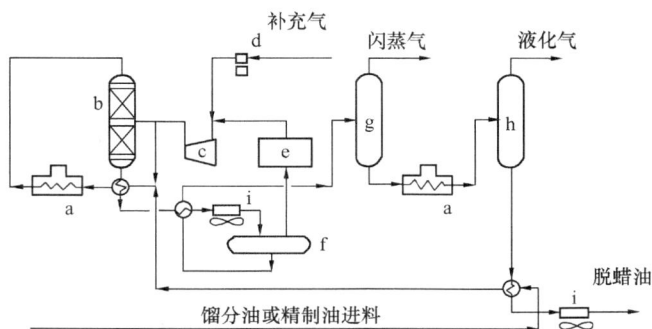

图1-9　催化脱蜡的工艺流程

a—加热炉；b—反应器；c—循环气体压缩机；d—补充气体压缩机；e—循环气体处理罐；f—高压分离器；g—低压分离器；h—稳定塔；i—冷却器

表 1-18　　　　　　　　　　催化加氢脱蜡的实例

性 能 指 标		轻质锭子油		轻质润滑油	
		原料油	产品 （变压器基础油）	原料油	产品 （润滑基础油）
密度（15℃，g/mL）		0.8890	0.8886	0.9139	0.9355
黏度（mm²/s）	40℃	7.9	8.2	51.1	73.6
	100℃	2.10	2.15	5.94	7.0
凝固点（℃）		+2	—57	+30	—29
硫（%，质量比）		2.2	2.5	2.7	3.0
蒸馏曲线 （沸点）	初馏点（℃）	255	255	380	380
	5%（质量比，℃）	271	271	388	388
	50%（质量比，℃）	338	338	427	427
	95%（质量比，℃）	399	399	468	468

20世纪70年代，蜡加氢异构化生产基础油技术已得到工业化应用。加氢异构化比催化脱蜡工艺加氢程度高，明显改变了馏分油的族组成，使残留的绝大部分芳香烃饱和，除掉绝大部分含氮及含硫化合物，且通过异构化将直链分子等转化为理想的带支链的分子，其生产的基础油无色，饱和度高，纯度高，倾点、黏度指数及氧化稳定性得以有效控制和提高。

5. 催化加氢精制

催化加氢工艺有两类，一类是利用"重油"或"渣油"，通过加氢裂解制取润滑油馏分或其他产品；另一类是对已制取的润滑油馏分，通过催化加氢对其分子构成进行重整。在此介绍的是后一种工艺。催化加氢精制是原油的二次加工。

前文提到的酸碱和白土补充精制虽然可以较好地除去馏分油中的不良组分，但却会产生大量污染环境的废渣，且馏分油的损耗大；溶剂精制虽然克服了上述工艺的缺点，但却难以彻底去除馏分油中的不良组分。而现代发展起来的催化加氢精制则可兼具上述3种工艺的优点，克服其存在的缺点，是目前正在推广和发展的先进工艺方法。

（1）加氢处理。加氢处理是在传统的溶剂精制工艺后补充加氢精制。

催化加氢精制的工艺过程是：先将馏分油预热到 $150\sim420℃$，然后与氢气或富含氢气的气体一起通过固定床反应器。在催化剂的作用下，馏分油中的活性组分分子与氢反应。离开反应器的馏分油经冷却后，分离出富含氢气的气体以便循环利用，获取的液体产品经汽提把闪点调整到符合指标要求。使用的催化剂一般是可循环使用的金属氧化物。

加氢处理是在较高的温度和催化剂的作用下，将基础油中的活泼组分分子加氢，改善其颜色，延长基础油的使用寿命。该工艺能除掉一部分含硫、含氮分子，但并不能大量除去基础油中的芳香烃组分。

催化加氢精制依加氢处理的工艺条件不同，获取产品性能指标的差异较大。如作为替代溶剂精制和白土补充精制处理的加氢补充精制工艺，加氢程度较低，参与反应的氢气量较少，其目的只是除去前面精制处理后残留的少量不良组分，几乎不改变原精制工艺的深度，对产品油的组成改变不大。表1-19和表1-20是加氢补充精制典型实例数据。从表中的数据可以看出，经溶剂精制后，再加氢精制馏分油，其油品的黏度指数明显提高，含硫量显著降低。

（2）加氢裂化。加氢裂化是在比加氢处理更高的温度和压力条件下，将基础油加氢，加氢量更大。

在加氢裂化工艺中，原料基础油分子被重新组合，如绝大部分硫、氮化合物中的硫、氮杂质原子，因通过加氢反应，形成硫化物（H_2S）和氮化物而被除掉。部分芳香烃通过加氢，芳环被打开，形成烷烃；大分子正构烷烃被裂化，变成小分子烷烃，或引入支链变成异构烷烃。

表 1-19　　　　　　　　　　　　　　加氢补充精制典型实例

性　能　指　标		环烷基馏分油加氢（耗氢量 $18m^3/m^3$）		溶剂脱蜡后石蜡基润滑油加氢（耗氢量 $5m^3/m^3$）	
		原料油	产品油	原料油	产品油
密度（g/mL）		0.925	0.918	0.899	0.898
黏度（mm^2/s）	40℃	85.9	82.1	502	461
	100℃	7.8	7.7	32.7	31.2
黏度指数		25	30	97	98
凝固点（℃）		−26	−26	−18	−18
闪　点（℃）		193	199	>290	>285
酸值（mgKOH/g）		2.03	0.02	0.02	<0.01
硫（％）		0.07	0.05	0.17	0.07

表 1-20　　　　　　　　　　　　　　环烷基润滑油加氢精制的典型参数

项　　目	加氢精制馏分油				经溶剂精制的加氢精制馏分油			
	锭子油 1	锭子油 2	润滑油 1	润滑油 2	锭子油 S1	锭子油 S2	润滑油 L1	润滑油 L2
密度（15℃，g/mL）	0.900	0.915	0.930	0.936	0.873	0.890	0.907	0.912
黏度（40℃，mm²/s）	9.3	22.5	122	380	7.9	19.5	110	355
黏度指数 VI	22	28	36	37	31	58	68	72
闪点（℃）	155	185	225	260	152	181	220	255
倾点（℃）	<−40	<−40	−35	−25	−36	−32	−22	−24

注　表中锭子油 1 与锭子油 S1、锭子油 2 与锭子油 S2、润滑油 1 与润滑油 L1、润滑油 2 与润滑油 L2 分别为同一
　　种油。

加氢裂化由于有氢存在，原料转化的焦炭少，可除去有害的含硫、氮、氧的化合物，操作灵活，可按产品需求调整。产品收率较高，而且质量好。

（3）催化裂化。催化裂化是在热裂化工艺基础上发展起来的。该工艺提高了原油加工的适应性，扩大了原料油的适用范围，不依赖原油的质量，生产优质的成品油。

催化裂化所用的原料主要是原油蒸馏或其他炼油装置剩余的 350～540℃ 重质油馏分。

催化裂化工艺由 3 部分组成：原料油催化裂化、催化剂再生、产物分离。催化裂化所得的产物经分馏后可得到气体、汽油、柴油和重质馏分油。有部分油返回反应器继续加工称为回炼油。

而作为一道独立使用的加氢精制工序时，催化裂化加氢程度最深，参与反应的氢气量最大。在该工艺过程中，几乎所有的芳香烃分子的双键被打开，吸收氢原子变成环烷烃或烷烃；不饱和烯烃打开双键，变成饱和烃；硫、氧、氮等非烃化合物中的杂质元素分别变成 H_2S、H_2O、NH_3 等气体组分挥发。

由此可见，催化裂化加氢工艺改变了馏分油的分子结构和组分构成。在油品指标上，表现为颜色、气味、氧化安定性及破乳化性能显著改善。表 1-21 是加氢精制典型实例数据。

表 1-21　　　　　　　　　　　　　　　加氢精制典型实例

性能指标		原料油	要求产品黏度指数达到 95			要求产品黏度指数达到 111		
			润滑油	溶剂中性油 150N	溶剂中性油 500N	润滑油	溶剂中性油 150N	溶剂中性油 500N
密度（g/mL）		0.930	0.882	0.884	0.880	0.870	0.869	0.870
黏度（mm²/s）	40℃	324	104	32.0	96.4	58.8	29.2	96.0
	100℃	19.8	11.4	5.1	10.8	8.2	5.1	11.7
黏度指数		62	95	80	95	111	102	111
凝固点（℃）		−21	−21	−21	−18	−21	−21	−21
组成分析（n—D—M）法	C_A（%）	21.4	5.0	6.5	3.9	3.2	5.2	1.2
	C_P（%）	51.9	67.0	58.8	67.0	69.7	64.6	72.7
	C_N（%）	26.7	28.0	34.7	29.1	26.8	30.2	26.1

注　C_A、C_P、C_N 分别指的是芳香碳、烷链碳、环烷碳的含量，在一定程度上表示芳香烃、烷烃和环烷烃的含量。

从上表可以明显地看出：加氢精制后，芳香烃含量明显降低，烷烃和环烷烃含量则明显增加，这都是芳香环加氢破环引起的结果。

加氢基础油的优点是：硫、氮及芳香烃含量低；黏度指数高，低温流动性能好；热氧化安定性更好；挥发性低；抗乳化性能更好；光稳定性更好。

总之，加氢精制工艺物料损失少；不受原料来源限制；工艺灵活，获得的产品属Ⅲ类基础油。

传统溶剂精炼油的性能已经不能满足现代需要，现代润滑油精炼技术已经从溶剂精炼技术过渡到加氢处理技术，加氢处理的润滑油具有同合成润滑油相类似的性能，而价格却与溶剂精炼油相当，加氢技术也是润滑油技术发展的方向。

6. 联合精制工艺

在石油炼制加工过程中，一般很少采用单一的精制工艺，而多采用几种工艺联合使用。目前主要的有物理联合处理工艺、物理—化学联合处理工艺和化学联合处理工艺。

（1）物理联合处理工艺。物理联合处理工艺采用的是溶解、萃取、吸附等物理方法，即溶剂精制＋溶剂脱蜡＋白土补充精制，是早期电力用油传统的加工方法，俗称"老三套"工艺，见图1-10。

该方法获得的基础油只能去除50%～80%的不饱和芳香烃、沥青和石蜡等其他非理想成分。美国石油学会（API）将该工艺制出的基础油分为Ⅰ类基础油。

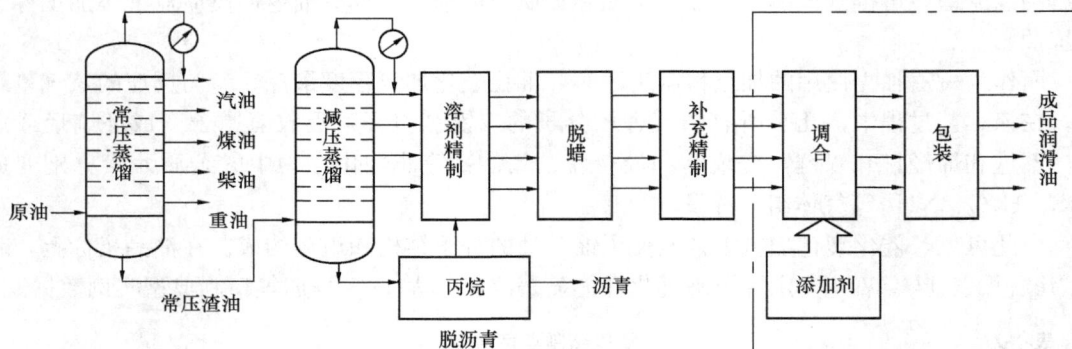

图1-10　传统的润滑油生产工艺

（2）物理—化学联合处理工艺。该工艺方法主要有下列三种方式：

1）溶剂预精制＋加氢裂化＋溶剂脱蜡；

2）加氢裂化＋溶剂脱蜡＋高压加氢补充精制；

3）溶剂精制＋溶剂脱蜡＋中低压加氢补充精制。

该工艺的共同特点是：通过高压、高温、催化条件下的加氢反应，除去用物理方法处理后馏分油中存留的非理想成分，对馏分油原有的分子构成影响较小。

现代的电力用油加工过程中，采用的物理—化学联合精制工艺居多。按加氢量的大小，美国石油学会（API）将获取的基础油分成Ⅱ或Ⅲ类基础油。表1-22是Ⅱ类加氢基础油与Ⅰ类溶剂精制基础油的性能比较。

表 1-22　　　　　　　　　加氢基础油与Ⅰ类溶剂精制基础油的性能比较

硅胶分析数据	溶剂精制基础油（Ⅰ类）	大庆加氢基础油（Ⅱ类）
（ASTM D2007）	150N	150N
饱和烃（%）	85～90	>99
芳香烃（%）	9～15	<1
极性物（%）	0～1	0
S（%）	0.05～0.11	<0.01
N（$\times 10^{-6}$）	20～50	<2
颜色（ASTM D1500）	<1.0	<0.5

从表性能比较可知，Ⅱ类加氢基础油与Ⅰ类溶剂精制基础油相比饱和烷烃含量高、颜色浅、纯度高。使用Ⅰ类溶剂精制基础油调制的汽轮机油抗氧化安定性试验（TOST）时间均在 6000h 以下，而使用Ⅱ类加氢基础油，则可大幅度提高汽轮机油的抗氧化安定性，使其抗氧化安定性试验时间提高到 1 万 h 以上。

（3）化学处理工艺。化学处理工艺采用的方法是：加氢裂化＋催化脱蜡＋加氢精制。由于将 3 种催化加氢技术（加氢裂化、加氢异构化和加氢处理）结合在一起，对原油来源具有高度灵活性。

润滑油的加氢技术经历了加氢精制、加氢裂化、催化脱蜡，发展到目前最先进的加氢异构化工艺。加氢精制仅仅将基础油中的含硫、含氮组分去掉，并使部分芳香烃饱和，提高了基础油的抗氧化安定性；加氢裂化具备加氢和裂化两个功能，不仅通过对不良组分的加氢，除去了基础油中的含硫、含氮组分，把不稳定的芳香烃饱和为环烷烃和/或烷烃，提高了基础油的抗氧化安定性；还通过加氢异构化，使正构烷烃发生选择性反应，改善了基础油低温流动性，将宝贵的高黏度指数蜡转变为高黏度指数的、低温性能良好的异构烷烃。该工艺获取的基础油在美国石油学会（API）的基础油分类中属于Ⅲ类基础油。

该工艺的主要特点是完全采用催化加氢，加工过程中不产生副产品，馏分油的利用率高，成品油收率高，且通过控制催化加氢的深度，获取用户满意的产品，图 1-11 是三段加氢润滑油生产过程示意图。表 1-23 是完全催化加氢和溶剂精制工艺的典型对比数据。

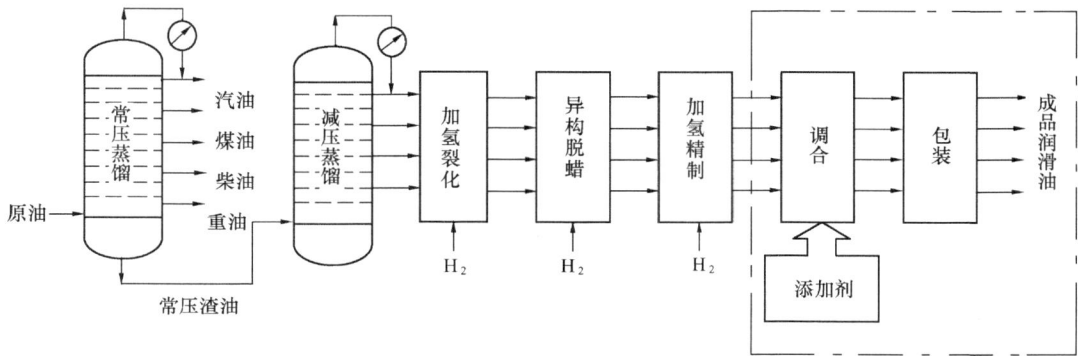

图 1-11　三段加氢润滑油生产过程示意图

对比表 1-22 和表 1-23 中的典型数据可见，三段加氢工艺获得的基础油的技术指标，不但远高于溶剂精制的Ⅰ类油，而且也高于加氢处理获得的Ⅱ类油。

表 1-23　　　　　　　　　　　　完全催化加氢和溶剂精制工艺对比数据

成　分	三段全加氢精制	溶剂精制	成　分	三段全加氢精制	溶剂精制
饱和烃（%）	99.90	85.40	硫（%）	0.001	0.07
芳香烃（%）	0.0	14.10	氮（$\times 10^{-6}$）	0.3	30
极性分子（%）	0.0	0.50	颜色	无色	淡黄

　　三段加氢获得的润滑油基础油具有合成油的特点，与原来使用的以物理加工方法不同，它基本不依赖原油的质量，而是按照产品的要求，通过化学的方法调整油品的族组成，生产满足用户需要的成品油。在原油资源日益紧张的今天，其技术的先进性和适应性具有重要意义。

四、调合

　　经过蒸馏和适当的精制工艺获得的油品，基本上不含不良组分，且其闪点、黏度、黏度指数、凝固点等技术指标也调整到了一定的范围，通常把这种油称为"基础油"。石油加工企业常说的一、二、三、四线油，指的就是图 1-2 中所示的减压蒸馏出的 a、b、c、d 馏分油分别精制而得到的基础油。

　　从前文的介绍中可知，基础油的品质是受石油加工工艺限制的，因此从固定工艺获得的基础油一般不能直接作为成品油使用，因为单一的基础油技术指标往往难以满足用户的使用要求。

　　目前，国内外通常在现有工艺条件下采用下列办法来解决：①把两种或两种以上的基础油，根据成品油的指标要求，按照一定的比例调合而成，如三线基础油的黏度或黏度指数较成品润滑油要求的指标低，就可加入适量黏度或黏度指数更高的四线基础油；②在基础油中加入适量品种的专用添加剂，满足成品油的某些特殊指标要求。如要提高油品的抗氧化安定性，则可加入抗氧化剂；如要提高提高油品的防锈性能，则可加入防锈剂等。

　　基础油的调合温度一般为 50～60℃。在该温度下，一方面，基础油与添加剂的黏度均较低，容易快速、充分地混合；另外，基础油和添加剂受到的热应力小，不会引起基础油的氧化及添加剂的分解。

　　基础油经过调合后，形成的产品才是商用成品油。我国生产的绝缘油中，基本上都在调合时添加了抗氧化剂，或在汽轮机油中同时添加一定量的抗氧化剂和防锈剂。

　　由此可见，基础油质量和添加剂技术的突破是生产高品质成品油的关键。

第三节　电力用油的特点

　　电力系统大量使用的绝缘油和汽轮机油的技术指标的高低主要取决于炼制加工工艺。如减压蒸馏工艺控制不严，截取馏分油的温度范围宽，则会导致油品的闪点指标有问题；精制工艺不当，就会造成油品抗氧化安定性、介质损耗因数、空气释放值、破乳化度等指标不合格，而这些指标在正常的运行维护中又很难加以改善。因此，成品油的质量好坏，直接影响电力设备的安全经济运行。

一、基础油的性能及分类

　　成品油是由不同黏度等级的基础油，配以不同比例的添加剂调制而成的。基础油质量对于成品油性能至关重要，它提供了成品油最基础的润滑、冷却、抗氧化、抗腐蚀等性能。

基础油的分类方法很多，主要有按加工方法分类、按组成成分分类、按黏度指数分类等。

1. 按加工方法分类

按照加工方法，可把基础油分成矿物油、加氢油和合成油三类。

（1）矿物油。依据习惯，业内把通过物理蒸馏方法从石油中提炼出的基础油称为矿物油。在原油提炼过程中，在分馏出有用的烃类物质后，使用残留在塔底油提炼而成基础油，生产以物理过程为主，不改变烃类结构。其中两个主要步骤分别是使用溶剂精制去除芳香烃等非理想组分和溶剂脱蜡以保证基础油的低温流动性。

基础油的质量取决于原料中理想组分的含量与性质。在提炼过程中，因无法将矿物油中所含的杂质清除干净，因此其抗氧化安定性较差，凝固点也较高。因此，矿物油类基础油的质量和应用都受到了一定的限制。

（2）加氢油。为满足润滑油的高质量、节能、延长换油周期和低排放的需求，要求基础油具有低黏度、低挥发度、高黏度指数、良好的抗氧化安定性等特点。

加氢基础油是通过加氢工艺（加氢处理、加氢裂化、加氢异构化、加氢精制、催化脱蜡），改变基础油化学组成。

这样带来很多优点，基础油的颜色、安定性和气味得到改善，粘温性能得到提高，对抗氧剂的感受性显著提高，挥发性低，毒性低，热稳定性和抗氧化安定性好。

（3）合成油。合成型基础油来自原油中的瓦斯气或天然气所分离出来的乙烯、丙烯，再经聚合、催化等化学反应，由小分子合成大分子组成的基础油。在本质上，合成型基础油是在人为的控制下，合成预期的分子形态。其分子排列整齐，因此合成油品质较好，其热稳定、抗氧化反应、抗黏度变化的能力自然要比矿物油强得多。

目前由于受天然气价格与原油价格差异较大的限制，合成型基础油的价格太高，目前不能被普遍接受。表1-24是美国石油学会（API）的基础油分类数据指标。

表 1-24　　　　　　　　　　　　美国石油学会（API）的基础油分类

分　类	硫（%）	饱和度（%）	黏度指数	说　明
Ⅰ	＞0.03 和/或	＜90	80～119	溶剂精制
Ⅱ	≤0.03 和	≥90	80～119	加氢精制
Ⅲ	≤0.03 和	≥90	≥120	深度加氢精制
Ⅳ	所有的聚 α—烯烃油（PAO）			
Ⅴ	所有未包含在Ⅰ～Ⅳ类中的所有其他类型的合成基础油			

美国石油学会（API）根据基础油组成的主要特性把基础油分成 5 类：Ⅰ类为溶剂精制基础油，有较高的硫含量和不饱和烃（主要是芳香烃）含量；Ⅱ类主要为加氢处理基础油，其硫氮含量和芳香烃含量较低，烷烃（饱和烃）含量高；Ⅲ类主要是加氢异构化基础油，不仅硫、芳烃含量低，而且黏度指数很高；Ⅳ类为聚α—烯烃（PAO）合成型基础油；Ⅴ类则是除Ⅰ～Ⅳ类以外的各种基础油。虽然Ⅳ类合成基础油的品质很好，但成本非常高，目前在世界上应用率较低，而Ⅲ类基础油由于各项性能指标接近于Ⅳ类基础油，所调和的润滑油的使用性能又远高于Ⅰ、Ⅱ类基础油调和的润滑油，所以Ⅲ类基础油逐渐开始受到人们的青睐。

目前，国际上采用高压加氢催化重整、高压加氢异构脱蜡技术生产的基础油，完全达到了Ⅲ类基础油的标准。采用这类技术生产的基础油精制程度高、黏度指数高、稳定性好，调和出的润滑油性能卓越且含硫量低，外观几乎无色。

当然，Ⅱ类和Ⅲ类基础油并不是完美无瑕的，也有其缺点，主要存在的问题是光安定性差。为解决这一问题，已先后提出了多种解决办法，在所有这些方法中，调合法被证明是行之有效的途径。

与老工艺产品调合作为解决加氢处理润滑油光安定性的一项措施，是捷克人在研究了加氢油及其在光照后组成变化的基础上提出来的。他们将加氢裂化油和溶剂精制油分别进行色谱分析和光照试验，发现加氢裂化油产生的沉淀，主要是不溶于已烷的沥青质，其碳氢化与重芳烃的碳氢比相似；而测定族组成得出加氢裂化油的芳香烃含量大大低于溶剂精制油；但溶剂精制油光照后基本无沉淀。于是得出这样一个结论：加氢油由于芳香性很小，没有足够的能力去溶解或胶溶光照后产生的物质，以致它们沉淀下来。因此只要设法提高氢油的芳香性，提高对沉淀的胶溶能力，就可以提高光安定性。溶剂精制油含有相当多的轻、中芳香烃，却没有安定性不好的重芳烃，所以将溶剂精制油与加氢裂化油调合，是提高后者芳香化程度最简易的方法。适宜的调合比例为：加氢裂化油 60%～80%，溶剂精制油 20%～40%。

1972 年，美国提出了一种润滑油加工的新流程，也获得了光安定性很好的加氢基础油。这个新流程的特点是原料先经溶剂精制，将抽提出的高含芳烃油再进行加氢，然后把加氢油与溶剂精制油相混合。试验结果是：98.9℃黏度为 9mm²/s、黏度指数为 77 的含蜡馏分油，按此流程加工，可得黏度指数为 107、黏度为 6mm²/s 的基础油。对该油品进行光安定性评价，油品的光安定性良好（紫外光照后无絮状物）。如果用原来的加氢流程直接加工原料，则必须进行溶剂后处理，才能达到同样的结果，否则光安定性就不合格。

由此可见，此法实质上是加氢油与老工艺产品调合，而且比前述的方法更为简便，产品收率也较高。据介绍抽提油加氢，反应条件并不比馏分油直接加氢更为苛刻，又用相同的催化剂，因此该法值得研究。

另外，用添加光稳定剂的办法也可解决这一问题。

2. 黏度指数分类

我国主要是利用蒸馏、溶剂精制、溶剂脱蜡和后补充精制装置，采用物理分离工艺生产基础油。这种陈旧的生产工艺较适宜生产重质、单级润滑油。

这种工艺生产的基础油的质量取决于所用原油的质量，对原油质量的依赖性较大。如用好的石蜡基原油，则能生产出高黏度指数的优质润滑油（HVI），用中间基原油只能生产中高黏度指数（MVI）的产品。表 1-25 是黏度指数分级标准。

表 1-25 黏度指数分级标准

类　别	超高黏度指数	很高黏度指数	高黏度指数	中高黏度指数	低高黏度指数
VI	≫140	≫120	≫90	≫40	<40
普通油	UHVI	VHVI	HVI	MVI	LVI
深脱油	UHVIW	VHVIW	HVIW	MVIW	LVI
深精制	UHVIS	VHVIS	HVIS	MVIS	LVIS

据统计，我国所生产的基础油构成中，HVI 级以上的基础油仅占总量的 63% 左右，MVI 级产品仍占总量的 25% 以上。这充分反映了我国在炼油技术上的落后状况。

3. 按基础油的组成分类

1983 年我国制定了石蜡基 SN、中间基 ZN、环烷基 DN 这 3 种中性基础油标准。表1-26 是石蜡基 SN 中性油标准。

我国生产各种基础油比例详见表 1-27。由此可知，国内石蜡基基础油只占总产量的 55% 以上，中间基基础油占总产量的 40%，而国外石蜡基基础油一般占总产量的 80%～90%。

表 1-26　　　　　　　　　　　　　石蜡基 SN 中性油标准

测试项目		指　标								试验方法		
		75SN	100SN	150SN	200SN	350SN	600SN	650SN	150BS	GB	ISO	ASTM
外　观		透　明								目测		
颜色 Max		0.5	1.0	1.5	2.0	3.0	4.0	5.0	6.0	6540	2049	D1500
黏度 （mm²/s）	40℃	13～15	18～22	28～32	38～42	65～72	95～107	120～135	报告	265	3104	D445
	100℃	报告							30～33			
最小黏度指数 min		100	98	98	96	95	95	95	95	1995or2541	2909	2270
闪点/开口（℃，min）		175	785	200	210	220	235	255	290	3536	2592	D92
倾点（℃，max）		−9			−5					3535	3016	D97
酸值（mgKOH/g，max）		0.02			0.03					264		D974
残炭（康氏）（Wt%，max）					0.10	0.158	0.25	0.70		268	6615	D189
密度（20℃，G/cm³）		报告								1884 1885	3675	D1298
硫（Wt%）		报告								387		
苯胺点（℃）		报告										

表 1-27　　　　　　　　1996～1997 年国内基础油生产状况（总产量的百分比，%）

项　目	VI	1996	1997
石蜡基基础油	HVI	52.6	63
环烷基基础油	LVI	4.10	11
中间基基础油	MVI	26.1	25
其他基础油		17.2	

就石蜡基基础油质量而言，我国有些企业还存在 150SN 基础油蒸发损失不合格，500SN 氧化安定性合格率较低等问题。没有好的基础油质量，当然难以生产出高质量的成品油。

二、石油产品的分类

我国参照 ISO/DIS 8681 国际标准，制定了石油产品及润滑剂的分类标准，见表 1-28。该标准把电力用油分在"润滑剂和有关产品"的 L 类中。

表 1-28　　　　　　　　　　GB 498—1987《石油产品及润滑剂的总分类》

类　别	类别含义	类　别	类别含义
F	燃料	S	溶剂和化工原料
L	润滑剂和有关产品	W	蜡
B	沥青	C	焦

为了使用方便，根据应用领域，国标 GB 7631.1—1987 又把 L 类的产品分成 19 个组别，见表 1-29。该标准把变压器油、短路器油、电容器油、电缆油一起归并为电器绝缘——N 组；将抗燃油列入液压系统——H 组；将汽轮机油划到汽轮机——T 组。

表 1-29　　　　　　GB 7631.1—2003《润滑剂和有关产品（L 类）的分类
第 1 部分：总分组》

组别	应用场合	组别	应用场合	组别	应用场合
A	全损耗系统	H	液压系统	U	热处理
B	脱膜	M	金属加工	X	用润滑脂场合
C	齿轮	N	电器绝缘	Y	其他应用场合
D	压缩机（包括冷冻机和真空泵）	P	风动工具	Z	蒸汽汽缸
E	内燃机	Q	热传导	S	特殊润滑剂应用场合
F	主轴、轴承和离合器	R	暂时保护防腐剂		
G	导轨	T	汽轮机		

国标又对润滑剂和有关产品（L 类）分类当中的各个组别，作了进一步的详细分类，H 组、T 组的分类代号已经实施，分别见表 1-30 和表 1-31。

表 1-30　　　　　　GB 7631.2—2003《润滑剂和有关产品（L 类）的分类
第 2 部分：H 组（液压系统）》

组别符号	总应用	特殊应用	更具体应用	组成和特性	产品符号 L—	典型应用	备注
H	液压系统	流体静压系统	热压导轨油	无抗氧化剂的精制矿物油	HH		
				精制矿物油，改善其防锈和抗氧化性	HL		
				HL 油，改善其抗磨性	HM	高负荷部件的一般液压系统	
				HL 油，改善其粘温性	HR		
				HM 油，改善其粘温性	HV	机械和船用设备	
				无特定难燃性的合成液	HS		特殊性能
				HM 油，具有粘—滑性	HG	液压和滑动轴承导轨润滑系统合用的机床，在低速下使振动或间断滑动（粘—滑）减为最小	

续表

组别符号	总应用	特殊应用	更具体应用	组成和特性	产品符号 L—	典　型　应　用	备　注
H	液压系统	液体静压系统	需要难燃场合	水包油乳化液	HFAE		含水大于80%
				水的化学溶液	HFAS		
				油包水乳化液	HFB		含水小于80%
				含聚合物水溶液	HFC		
				磷酸脂无水合成液	HFDR		注意其对环境和健康的危害
				氯化烃无水合成液	HFDS		
				HFDR 与 HFDS 混合液	HFDT		
				其他成分的无水合成液	HFDU		
		流体动力系统	自动传动		HA		组成和特性的划分待定
			联轴器和转换器		HN		

　　由 H 组分类标准可知，电力系统广为使用的磷酸脂无水合成液——抗燃油的代号应为 L—HFDR。

表 1-31　　　　　　　GB 7631. 10—1992《润滑剂和有关产品（L 类）的分类
第 10 部分：T 组（汽轮机）》

组别符号	总应用	特殊应用	更具体应用	组成和特性	产品符号 L—
T	汽轮机	蒸汽、直接或齿轮连接到的负荷	一般用途	具有防锈性和抗氧化安定性深度精制的石油基润滑油	TSA
			特殊用途	具有特殊难燃性的合成液	TSC
			难燃	磷酸脂润滑剂	TSD
			高承载能力	具有防锈性、抗氧化安定性和高承载能力的深度精制石油基润滑油	TSE
		气体（燃气）直接或齿轮连接到的负荷	一般用途	具有防锈性和抗氧化安定性深度精制的石油基润滑油	TGA
			较高温度下使用	具有防锈性和抗氧化安定性深度精制的石油基润滑油	TGB
			特殊用途	具有特殊难燃性的合成液	TGC
			难燃	磷酸脂润滑剂	TGD
			高承载能力	具有防锈性、抗氧化安定性和高承载能力的深度精制石油基润滑油	TGE
		控制系统	难燃	磷酸脂控制液	TCD
		航空涡轮发动机			TA
		液压传动装置			TH

从 T 组分类标准可知，电力系统蒸汽机组使用的矿物汽轮机油的标准代号广为 L—TSA。

根据 GB 498—1987 石油产品及润滑剂的分类标准可知，我国石油产品及润滑剂的产品编码形式为

| 类别 | — | 品种 | | 产品规格 |

如 L—TSA32 汽轮机油，则可解释为：

L——润滑剂类（类别）；

TSA——一般用途汽轮机油（品种）；

32——汽轮机油品牌号为 32 号（规格）。

三、电力用油的分类

按照 GB 498—1987，电力用油使用的绝缘油、汽轮机油、抗燃油均属于 L 类，因此电力用油的分类代码第一位均应为 L，其组别代码分别应为 N、H、T。然而由于我国推广实施该标准的力度不够及标准本身的不完善，再加之国家政治经济体制的变革等原因，目前在这三种油品中，惟有汽轮机油标准按照规范标准得到实施。

我国的电力用油基本上是按照使用用途划分为绝缘油、汽轮机油、抗燃油三大类。

1. 绝缘油

绝缘油主要用于充油电气设备，起介电作用。由于充油电气设备种类较多，且各有其使用特点和要求，因此，又把绝缘油分为：变压器油、超高压变压器油、电容器油、高压充油电缆油、断路器油等许多产品。

2. 润滑油

润滑油主要用于机械转动设备，在转动部件间形成油膜，避免其直接接触，防止设备磨损，减少摩擦损耗。

我国电力行业使用的主要润滑油是汽轮机油。目前使用的汽轮机油主要是精制矿物油调和而成的成品油，其基础油属 I 类，也有少量加氢精制的 II、III 类基础油调制的润滑油。

我国两个现行汽轮机油标准，即 GB 2537—1981 和 GB/T 11120—1989，均是用 I 类基础油调和后的产品。二者的主要区别在于 GB 2537—1981 标准油，在调和时添加了抗氧化剂，属抗氧汽轮机油；而 GB/T 11120—1989 标准油，则在调和时不但添加了抗氧化剂，而且还添加了防锈剂，属抗氧、防锈汽轮机油。

3. 液压油

目前，电力系统使用的抗燃油均为合成磷酸脂，不属于前文介绍的矿物油范畴。

四、电力用油的要求

在现代发电机组中使用的汽轮机润滑油、电气设备用绝缘油，依其使用的特点不同，对油品性能指标的要求也不同。

1. 润滑油的要求

汽轮机润滑系统使用的汽轮机油，在设备中主要起润滑、冷却和散热作用，因而要求油品应具有适当的黏度和高的黏温指数，良好的抗氧化安定性和抗乳化能力，有较好的抗泡沫性能和空气释放能力，以满足机组在恶劣运行工况下的长期使用要求。

2. 绝缘油的要求

电气设备使用的绝缘油，在电气设备中主要起电气绝缘、设备冷却作用。因此，除要求油品运动黏度低、抗氧化安定性好之外，还要求油品具有良好的电气绝缘性能、析气性能及低温流动性能等。

思　考　题

1. 新汽轮机油呈深棕色，主要是哪步工艺不当造成的？

2. 新变压器油界面张力不合格，主要是哪步工艺不当造成的？

3. 新汽轮机油闪点不合格，主要是哪步工艺不当造成的？

4. 新变压器油刚取出时透明清澈，在日光下放置一段时间后，油品变得混浊，试分析其原因。

5. 石油主要由哪些元素组成？

6. 石油主要由哪些烃类组成？

7. 馏分油与成品油有何区别？

8. 馏分油精制的目的是什么？

第二章　汽　轮　机　油

汽轮机油亦称透平油（turbine oil），通常用于汽轮发电机组的润滑和调速系统，起润滑、液压调速和冷却作用。

随着计算机技术的发展和人民生活水平的提高，社会和公众对电网供电质量和电网安全愈加关注。为适应电网调度的灵活性和机组运行的安全经济性，新建发电机组普遍采用了润滑系统与液压调速系统分离的技术，已投运的老机组也大多为此进行了润滑、调速系统的改造。因此，现代机组中，矿物汽轮机油主要用于机组的润滑系统，承担润滑、密封和冷却作用。

本章主要介绍汽轮机油和润滑系统的相关知识，对汽轮机油运行使用过程中容易出现的问题、维护及解决方法则作重点阐述。

第一节　汽轮机润滑系统

汽轮发电机组（以下简称"机组"）的油系统用油量较大，一般一台 125MW 机组用 20t 左右的汽轮机油；一台 600MW 的机组，大约需要 60t 左右的汽轮机油（含给水泵油等）。一台机组用油量这么大，那么一个电厂所用油量就更多了。

图 2-1 是汽轮机润滑系统示意图。贮于油箱中的汽轮机油经主油泵形成压力油，该压力油分为两部分：一部分作为传递压力的液体工质，进入调速系统和保护系统；另一部分经减压阀和冷油器送入轴承（径向支持轴承、推力轴承等）内，轴承的回油直接返回油箱。而经过调速系统的油，经冷油器进入轴承后，再返回油箱（部分老机组不经冷油器和轴承直接流入油箱），从而构成了油的循环系统。

一、润滑系统简介

润滑系统的作用是向汽轮机—发电机组（简称机组）的多个轴颈轴承和推力轴承供应充足的优质的润滑油，也为汽轮机调节保安系统提供控制汽门的动力。

机组在全速运行时，润滑系统的运行是比较简单的。连接在主轴上的主油泵对系统提供高压润滑油。但是，在机组的启停过程中，润滑系统就显得比较复杂。这是因为主轴在 90% 额定转速以下时，主油泵不能正常工作，即不能提供具有足够油压的润滑油，因此在机组启动和停机时，需要用辅助电动油泵系统来代替主油泵。事故油泵、系统支援油泵或辅助泵是机组安全启动和停机保障措施。事故油泵可用直流电动机带动。润滑系统还配备了完善的仪表测量设备和可靠的电源供应。以便当轴承油压下降到额定值时，能自动启动辅助油泵或事故油泵。

二、润滑系统部件

润滑系统主要由电气和机械部件组成。电气部件包括电动机、电动机启动器、蓄电池、电缆和断路器；机械部件包括油泵、油箱、抽气器、管道、冷油器和油处理设备。机械部件典型结构布置如图 2-2 所示，图 2-3 是系统接线示意图。下面简单介绍与润滑系统有关的几个主要部件。

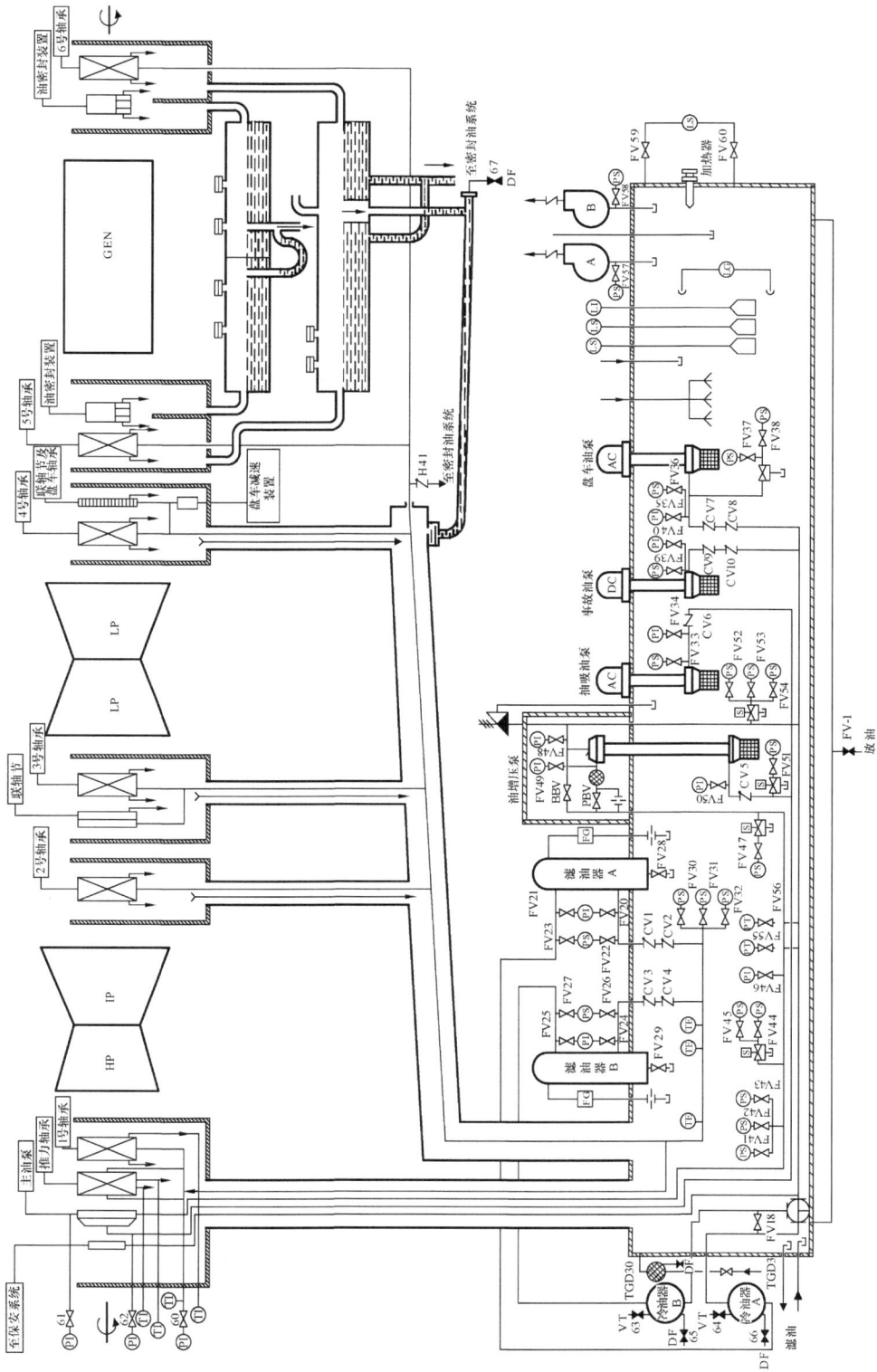

图 2-1　汽轮机润滑系统示意图

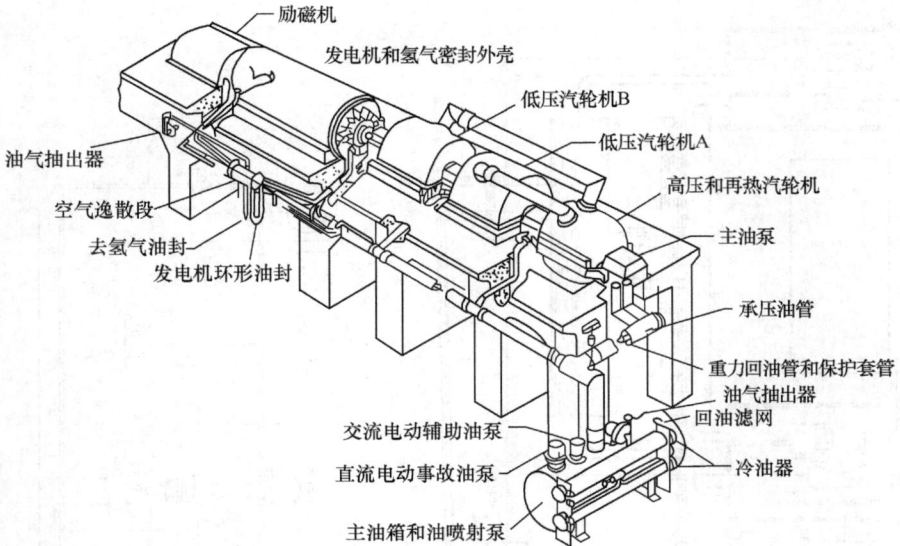

图 2-2　汽轮机—发电机组润滑油系统结构布置图
（不包括油处理设备及补给供油系统接口以外的设备）

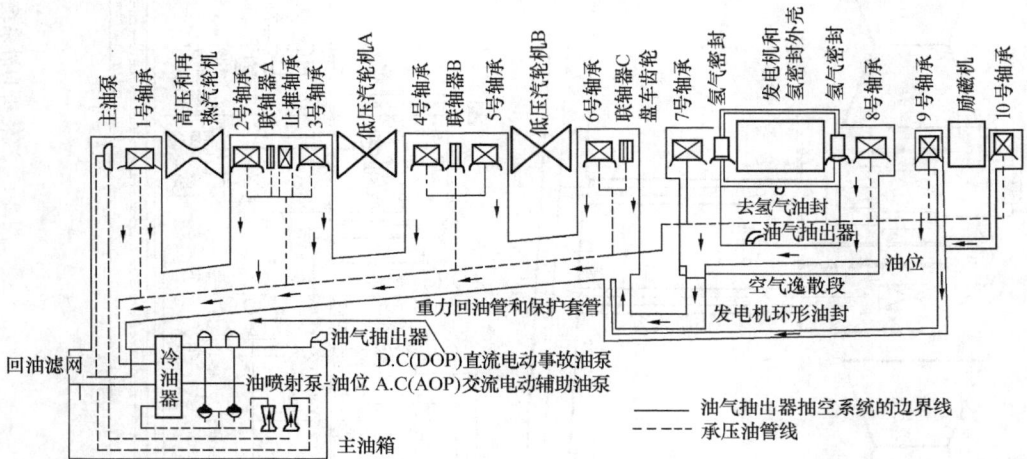

图 2-3　汽轮机—发电机组润滑油系统接线示意图

1. 油泵

油泵的作用是把油箱中的油输送到轴承、轴封和控制装置，对油进行强迫循环使用的动力装置。机组在启动、盘车、全速运行和停机时，油泵必须向每个轴承及动力阀门供应足够的油流和油压。

当机组全速运行时，连接在汽轮机主轴上主油泵向机组提供润滑部件、液压控制阀门、密封部件等所需的全部润滑油；当机组在启动、盘车、停机时，因主油泵不能正常工作，此时需要位于主油箱之上的电动油泵、辅助油泵向系统供油。

2. 主油箱

主油箱是用来为汽轮机—发电机组运行时提供润滑油和停机后储存润滑油的装置。每台汽轮机发电机组都要有能储存整个润滑油系统运行所需全部油量的油箱。此外，轴承座或轴承箱也用作小贮油箱，以收集经过冷却和润滑后的油，将其导入回油管路。

主油箱设在汽轮机发电机组主体下方，轴承的回油靠重力就可返回油箱。为了使运行油中挟带的空气能尽快分离，并使运行油中的水分杂质快速沉降，主油箱的体积或用油量，应能够确保运行油在主油箱内滞留时间至少达到 8min。在工程上，为了减少油箱的体积（或用油量），延长油品在主油箱的滞留时间，可用加隔板的办法在主油箱内形成一个狭长的通道。但油箱容量至少应是流向轴承和轴封的正常流量的 5 倍。

3. 润滑油管道

润滑系统主管道是由上百米管子组成的，润滑油管道必须严密、承压、可靠。油管道要能经受得住振动和热膨胀，并要方便检查、清理和冲洗。

为了防止发电机密封油中的氢气进入主油箱，密封油系统回油系统与汽轮机润滑油的回油系统是分开的，即在发电机轴承与主油箱之间的回油管路上，配置一段氢气逸散段和一个环行油封。氢气逸散段是一段大口径管道，内部装有档板、滤网和折流板，用来降低油的流速、维持油位、抑制并破碎油的泡沫，并让氢气连续散逸。

4. 冷油器

冷油器是用来散发油在循环中所获得的热量，控制润滑油运行油温的主要装置。通常情况下，两台冷油器并联，运行中如果一台发生渗漏或堵塞，另一台即可发挥作用。冷油器的冷却水在管内流动，管子有可能被污染或堵塞，需要经常进行清理。冷油器安装在油泵的出口侧，使油冷却到合适的温度后再分配到各轴承上。

三、汽轮机油的作用

汽轮机油主要用于汽轮发电机组的润滑油系统中，起润滑、冷却散热、调速和密封作用。

1. 润滑作用

汽轮机油在发电机组的润滑系统中主要起润滑剂的作用。即汽轮机轴承与轴瓦之间用汽轮机油膜隔开，避免轴承与轴瓦的直接接触，使之保持流体摩擦，降低摩擦损耗，并从载荷区带走摩擦热及磨损颗粒，阻止外来杂质侵入润滑空隙。

2. 冷却散热作用

由前面的介绍可知，两个相互接触的物体只要做相对运动，就会发生摩擦，而摩擦的存在必然会使高速运转的机件磨损，轴承内因摩擦将产生大量的热量；轴颈将被汽轮机转子传来的热量所加热；此外，还有一部分辐射热。这些热量若不及时散出，将会使油品的运动黏度降低，起不到很好的润滑作用，致使油楔压力降低，轴颈下降，轴颈与轴瓦中心偏离，使摩擦增大；随着温度的升高，则会降低轴承的机械强度，甚至产生热变形、热疲劳、间隙变小而导致摩擦、卡死，造成机件损坏，严重影响机组的安全运行。不断循环流动的汽轮机油将把这些热量带出。热油的热量一方面可以在油箱内散失；另一方面也可通过高效率的冷油器进行冷却。冷却后的油又可进入轴承内将热量带出，如此反复循环，油对机组的轴承起到了良好的冷却散热作用。

3. 调速作用

运行的汽轮机油作为一种液压工质，能够传递压力，通过调速系统对汽轮机的运行起到

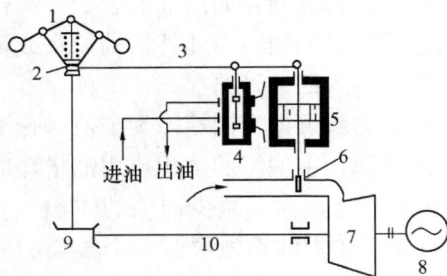

图 2-4　机组间接调速系统
1—离心调速器；2—套环；3—反馈杠杆；
4—滑阀；5—油动机；6—调速汽门；
7—汽轮机；8—发电机；9—蜗母轮；
10—主轴

调速的作用，见图 2-4。这种机械调节系统在早期的机组和现在 50MW 以下的小机组中采用，目前大机组均采用独立的电液调节系统。

功率稍大的机组多采用间接调速系统，如图 2-4 所示。该系统主要由离心调速器、套环、滑阀（错油门）、油动机（伺服电动机）、调速汽阀、反馈杠杆等组成。

机组调节系统处于平衡工况时，滑阀处于中间位置，控制油动机的压力油中断，使汽轮发电机组保持稳定的转速。当外界负荷改变时，将引起机组工作转速的改变，这种变化将由离心调速器所感应，通过反馈杠杆改变滑阀的位置，系统的高压油进入油动机的上（或下）油室，使其活塞向下（或向上）移动，从而关小（或开大）调速汽阀，调节进汽门，以适应新的负荷，保持了新的稳定转速。在油动机动作的同时将带动反馈杠杆，使滑阀动作后得以及时回复到平衡位置，从而完成了调节的全过程。

第二节　润　滑　与　摩　擦

汽轮机油在机组的润滑系统中，主要起润滑剂的作用。为了很好地了解汽轮机油的润滑作用，首先必须了解摩擦、磨损、润滑之间的相互关系。

一、摩擦

1. 摩擦的基本概念

两个相互接触的物体，在接触表面间产生的阻止物体相对运动的现象，称为摩擦。由于摩擦而产生的阻力称为摩擦力。金属表面不论采用哪一种加工方法进行加工，都存在着凹凸，即使最精细的加工表面，其凹凸高度仍有 $0.1\mu m$ 左右的误差，见图 2-5、图 2-6。

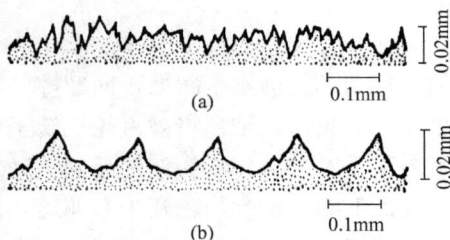

图 2-5　加工表面凹凸的放大图
（a）研磨加工表面；（b）车削加工表面

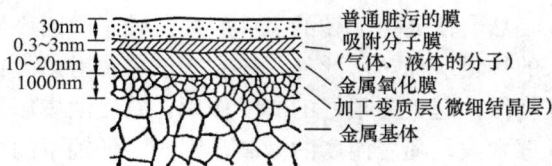

图 2-6　金属表面的构造

在机械运动中，发生相对运动的零件或部件统称为摩擦副，例如汽轮机中的轴承与轴瓦之间、气缸中的活塞和缸套之间等均构成摩擦副。

2. 摩擦产生的不良效果

摩擦必然导致摩擦热和磨损，其结果是：

（1）消耗大量的能量。摩擦阻力包括外摩擦（摩擦副间）和内摩擦（润滑油膜内部）。由于要克服摩擦阻力，必然要消耗大量的能量去做功。对于汽轮机来说，这就降低了机组的出力，增加了能耗，降低了经济效益。

（2）产生热量。根据能量守恒定律，克服摩擦阻力而消耗的那部分能量必然会转变为热能，如果不及时地散发出去，部件的温度会愈来愈高，结果降低机械强度，甚至产生热变形、热疲劳、间隙变小而导致摩擦、卡死，造成机件损坏。

（3）摩擦副磨损。摩擦会导致摩擦副的每个部件表面的减薄或划伤，引起部件的磨损，从而缩短汽轮机轴承和轴瓦的寿命。

3. 摩擦的分类

从摩擦表面的润滑情况看，摩擦又可分为：干摩擦、流体摩擦、边界摩擦和混合摩擦4类。不同的摩擦方式，摩擦时的能量损失和设备磨损的程度是不同的，见表2-1。

表 2-1   摩擦方式与磨损之间的关系

摩擦方式	摩擦系数 μ（近似值）	磨 损
干摩擦（滑动）	0.3	重度
干摩擦（滚动）	0.05	很轻
混合摩擦（滚动）	0.005~0.3	显著
流体摩擦	0.005~0.1	接近于零

（1）干摩擦。物体表面无任何润滑剂存在时的摩擦称为干摩擦，也称固体摩擦。纯粹的干摩擦在所有的机件中很少存在，因为各个摩擦副中或多或少会有润滑剂存在。

（2）流体摩擦。两物体表面被润滑油膜完全隔开时的摩擦称为流体摩擦，也就是流体润滑。此时摩擦发生在界面间的润滑油膜内，它可以有效地降低部件磨损，延长部件的使用寿命。又因为润滑油分子间的摩擦系数远小于摩擦副间的直接摩擦系数，故显著降低了功率消耗。

（3）边界摩擦。两物体表面被具有润滑性能的边界膜分开时的摩擦称边界摩擦，也就是边界润滑。这种边界膜是润滑油中的极性分子吸附在摩擦表面上。一般当机件在高温或低速运转时产生这种情况。边界摩擦普遍存在于滑动轴承、汽缸和活塞环、凸轮和随动件等处。相对于干摩擦来说，边界摩擦具有较低的摩擦系数，能有效地减少部件磨损，提高承载能力。

（4）混合摩擦。半干摩擦和半流体摩擦都叫混合摩擦。半干摩擦是指在摩擦表面上同时有干摩擦和边界摩擦。半流体摩擦是指在摩擦表面上同时有流体摩擦和边界摩擦。混合摩擦在汽轮机的轴承与轴瓦中存在。例如机组启动时为半干摩擦的混合摩擦；而机组停运时则为半流体摩擦的混合摩擦。凡摩擦副间出现两种润滑状态的都可称为混合摩擦。各种润滑状态的示意图及其摩擦系数的大致范围见图2-7。斯贝克（Stribeck）曲线特性因数 $C=(\nu V)/P$，C 值变小，则润滑趋于苛刻。

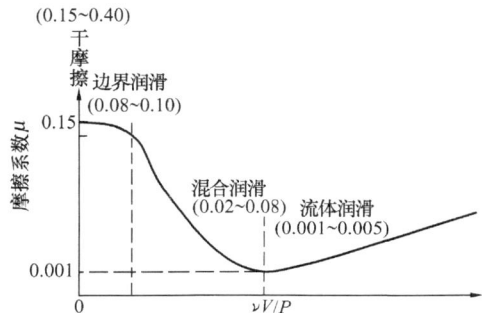

图 2-7 润滑状态曲线（Stribeck）

ν—黏度；V—速度；P—载荷

二、磨损

两个相互接触的物体做相对运动时，物体表面的物质不断转移和损失，这称为磨损。大部分

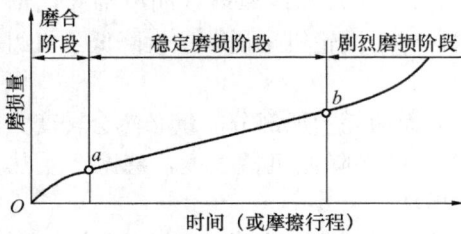

图 2-8　磨损量与时间的关系

的磨损现象是摩擦产生的结果。可以说有摩擦存在必然会产生磨损，只是应尽量减少磨损而已。

1. 磨损过程

任何部件的正常磨损过程，一般分为 3 个阶段，见图 2-8。

(1) 磨合阶段。新的摩擦副表面具有一定的表面粗糙度，这时真实接触面积较小。磨合阶段可以使表面逐渐磨平，真实接触面积逐渐增大，磨损速度变慢，见图 2-8 的 Oa 阶段。通过人为的磨合阶段的轻微磨损，可为正常运转的稳定磨损创造条件。

在摩擦副的磨合过程中，使用加有磨合剂的润滑油，可以缩短磨合时间，提高磨合质量。这些磨合添加剂在摩擦面凸起点处瞬间高温作用下分解，与铁反应生成化合物，它再与铁生成低熔点的共融合金（即所谓的化学抛光作用），这种共融合金膜易被剪切磨掉，更适宜于摩擦副的磨合。

(2) 稳定磨损阶段。这一阶段磨损缓慢而且稳定，如图 2-8 所示的 ab 段。在图上这段曲线的斜率是不变的，说明磨损速度不变，磨损稳定。通常部件寿命的长短就取决于这一阶段时间的长短。

(3) 剧烈磨损阶段。经过长时间的稳定磨损后，摩擦副表面之间的间隙和表面形状有了改变，并产生了疲劳磨损，磨损速度急剧加快，直到摩擦副不能正常工作。这时机械效率下降，精度下降，产生异常的噪声和振动，摩擦副温度迅速升高。对于汽轮机润滑系统而言，将导致机组输出功率下降，这时必须进行大修。

2. 磨损类型

常见的磨损类型有：磨料磨损、疲劳磨损、腐蚀磨损、黏着磨损。

(1) 磨料磨损。润滑系统油中，由于含有机械杂质、尘埃及磨损下来的金属屑，在进入摩擦副后，由于滑动在摩擦表面犁出沟槽。这种产生塑性变形受到的损伤就是磨料磨损。

在汽轮机系统中常见的轴瓦的划伤等就属于磨料磨损。为了减少磨料磨损，减少硬粒物质进入摩擦副，有效地控制润滑油的清洁度是非常必要的。

(2) 疲劳磨损。疲劳磨损是在周期性的负荷长期作用下发生的。疲劳磨损发生的过程是：在固体表面或内部首先发生微小裂纹，然后裂纹继续发展直至连通，这时微小金属块就会脱落，表面出现微小的凹坑，这种情况也可叫做疲劳点蚀。

疲劳磨损产生的主要原因是：零件承受反复作用的接触应力达到一定次数后产生的。当有高黏度的润滑油存在，摩擦面接触区域压力分布均匀，并且油膜吸收一部分冲击能量，从而降低接触应力，减缓接触应力变化的幅度，从而降低产生的疲劳磨损。润滑油的黏度低，一方面容易渗入裂纹中，加速裂纹的发展；另一方面因油膜的强度降低，不能有效分散所承受的接触应力，使应力集中，疲劳磨损增加。

因此，从减少疲劳磨损的角度看，摩擦副之间所用的润滑油还是选用较高黏度的润滑油好。

(3) 腐蚀磨损。腐蚀磨损是由腐蚀和磨损两个过程造成的。固体表面首先与环境介质中化学活性物质发生化学反应或电化学反应，其腐蚀产物降低了接触表面的机械强度，然后再经机械摩擦，将反应物去除。

（4）粘着磨损。摩擦副相对运动时，表面微凸体之间由于密切接触而形成结点，使得接触表面的材料从一个表面转移到另一个表面的现象称为粘着磨损。

三、润滑

能减少摩擦降低磨损的作用称为润滑。在摩擦副间加入的这种减少摩擦降低磨损的物质称为润滑剂，它可以是液体，如各种各样的润滑油、水等，也可以是气体，如空气、氨、氢等，也可以是固体，如二硫化钼、石墨等。采用液体做润滑剂的润滑称为液体润滑；采用气体做润滑剂的润滑称为气体润滑；采用固体做润滑剂的润滑称为固体润滑。

就润滑角度而言，液体摩擦状态可视为完全润滑，混合摩擦状态可视为不充分润滑或部分润滑。完全润滑与不充分润滑是有区别的。在完全润滑状态时，滑动摩擦副完全被润滑剂薄膜隔开。当润滑不充分时，干摩擦、混合摩擦以及中间过渡状态都可能出现，从而造成较大的能量损耗和设备磨损。

1. 汽轮机机组轴承的工作原理

汽轮机采用的轴承有两种：径向支持轴承和轴向推力轴承。径向支持轴承用来承担转子的质量和旋转的不平衡力，并确定转子的径向位置，以保持转子旋转中心与汽缸中心一致，从而保证转子与汽缸、汽封、隔板等静止部分正确的径向间隙。推力轴承承受蒸汽作用在转子上的轴向推力，并确定转子的轴向位置，以保证流通部分动静间正确的轴向间隙。

由于汽轮机轴承是在高转速、大载荷的条件下工作的，因此，要求轴承工作必须安全可靠，摩擦力尽可能地小。为了满足这一要求，汽轮机轴承都采用以油膜润滑的滑动轴承。这种轴承采用循环供油方式，由供油系统连续不断地向轴承提供压力、黏度合乎要求的润滑油。

两平面间建立油膜的条件是：①两平面间必须形成楔形间隙；②两平面间有一定速度的相对运动，并承受载荷，平板移动的方向必须由楔形间隙的宽口移向窄口；③润滑油必须有一定的黏性和充足的油量，润滑油的黏度越大，油膜的承载力越大，但油的黏度过大，会使油的分布不均匀，增加摩擦损失；④润滑油必须是流动的，温度过高会使油黏度大大降低，以致破坏油膜的形成，所以必须有一定量的油不断流过，把热量带走。

机组中的径向（支持）轴承和推力轴承主要起支撑和稳定作用。它们均为滑动轴承，其轴径和轴瓦之间常以汽轮机油的液体摩擦代替其间的固体摩擦，从而起到润滑的作用。

2. 汽轮机油的润滑机理

当油品分子与金属表面接触时，能牢固地与金属的晶格相结合，并沿一定的方向排列。这种定向排列还可扩展到更多层的油分子中，由此便形成了润滑油层（油膜）。油品分子具有的这种特性通称"润滑性"或"油性"。

径向支持轴承油膜的形成：图 2-9 为径向轴承工作情况示意图。由于轴瓦的内孔直径略大于轴颈的直径，当轴静止时，在转子自身重力的作用下，轴颈位于轴瓦内孔的下部，直接与轴瓦内表面的乌金接触，这时轴颈中心在轴瓦中心的正下方，在轴颈与轴瓦之间形成上部大，下部逐渐减小的楔形间隙。

如果连续地向轴承供给具有一定压力和黏度的润滑油之后，当机组的大轴颈在加有汽轮机油的轴承中旋转时，具有一定油性和黏度的油品会粘附在轴颈上，在轴表面牢固地形成一

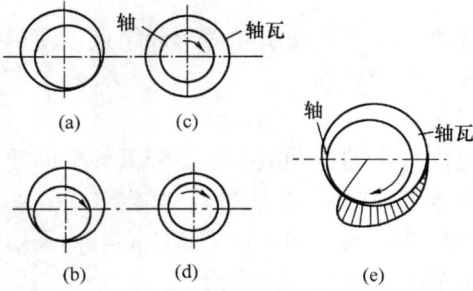

图 2-9 径向轴承油楔的形成

(a) 转速＝0；(b) 转速＞0；(c) 转速≫0；

(d) 转速→∞；(e) 油楔压力分布

薄层油分子，并随轴颈一起转动，而且还带动邻近层的油分子转动，进入油楔向旋转方向和轴承端流动，使轴颈与轴瓦之间构成了镰刀形的间隙。随大轴一起转动着的油分子将自间隙较宽的部分挤到较窄的部分，由于带入的润滑油具有不可压缩性，从而形成有一定压力的楔形油层〔见图 2-9（e）〕，即油楔。油楔压力随转速的增大而增大，当这个油楔压力超过轴颈上的载荷时，便把轴颈抬起，使间隙增大，产生的油压将有所降低。当油压作用在轴颈上的力与轴颈上的载荷平衡时，轴颈便稳定在一定的位置上旋转，轴颈中心与轴瓦中心相重合，如图 2-9（a）～（d）所示。此时轴颈与轴瓦完全由油膜隔开，建立了流体润滑，此时的摩擦为液体摩擦。在这整个过程中使得摩擦由液体摩擦代替了开始的干摩擦，润滑油在其中起着良好的润滑作用。

3. 轴承特性因素

从前面的介绍可知，油品的黏度、轴的转速和负荷是影响轴承内能否形成液体润滑的 3 个密切相关的因素。它们之间的关系可用特性因素表示。

$$G = \eta N/P \tag{2-1}$$

式中 G——特性因素；

η——油的动力黏度，Pa·s；

N——轴的转速，r/s；

P——负荷，Pa。

对于具体的机械，其转速和负荷均已固定，只能根据上式选择合适黏度的油品来保证轴承的液体润滑作用。汽轮机润滑主轴承的最小允许 G 值一般约为 255×10^{-9}。从而可利用式（2-1）计算出所选油品的动力黏度，进而选择适合该轴承的润滑油。选择和计算油品的黏度可参考表 2-2 中所列最小 G 值。

表 2-2   特性因素最小允许值

机 械 名 称	轴 承	G_{min}
汽轮机	主轴承	255×10^{-9}
发电机、电动机、离心机	转子轴承	425×10^{-9}
低速陆用蒸汽机	主轴承、曲轴连杆曲承	476×10^{-10}；136×10^{-10}
高速陆用蒸汽机	主轴承、曲轴连杆曲承	595×10^{-10}；136×10^{-10}

从图 2-8 中可以看出：轴承润滑在工作范围内，油品的黏度小，有利于降低摩擦，减少能耗。但是黏度过小，润滑状态会向混合摩擦状态转移，从而造成能耗增加，磨损增大。因此在选择润滑油时，应综合考虑机组的情况，选择具有适当黏度的润滑油，既保证设备能得到良好的润滑，又尽可能的降低设备正常运行中的能耗。

因此黏度是润滑油的一个非常重要的经济技术指标。

第三节 汽轮机油的性能

汽轮机油是从石油中提炼加工而成的烃类混合物。所谓汽轮机油的特性，是在特定试验条件下所表现出的物理、化学性能，其特性指标均是条件试验下的结果。

需要指出的是，本书所提到的油品的特性与传统上物理、化学所说的特性有着本质的差别，因为油品是烃类的混合物，不是单质物质。众所周知，只有单质物质在物理、化学上才有特定的物理、化学特性。

汽轮机油的物理化学性能指标是验收新油和监督指导安全运行的依据。因此油务监督人员必须掌握汽轮机油的相关标准，并了解相应物理化学指标在应用上的作用和意义。

一、汽轮机油的性能

为了使汽轮机—发电机组能安全可靠运行，要求汽轮机油应具有以下性能。

（1）要有良好的抗氧化安定性。汽轮机油在机组中要连续循环使用，由于循环速度快，在运行温度下与空气、金属直接接触，易使油品老化劣化。如果长期使用，油品必须具有良好的抗氧化安定性，以便降低氧化速度，减少沉淀物的生成，延缓油品酸值的上升，延长油品的使用寿命。

（2）要有良好的润滑性能。选择适当黏度的油品，对于保证机组处于良好的润滑状态是非常重要的。除要求汽轮机油要有适当的黏度外，同时还要求油品具有较好的黏温特性，以保证设备在不同温度下时，油品的黏度变化最小，起到良好的润滑效果。

（3）要有良好的抗乳化性能。机组在运行过程中，由于机组的轴封不严，不可避免地会有蒸汽和冷凝水泄漏到油系统中，在运行温度和循环搅拌下，就形成了油水乳状液，这样就影响了油品对部件的润滑效果，进而危及机组的安全经济运行。因此，要求油品要有良好的抗乳化性能，使漏入油中的水分在油箱中能迅速地沉积、分离，以保证油品对机组部件的润滑。

（4）要有良好的抗腐蚀性能。油品在运行过程中，因氧化劣化产生的一些有机酸等腐蚀产物是不可避免的，再加上有蒸汽、水分的渗入，使油品对整个润滑系统所采用的金属部件有一定的腐蚀性，因此在实际工作中除对设备采取一些防腐措施外，还要求油品本身具有一定的抗腐蚀性能。

（5）要有良好的抗泡沫性能。新油中会残留一定量的酸、醛等表面活性物质，运行中油品因氧化劣化也会产生一些酸、醛、树酯等老化产物。当这些物质在油中积累达到一定数量后，在系统循环搅拌下，会产生大量泡沫，使本来不可压缩的油品具有了一定的可压缩性，容易造成液压调速系统的失灵和滞后；使润滑系统的油动机造成气蚀，供油不畅，摩擦增大，损坏部件；泡沫的积累还会使润滑油从油箱顶部大量溢出，形成火灾隐患。因此，油品要有良好的抗泡沫性能。

二、汽轮机油的技术规范

1. 国内汽轮机油的标准

我国国家的汽轮机油标准为 GB/T 11120—1989《L-TSA 汽轮机油》，该标准中的油品属抗氧防锈汽轮机油。

国标 GB/T 11120—1989《L-TSA 汽轮机油》按 40℃时的运动黏度将汽轮机油划分为

32、46、68、100 这 4 个不同牌号，并分为优级品、一级品和合格品 3 个等级。电力系统常用的有 32 号和 46 号。其技术规范见表 2-3。

2. 国外汽轮机油的标准

国际标准化组织（ISO）于 1986 年提出了汽轮机油的标准，见表 2-4。此外英国、美国等国家均颁布了汽轮机油的标准，分别见表 2-5、表 2-6。

表 2-3　　　　　　　　　　L—TSA 汽轮机油 （GB/T 11120—1989）

项　目	质　量　指　标			试 验 方 法
	优极品	一极品	合格品	
黏度等级（按 GB 3134）	32　46　68	32　46　68	32　46　68	—
运动黏度（40℃，mm²/s）	28.8～35.2　41.4～50.6 61.2～74.8	28.8～35.2　41.4～50.6 61.2～74.8	28.8～35.2　41.4～50.6 61.2～74.8	GB/T 265
黏度指数①≥	90	90	90	GB/T 1995
倾点②（℃）≤	—7	—7	—7	GB/T 3535
开口闪点（℃）≥	180　180　195	180　180　195	180　180　195	GB/T 3536
密度（20℃）（kg/m³）	报告	报告	报告	GB/T 1884
酸值（mgKOH/g）≤	—	—	0.3	GB/T 264
中和值（mgKOH/g）≤	报告	报告	—	GB/T 4945
机械杂质	无	无	无	GB/T 511
水分	无	无	无	GB/T 260
破乳化值③（47-37-3）mL 54℃（min）≤	15　15　30	15　15　30	15　15　30	GB/T 7305
起泡性试验④（mL/mL） 24℃，≤ 93℃，≤ 后 24℃，≤	450/0 100/0 450/0	450/0 100/0 450/0	600/0 100/0 600/0	GB/T 12579
抗氧化安定性⑤ a. 总氧化产物（%） 沉淀物（%） b. 氧化后酸值达 2.0 mgKOH/g 时，≥	报告 报告 3000　3000　2000	报告 报告 2000　2000　1500	— — 1500　1500　1000	SH/T 0124
液相锈蚀试验（合成海水）	无锈			GB/T 11143
铜片试验（100℃，3h）/级≤	1			GB/T 5096
空气释放值⑥（50℃）（min）≤	5　6　8	5　6　8		SH/T 0308

① 对中间基原油生产的汽轮机油，L—TSA 合格品黏度指数允许不低于 70；一极品黏度指数允许不低于 80。根据生产和使用实际，经与用户协商，可不受本标准限制。

② 倾点指标，根据生产和使用实际，经与用户协商，可不受本标准限制。

③ 作为军用时，破乳化值由部队和生产厂双方协商。

④ 测起泡性试验时，只要泡沫未完全盖住油的表面，结果报告为"0"。

⑤ 抗氧化安定性为保证项目，一年抽查一次。

⑥ 一极品中空气释放值根据生产和使用实际，经与用户协商可不受本标准限制。

表 2-4　　　　　　　　　　　　　汽轮机油标准 ISO/DIS 8068

项　　目		黏 度 等 级			试验方法
		32	46	68	
运动黏度(40℃，mm²/s)		28.2～35.2	41.4～50.6	61.2～74.8	ISO 3104
黏度指数	≥	80	80	80	ISO 2909
倾点(℃)	≤	—6	—6	—6	ISO 3019
密度(15℃)(g/cm³)		报告	报告	报告	ISO 3675
开口杯闪点(℃)	≥	177	177	177	ISO 2592
闭口杯闪点(℃)	≥	165	165	165	ISO 2719
总酸值(mgKOH/g)		报告	报告	报告	DP 6618
抗泡沫试验(mL/mL) 24℃ 93.5℃ 后 24℃	≤ ≤ ≤	450/0 100/0 450/0	450/0 100/0 450/0	450/0 100/0 450/0	DP 6274
空气释放值(50℃)(min)	≤	5	6	8	DIN 51381
破乳化时间 第一种方法(s)	≤	300	300	360	DIN 51589
第二种方法(47-37-3) 50℃(min)	≤	30	30	30	ISO 6614
液相锈蚀试验(15 号钢棒 24h)(合成海水)		通过	通过	通过	DIS7120 中 B 法
铜片腐蚀(100℃，3h)(级)	≤	16	16	16	ISO 2160
抗氧化安定性 第一种方法总酸值 (mgKOH/g) 油泥(%)	≤ ≤	1.8 0.4	1.8 0.4	1.8 0.4	DP 7624
第二种方法总酸值达 2.0 mgKOH/g 的时间(h)	≥	2000	2000	1500	DIS 4263

表 2-5　　　　　　　　　　　　英国汽轮机油规范 BS 489—1983

品　　种		TO	TO	TO	TO	试验方法	
黏度等级按(BS4231)		32	46	68	100	—	—
运动黏度(40℃，mm²/s)	≥ ≤	28.8 35.2	41.4 50.6	61.2 74.8	90 100	BS 2000 第 71 部分	IP71
黏度指数	≥	80	80	80	80	BS 4459	IP226/77
闪点(闭口)(℃)	≥	168	168	168	168	BS 2000 第 34 部分	IP34
倾点(℃)	≤	—6	—6	—6	—6	BS 2000 第 15 部分	IP15
破乳化值	≤	300	300	360	360	BS 2000 第 19 部分	IP19
铜片腐蚀(100℃，3h，级)	≤	2	2	2	2	BS 2000 第 154 部分	IP154
总酸值(mgKOH/g)	≤	0.20	0.20	0.20	0.20	BS 2000 第 1 部分(A 法)	IP1(A 法)
防锈性(24h)		无锈	无锈	无锈	无锈	BS 2000 第 135 部分 B 法(按附录 A 修改)	IP135，B 法， 按附录 A 修改

续表

品　　　种		TO	TO	TO	TO	试验方法	
起泡特性							
起泡倾向(mL)							
24℃	≤	450	450	450	450		
93.5℃	≤	50	50	100	100		
后 24℃	≤	450	450	450	450	BS 2000 第 146 部分	IP146
泡沫稳定性(mL)							
24℃	≤	0	0	40	40		
93.5℃	≤	0	0	10	10		
93.5℃后 24℃	≤	0	0	40	40		
空气释放值(在 50℃到 0.2%空气含量时)(min)	≤	5	6	8	10	BS 2000 第 313 部分	IP313
抗氧化安定性							
总氧化产物							
(TOP)(%)(m/m)	≤	1.00	1.00	1.00	1.00	BS 2000 第 280 部分	IP280
油泥(%)(m/m)	≤	0.4	0.4	0.4	0.4		

注 经卖方和买方同意，测定防锈性可以用合成海水来代替，在此种情况下，BS 2000：第 135 部分中方法 A 应该与本标准中附录 A 修改部分一起进行。

表 2-6　　　　　　　　　**美国汽轮机油标准 ASTM D4804—1984**

项　　　目		ISO-32	ISO-46	ISO-68	试验方法
闪点(℃)	≥	180	180	180	ASTM D92
倾点①(℃)	≤	—5	—5	—5	ASTM D94
运动黏度(mm²/s)		28.8～35.2	41.4～50.6	61.2～74.8	ASTM D445
目测		清洁光亮	清洁光亮	清洁光亮	ASTM D974
总酸值②(mgKOH/g)		报告	报告	报告	ASTM D892
抗泡沫试验 程序Ⅰ，倾向/安定性(mL/mL)	≤	400/0	400/0	400/0	ASTM D665A
防锈性		通过	通过	通过	ASTM D130
铜片腐蚀(3h, 100℃，级)		1	1	1	ASTM D943
抗氧化安定性③ 酸值达 2.0mgKOH/g 的时间(h)	≥	2000	2000	1500	ASTM D2272
降低到 175kPa 的时间(min)	≥	200	200	175	
清洁度④(0.8 微孔过滤器孔隙度)重量(mg/100mL)	≤	3.0	3.0	3.0	F313

① 根据使用要求可用更低凝点的油。

② 也可选用 ASTM D3339 方法。

③ 美国、加拿大验收新油时采用 ASTM D943 标准，由于此方法试验时间长，所以推荐采用 ASTM D2272 方法。

④ 油品的清洁度的测定方法、采样时间和地点可由供销双方商议。

三、汽轮机油的基本特性

前面已经介绍了汽轮机组要保持良好的润滑时，对汽轮机油性能的基本要求。在此简单介绍表征汽轮机油性能的几个主要技术指标在实际应用上的意义。

1. 外观指标

油品的外观通常包括油品的颜色、透明度和机械杂质几项内容，都是用肉眼观测的项目。

（1）判断油品精制的程度。对矿物新油而言，油品的颜色和透明度说明炼制过程中的精制深度，深度精制的油的外观颜色较浅，几乎是无色的。一般来说，油品的颜色深，透明度差，说明油品的精制深度低；反之，则表明油品的精制深度高。

（2）环境的污染。若油品中含有水分和机械杂质，则油品的颜色会逐渐加深，透明度也会逐渐下降，甚至用眼睛就能观察到杂质。

（3）判断运行油的老化程度。不论油品在贮存还是运输中，都难免与空气和盛装油品的容器接触而发生氧化，造成油品颜色的逐渐加深和透明度的降低，严重者会有杂质产生。

油品在运行过程中，会受到温度、电场等因素的影响，使油品发生氧化，产生氧化产物，这些氧化产物将加深油品的颜色和降低透明度。

2. 黏度与黏度指数

油品的黏度与一般液体的黏度概念相同。油品的黏度就表示油品在外力作用下作相对层流运动时，油品分子间产生内摩擦阻力。油品的内摩擦阻力愈大，流动愈困难，黏度也愈大。

黏度指数是一个用来表示油品黏度随温度变化的工业参数。也就是将试样与一种黏温性较好和另一种黏温性较差的标准油进行比较，而得出的该油品黏度受温度影响而变化程度的相对数值。

黏度和黏度指数都是表征汽轮机油润滑性能的重要技术指标，也是划分润滑油牌号的依据。汽轮机—发电机组所用的润滑油应具有适当的黏度和较高的黏度指数。这对于保证设备得到良好的润滑具有重要的意义。

黏度过低，则油膜强度不够，支撑不起轴颈的重量，不能使之处于平衡状态，易倾斜，进而引起摩擦，增大设备的能耗；但黏度过大，又会增加油品的阻力，降低轴承的转速，增大轴承的动力损失。为此要求油品应具有适当的黏度。

黏度指数高即黏温特性好。油品在高温时，能保持满足润滑所需的最低黏度；在低温时，黏度也不致过高，增加设备的能耗。因此，黏度指数高的油品，在工作温度的范围内，始终能够保证油品对设备良好的润滑效果。

由此可见，在选用汽轮机油时，不但要考虑其黏度的大小，而且在相同的条件下，还应尽量选用黏度指数高的油品。

通常汽轮机—发电机组在选择黏度等级牌号时，应遵照制造厂家建议。一般3000r/min及以上的机组选用32号汽轮机油，3000r/min及以下的机组选用46号汽轮机油。

油品的黏度随温度而显著变化，正常运行温度范围内允许的变化是由汽轮机制造厂规定的。润滑系统启动前，油泵允许的最大黏度和最低油温，也是由汽轮机制造厂推荐的。

黏度通常按测定方法的不同，将其分为动力黏度、运动黏度、条件黏度。润滑油一般常采用运动黏度来表示油品的黏度。

平氏毛细管黏度计（简称"毛细管黏度计"）是测定油品在 0℃ 以上运动黏度的常用仪器。它测定的是在一定温度下，一定体积的某一油品在重力的作用下，流过一个预先标定好的玻璃毛细管常数（c）的时间（τ，s）。毛细管的常数与流动时间的乘积即为该温度下油品的运动黏度。

$$\nu = c\tau$$

市售的毛细管黏度计都给定了毛细管常数 c。过期的毛细管黏度计则可通过法定计量部门进行重新标定。

3. 破乳化度

抗乳化性能通常是指油品本身抵抗油—水乳状液形成的能力。油品抗乳化能力的大小，一般以油—水乳状液分层时间的长短来表示，也就是通常所说的破乳化时间。分层愈快，即破乳化的时间愈短，则表明油品的抗乳化能力愈强，其抗乳化性能就愈好；反之，则表明油品的抗乳化性能差。

破乳化时间又称破乳化度，是在特定的仪器中，一定量的试油与同体积的水相混，在规定的温度下，以一定的搅拌速度搅拌一定的时间，使油水充分形成乳状液，在停止搅拌后，记录油水分离的时间，即为破乳化时间。

汽轮机油在运行过程中不可避免地要与水或水蒸气接触，为了避免油和水形成乳状液而破坏正常的润滑，要求汽轮机油应具有良好的水分分离的性能。

新的汽轮机油在制造过程中，由于精制程度不够，或者在贮存运输中被污染，均可造成破乳化时间的加长；运行中油在使用过程中发生氧化变质也会导致油品破乳化时间的延长。因此，对汽轮机油不但规定了新油的破乳化时间，而且对运行中油的破乳化时间也要加以控制。如果运行中的汽轮机油破乳化时间太长，所形成的乳状液不但能够破坏润滑油膜，增加润滑部件的磨损，还会腐蚀设备，加速油品氧化变质。故破乳化度是汽轮机油使用性能的一项重要指标，也是鉴别油品的精制深度、受污染及老化程度等的一项重要指标。

（1）乳状液的形成。通常情况下，表面活性物质的存在是形成油—水乳状液的重要条件之一。表面活性物质的分子由极性和非极性基团组成。极性基团主要有—OH、—COOH、—SO₂OH 等，它们均是典型的亲水性原子团，易"溶入"水相。非极性基团主要是长链烃基（—R），是典型的亲油性原子团，易"溶入"油相。在油—水界面处的这类物质随着其浓度的增大，其界面张力急剧下降，在剧烈搅拌的作用下，这种大界面的定向排列就变成了许多微小的液滴行排列，乳状液也就形成了。

表面活性物质的存在是形成乳状液的内因，它不仅决定了乳状液的稳定性，还决定着乳状液的类型。为了便于讨论，通常将油—水乳状液分为油包水型（W/O）和水包油型（O/W）两大类。油—水共存时究竟形成何种乳状液，则要看其表面活性物质的性质，若表面活性物质分子中亲水性部分比憎水性部分强时，则得到水包油型乳状液；反之，则得到油包水型乳状液。在运行中的汽轮机油往往形成油包水型乳浊液，这是因为水与界面膜之间的张力大于油与界面膜之间的张力，故水相收缩成水滴均匀地分布在油相中，形成了油包水状乳状液。

由上述分析可知，形成乳状液的主要条件是：①必须有互不相溶的两种液体；②两种混合液体中应有表面活性物质存在，这种表面活性物质也被称作乳化剂；③要有形成乳状液的能量，如强烈的搅拌、循环流动等。从这 3 个条件分析，当油品本身氧化较厉害，有较多氧化产物生成或受外界污染较严重时，油的乳化会特别突出，且不易分离。而运行中汽轮机油则满足了上述 3 个条件。即①汽轮机油中存在乳化剂。这些乳化剂包括炼制过程中残留的天然乳化物，如环烷酸皂类等表面活性物质，运输过程中混入了金属锈蚀产物、油漆、尘埃等，以及运行油油质老化时产生的低分子环烷酸皂、胶质等氧化产物；②汽轮机油中存在水分，这是由于机组轴封密封不严，漏汽漏水造成的。水与油是互不相溶的两种液体；③运行汽轮机油回到油箱受到激烈搅拌，具有形成乳状液的能量。因此，汽轮机油很容易形成乳状液。

（2）乳状液形成的危害。乳状液将给被润滑的部件造成许多危害。如乳状油进入轴承润滑系统可能析出水分，破坏油的正常润滑作用，增大部件的摩擦，引起局部过热，甚至会损坏机件。乳状液还可能沉积于循环系统的管路中，致使运行油不能畅通流动，造成供油不足，影响散热，引起设备故障。乳状液还会锈蚀有关金属部件（如汽轮机的调速机件、轴和轴瓦的光滑表面等）。另外，乳状液还能加速油品的氧化，使其酸值升高，产生更多的氧化产物，这将进一步增大破乳化时间。

鉴于上述危害，为保证机组的良好润滑和正常调速，要求循环的汽轮机油能在油箱停留的时间内使乳状液自行分离，分离出的水可沉降至油箱底部而排出，油则可继续使用。

（3）乳状液的稳定因素。乳状液的稳定因素主要有以下几个方面：

1）乳状液保护膜的强度。这主要取决于所含乳化剂的性质和数量。若乳化剂的表面活性比较强，或乳化剂的含量比较大，则形成的乳状液保护膜比较牢固，强度较大。该乳状液比较稳定，不易被破坏。

2）水相分散程度。水在油中的分散程度愈高，则乳状液愈稳定。而水的分散程度又与形成乳状液的能量有关，若搅拌愈剧烈，流动循环愈快，则水的分散程度愈高，形成的乳状液愈稳定。

3）油品的黏度和温度。油品的黏度愈大，或温度愈低时，形成的乳状液愈稳定。

4）形成时间。形成乳状液的时间愈长，乳化剂愈易浓集于油—水界面处，其形成的乳状液的液膜更牢固，此时的乳状液相当稳定，不易破坏。

（4）破乳化方法。针对乳状液的形成及其稳定性的分析，可以用以下几种方法进行破乳化。

1）物理方法。加热、沉降、离心分离、机械过滤、高压电脱水等方法皆能起到破坏汽轮机油乳状液的作用，达到油—水分离的目的。加热——乳状液受热时，因其中油和水的膨胀系数不同，密度差会增大，从而加速了乳状液液膜的破坏；受热时还可降低其黏度，有利于水珠的聚结和沉降，使得油—水分离。离心分离——乳状液在离心机中会受到较大的离心力作用，从而使乳状液液膜变形直至破坏，达到油—水分离。机械过滤——预热的乳状液在较高的压力下通过各种过滤器的滤料，乳液膜被破坏，从而达到油—水分离的目的。高压电脱水——乳状液在高压电场的作用下，油中水滴感应带电，并发生电泳现象。乳状液并将发生位移、碰撞、变形等，达到油—水分离。

2）化学方法。在乳化的汽轮机油中加入适当的破乳化剂后，可减小或破坏乳状液的稳定性，致使油—水分离，起到破乳化的作用。即在已乳化的油中添加一种与乳化剂性能相反的另一类表面活性物质（破乳化剂），能够使水与界面膜之间的张力变小或者使油与界面膜之间的张力变大，最终使水与界面膜之间的张力等于油与界面膜之间的张力，这时界面膜破坏，水滴析出，乳化现象消失。这就是破乳化剂的破乳化机理。

目前，在发电厂常用的破乳化方法是化学方法，即添加破乳化剂。破乳化剂的类型很多，最常用的也是最成熟的破乳化剂是聚氧乙烯聚氧丙烯甘油硬脂酸脂（GPE$_{15}$S-2），该破乳化剂在常温下能直接溶于油中。通常其添加量在万分之一（8～10mg/kg）左右，效果就已经很明显了。表 2-7 是 GPE$_{15}$S-2 型破乳化剂的性质。

表 2-7　　　　　　　　　　　　　GPE$_{15}$S-2 型破乳化剂的性质

状　态	羟　值	皂化值	mn	浊点 10%水溶液（℃）
黄色黏液	28.25	20.25	4061	6
黏度（30℃）	相对密度 d_4^{30}	表面张力 10%水溶液	油中溶解度（25～28℃）（%）	水中溶解度（25～28℃）
416.5	1.006	33.24	＞0.1	几乎不溶

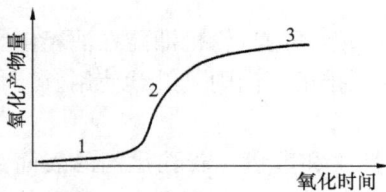

图 2-10　油品烃氧化的一般趋势
1—开始阶段；2—发展阶段；3—迟滞阶段

4. 抗氧化能力

（1）油品氧化的特点。油品的自动氧化反应有 3 个特点：氧化反应所需能量较少，在室温以下就能进行；氧化反应的产物较复杂，有液体、气体和沉淀物等，其中有机物居多，也有少量的无机物（CO_2、CO 和 H_2O 等）；油品的自动氧化通常分为如图 2-10 所示的 3 个阶段，即开始阶段、发展阶段和迟滞阶段。

1）开始阶段：油品开始发生氧化的初期，油品的氧化速度十分缓慢，油中生成的氧化产物极少（见图 2-11 中曲线的 1 部分）。这是因为油品内含有天然的抗氧化剂，阻止其氧化的缘故，油品本身的抗氧化能力越强，则此阶段时间越长；若氧化的温度较高，或存在加速油品氧化的其他因素，则此阶段氧化反应时间大为缩短，并立即转入氧化的第二阶段。

2）发展阶段：油品在此阶段的氧化速度急剧加快，油中氧化产物明显增多（见图 2-11 中曲线的 2 部分）。起初的氧化产物都溶解于油中，并具有强烈的腐蚀作用，如果再继续氧化，便会生成固体聚合缩合物，它们在油中达到饱和状态后，便从油中析出，形成所谓的油泥沉淀物。如果氧化的外界条件不变，此氧化反应加速到一定程度后，又会逐步减缓而进入氧化的第三阶段。

3）迟滞阶段：油品在此阶段的氧化反应受到一定的阻碍作用，氧化速度减慢，氧化产物减少（见图 2-11 中曲线的 3 部分）。这是因为油中所生成的氧化产物中，有某些具有酚的特性的氧化产物，它们开始起到阻止氧化过程的进行，而使氧化速度减缓，氧化产物也比前期减少。

关于烃类的自动氧化机理，从 19 世纪开始已有不少学者提出，但都未能完整地加以解释，直至 1926 年谢苗诺夫学派提出烃类自由基链锁反应机理的氧化学说后，才比较满意地解释了烃类的氧化。

（2）油品氧化的链锁反应学说。

1）自由基的概念。自由基又称游离基，分子在外力作用下原子间的价键遭到破坏，形成了具有未成对电子的原子或原子团，这种原子或原子团称为自由基。一般在外界因素（光

和热）的作用下，非常容易形成自由基，如

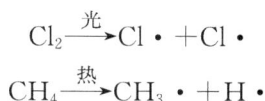

$$Cl_2 \xrightarrow{光} Cl \cdot + Cl \cdot$$

$$CH_4 \xrightarrow{热} CH_3 \cdot + H \cdot$$

自由基是非常活泼的原子或原子团。自由基和分子的反应的活化能只需几个千焦，饱和键间的反应需要上百个千焦的能量，这就说明，自由基和分子的反应，比起分子和分子间的反应更容易进行。

自由基又分为活性的、非活性的两种。绝大多数的自由基因为存在不成对价电子而具有很强的化学反应能力，它们是活性自由基，活化能很低，只有 $40 \sim 80 kJ/mol$。所以自由基发生反应要比通常分子发生反应容易得多，当有活性自由基存在时，即使外界不供应能量也能将反应继续下去。

2）链锁反应过程。有自由基参加的反应中，自由基从产生到消失所走过的轨迹称为"链"。这个链越长，中间产生的自由基越多，整个过程就进行得越快。

链锁反应学认为，油品烃类与氧分子进行的氧化反应为自由基链锁反应。该反应通常分为链的引发（链的开始）、链的发展（链的生长或链的增长）、链的终止 3 个阶段。若用 RH 代表烃类；$R \cdot$、$RO \cdot$、$H \cdot$ 和 $RO_2 \cdot$ 等分别代表各种自由基；ROOR 和 ROOH 分别代表过氧化物和氢过氧化物，则上述 3 个阶段可分述如下。

①链的引发：油中少数比较活泼、能量较高的烃分子在外界条件（光、热、电场等）的作用下，可通过以下某一反应首先生成活性自由基（有氧参与的反应更易进行）：

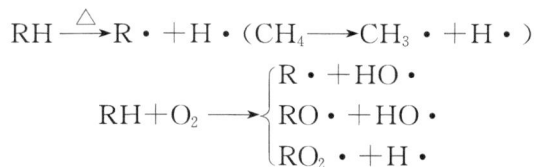

$$RH \xrightarrow{\triangle} R \cdot + H \cdot (CH_4 \longrightarrow CH_3 \cdot + H \cdot)$$

$$RH + O_2 \longrightarrow \begin{cases} R \cdot + HO \cdot \\ RO \cdot + HO \cdot \\ RO_2 \cdot + H \cdot \end{cases}$$

生成的活性自由基可导致链反应的发展，起到引发作用（诱导作用），此阶段又称为氧化的"诱导期"。诱导期越长，则油品的抗氧化安定性越好。

②链的发展：当产生具有高度活性的自由基（$CH_3 \cdot$）或自由原子（$H \cdot$）之后，链锁反应就会发展下去。如果只生成一个自由基或自由原子，此种反应称为无支链的链锁反应。

$$CH_3 \cdot + O_2 \longrightarrow CH_3COO \cdot （过氧化物自由基）$$

$$CH_3COO \cdot + CH_4 \longrightarrow CH_3COH + CH_3 \cdot （重新出现原来的自由基使链锁反应继续下去）$$

如果生成自由基或自由原子有两个或多个时，反应速度就会很快增大，这种反应称为有支链的链锁反应。如：

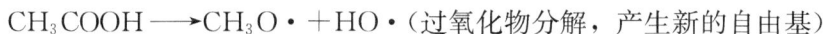

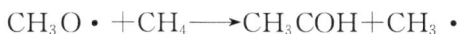

$$CH_3COOH \longrightarrow CH_3O \cdot + HO \cdot （过氧化物分解，产生新的自由基）$$

$$CH_3O \cdot + CH_4 \longrightarrow CH_3COH + CH_3 \cdot$$

$$HO \cdot + CH_4 \longrightarrow H_2O + CH_3 \cdot$$

上述反应由于不断产生新的活性自由基，使氧化速度加快，这就是链的发展。

③链的终止：随着链反应的发展，活性自由基浓度的增大，其自身结合以及与容器壁碰撞的几率也增大，加之与抗氧化剂（以 AH 表示）的作用等，皆可生成稳定产物或非活性自由基，从而使链反应终止。如：

$$R \cdot + R \cdot \longrightarrow R-R(CH_3 \cdot + CH_3 \cdot \longrightarrow CH_3-CH_3)$$

$$R \cdot + H \cdot \longrightarrow R-H(CH_3 \cdot + H \cdot \longrightarrow CH_4)$$

$$R \cdot + RO_2 \cdot \longrightarrow ROOR$$

$$R \cdot + AH \longrightarrow A \cdot + RH$$

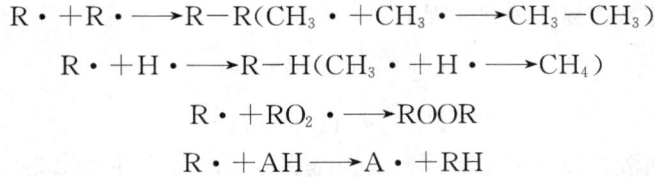

链反应的中断在油品使用中有重要的意义。为减缓油品的氧化作用，可加入效果较好的抗氧化剂，使链反应中断。这也就是抗氧化剂的作用机理。也就是说在自由基产生的初期，油中的抗氧化剂能与自由基起反应生成比较稳定的物质，即抗氧化剂能够消灭自由基，使氧化反应中断。这就是防止油质老化的重要措施之一。

综上所述，油的链锁反应即一个活性自由基出现以后，导致氧化反应的发生，并生成不稳定的过氧化物（中间产物），而这些中间产物又分解产生新的活性自由基，使氧化反应不仅继续进行，而且不断发展。这就是油品氧化的基本原理。

从烃类氧化反应学说可知，油品氧化的开始阶段主要是活性自由基的生成，发展阶段主要是新的活性自由基的产生，迟滞阶段主要是活性自由基减少，部分链反应终止。但应注意，在油品氧化的全过程中，每阶段皆同时有活性自由基的生成和终止，只不过在发展期内，活性自由基的生成速度大于其终止速度，活性自由基的浓度增大，加速了油品的氧化，而在迟滞期间内则刚好相反，活性自由基的终止速度远大于其生成速度，其浓度降低，油品氧化的速度减慢。若外界条件有利于新的活性自由基的生成，也可能使油品氧化进入发展阶段。

（3）油品的氧化产物及危害。

1）油品的氧化产物。油品烃类的结构不同，其氧化的方向和产物也各不相同。通常烃类的氧化方向可分为两大类。

第一类：烷烃、环烷烃以及带长侧链（C_5 以上）的环烷烃，随着氧化程度的加深，其氧化方向基本是：烷烃→过氧化物→醇、醛、酮→羧酸→半交酯→胶状、沥青状物质等。

第二类：无侧链或短侧链的芳香烃，随着氧化程度的加深，其氧化方向基本是：芳香烃→过氧化物→酚→胶质→沥青质→油焦质等。

几种烃类单独氧化时生成的氧化产物如表 2-8 所示。从表中可知，饱和烃氧化后生成的羰基化合物（醛、酮、酸等）、水和游离酸皆较多。

表 2-8　　　　　　　　　　　　　　几种烃类单独氧化时的产物

烃　类	过氧化物	游离酸	酯	醇	羰基化合物	水	CO_2	挥发性酚
烷　烃	4.1	14.3	16.3	1.9	46.0	43.9	4.7	
环烷烃	13.5	11.2	17.0	8.9	51.4	21.9	3.8	0.6
芳香环烷烃	4.3	5.1	23.1	8.5	27.2	16.7	1.2	0.4
烷基苯	6.7	9.5	12.7	3.3	36.2	18.2	6.5	微量
萘的衍生物	1.4	6.9	16.3	9.4	9.6	51.3	7.8	1.6

注　表中数据以消耗全部氧气量的％表示。

油品烃类的氧化产物，按性质大体上可分为 3 类：

①酸性产物：如羧酸、羟基酸、酚类和沥青质酸等。

②中性产物：如过氧化物、醇、醛、酮、酯、胶质、沥青质等。其中过氧化物不稳定，容易分解成醇、醛、酮等。而醇、醛、酮这类物质又进一步氧化生成部分酸性物质。胶质、沥青质等容易从油中析出而形成油泥和沉淀物。

③水和挥发性产物：油品氧化时常伴有微量水分生成，还有 CO_2、CO、低分子酸和低沸点烃等挥发性产物生成。

总之，油品氧化的终结阶段是生成油泥，油中有可见物，就标志着油的氧化过程已经进行了很长时间，油泥是一种树脂状的部分导电的物质，能适度地溶于油中，但随着氧化程度的加深，最终将从油中析出。

2）油品氧化产物的危害性。油品的氧化产物对生产运行的危害是多方面的，如影响设备的安全运行，给生产、设备带来不同程度的损失，造成严重的设备事故等。其主要表现有：会影响油质的理化性能，如使油品的黏度增大、酸值升高、pH 值下降；产生油泥沉淀物；腐蚀设备的金属部件等。

因此，对运行中油要求严格按照运行指标对油质加以监督控制，确保机组的安全经济运行。

（4）影响油品氧化的因素。

影响油品氧化的因素很多，有自身的原因，也有外界因素。

1）油品的组成。油品是各种烃类的混合物，混合烃的氧化情况较为复杂。但有大致的氧化趋势。如环烷烃中加入芳香烃时，其氧化速度大为减缓。这是由于芳香烃氧化后，生成的部分酚类物质有抗氧化剂的作用。从而减缓了整个油品的氧化。

2）油品的精制深度和净化程度。油品精制的深度不足或过度的精制都会使其在使用中极易氧化，即该油品的抗氧化安定性均不好。另外净化得不完全，油中残留的酸、碱等精制后的残渣对油品的氧化均有不同程度的加速作用。

3）温度。温度是影响油品氧化的重要因素之一。油品的氧化速度随温度的升高而加快。实践证明，在室温以下，油品氧化极为缓慢；若超过室温，并继续升高温度时，其氧化速度将加快；超过 50～60℃后，其氧化速度大为增加，80℃以上时，一般温度每增高 10℃，则氧化速度将增加一倍。

表 2-9 为油品在较高温度下的氧化速度。油品吸收定量氧的时间随温度升高而大为减少，由此表明，温度升高将大大加快油品的氧化速度。

表 2-9　　　　　　　　　温度对润滑油氧化速度的影响　　　　　　　　　min

温度（℃）	110	125	150	200	250	275	300
1 号油样	48000	12000	180	55	25	5	0.7
2 号油样	24000	5500	95	25	9	1	

注　表中数据为常压下，10g 试油吸收 5mg 氧所需的时间。

因此，应尽量保持油品在低温下使用，以减缓油品的氧化。

4）氧气。氧气的存在是油品氧化的根本原因。单位体积的油品中，氧化气体中氧气浓度增加（见表 2-10）或氧化气体总压力增加，均能加速油品的氧化，其氧化曲线为自动催化型。

表 2-10　　　　　　　　　　　　　氧气浓度对油品氧化的影响

氧化温度 （℃）	空 气 氧 化			氧 气 氧 化		
	酸值 （mgKOH/g）	皂化值 （mgKOH/g）	沉淀物 （％）	酸值 （mgKOH/g）	皂化值 （mgKOH/g）	沉淀物 （％）
90	0.108	0.253	无	0.189	0.305	无
120	0.188	0.243	无	0.290	0.641	无
150	0.653	1.003	微量	2.85		0.229

注　本表数据为同一试验油在不同温度下、两种情况的氧化，其他条件均相同。

　　增大油品与空气的接触面，同样会加速油品的氧化，增加二次氧化产物的量，如表2-11所示。

表 2-11　　　　　　　　　某润滑油与空气接触面不同时的氧化情况

氧化条件	油与空气的接触面（cm²）	氧化后沉淀物（％）
150℃下，通空气氧化 15h	9	0.01
	25	0.08

　　因此，在油品使用中，应尽量减少油品与氧的接触，最好不与空气接触，为此在变压器的维护管理中规定，容量在 8MVA 及以上的油浸式变压器应安装隔膜封或充氮保护，目的就是使变压器油不直接与空气接触，减缓油品的劣化。

　　5）催化剂。事实表明，部分金属及其盐类等物质会加速油品的氧化。通常将这类物质称为油品氧化的"催化剂"，即它们对油品的氧化起到催化的作用。如铅、铜、铁等金属对油品氧化的催化作用较强，而铝和镍的催化作用较弱，多种金属（或合金）比单一金属的催化作用强，见表 2-12 中的试验数据。

表 2-12　　　　　　　　　　　　部分金属对油品氧化的催化作用

项　　目	新　　油	氧化油（120℃，氧化 70h）				
		无金属	铅	铜	铁	锌
酸值（mgKOH/g）	0.06	0.06	11.84	0.17	0.07	0.06
胶质（％）	无	无	29.3	2.5	0.6	0.8
沉淀物（％）	无	无	2.64	0.03	微量	无

　　金属对油品氧化的催化效应，主要与金属表面的新机体有关，它可以促使自由基的生成：$M+O_2 \rightarrow M \cdots O_2$；$M \cdots O_2 + RH \rightarrow R \cdot + M + HOO \cdot$，而这些活性自由基将加速油品氧化过程的进行。

　　溶解在油品中的金属盐也能加速油品的氧化，这与金属离子、电子的直接传递有关：$ROOH + M^{2+} \rightarrow RO \cdot + M^{3+} + OH^-$；$ROOH + M^{3+} \rightarrow ROO \cdot + M^{2+} + H^+$

　　由于上述反应（M 表示金属催化剂），金属离子以 $M^{2+} \rightarrow M^{3+} \rightarrow M^{2+} \rightarrow M^{3+} \cdots$ 的程序不断促进自由基的生成，从而加速油品的氧化。

　　由表 2-13 可知，金属的新机体形成表面膜后，可减弱其催化作用。

表 2-13　　　　　　　　　　　　黄铜片表面膜对油品氧化的影响

试验序号	黄铜表面状况	酸　值		沉　淀　物	
		（mgKOH/g）	比较（%）	质量分数（%）	比较（%）
1	机械擦净，无表面膜	0.625	100	0.104	100
2	第 1 次试验过的黄铜片用汽油洗涤后，用于第 2 次试验	0.225	35	0.056	54
3	第 2 次试验过的黄铜片用汽油洗涤后，用于第 3 次试验	0.315	48	0.036	25

6）电场和日光。

①电场的影响：由表 2-14 中的数据可知，若在油品的氧化过程中施加电压，则氧化油的沉淀物和皂化值均有增加。再分别测定油和沉淀物中的酸值，发现有电场作用的油的酸值低于无电场作用的油的酸值，沉淀物中的酸值规律正好相反，这表明电场有使油中的有机酸转变成沉淀物的趋势，故有电场作用的油的酸值较小。

②日光的影响：日光中的紫外光能加速自由基的生成，因而油在日光照射下可加速其氧化反应的速度。这可以从表 2-15 中的数据看出。例如位于户外的用油电气设备上的高压套管（透明、玻璃制）内和油位指示器内的绝缘油，因经常被日光照射，氧化速度较快。

表 2-14　　　　　　　　　　　　电场对油品氧化的影响

氧化条件 （90℃，180d）	油　氧　化　后			
	沉淀（%）	皂化值（mgKOH/g）	酸值（mgKOH/g）	沉淀中的酸值（mgKOH/g）
有电场 25V	2.54	2.45	0.0098	0.988
无电场	1.10	1.84	0.0490	0.369

表 2-15　　　　　　　　　　同一油品在不同存贮条件下的对比试验数据

变压器油	介质损耗因数 （90℃，%）	界面张力 （mN/m）	含水量 （μg/g）
油贮存于洁净玻璃瓶，暴露于日光下	0.31	36	50
贮于密封的铝瓶中	0.10	44	18

（5）抗氧化剂的基本要求。能够改善油品抗氧化安定性的少量物质称为"抗氧化添加剂"，简称"抗氧化剂"。

能在油中起抗氧化作用的物质较多，但并不是所有这些物质皆能作抗氧化剂使用，还必须具有以下主要特点：抗氧化能力强，油溶性好，挥发性小；不与油中组分起化学反应，长期使用不变质，不损害油品的优良性质和使用性能，不溶于水；不腐蚀金属及设备中的有关材料，在用油设备的温度下不分解、不蒸发，不易吸潮等；感受性好，能适用于各种油品。

油品抗氧化剂的种类较多，我国电力系统通常添加 2,6－二叔丁基对甲酚（T501 抗氧化剂）。

对汽轮机油而言，由于汽轮机油在运行过程中是循环使用的，会吸收空气中的氧，并与氧发生反应形成老化产物。若轻度氧化，则生成的产物是可溶性的，即溶解于油中，对油品的理化性能无明显的影响。若油品氧化比较严重,则会产生大量的酸性产物和不溶性油泥,而这些酸性产物将腐蚀设备的有关部件，油泥沉积在轴承通道、冷油器、过滤器、主油箱和联轴器内，形成绝热层降低了设备的传热性能。过多的氧化产物还会增加油品的黏度，影响设备的润滑效果。

为了提高汽轮机油的抗氧化能力，保证油品在恶劣条件下的长期使用。通常的作法是在深度精制的基础油中添加抗氧化剂。但是随着汽轮机油运行时间的延长，抗氧化剂会逐渐消耗，应及时补加，以确保油品的抗氧化能力，添加量通常为 0.3%～0.5%。

5. 防锈性能

汽轮机油中有水分存在时，不但能使运转机件金属表面产生锈蚀，同时还能加速润滑油的氧化变质，当汽轮机油中水分含量大于 0.1% 时，就能产生锈蚀。如果油中同时还有水溶性酸存在，则锈蚀的情况更为严重。所以防锈性能是汽轮机油的一项重要性能，因为汽轮机油在运行过程中，不可避免地会有水或水蒸汽侵入。

为了提高汽轮机油的防锈性能，一般是在基础油中添加防锈剂。但随着系统中水分的排除和运行过程中的颗粒杂质的过滤，均会导致防锈剂含量减少，而使防锈性能下降，所以应定期检查防锈性能，及时补加防锈剂。

汽轮机油对防锈剂有如下要求：

①防锈剂对金属要有充分的吸附性能，在金属表面上形成致密的分子膜，也不能被酸或盐所溶解。

②对油的溶解性要好，在使用中不易从油中析出。

③对油的物理化学性能没有不良影响。

④防锈剂在汽轮机油运行温度下不易裂解，能保持其防锈作用。

介于汽轮机油对防锈剂的要求，目前电厂普遍采用的，也是比较成熟的防锈剂是 T746 防锈剂，学名为十二烯基丁二酸，该物质是一种具有表面活性的有机二元酸。其结构式为

非极性基团（烃基）　　　　　　　　　　极性基团（羧基）

T746 防锈剂的质量标准如表 2-16 所示。

表 2-16　　　　　　　　　T746 防锈剂的质量标准（SH 0043—1991）

项　目		质　量　指　标		试　验　方　法
质　量　等　级		一　级　品	合　格　品	
外观		透明黏稠液体		目　测
密度（kg/m³）		报　告		GB/T 1884；GB/T 1885
运动黏度（100℃，mm²/s）		报　告		GB/T 265
闪点（开口）（℃）	≥	100	90	GB/T 3536
酸值（mgKOH/g）		300～395	235～395	GB/T 7304
pH 值	≥	4.3	4.2	SH/T 0298
碘值（gI/100g）		50～90	50～90	SH/T 0243

T746 防锈剂的作用机理是：从上述 T746 防锈剂的分子结构中可以看出，T746 防锈剂分子中含有极性基团的羧基和非极性基团的烃基。当 T746 防锈剂加入到油中时，极性基团的羧基具有憎油性，易被金属表面吸附，而非极性基团具有亲油性，易溶解在油中。因此，T746 防锈剂在油中遇

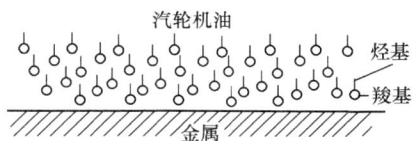

图 2-11　T746 防锈剂防锈机理示意图

到光洁的金属表面，其分子的极性基团的羧基一端能规则地吸附在金属表面上，从而形成致密的分子保护膜，有效地阻止了水、氧和其他侵蚀性介质的分子或离子渗入到金属表面，起到防锈作用。图 2-11 是 T746 防锈剂的防锈机理示意图。

6. 抗泡沫性能和空气释放值

抗泡沫性试验是评定润滑油、液压油生成泡沫的倾向及泡沫稳定性的一项技术指标，空气释放值是表示润滑油分离雾沫（弥散）空气的能力。

在循环使用的汽轮机油中，不可避免地会进入一些空气，特别是在激烈搅动的情况下进入的空气更多。不论空气是以哪种形式存在于油中，都会对设备运转带来不良影响。

润滑系统常见的机械振动和噪声、油压不稳、虚假油位、油箱油溢流等现象，大都与汽轮机油的抗泡沫性能差有关。

在润滑与液压共用汽轮机油的系统中，若油中含有过多的空气，当其通过伺服阀等节流部位时，由于油压下降会使油中的空气释放出来，从而造成油泵运行不稳，影响自动控制和操作准确性，造成液压调节系统的失灵或滞后。

此外，油中存在气泡还能造成润滑油膜的破裂以及润滑部件的磨损。所以当发现油中有大量泡沫存在时，应及时地采取处理措施。

在油品的技术规范中，通常用抗泡沫指标来表示油品形成泡沫的能力，用空气释放值来表示分离雾沫空气的能力。一般油品的抗泡沫性能好，则空气释放值差，反之亦然。

7. 酸值

由于汽轮机油的运行环境，使得汽轮机油不可避免地与空气水分接触，而使油品氧化，生成一些酸性氧化产物，所以酸值是汽轮机油的主要性能指标之一。汽轮机油在长期的使用过程中，如果酸值过大，一方面将造成设备的腐蚀，另一方面也会促使润滑油继续氧化最终生成油泥，给设备运行带来不利的后果。因此在技术规范中规定了运行中油的酸值标准，若酸值超过规定值，则油品就不能继续使用，必须进行处理或更换新油。

8. 闪点

对汽轮机油而言，闪点也是一项安全性指标。要求汽轮机油在长期高温下运行，应安全稳定可靠。一般闪点越低，挥发性越大，安全性越小，故将闪点作为运行控制指标之一。

第四节　影响运行汽轮机油性能的因素及危害

汽轮机油润滑系统是一个开放式运行的复杂体系，因油品需要承受高温应力，并运行在有氧气、水分、金属颗粒等杂质的恶劣环境中，会严重影响运行汽轮机油的某些性能指标，从而危及机组的运行安全。

一、汽轮机油油质劣化的原因

1. 油品的化学组成及精制程度

汽轮机油是由烃类的混合物组成的。基础油中的石蜡烃、环烷烃和芳香烃的相对比例会直接影响着油品的黏度、凝点、闪点等理化指标。芳香烃对油品抗氧化安定性的影响有一定的规律，这与芳香烃结构和含量有关。一般采取提高基础油的精制深度，即减少油中的有害物质，加入所需添加剂来改善油品的质量，以满足电力用油的需要。

2. 润滑系统结构

（1）油箱不但用于储存系统的全部用油，还起着分离油中空气、水分和各种杂质的作用。所以油箱结构的设计也将影响汽轮机油的性能。若油箱容积设计过小，将增加油循环次数，使油在油箱停留时间相应缩短，而不能使水分很好地析出，使油品的破乳化作用减弱，加速了油品的氧化。

（2）油的流速、油压对油品性能也有影响。进油管中的油不但有一定的油压，而且还应维持一定的流速（1.5～2m/s）。而在回油管中的油是没有压力的，因此流速一般也较小（0.5～1.5m/s）。回油速度太快，回到油箱的冲力也就越大，会使油箱中的油飞溅，容易形成泡沫，造成油中存留气体，加速油品的氧化。同时回油速度过大，也会造成冲力过大而激烈搅拌，使油水更易形成乳状液，而使油水不能很好地分离。

3. 启动时油系统的状况

新机组投运前，润滑系统管路往往会存在焊渣、碎片、沙粒等杂物，所以在启动之前都要对整个系统进行大流量清洗，若清洗不彻底，投运后会带来很大麻烦，严重时会造成轴承磨损和调速器卡涩等，这些杂质还会使油品的物理化学性能降低，导致油品性能的降低。所以润滑系统每个部件都应预先清洗，并加强防护措施，防止腐蚀和污染物进入，在现场贮存期间要保持润滑系统内表面清洁，安装部件时要使系统开口最小，减少和避免污染，保持清洁。

4. 油系统的运行温度

前面已经讲过，油品的氧化劣化受温度的影响，温度升高加速油品的氧化。特别是在系统中轴承部位有过热点出现时，会引起油质的变化，此时应调节冷油器，控制油温。

5. 润滑油系统检修

润滑油系统检修质量的好坏对油品的物理化学性能有着直接影响。尤其漏汽漏水机组油系统比较脏，油中会有铁锈、乳化液、沉淀物，若不能彻底清理干净，则会降低油品性能。有时由于检修方法不当，如用洗衣粉等清洗剂时，冲洗不净就会使油品被污染。所以检修时应尽量采用机械方法清除杂物，然后用油冲洗，循环过滤，并采用变温冲洗方式，变温范围为30～70℃，冲洗过程中应取样检验，油中杂质含量应达到规定要求。

6. 杂质污染问题

在运行过程中，汽轮机油中的污染物来自两个方面：一是系统外污染物通过轴封和各种孔隙进入；二是内部产生的污染物，包括水、金属磨损颗粒及油品的氧化产物，这些污染物都会降低汽轮机油的润滑、抗泡沫等性能。因此，汽轮机油运行中消除污染是必须进行的工作，否则不仅会加速油质的变质，还会影响机组的安全运行。

二、油质劣化对机组造成的危害

关于汽轮机—发电机组轴承和转子故障损伤，某国家曾作过分析和统计，每年损失约

1.5亿美元,其中1/3是由于润滑油系统故障引起的。由此可见,润滑油系统的正常运行对汽轮机—发电机组的安全运行至关重要。

汽轮机油主要功能有三方面,即润滑、调速和冷却散热。若油质劣化,则不但起不到应有的作用,反而会造成极大的危害。

(1)对润滑功能而言,将降低汽轮机油的润滑作用。汽轮机—发电机组轴承是全油膜润滑滑动轴承,轴颈和轴承的轴瓦表面被一层薄的油膜隔开,通过油膜支承轴颈给予的负荷,润滑油供给系统则向轴瓦和转动的轴颈之间的间隙不断地供应润滑油。

若油品被水分、金属粉末、灰尘和油劣化产物、沉淀、油泥等杂质污染,将会使润滑油的黏度增加,细小颗粒增多,造成轴承的摩擦或划伤,而起不到良好的润滑效果。

(2)对调速系统而言,将会造成调速系统卡涩,动作失灵。

用于汽轮机组调速系统的油实际上是一种液压工质,为汽轮机调节保安系统提供控制汽门的动力。

若油中有杂质、劣化产物沉淀、油泥等,不仅不能起到调速作用,反而会造成调速系统卡涩,使动作失灵,严重影响机组的安全运行。

(3)对于冷却散热功能而言,将降低汽轮机油的冷却散热效果。

由于汽轮机组运行转数较高,一般为3000r/min,轴承内摩擦会产生大量的热量,如不及时散出,会严重影响机组的安全运行。在油系统中不断循环流动的汽轮机油可将这些热量带走,一方面回到油箱内散热,另一方面通过高效率的冷油器进行冷却,冷却后的油再进入轴承内将热量带出。这样反复循环,而起到散热冷却作用。

若油品劣化,产生沉淀物和油泥,在热油中这些老化产物呈溶解状态,当油温降低时,这些老化产物便会沉积下来,使冷油器冷却效率降低,而不能很快将油中的大量热量散发出来,影响汽轮机油的散热冷却效果。

第五节　汽轮机油的监督与维护

汽轮机油是润滑系统长期循环使用的一种工作介质。由于其使用在高温、搅动、含水、含金属颗粒和有氧的相对恶劣环境中,油品极易因老化劣化,使某些应用指标下降至难以接受的水平,所以汽轮机油的运行监督及维护是油务监督工作者的一项重要职责,也是确保机组安全经济运行的重要措施。

汽轮机油的运行监督及维护涵盖新油入厂验收、润滑系统冲洗、运行监督检测、技术指标异常处理等各个方面。

一、新油的验收

为了保证运行中汽轮机油的质量,对新油的验收是非常重要的环节,一定要严格把关。特别是在目前我国的市场经济条件下,油品的生产、供应渠道混乱,油品的质量往往难以保证。因此在购买新油时,应先向销售部门索取油品出厂时的出厂质量检验报告,查验油品的技术指标是否符合GB 11120—1989《L—TSA汽轮机油》标准。然后由用油单位到供货方取样,委托有关单位进行油质全分析,待试验合格后方可订立购买合同。

购进的每一批新油到货后,还应由用户进行到货验收,各项指标合格后方可入库。在验收新汽轮机油时,尤其应注意破乳化度指标,一般非正规生产单位的油品的破乳化度指标很难达到要求。要注意防止经销单位通过向新油中添加乳化剂改善抗乳化性能的做法。

二、机组投产前的油质监督

汽轮机油系统的安装或检修质量对运行油的理化性能有着重要的影响。

对于基建机组，在注入新油前，必须对润滑系统中的各部位进行彻底清理，然后按《火电厂施工质量检验及评定标准》对整个润滑系统进行酸洗、钝化烘干，再对油系统进行大流量循环清洗。

对于新建机组，在进行润滑系统的安装时，所有的充油腔室、阀门都必须清理干净，呈现出金属本色。使用的连接管路应进行酸洗、钝化。系统安装完毕后，要对系统中的各部位再次进行彻底清理，清除管道、油箱等部位的焊渣，安装过程中留下的各种杂质碎片以及金属表面的氧化皮等，以防止这些机械杂质在冲洗过程中进入轴承或控制装置，造成部件的损害或影响其正常工作。

运行机组油系统的冲洗操作与新机组基本相同，但由于新旧机组油系统中污染物成分、性质与分布状况不完全相同，因此冲洗工艺应有所区别。新机组应强调系统设备在制造、贮运和安装过程中进入的污染物的清除，而运行机组油系统则应重视在运行和检修过程中产生或进入的污染物的清除。如对大修后的机组，除对系统的各部位进行清理外，一般须对系统进行碱洗，以除去系统中存留的油泥等老化产物。

为了提高油系统的冲洗效果，在冲洗工艺上，首先要求冲洗油应具有较高的流速，应不低于系统额定流速的二倍，并且在系统回路的所有区段内冲洗油流都应达到紊流状态。要求提高冲洗油的温度，以利于提高清洗效果，并适当采用升温与降温的变温操作方式。

在大流量冲洗过程中，应按一定时间间隔从系统取油样进行油的洁净度分析，直到系统冲洗油的洁净度达到 NAS 分级标准的 7 级。

对于油系统内的某些装置，系统在出厂前已进行组装、清洁和密封的则不参与冲洗。为严防在冲洗中进入污染物，冲洗前应将其隔离或旁路，直到其他系统部分达到清洁为止。

1. 冲洗前的准备

在对油系统进行大流量冲洗前，应首先对润滑系统的管路进行适当的改装，如拆卸轴承的上半部分，从轴承的进油口连接临时旁路；拆下事故调闸装置，安装临时管路和阀门，接通事故截断管路；设置主油泵临时泄油间隙，以便冲洗主油泵；设置临时滤网及监视仪表等。改装目的是减少油系统的阻力，适合大流量冲洗。然后检查连接管路和有关设备的安装是否得当，消除泄漏。

2. 冲洗方法

在循环冲洗过程中，为了缩短冲洗时间和改善冲洗效果，一般采用大流量高速冲洗、变温（变温范围为 30～70℃）、变流速冲洗等办法，如在冲洗的同时，工作人员沿冲洗管路依次进行机械敲打，则冲洗效果更好。

大流量高速冲洗能够将设备表面及拐角处的机械杂质冲刷下来；冷热交替的变温冲洗会使设备随油温的高低变化而出现膨胀、收缩，这样，氧化皮及附着物易于脱落；变流速冲洗增加了对金属表面的冲刷力度，容易冲走剥落的机械杂质。

油冲洗一般分三个阶段进行。

第一阶段通常采用低温（30～40℃）大流量高速冲洗，主要去除较大的机械杂质。其方法是：取出各轴承进油口前的滤网，启动冲洗油泵（电动抽吸泵或盘车油泵），向主油泵、主蒸汽阀管路、前轴承箱、轴承供油冲洗，通过调节阀控制各轴承的冲洗油流量和流速。在冲洗 10～12h 后，将主油箱的冲洗油排入临时油罐。清理或清洗油箱进口滤网、主油箱、电动油泵或盘车油泵及进口滤网。注意在机械清理时，不能用纤维类织物擦拭，应用橡皮泥或面团沾吸；清洗时可用溶解性较强的乙醇、石油醚等溶剂。

第二阶段采用 30～40℃ 和 60～70℃ 两个温度范围内的变温冲洗。其方法是：首先应复装各轴承、油箱进口及油泵入口的滤网，将第一阶段排入临时油罐的冲洗油，用装有 60～80 目的滤网滤油机过滤后，重新注入主油箱；然后交替进行 30～40℃ 和 60～70℃ 两个温度范围内的变温冲洗，冲洗的范围、次序和部位与第一阶段基本相同。在冲洗期间，应注意检查滤网前后的压差，及时清理和清洗滤网。当取样后，用肉眼观察不到颗粒状机械杂质时，停止冲洗。

冲洗完成后，将主油箱的冲洗油再次排入临时油罐；清理或清洗油箱、滤网等部位；恢复系统为冲洗而拆卸下来的原轴承、阀门、节流孔板、滤网、检测元件、指示仪表等部件并拆除临时旁路，恢复连接管路。

第三阶段是机组投运前的最后一次冲洗，此时系统已基本上达到投运前的状态。该阶段一般不用前两次用过的冲洗油，而是采用经滤油机用 100 目滤网滤好的新油或运行油。冲洗前，在各油泵及轴承前安装 100 目的滤网。先后投入盘车油泵、电动油泵，在 50～60℃ 的油温下，进行恒流、恒温冲洗，循环冲洗至油质达到美国 NAS 8 级标准。冲洗过程中，要注意检查滤网两侧的压差，及时清除滤网上的杂质；在油质颗粒杂质合格前，禁止盘动转子，以免损伤轴颈和轴瓦。

冲洗的目的是除去润滑系统中的机械杂质，保证油品的清洁度，防止运行中因颗粒杂质损伤润滑部件。国标 GB/T7596 中，建议运行汽轮机油应达到美国 NAS 8～9 级的标准。为了给运行油留有裕度，对基建新投机组，应控制颗粒污染达到 NAS 7 级的标准。

润滑系统冲洗合格后，油箱放油，清扫油箱，恢复系统。注意此时应避免引起二次污染。然后把经过滤油机过滤合格的新油注入油箱，以便开机使用。

对于大修后的运行机组，其润滑系统的冲洗方法与新建机组的处理方法基本相同。

三、运行中汽轮机油的监督

运行中汽轮机油的监督应严格按照国家 GB/T 7596—2000《运行中汽轮机油质量标准》和 GB/14541—2005《电厂运行中汽轮机用矿物油维护导则》执行，其检测项目及主要技术指标分别见表 2-17～表 2-21。

表 2-17　　　　　　　　运行中汽轮机油质量标准 GB/T 7596—2000

序号	项　目	设备规范	质　量　指　标	检验方法
1	外　状		透　明	外观目测
2	运动黏度（40℃）（mm²/s）		与新油原始测值偏离≤20%	GB/T 265
3	闪点（开口杯）（℃）		与新油原始测值相比不低于 15	GB/T 267
4	机械杂质		无	外观目测
5	颗粒度①	250MW 及以上	报告②	SD/T 313 或 DL/T 432

续表

序号	项 目		设备规范	质 量 指 标	检验方法
6	酸值 （mgKOH/g）	未加防锈剂油		≤0.2	GB/T 264 或 GB/T 7599
		加防锈剂油		≤0.3	
7	液相锈蚀			无锈	GB/T 11143
8	破乳化度（min）			≤60	GB/T 7605
9	水分（mg/L）		200MW 及以上	≤100	GB/T 7600 或 GB/T 7601
			200MW 及以下	≤200	
10	起泡性试验（mL）		250MW 及以上	报告[2]	GB/T 12579
11	空气释放值（min）		250MW 及以上	报告[3]	SH/T 0308

① 参考国外标准控制极限值 NAS1638 规定 8～9 级或 MOOG 规定 6 级见附录 A （提示的附录）；有的 300MW 汽轮机润滑系统和调速系统共用一个油箱，也用矿物汽轮机油，此时油中颗粒度指标应按制造厂提供的指标。

② 参考国外标准控制极限值为 600/痕迹 mL。

③ 参考国外标准控制极限值为 10min。

④ 对 200MW 机组油中颗粒度测定，应创造条件，开展检验。

表 2-18   **常规检验周期和检验项目**

设备名称	设备规范	检 验 周 期	检验项目[1]
汽轮机	250MW 及以上	新设备投运前或机组大修后	1～11
		每天或每周至少 1 次[2]	1、4
		每 1 个月、第 3 个月以后每 6 个月	2、3
		每月、1 年以后每 3 个月	6
		第 1 个月、第 6 个月以后每年	10、11
		第 1 个月以后每 6 个月	5、7、8
	200MW 及以下	新设备投运前或机组大修后	1～4、6～9
		每周至少 1 次[2]	1、4
		每年至少 1 次	1～4、6～9
		必要时	
水轮机		每年至少 1 次	1、2、4、6、9
		必要时	
调相机		每周 1 次	1、4
		每年 1 次	1、2、3、4、6、9
		必要时	

注 水轮机 300MW 及以上增加颗粒度测定。

① "检验项目"栏内 1、2…为表 2-17 （运行中汽轮机油质量标准）中项目序号。

② 机组运行正常，可以适当延长检验周期，但发现油中混入水分（油呈浑浊）时，应增加检验次数，并及时采取处理措施。

表 2-19　　　　　　新汽轮机组（250MW 以上）投运 12 个月内的检验周期表

项　目	外　观	颜　色	酸　值	黏　度	机械杂质	闪　点
试验周期	每天或至少每周	每月	每月	第 1 个月 第 3 个月	每天或至少每周	第 1 个月 第 3 个月
项　目	颗粒度	破乳化度	防锈性	空气释放值	含水量	起泡性试验
试验周期	第 1 个月 第 6 个月	第 1 个月 第 3 个月	第 1 个月	第 1 个月 第 6 个月	每周	第 1 个月 第 6 个月

表 2-20　　　　　　250MW 以上汽轮机组正常运行检验周期表

项　目	外　观	颜　色	酸　值	黏　度	机械杂质	闪　点
试验周期	至少每周	每季	每季	半年	每月	半年
项　目	颗粒度	破乳化度	防锈性	空气释放值	含水量	起泡性试验
试验周期	每年	半年	半年	每年	每月	每年

表 2-21　　　　　　运行中汽轮机油试验数据及措施概要

试验项目	超极限值	超极限可能原因	措施概要
外　观	乳化、不透明、有杂质	油中含有水或固体物	调查原因，采取过滤措施
颜色 （DL 429.2）	迅速变深	（1）有其他污染物 （2）老化程度深	找出原因，必要时投入油再生装置
酸值（mgKOH/g） （GB/T264，GB7599）	未加防锈剂油：>0.2 加防锈剂油：>0.3	（1）系统运行条件苛刻 （2）抗氧剂消耗 （3）补错油 （4）油被污染	找出原因，增加试验次数，应进行开杯老化试验补加抗氧化剂；投入油再生装置
开口杯闪点 （GB/T267）	（1）比新油低 8℃ （2）比前次测定值低 8℃	有可能轻质油污染或过热	找出原因，与其他试验项目结果比较，并考虑处理或换油
黏度（40℃） （mm²/s） （GB/T265）	比新油黏度相差±20%	（1）油被污染 （2）油已严重老化 （3）补错了油	找出原因，并测定闪点或破乳化度。必要时可换油
油泥 （DL429.7）	可观察到	油深度劣化	可进行开杯老化试验，以比较试验结果，必要时可换油
防锈性能 （GBB/T11143）	轻锈	（1）系统中有水分 （2）系统维护不当（忽视放水或呈乳化状态） （3）防锈剂消耗	查明原因，加强系统的维护，并考虑补加防锈剂
破乳化度（min） （GB 7605）	超过 60	油污染或劣化变质	如果油呈乳化状态，应采取脱水措施

续表

试验项目	超极限值	超极限可能原因	措 施 概 要
起泡性试验（mL） （GB/T 12579）	报告①	可能被固体物污染或加错油；也可能加入防锈剂而产生的问题	注意观察，并与其他试验结果相比较，如果加错油，应纠正，也可添加消泡剂
空气释放值（min） （SH/T 0308）	报告②	油污染或变质	注意监视，并与其他试验结果相比较，找出污染原因并消除
颗粒度 （SD313）	报告③	（1）补油时带入 （2）系统中进入灰尘 （3）系统磨损颗粒	鉴别颗粒性质，消除颗粒可能来源；启动精密过滤装置，净化油系统
含水量 （GB 7600）	报告④	（1）冷油器泄漏 （2）轴封不严 （3）油箱未及时排水	检查破乳化度，如不合格应检查污染来源。启用离心泵，排除水分，并注意观察系统情况消除设备缺陷

① 参考国外标准控制极限值为 600/10。

② 参考国外标准控制极限值为 10min。

③ 参考 SAE 标准 5～6 级或 NAS 1638 中规定为 8～9 级。

④ 参考国外标准控制极限值为 0.2%。

　　只要把好新油质量关，润滑系统结构合理，冲洗清理得当，油品在运行中的主要理化指标如黏度、酸值、闪点、倾点等一般不会有很大变化。相对较易发生变化的主要有水分、破乳化度、泡沫特性及锈蚀等这几项指标，T501 抗氧化剂含量随着油品的劣化及排水也会逐渐消耗。因此在机组的运行中，尤其是新投产和大修后投运的机组，应加强这些项目的监督。

　　导则和标准只能视为一般性的规定，不能适合所有机组的运行情况。应视机组的实际情况制定相应的检测项目和检测周期。如机组运行条件好，漏汽漏水少，甚至不漏，则油品的含水量、破乳化度、锈蚀问题就不会突出，此时可相应延长检测周期。反之，如机组运行条件恶劣，漏汽漏水严重，主油箱容积又小，势必加速油品的乳化、劣化，此时应加强监督，缩短检测周期，并及时尽早采取措施以保证机组的安全经济运行。

四、运行中汽轮机油的维护

　　运行中汽轮机油为了延长油品的使用寿命，常采用一些维护措施，常用的有以下几种方法。

　　1. 添加抗氧化剂

　　目前电厂普遍采用的抗氧化剂是 2，6-二叔丁基对甲酚（代号 T501）抗氧化剂。在标准中要求新油、再生油中 T501 含量应不低于 0.3%～0.5%；运行中汽轮机油应不低于 0.15%，当运行中 T501 含量低于 0.15%时，应进行补加；补加时已注油的 pH 值不应低于 5.0。

　　2. 安装连续再生装置

　　机组在运行中，如汽轮机油的机械杂质、颗粒度不合格，可用压力式滤油机或具有精密装置的其他类型的滤油机对油品进行循环过滤，保持油系统的清洁度；如机组漏汽、漏水严重，则应增加油箱底部的排水次数，或用离心式滤油机除去水分。对于酸值较高的油品，可用吸附再生处理设备，对油品进行旁路再生循环处理，以确保油质合格。

3. 添加防锈剂

在标准中要求对漏汽、漏水的机组，应添加 T746 防锈剂，其添加量为油量的 0.02%~0.03%。随着 T746 防锈剂的消耗，通过锈蚀试验，确定补加时机。

五、汽轮机油的补油、换油

1. 补油

随着机组的运行，油品会逐渐减少，这时就应随时给机组补加汽轮机油，以维持机组的正常运行。

（1）关于补充油的规定。

1）汽轮机组的润滑和液压系统已注入汽轮机油（运行油）的量不足，需补加一定量的油品使其达到机组设备规范油量的行为过程称为"补充油"。

汽轮机组原已注入的油品称为"已注油"；拟补加的油品称为"补加油"。补加油量占设备注油量的份额称为"补加份额"。已注油混入补加油后称为"补后油"。

2）补加油宜采用与已注油同一油源、同一牌号、同一添加剂的油品，并且补加油（不论是新油或已使用过的油）的各项特性指标不应低于已注油。

3）如补加油的补加份额大于 5%，特别当已注油的特性指标接近运行油质量指标极限值时，可能导致补后油迅速析出油泥。因此在补充油前应预先按预定的补加份额进行油样混合试验；确认无沉淀物产生，方可进行补充油过程。

4）如补加油来源或牌号及添加剂类型与已注油不同，除应遵守上述 2）和 3）的规定外，还应预先按预定的补加份额进行混合样的老化试验。经老化试验的混合样质量不低于已注油质，方可进行补充油过程。

补加油牌号与已注油不同时，还应实测混合油样的黏度值，确认其是否可用。

（2）关于混油的规定。

1）尚未注入汽轮机组的润滑和液压系统的两种或两种以上的油品相混合之行为过程称为"混油"。

2）对混油的要求应比照（1）"关于补充油的规定"。

2. 换油

对于已严重老化至接近或超过运行标准的汽轮机油，一般应结合机组的大修，采取换油或体外再生处理。其方法是：在从系统中排净运行油后，首先对油系统进行彻底清理、清洗，然后再注入一定量的合格新油，进行整个系统的循环冲洗过滤，待油品的各项指标合格后，停止冲洗，补入足量的合格油备用。

六、汽轮机油各种添加剂的添加及补加

在运行油中为了防止油品的老化劣化，通常要添加 T501 抗氧化剂和 T746 防锈剂，如果运行中油泡沫很多，还要添加消泡剂；如果机组油品的破乳化度不好，则还要添加破乳化剂。所有这些添加剂的目的就是要维护油品的质量始终处于合格状态，确保机组安全经济运行。现将几种添加剂添加方法介绍如下。

1. 添加（补加）T501 抗氧化剂

在 GB/T7595—2000《运行中变压器油质量标准》的附录 C 中规定：新油、再生油中 T501 含量应不低于 0.3%～0.5%，运行中油应不低于 0.15%，当含量低于此规定值时，应进行补加。补加时已注油的 pH 值不应低于 5.0。

T501 抗氧化剂对于新油或轻度老化的油作用十分明显，但对于严重劣化的油却无明显效果，这是由抗氧化剂的作用机理所决定的。因此 T501 抗氧化剂一般应添加在新油或接近新油标准的油中。

(1) 添加方法。按机组油量计算出 T501 抗氧化剂的需要量。然后用机组中的油配置 5% 的 T501 抗氧化剂母液，配制时可将油温加热到 50～60℃，以便加快 T501 抗氧化剂的溶解。最后将配成的母液通过滤油机注入油箱内，继续循环过滤，使药剂混合均匀。

(2) 补加方法。通常运行油中 T501 抗氧化剂含量低于 0.15% 时，就应补加，补加量为 0.3%。

补加前：应首先检测油品的酸值、pH 值、颜色、油泥等技术指标，若上述指标接近新油标准，可直接向运行油中补加。反之，如酸值、pH 值等指标较差，则应对运行油采取净化处理措施，使运行油的上述指标达到接近新油标准时，方可补加。

补加方法：按 0.3% 的 T501 抗氧化剂量补加，首先计算出所需的 T501 抗氧化剂量，根据计算出的量，按 5% 的母液配制，计算所需的运行油的量；然后加热运行油至 50～60℃，边加 T501 抗氧化剂边搅拌，直至 T501 抗氧化剂完全溶解，待冷却至环境温度后，再用滤油机送入油箱，若油系统在运行状态，则可靠其自身的循环使药剂混合均匀。若系统在停运状态，则需用滤油机送入油箱，然后再在油箱和滤油机之间循环过滤，使抗氧化剂混合均匀。

2. 添加（补加）T746 防锈剂

T746 防锈剂是用来维护汽轮机油系统的。油中应添加 T746 防锈剂，其添加量为油量的 0.02%～0.03%。

通过液相锈蚀试验来确定新油中是否含有 T746 防锈剂，同样也用来确定运行油中 T746 防锈剂是否该补加。当试棒上有锈时，即认为新油中无防锈剂或防锈剂量不足，应添加或补加防锈剂。通常第一次添加量为油量的 0.02%～0.03%，补加量控制在 0.02%。

添加 T746 防锈剂，必须结合机组的大小修或停机状态，并且对汽轮机油系统进行彻底的冲洗和清理后，方可进行。

(1) 添加方法。添加前应将油系统的各个管路、部件及主油箱等全部进行彻底清扫或清洗，使油系统内表面露出洁净的金属表面；同时，添加防锈剂前用净油机将油中水分和杂质清除干净。

添加过程：按机组油量计算出 T746 防锈剂的需要量。然后将 T746 防锈剂先用运行油配制成 10% 的母液，配制时可将油温加热到 60～70℃，以便加快 T746 防锈剂的溶解。最后将配成的母液通过滤油机注入油箱内，继续循环过滤，使药剂混合均匀（若机组处于运行状况，则靠其自身的循环，使药剂混合均匀；否则应通过滤油机和油箱之间的循环过滤使之混合均匀）。

(2) 补加方法。由于 T746 防锈剂在运行中会逐渐被消耗，因此需要定期补加，补加期一般由运行油的液相锈蚀试验来确定，只要试棒上出现锈蚀斑点，就应及时补加，补加量控制在 0.02% 左右，其补加方法一般可在运行条件下，配成母液后，用滤油机注入油箱，靠其自身油的循环，使药品混合均匀；否则应通过在滤油机和油箱之间进行循环，使其混合均匀。

3. 添加（补加）破乳化剂

通常新汽轮机油中都不应含有破乳化剂，新油的破乳化度必须合格，不能靠添加破乳化剂来改善破乳化指标。若运行中汽轮机油破乳化度超标，应添加破乳化剂。

目前电力系统广泛应用的是聚氧乙烯聚氧丙烯甘油硬酸脂（GPE$_{15}$S-2 型），该破乳化剂在常温下直接溶于油中，通常添加量为几个（5～10）mg/kg，效果就已经很明显了。

（1）添加方法。任何一种破乳化剂添加前均应进行破乳化度效果试验，以便确定破乳化剂的破乳化能力。若添加后，无沉淀物析出，破乳化能力提高，且对油品的其他物理性能均无不良影响，则可进一步通过小型试验确定其添加量。

添加前应先彻底清扫油系统，同时还应清除油中的水分和杂质，然后根据已确定的添加剂量，用运行油配成含破乳化剂 0.1％左右的母液，经滤油机送入油箱，利用油系统的自身循环，使破乳化剂混合均匀；否则应通过滤油机和油箱之间进行循环，使其混合均匀。

（2）补加方法。破乳化剂在运行过程中会逐渐被消耗，若破乳化度时间超过 30min，应进行补加，补加量为初次添加量的 2/3，补加方法与添加方法相同。

解决汽轮机油乳化问题的最根本方法是消除运行机组的漏水、漏气缺陷，其次是降低和减少汽轮机油中的乳化产物，向汽轮机油中添加破乳化剂只是一种"亡羊补牢"的解决办法。

4. 添加消泡剂

在运行过程中，如果汽轮机油产生的泡沫过多，则要添加消泡剂，通常所用的消泡剂为二甲基硅油。

二甲基硅油只有较好地分散在润滑油中，才能取得良好的消泡效果。硅油的分散状态对润滑油的消泡效果有很大影响。实践证明，只有将硅油液滴分散至 $10\mu m$ 以下时，消泡效果才达到最好。若硅油液滴过大则会在油中产生重力沉降，而达不到预期效果。

添加方法及步骤：

根据机组油量，按 10mg/kg 添加量计算出所需二甲基硅油的用量，根据计算出的用量，按 10％的母液配制，计算出所需柴油的量。把柴油（10 号）倒入大烧杯中，在水浴锅上加热至 50～60℃，用高速搅拌机（大于 5000r/min）边搅拌边加入二甲基硅油，使二甲基硅油充分地分散在柴油中，并使二甲基硅油的粒度达到 3～$10\mu m$，形成肉眼看不出未溶的二甲基硅油的乳浊液。根据所需母液的多少及配制容器的大小，母液可多次配制，最后一次添加。将配制好的母液用喷雾器将其喷洒至汽轮机油箱的泡沫液面上。随着喷洒的进行，泡沫会迅速消失。

总之，特效添加剂是改善油质某些性能指标的有效手段，但不是最根本的解决方法。最根本的解决办法是提高机组的安装、检修质量，提高机组的运行水平和汽轮机油的质量。向机组油中添加特效添加剂只是一种不得已而为之的辅助方法。

思 考 题

1. 润滑系统有哪些主要部件及功能？

2．汽轮机油在汽轮机—发电机组中有哪些主要作用？

3．简述汽轮机油的主要性能。

4．试述汽轮机油劣化的原因。

5．防止运行中汽轮机油劣化，应采取哪些维护措施？

6．简述防锈剂的防锈作用机理。

7．添加抗氧化剂、防锈剂和消泡剂前后应注意哪些事项？

8．为什么汽轮机油在机组中能起到润滑和调速作用？

9．综合分析影响汽轮机油润滑作用和冷却散热作用的主要因素。

10．不同牌号的油品是否可以混合使用？为什么？

11．汽轮机油乳化严重对设备有何危害？

第三章　抗　燃　油

随着电力工业的高速发展，大容量、高参数的机组愈来愈多。为了适应高压蒸汽参数的变化，改善汽轮机液压调节系统的动态响应特性，必须缩小液压执行机构的尺寸，从而提高液压调节系统工作介质的额定压力，这就大大增加了介质泄漏的可能性。

传统的矿物汽轮机油介质因其自燃点温度仅为350℃左右，在运行过程中，油品一旦泄漏至主蒸汽管道或阀门等部位上（高压蒸汽温度高达550℃以上）就会自燃，最终酿成火灾事故，国内外都有这方面的沉痛教训。因此，为了有效地防止这种潜在的火灾隐患，目前电力系统在发电机组的液压调节系统上，大多采用合成抗燃液压介质，即抗燃油。因此，为了做好抗燃油的监督维护工作，必须对抗燃油的性能、特点以及抗燃油系统有一个全面的了解和掌握。

第一节　抗燃油液压系统及其作用

在早期的发电机组中，机组的液压调节控制系统主要采用机械调节方式，液压系统的压力很低，仅有几兆帕。表现在形式上就是润滑系统和液压系统共用一个油箱，采用同一种工质，即汽轮机油。

机械调节方式，它之所以系统反应慢，调节性能差，是由于调节系统设计不合理等多方面原因所造成的，其中调节执行部件的体积大是主要原因之一。要说明这一问题可从液压传动的原理来进行分析。

一、液压传动原理

液压传动是遵循帕斯卡定理的。密闭容器中的静止液体，当外加压力发生变化时，液体内任一点的压力将发生同样大小的变化，即施加于静止液体上的压力可以等值传递到液体内各点，这就是帕斯卡原理。下面以液压起重机模型为例说明帕斯卡原理的具体应用，见图3-1。

在图中左管（截面积 A_1）中的活塞上方，施加力 F_1，所造成的压力 p_1 将传递至右管中的活塞（截面积 A_2），而产生向上的推力 F_2。由于所传递的压力强度不变，容器中的液体总体积几乎不变，F_1 施力所做的功等于克服重力抬升重物所做的功。

$$p_1 = F_1/A_1$$

$$F_2 = (A_2/A_1)F_1$$

由于活塞截面积 A_2 远大于 A_1，故活塞 A_2 获得的向上推力 F_2 远大于施加在活塞 A_1 上 F_1 力，即用较小的力可以推动较重的物体。但应注意在活塞 A_2 获得更大向上推力的同时，活塞 A_2 向上移动的行程却远小于活塞 A_1 向下运动的行程，即就运动行程而言，活塞 A_2 远远滞后于活塞 A_1 的行程。

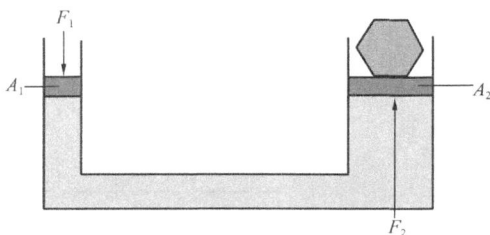

图3-1　液压起重机模型

　　机组的液压控制系统所采用的原理与液压起重机原理相似，就是通过高压油泵向活塞 A_1 施加一定的压力 p_1，从而推动活塞 A_2 向上运动，进而推动与活塞 A_2 连接的高压蒸汽阀门的开度，达到控制机组发电功率的目的。

　　可以设想一下，如果施加在活塞 A_1 上的压力 p_1 较小，那么要推动活塞 A_2 上的重物 W，则必须增大活塞 A_2 的截面积。若通过增大活塞 A_2 的截面积，使重物上升 h_2 高度，则需要成倍地增加活塞 A_1 的行程 h_1，导致活塞 A_2 上升缓慢，反应迟缓。对于机组输出功率必须迅速适应用户负荷变化的要求来说，活塞 A_2 反应迟缓的调节是不能容许的。由此可见要改变这种状况，则必须减小活塞 A_2 的截面积，但要推动同样的重物上升，就必须增加施加在活塞 A_1 上的压力 P_1。因此采用高压调节系统，可以有效缩小调节系统各部件的几何尺寸，显著地提高机组的动态响应性能，提高发电机组的运行的经济性和供电质量。

　　但是由于施加压力的增加，也给调节系统带来了新的问题：①对系统的密封、对活塞等部件的加工精度要求高，否则会因液体的泄漏而难达目的；②对液压工质清洁度的要求高，否则会造成活塞部件等的机械卡涩问题。

　　为了防止因系统压力提高，可能引起的因液压工质泄漏造成的火灾隐患，必须使用抗燃液体，即液体的自燃点要高于高温蒸汽的温度；为了解决精密液压设备的卡涩问题，必须采取密封的液压系统、高性能的过滤器，以保持液压工质的高清洁度；为了保证液压传动的可靠性，所采用的液压工质必须具有高的体积弹性模量。

二、抗燃油液压系统

　　目前，我国大机组的液压调节控制系统主要采用数字电液调节（EHC）方式，并将抗燃油作为液压调节系统、给水泵、小汽轮机、高压旁路系统的工作介质。

　　抗燃油液压系统的作用是向汽轮机调节系统的液压控制机构提供高压动力油源，并由它来驱动伺服执行机构；向汽轮机保安系统提供安全油源。

　　液压系统主要包括液压油箱、液压供油系统、液压油冷却系统和液压油再生系统。

　　液压系统由不锈钢油箱、蓄能器、供油泵、冷却泵、再生泵、滤油器、控制件等组成，如图 3-2 所示。一般供油系统有两套，一套投用，另一套备用。

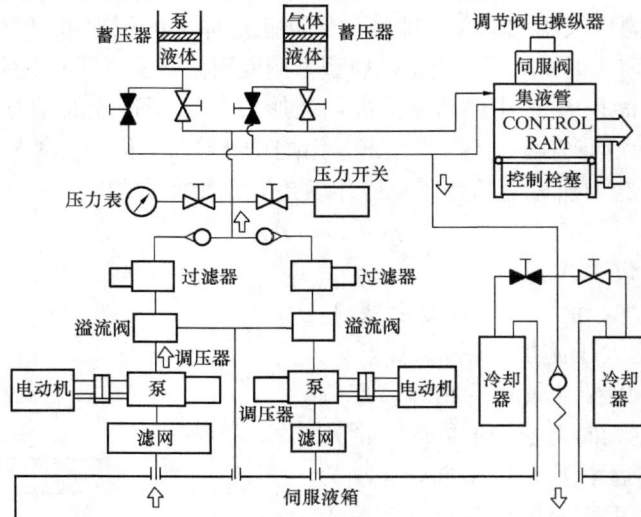

图 3-2　抗燃油液压系统

抗燃油液压系统的工作流程是：交流电动机驱动高压叶片泵，油箱中的抗燃油通过泵入口的滤网被吸入油泵。油泵输出的抗燃油经过控制单元的滤油器、卸荷阀、逆止阀、过压保护阀，进入高压集管和蓄能器，建立起系统需要的油压。当油压达到额定压力高限时，卸荷阀打开，切断高压集管和蓄能器的联系，将油泵出口油直接送回油箱。此时，油泵在卸荷（无负荷）状态下运行，EH 油系统的油压由蓄能器维持。

在运行中，系统中的伺服执行机构和其他部件的间隙会因泄漏而使油压逐步降低，当高压集管的油压降至额定压力下限时，卸荷阀关闭，将油泵出口油又重新供给 EH 油系统，以恢复高压集管的油压。抗燃油的回油管靠低压蓄能器维持一定的压力，回油经滤油器、冷油器回到油箱。

三、抗燃油系统的主要部件

1. 油箱

由于抗燃油系统油压较高，系统的总容积较小，因而抗燃油的用量也较少，故 EH 抗燃油油箱容积一般在 700～1000L 之间。因抗燃油具有一定的腐蚀性，抗燃油系统的主要设备通常都是用不锈钢材料制成的，油箱也不例外。

油箱顶部装有浸入式加热器、油位指示及报警装置、温度指示及控制装置、监视仪表和维修人孔等，底部装有泄油阀和取样阀。

油箱油位的高低不仅表示贮油的多少，而且关乎设备的运行安全。如油位下降到一定的位置时，浸入式加热器会露出液面，此时不能投用加热器，否则会因加热器干烧而损坏；若油位更低，油泵入油口滤网露出液面时，油泵会因气蚀使系统压力不稳或失压，导致调闸事故。

浸入式加热器和温度指示及控制装置的作用是：通过控制油箱油品的温度，调整油品的黏度，以利于系统的正常稳定运行。油品的温度一般控制在 20～50℃范围内。

2. 高压油泵

抗燃油系统的动力油一般由交流电动机驱动的高压叶片泵或柱塞泵提供，出口油压力在 10～15MPa 之间。系统中通常装有两台相同的油泵，两台泵共用安装在油箱内 80～150 目的金属吸油滤网，互为备用。

3. 系统油压控制组件

系统控制油压组件安装在油箱顶部，由两个卸荷阀、两个逆止阀、一个溢流阀、两个截止阀和 4 个金属过滤器组成。

（1）金属过滤器。高压油泵出口的压力油首先通过金属过滤器，过滤器中安装有 5～10μm 的金属滤芯。为了判别滤芯是否污堵，过滤器上装有进出口压差指示仪表，当进出口压差超过设定值时，压差开关会报警，需要更换或清洗滤芯。

（2）卸荷阀。通过过滤器的压力油进入卸荷阀，通过调整卸荷阀上的锥形弹簧的预紧力，控制系统压力油的油压。

（3）蓄能器。为了维持系统的油压在卸荷阀动作期间的相对稳定，防止卸荷阀和过压保护阀反复动作，系统中均设有活塞式蓄能器。

活塞式蓄能器实际上是一个浮动活塞油缸。活塞的上部是气室，充以干燥氮气；下部为油室，油室与高压油集管相通。

第二节 抗 燃 油 的 特 性

抗燃油是相对于矿物汽轮机油而言的，它不是一个特定的产品，而是一类产品的特定概念。

了解抗燃油的基本概念，掌握电厂中常用磷酸脂抗燃油的特性指标，对油务监督分析人员是非常必要和有益的。

一、抗燃油的基本概念与分类

1. 抗燃油的基本概念

抗燃油顾名思义就是难以自然燃烧的油。它是合成的非矿物油，属于液压油的范畴。所谓的"抗燃"是一个相对概念，从某种意义上说，其自燃点高于石油基矿物油的液体都可称为抗燃油。

抗燃油的突出特点是，比石油基液压油蒸汽压低，没有易燃和维持燃烧的分解产物，而且不沿油流传递火焰，甚至其分解产物构成的蒸汽燃烧时也不会引起整个液体的着火。

抗燃油的种类很多，表 3-1 列举的是一小部分。其是否适用于汽轮机的液压调节系统要求，则还应综合考察抗燃油的其他性能。

表 3-1   抗燃油与矿物油的特性对比

特性＼油品名称	石油基油	磷酸脂	硅酸脂	硅酸油	水—乙二醇	合成烃	乳化液
黏温性	好	较好	优	优	好	好	好
挥发性	差	可	好	优	差	好	差
热安定性	可	可	优	好	可	优	可
抗氧化安定性	可	好	好	可	好	可	好
水解安定性	优	可	可	优	优	优	优
难燃性	差	优	可	可	优	可	优
润滑性	可	优	好	差	差	好	差
添加剂感受性	优	好	好	差	好	好	好

从表 3-1 中可以看出，在所列的 6 种抗燃油中，以磷酸脂抗燃油的综合性能最好。

2. 抗燃油的选用

抗燃油属于液压油。在液压设备中，液压油根据其不同功能可归纳为传递能量、减少机器的摩擦和磨损、防止机器生锈和腐蚀、对液压设备内的一些间隙起密封等作用。

为了起到以上作用，液压油必须具备：合适的黏度和良好的黏温特性，良好的抗氧化性、防腐蚀性能、抗乳化性、抗磨性、抗泡性和空气释放性、水解安定性、和较好的抗剪切性、过滤性，以及对密封材料的影响小。液压油除了满足标准所规定的物理化学指标外，更重要的是要有较好的使用性能。切不可认为物理化学指标达到要求，就是一种好的液压油。

选用液压油主要是依据液压系统的工作环境、工况条件及液压油的特性，选择合适的液压油品种和黏度。表 3-2 是根据液压系统的环境和工况条件应选择液压油的类型。

表 3-2　　　　　　　　　　　根据液压系统的环境和工况条件选择液压油的类型

压力范围	7.0MPa 以下	7.0~14.0MPa	14.0MPa
使用温度	50℃以下	50~80℃	80~100℃
室内，固定	HL	HL 或 HM	HM
液压设备 露天、寒冷	HR	HV 或 HS	HV 或 HS
严寒区 地下、水上	HL	HL 或 HM	HM
高温热源或明火附近	HFAE，HFAS	HFB，HFC	HFDR

3. 抗燃油的分类

在液压系统用油分类标准中，按液体介质在系统中的工作性质分为液体静压和液体动力两类，前者用于传递势能，称为液压油；后者用于传递动能，称为液力液（油）。

液压油是借助于处在密闭容积内的液体压力能来传递能量或动力的工作介质。液力传动油是借助于处在密闭容积内的液体动能来传递能量或动力的工作介质。液压油、液力传动油的作用一方面是实现能量传递、转换和控制的工作介质，另一方面还同时起着润滑、防锈、冷却、减振等作用。

抗燃油属于合成液压油，主要有水—L-醇、磷酸酯和硅油 3 大类，以磷酸脂抗燃油在电力系统应用最广。

在国际石油产品分类中，磷酸脂抗燃油属于润滑液压（L 类 H 组）油中的 L-HFDR类，在国标 GB 7631.2 附录 A 中，将 L-HFDR 类油，按其运动黏度的中心值分成 6 个牌号，见表 3-3。目前，国内外普遍使用的是 46 号磷酸脂型抗燃油。

表 3-3　　　　　　　　L-HFDR 磷酸脂抗燃油的产品举例和主要应用

产品牌号	组成、特性和主要应用介绍
15 22 32 46 68 100	本产品通常为无水的各种磷酸脂作基础油加入各种添加剂而制得，难燃性较好，但黏温性和低温性较差，对丁腈橡胶和氯丁橡胶的适应性不好。适用于冶金、火力发电、燃汽轮机等高温高压操作的液压系统。使用温度为—20~100℃

二、磷酸脂抗燃油的特性

1. 磷酸脂抗燃油的结构特点

磷酸脂可看作磷酸分子上的 H 原子被有机物基团取代而形成的化合物，由于磷酸分子上有 3 个 H 原子，所以因 H 原子被有机基团取代的数目不同，有磷酸脂和偏磷酸脂之分。一般来说磷酸脂抗燃油指的是有 3 个取代基的三代磷酸脂。三代磷酸脂依取代基的结构不同，又可将磷酸脂分为三芳基磷酸脂、三烷基磷酸脂和烷基芳基磷酸脂 3 类，三代磷酸脂的结构通式为

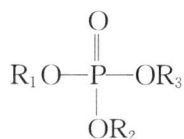

$$R_1O-\overset{\overset{\displaystyle O}{\|}}{\underset{\underset{\displaystyle OR_2}{|}}{P}}-OR_3$$

结构式中的 R_1、R_2、R_3 均为有机基团，它们可以相同，也可以不同。取代基不同，所

形成抗燃油的性质就不同，当然用途也不同，表 3-4 是不同取代基所形成抗燃油应用实例。

当 3 个取代基都是芳基基团时，就是三芳基磷酸脂。三芳基磷酸脂因其黏温性较好，且闪点、自燃点、热解稳定性均较优，是目前汽轮机液压调节系统所用抗燃油中的主要成分。下面重点介绍三芳基磷酸脂抗燃油。

表 3-4　　　　　　　　　　　　　磷酸脂抗燃油的应用举例

项　　目	种　　类	用　　途
芳基磷酸脂	甲苯基二苯基磷酸脂	抗燃液压油
	二叔丁基苯基磷酸脂	高温抗燃液压油
	三甲苯基磷酸脂	抗燃液压油
	三-二甲苯基磷酸脂	抗燃液压油、轴承油、汽轮机油
	苯基异丙基磷酸脂	绝缘油、抗燃液压油
烷基磷酸脂	三丁基磷酸脂	航空抗燃液压油
芳基-烷基磷酸脂	丁基二苯基磷酸脂	航空抗燃液压油

2. 三芳基磷酸脂抗燃油的合成

三芳基磷酸脂的制备方法很多，以前多用磷酸、三氯化磷与具有芳香结构的醇类或酚类化合物反应合成。目前主要采用磷酰氯与芳香结构的酚类化合物反应合成，其反应式为

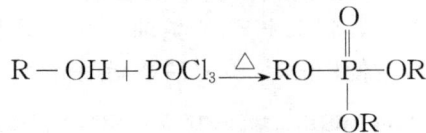

$$R-OH+POCl_3 \xrightarrow{\triangle} RO-\overset{\displaystyle O}{\underset{\displaystyle OR}{\overset{\|}{P}}}-OR$$

由于上述脂化反应速度很慢，因此在生产上通过催化剂和加温等工艺，获得到的反应产物，经碱洗、水洗后即得到三芳基磷酸脂抗燃油。磷酸脂抗燃油的一般生产工艺流程如图 3-3 所示。

然而在实际的工业化生产中，几乎难以得到单质的酚类原料，而得到的通常都是酚类混合物，因而制取的三芳基磷酸脂也是一种混合物，即磷酸脂上的三个取代基是不同的，所以三芳基磷酸脂抗燃油的结构是十分复杂的。

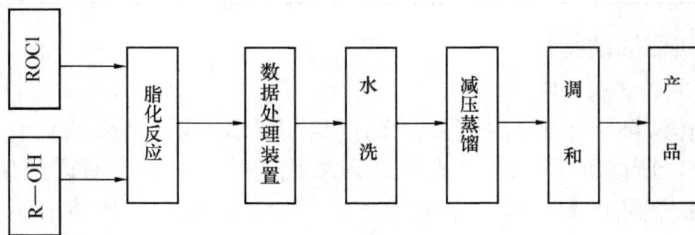

图 3-3　磷酸脂抗燃油的合成工艺流程示意图

3. 磷酸脂抗燃油的基本性质

磷酸脂抗燃油的性质在很大程度上取决于三芳基磷酸脂分子上的取代基，即合成磷脂所用原料中的酚类。在所有的酚类物质中最简单的是苯酚，以苯酚为基本单位，在其苯环上的另外 5 个碳原子上，都可以有各种类型、各种分子量的取代基。取代基在苯环上的位置、数量不同以及结构不同都对磷酸脂抗燃油的性质有着不同的影响，见表 3-5。

　　三代磷酸脂的物理性质主要取决于所含羟基组分的性质。在形态上，依其脂的类型、结构的对称性及分子量的不同，它有从较稀的液体到高熔点的固体不同的形态。随着分子量的增大，三烷基磷酸脂可从水溶性液体变成不溶于水的液体及低熔点的固体。三芳基磷酸脂的黏度很高，不溶于水，在较窄的范围内呈液态。烷基芳基磷酸脂的性质介于烷基磷酸脂和三芳基磷酸脂二者之间。

表 3-5　　　　　　　　　　　　　磷酸脂的物理特性

脂 类 别	ρ_{25}^{25} (g/mL)	倾点（℃）	黏度（mm²/s）		黏度指数
			99℃	38℃	
三（正丁基）磷酸脂	—	−54	1.09	2.68	118
三（正己基）磷酸脂	0.937	−56	1.79	4.83	—
三（正辛基）磷酸脂	0.915	−34	2.56	8.98	148
三（2-乙基己基）磷酸脂	0.926	<−54	2.23	7.98	94
三（正癸基）磷酸脂	0.901	−7	3.49	13.30	—
三甲苯基磷酸脂	1.161	−26	4.37	35.11	—
二甲苯基苯基磷酸脂	1.180	−29	3.79	24.9	—
甲苯基二苯基磷酸脂	1.205	−34	3.25	17.53	28
三（间异丙基）苯基磷酸脂	—	—	5.53	42.72	59
三（邻氯代苯基）磷酸脂	1.408	−15	5.95	65.3	—
三（对异丙基）苯基磷酸脂	—	—	6.14	53.6	50
乙-乙基己基甲苯基苯基磷酸脂	1.077	−51	2.78	12.80	—
双（2-乙基己基）苯基磷酸脂	0.990	−54	2.25	8.66	67
2-乙基己基二苯基磷酸脂	1.090	<−54	2.45	10.01	65
2-氯代己基苯基磷酸脂	1.278	—	2.71	12.94	27
2-乙基乙基双（异丙基苯基）磷酸脂	1.033	−51	3.85	22.40	46

　　三烷基磷酸脂在 25℃时的密度接近于 1.0g/cm³，而三芳基磷酸脂在 1.15～1.40g/cm³ 之间。烷基链上有分支及芳环上引进一个烷基都能降低相应磷酸脂的密度。烷基芳基磷酸脂的密度在 1.0～1.25g/cm³ 之间，这主要取决于分子量。

　　三烷基磷酸脂的黏度与分子量成正比，有支链则使黏度下降。许多烷基芳基磷酸脂 99℃时的黏度在 1.5～10mm²/s 之间，黏度指数最高为 160。

　　磷酸脂遵循这样的规律：降低分子的对称性，如芳环上的烷基化、烷基上带支链，则可以提高黏度和凝点，但使黏温性变坏。相应地，长直链的三烷基磷酸脂比其带分支的异构物具有更高的凝点，低温黏度方面同样如此。

　　磷酸脂的水解稳定性取决于取代基的结构和分子量。磷酸脂随着温度的升高，水解加剧。一般来说，对于用作抗燃油介质的磷酸脂，其水解稳定性足以满足生产需要。

磷酸脂的抗氧化安定性在很大程度上取决于取代基的分子结构以及在运行系统中是否有铜、铁、铝等对热安定性有负作用的金属。三芳基磷酸脂的热安定性明显优于三烷基磷酸脂。实践表明，对于加入防锈剂与胺类稳定剂的三芳基磷酸脂，其使用温度可高达 150～175℃，而烷基二芳基磷酸脂的使用温度仅能达到 110～120℃。氯苯基磷酸脂的热安定性最高。对于烷基二芳基磷酸脂，甲苯基衍生物比苯基衍生物好，烷基链的分支能降低磷酸脂的热安定性，分支烷基链越短，这种效应越强。三烷基磷酸脂的性质与烷基二芳基磷酸脂相似。

通常磷酸脂的防腐性能是较好的，然而磷酸脂热分解时，易生成部分磷酸或磷酸偏脂，存在着发生腐蚀的危险，尤其是当抗燃液压系统存在铜或铜合金材料时，其发生腐蚀的危险性更大。

正磷酸脂抗燃油的抗辐射安定性较差。

4. 三芳基磷酸脂抗燃油的特性指标

（1）密度。密度是磷酸脂抗燃油与石油基汽轮机油的主要区别之一。三芳基磷酸脂抗燃油的密度为 1.1～1.17g/cm³；而矿物汽轮机油的密度为 0.85～0.90g/cm³。

由于抗燃油的密度大，当系统中存在大量游离水时，水会浮在抗燃油液面上，因而不能像汽轮机油那样从油箱底部放水。所以需用虹吸法除去漏入抗燃油系统中的水分。

（2）自燃点。自燃点是在规定条件下，油品在不接触火焰时，自发着火的温度。自燃点是评价抗燃油性能的一项最重要的指标。汽轮机液压调节系统之所以用成本较高的合成抗燃油取代传统的矿物汽轮机油，看重的就是其自燃点高。

磷酸脂在常压下的挥发性较低，而挥发性是分子量的间接函数，即分子量越大，挥发性越低，当然其闪点、自燃点也越高。

抗燃油三角瓶法的自燃点大于 500℃，而矿物汽轮机油仅为 350℃左右；磷酸脂抗燃油热板法的自燃点为 700～800℃，而矿物汽轮机油仅为 450℃左右。因此抗燃油在运行中如果混入了矿物汽轮机油或其他低沸点有机物，会显著降低抗燃油的自燃点。

（3）含氯量。汽轮机的液压调节系统都是用不锈钢材料制造的，如果抗燃油的含氯量较高，会造成不锈钢部件的化学点蚀，影响系统的安全运行。

磷酸脂抗燃油中的氯主要是因合成抗燃油工艺不当，是新油带来的。另外，抗燃油系统清洗工艺不当，如用盐酸等含氯溶剂清洗，也会造成运行油中的含氯量增加。

（4）电阻率。三芳基磷酸脂的介电性能远比矿物汽轮机油差，所以用矿物汽轮机油时，并没有这方面的指标规定。

抗燃油的介电性能主要以电阻率来表示，电阻率是随着温度、酸值、含氯量及含水量的升高而降低。其中以温度的影响为最大。有数据表明，同一抗燃油的电阻率从 20℃时的 1.2×10¹¹Ω·cm 可降到 90℃时的 6.0×10⁸Ω·cm。

在汽轮机电液调节系统中，电阻率过低，一方面可造成系统的控制失灵，另一方面还会引起系统的电化学腐蚀。

（5）润滑性。磷酸脂抗燃油的润滑性能是非常出色的，特别是用于钢对钢的摩擦。在边界润滑范围内，润滑剂的润滑性能由其化学性质所支配的程度要比其黏度特性支配的程度大得多，含磷化合物的作用好像是在进行"化学抛光"，在这种润滑剂与金属之间的某些接触点上，由于摩擦而引起局部的化学反应，反应中所形成的化合物或合金，会导致金属表面的塑性变形而产生载荷的再分配，从而降低了机件之间的摩擦，降低了能耗。因而，市场上出售的许多抗磨添加剂都含有磷酸脂成分。

（6）空气释放值和泡沫的特性。体积弹性模量是液压油的一项重要指标，它表征了液体的可压缩性。油的体积弹性模量越大，其可压缩性越小，就越适合作液压油。脱除空气的纯三芳基磷酸脂抗燃油的体积弹性模量与矿物汽轮机油相当，约为 1600MPa。

在相同条件下，三芳基磷酸脂的空气饱合度与矿物油大致一样，常温常压下，油中约溶解 10%（体积比）的空气，但磷酸脂的空气释放速度比汽轮机油低 1/2～1/3。随着压力的升高，空气在油中的溶解度成正比地增加。这样在液压油的调节系统中，如果有游离的空气存在，在经过一定长度的压油管道后，就会溶解在抗燃油中。然而，当油流经节流部位时，因压力降低，空气就又可能从油中释放出来，从而导致抗燃油的体积弹性模量变小，引起系统的振动和不稳定，甚至造成调节控制动作的滞后，威胁机组的安全运行。

液压抗燃油中产生泡沫时，也会造成类似的危害。当然产生的泡沫可以通过向油中添加消泡剂来消除。然而在改善了油品的抗泡性的同时，则会降低空气的释放值，因此向油中添加消泡剂，应当慎重，需综合考虑。

（7）溶剂性。三芳基磷酸脂对许多有机化合物和聚合材料有很强的溶解能力。因此，安装和检修抗燃油系统时，应慎重选择与其接触的非金属材料，如密封垫圈、油漆涂料、绝缘材料及过滤装置等。一般通常用于矿物汽轮机油的材料都不适用于磷酸脂。如果选用的材料不当，会造成材料的溶胀，抗燃油的泄漏、污染，加速抗燃油的老化劣化，甚至危及机组的安全，抗燃油的相容性能见表 3-6。

表 3-6　　　　　　　　磷酸脂抗燃油与矿物油对密封衬垫材料的相容性

材料名称 \ 油品	磷酸脂的相容温度	矿 物 油	材料名称 \ 油品	磷酸脂的相容温度	矿 物 油
氟化橡胶	相容温度 147℃	相容	皮革	不相容	相容
聚四氟乙烯	相容	相容	橡胶石棉垫	不相容	相容
聚氯乙烯	不相容	相容	丁基橡胶	相容温度 107℃	相容
氯丁橡胶	不相容	相容	尼龙	相容温度 177℃	相容
丁腈橡胶	不相容	相容			

磷酸脂抗燃油还能除去或溶解沉积于系统中的油泥等杂质，而加速油质的劣化，因此应确保抗燃油系统的清洁。

三、磷酸脂抗燃油的技术规范

磷酸脂抗燃油的技术规范基本上都是磷酸脂生产厂商的企业标准，或者大型发电设备制造企业的要求标准，而没有能像汽轮机油和绝缘油那样形成统一的国家标准或行业标准。只是近几年国际标准化组织和国际电工委员会（ISO/IEC）才制定出抗燃油新油的标准草案。如美国 AKZO 公司、英国 FMC 公司、日本的 COSMO 公司都有抗燃油的企业标准，而美国的发电设备制造商 GE 公司、西屋公司则分别提出了抗燃油的质量要求标准。我国的抗燃油标准是电力行业标准。

由于我国近年来进口发电机组和引进技术制造的机组较多，因而使用的抗燃油多为进口品牌。为了便于进口抗燃油的新油验收和运行油的监督维护，现把我国电力行业抗燃油新油标准、ISO/IEC 草案标准以及世界上主要的抗燃油企业标准列入表 3-7。

表 3-7　　　　　　　　　　磷酸脂抗燃液压油的技术规范

试验项目	美国 GE 公司	美国西屋公司	美国 AKZO 公司	ISO/IEC DP10050	英国 FMC 公司	中　国	
						ZR-881	ZR-881-G
颜色	1.5	1.5	1.5	—	1.5	淡黄	淡黄
闪点(℃)≥	235	235	235	—	235	235	240
燃点(℃)≥	352	352	352	300	352	—	—
自燃点(℃)	566	593	566	500	566	530	530
着火试验 s≤	—	—	—	10	—	—	—
密度(20℃, g/cm³)	1.13	1.142	1.13~1.17	≤1.2 (15℃)	1.142	1.13~1.17	1.13~1.17
运动黏度(37.8℃, mm²/s)	43.2~49.7	47.4	44.2~49.8	41.4~50.6	43.0	28.8~35.2 (40℃)	37.9~44.3 (40℃)
倾点℃≤	−17.8	−17.8	−17.8	−18	—	−18	−18
电阻率(20℃)(Ω·cm)	≥5×10⁹	—	≥1×10¹⁰	≥5×10⁹	—	≥5×10⁹	
酸值(mg/kg)≤	0.1	0.1	0.05	0.1	0.1	0.08	0.08
氯含量(mg/kg)≤	100	50	50	50	50	50	50
水分(v/v)(%)	0.1	0.1	0.1	0.1	0.05~0.1	0.1	0.1
颗粒污染度≤ (SARA-6D 级)	6	—	3	15/12 (ISO4406)	3	6	4
空气释放度(50℃, min)≤	—	—	—	6	—	6	4
泡沫特性(mL)							
24℃	—	25	25	150/0	5/0	90	25
93.5℃	—	—	—	25/0	10/0	—	—
24℃	—	—	—	150/0	5/0	—	—
破乳化时间(s)≤				600	—	—	—
抗氧化性能 酸值(mgKOH/g)≤ Fe 含量变化 mg≤ Cu 含量变化 mg≤				1.5 1.0 2.0			
水解安定性 酸值(mgKOH/g)				0.5			

从表 3-7 各抗燃油新油标准的比较中，可以发现：我国的 ZR-881-G 高压抗燃油除了自燃点稍低外，其他主要技术性能指标均与国外先进国家的企业标准相当，其各项技术指标均高于 ISO/IEC 草案标准。

表 3-7 中所反映出的在自燃点上的差异，很可能是由于标准中所依据的测试自燃点仪器和测试条件等不同而造成的。因为用国产自燃点仪测定进口油和国产油，其自燃点数据基本

相同，没有明显差异。

第三节　抗燃油的质量监督

在现代机组中，为了提高机组的动态性能，消除火灾隐患，普遍采用了润滑系统与液压调节系统分离，分别使用不同的工作介质，即润滑系统仍采用矿物汽轮机油，而液压调节系统采用磷酸脂抗燃油。

在液压调节系统中，又分为液压调节系统和保安系统（高压旁路系统）。有的机组这两个系统上共用一个油箱，一种磷酸脂抗燃油；而有的机组则在两个系统上分别设置油箱，且采用不同牌号的抗燃油工作介质。

由此可见，大型机组会有两个油箱，甚至3个油箱，采用的工作介质也会多达3种牌号，因此给油质的监督管理提出了更高的要求。

一、抗燃油液压系统的结构特点

在液压调节系统中，一般有两种调节方式，即机械液压式调节和数字式电液调节（DE-HC）。现代机组中，普遍采用自动化程度更高的数字式电液调节方式。

汽轮机的数字电液控制系统就是采用电子技术设备，对机、炉、电有关系统和设备的工作状态进行实时监视，状态信息以数字方式反馈给计算机，通过计算机分析、判断所得到的信息，发出电子控制指令，指令经电液转换器（伺服阀）转换成能够执行的液压指令，通过液压执行机构（油动机）控制蒸汽调节阀的开度，达到控制操作的目的。图3-4是数字电液

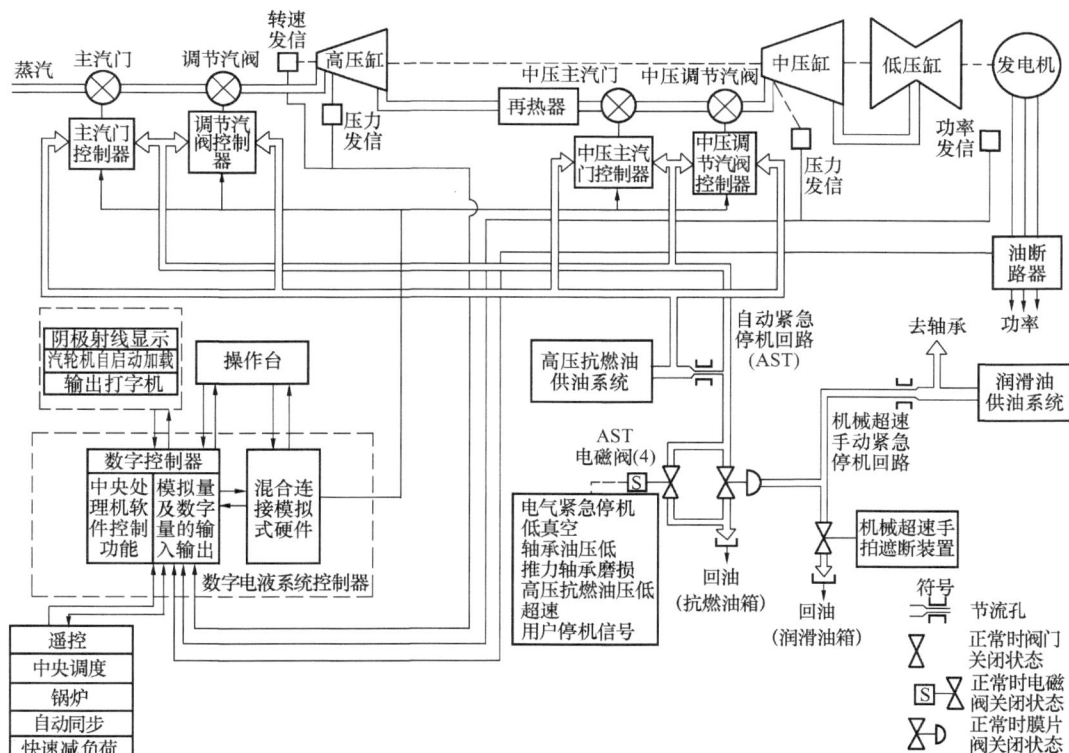

图 3-4　数字电液控制系统示意图

控制系统示意图。

由此可见，液压调节系统的心脏是伺服阀。伺服阀的作用是通过控制液压油流进和流出油动机活塞，反馈电子调节装置传输过来的电信号，通过油动机活塞的进程，操纵调节汽轮机调节汽阀的开度。所以液压调节系统监督维护工作主要是围绕保护伺服阀而展开的。

二、抗燃油的全过程质量监督

1. 抗燃油油品的选择原则

（1）选用三芳基磷酸脂抗燃油。可作抗燃油的化合物种类很多，但以合成的三芳基磷酸脂抗燃油更适合于汽轮机液压调节系统，故在机组的基建设计阶段，应首选三芳基磷酸脂抗燃油。

（2）最好选用同一牌号的抗燃油。同一电厂的多台机组或同一台机组的不同液压系统，最好选择同一牌号的抗燃油，以便于抗燃油的集中统一管理和监督，降低备用油量。

（3）推广使用国产高压抗燃油。实验表明，国产高压抗燃油的各项技术指标与进口抗燃油相当，且价格低廉。国内许多电厂的使用经验表明，国产抗燃油完全可以代替进口抗燃油。

2. 抗燃油的新油验收

（1）新油采样。抗燃油一般用量较少，新油以桶装形式到货后，应逐桶取样。试验油样应是从每个桶中所取油样均匀混合后的样品，以保证所取样品具有代表性。

每桶应取双份新油验收样品。一份用于验收试验，另一份用于贮存，以备需要时复查。

（2）新油验收标准。国产新抗燃油，按照电力行业标准 DL/T 571—1995《电厂用抗燃油验收、运行监督及维护管理细则》中附录 A 标准执行。其具体技术指标见表 3-6。

进口新抗燃油应按抗燃油生产厂商或进口合同的技术标准验收，但原则上不应低于ISO/IEDP 10050 草案标准。

3. 液压调节系统的冲洗

液压调节系统中，其抗燃油介质的工作压力一般在 10MPa（100kg/cm^2）以上，有的高达 15MPa（150kg/cm^2），其调节部件的节流孔径仅为 0.8mm，甚至更小。其抗燃油流量小而流速高，过大的固体粒子会使节流孔堵死，而大量的小粒子在高速油流作用下会使电液伺服阀的边缘刃口磨圆，最终导致阀的泄流量增加，致使油动机的动态响应差，使泵间歇期减少而工作期拉长，加剧泵的磨损，影响泵的使用寿命。

为了减少抗燃油中杂质粒子的含量，在系统安装时，应注意防范任何可能的污染源。所有的管件、部套均应封好。焊接采用氩弧焊，安装完成后应进行油冲洗。其具体冲洗工艺如下：

（1）冲洗前应将所有 DEHC 系统中的节流孔拆除，电液伺服阀、电磁阀均应用冲洗块代替，永久性过滤器用临时过滤器代替，以便于大流量冲洗。

（2）将验收合格的一部分抗燃油注入油箱，检查系统是否有泄露，如有泄露应进行检修。

（3）加热抗燃油，使其油温维持在 40～45℃ 范围。启动油泵进行大流量循环冲洗，其冲洗流量一般不应低于额定流量的 2 倍。在冲洗过程中，应用铜锤敲击管道、法兰及焊口弯头等部位，以加快冲洗速度和改善冲洗效果。

（4）在冲洗过程中，应注意观察过滤器的压差变化，当压差接近或超过极限时，则表明过滤器被赃物堵塞，应立即进行更换。

（5）在冲洗开始时，冲洗油不要流经旁路再生装置，在经过几个循环冲洗周期，颗粒度接近合格后，再投旁路再生装置。

（6）在冲洗一定的时间之后，每隔一定时间用取样瓶从主回油管路取油样，作抗燃油的颗粒度分析，以检查油系统的循环冲洗效果。

现场检验方法是：用10倍的读数显微镜检查抗燃油样品滤纸上的杂质颗粒，当连续3次测定油样滤纸上没有大于$100\mu m$的大颗粒之后，再用标准取样瓶采取油样，委托具有精密颗粒度测定仪的单位作全面的粒度分析。如颗粒污染度达到MOOG2级标准，则可停止油冲洗，否则需继续冲洗。

（7）在油冲洗结束后，应排尽系统内的全部冲洗油，并对油箱滤网等进行清理清洗，然后将系统的所有部件复位，使之恢复到正常的运行工况，最后再注入合格的清洁抗燃油。

注意在恢复系统时，应尽量避免系统的二次污染。

（8）检查液——氮蓄能器的充氮压力是否正常；检查油箱顶部的空气过滤器，其所用干燥剂是否受潮而需要更换。

（9）将旁路再生装置的阀门打开，以便开机时投用。

抗燃油系统大修后，也应对系统进行循环冲洗，其冲洗方法与上述方法相似。

4. 运行抗燃油的监督

（1）运行抗燃油的质量标准。电力部行业标准DL/T 571中规定了国产抗燃油的运行质量标准，见表3-8。进口抗燃油的运行标准原则上可参照国产高压抗燃油的运行标准执行。

表 3-8 运行中抗燃油质量标准

项　目	ZR-881 中压油[①]	ZR-881-G 高压油[②]	试验方法
外　观	透明	透明	DL 429.1
颜色	橘红	橘红	DL 429.2
密度(20℃，g/cm^3)	1.13～1.17	1.13～1.17	GB/T 1884
运动黏度(40℃，mm^2/S)	28.8～35.2	37.9～44.3	GB 265
凝点(℃)	≤−18	≤−18	GB 510
自燃点(℃)	≥530	≥530	附录 E[③]
颗粒污染度 SAE7490 级	≤5	≤3	SD 313
水分(%)	≤0.1	≤0.1	GB 7600
酸值(mgKOH/g)	≤0.25	≤0.2	GB 264
含氯量(%)	≤0.015	≤0.010	DL 433
泡沫特性(24℃，mL)	≤200	≤200	GB/T 12579
电阻率(20℃，Ω·cm)	—	≥$5.0×10^9$	DL 421
矿物油含量	≤4	≤4	DL/T 571 标准中的附录 F

①　DL/T 571把抗燃油油压在4MPa左右，定为中压。

②　DL/T 571把抗燃油油压大于等于11MPa，定为高压。

③　指的是DL/T 571的附录。

（2）运行抗燃油的检测项目与周期。现场运行人员应注意运行油的外观、颜色变化，并记录油温、油位，泵出口过滤器和旁路再生装置的压差变化。机组正常运行情况下，抗燃油的分析项目及检测周期见表 3-9。

表 3-9 抗燃油的试验项目及周期

试验项目 \ 运行时间	第一个月	第二个月后
颜色，外观，酸值	每周一次	每月一次
氯含量、电阻率、闪点、水分	每两周一次	三个月一次
密度、凝点、自燃点、运动黏度泡沫特性、颗粒污染度、矿物油含量	每月一次	半年一次

注 1. 补油后应测颗粒污染度。

2. 每次检修后，启动前应做全分析，启动 24h 后测定颗粒污染度。

在新油合格的情况下，若系统运行正常稳定，抗燃油中，除酸值、水分、电阻率、颜色等指标因油质的氧化劣化或水汽的影响易发生变化外，其他指标一般在短期内变化很少。因此，在抗燃油的监督中，可适当地缩短容易发生变化项目的检测周期，其他项目的检测周期则可根据机组的运行工况作适当的延长。例如若抗燃油中混入了矿物油，则应增加闪点、自燃点和矿物油含量的测试；若机组的液压系统进行了检修，则应增加颗粒度的检测。总之，监督运行抗燃油的目的是为了确保机组液压系统的正常工作。

对于运行监督检测中所取得的分析数据，不能机械地套用表 3-8 中的数值判定合格与不合格，而是应在某些指标发生明显变坏的趋势时，就应及时采取措施，查明油质变坏的原因并加以消除。运行抗燃油油质异常的原因及处理措施见表 3-10。

经验表明，抗燃油有些指标达到或超过表 3-10 中的极限值后，采取适当的措施时可用较为方便、经济的方法进行处理，而使指标得到改善。但是也有一些指标，待达到或超过极限值后，再采取措施，可能为时已晚，而造成油品的报废。如抗燃油的酸值在增至 0.15mgKOH/g 时，立即采取有效的旁路再生处理，则其酸值一般不会继续增加，甚至可以降至新油的水平；但若等酸值达到 0.25mgKOH/g 以上的不合格标准时，再投旁路再生装置，其效果甚微，用体外再生方法既麻烦，其成本又很高。

表 3-10 运行中抗燃油油质异常原因及处理措施

项 目	异常极限值		异常原因	处理措施
	中压油	高压油		
外 观	混 浊	混 浊	(1) 被其他液体污染 (2) 老化程度加深 (3) 温度升高，局部过热	(1) 更换旁路吸附再生滤芯或吸附剂 (2) 调节冷油器阀门，控制油温 (3) 考虑换油
颜 色	迅速加深	迅速加深		
密度（20℃，g/cm³）	<1.13	<1.13	被矿物油或其他液体污染	换油
运动黏度（40℃，mm²/s）	比新油值差 ±20%	比新油值差 ±20%		
矿物油含量（%，质量分数）	>4	>4		
闪点（℃）	<235	<240		
自燃点（℃）	<530	<530		

续表

项 目	异常极限值		异常原因	处理措施
	中压油	高压油		
酸 值 (mgKOH/g)	>0.25	>0.20	(1) 运行油温升高，导致老化 (2) 油中混入水分使油水解	(1) 调节冷油器阀门，控制油温 (2) 更换吸附再生滤芯或吸附剂，每隔48h取样分析，直至正常 (3) 检查冷油器等是否有泄漏
水分(%) (m/m)	>0.1	>0.1		
氯含量(%) (m/m)	>0.015	>0.010	(1) 含氯杂质污染 (2) 强极性物质污染	(1) 检查系统密封材料等是否损坏 (2) 更换吸附剂再生滤芯或吸附剂，每隔48h取样分析，直至正常
电阻率(20℃， Ω·cm)	—	<5×10^9		
颗粒污染度 SAE7490级	>5	>3	(1) 被机械杂质污染 (2) 精密过滤器失效	(1) 检查精密过滤器是否破损、失效，必要时更换滤芯 (2) 检查油箱密封及系统部件是否有腐蚀、磨损 (3) 消除污染源，进行旁路过滤，直至合格
泡沫特性 (24℃，mL)	>200	>200	(1) 油老化或被污染 (2) 添加剂不合格	(1) 查明原因，消除污染源 (2) 更换旁路吸附剂或再生滤芯，进行处理

（3）抗燃油运行中的取样。取样的代表性对分析结果有很大的影响。对于常规监督试验所用油样，一般从冷油器出口、旁路再生装置入口或油箱底部采样。如发现抗燃油异常，则应根据引起异常项目可能的原因及部位，增加取样点数。常规取样方法是：取样前首先将取样阀周围擦净，打开取样阀，排出阀中的死体积油，再打开取样瓶盖。对于测定颗粒度的样品，需用专用的取样瓶，在隔绝空气的条件下，从冷油器中采集。

第四节 运行抗燃油的维护

抗燃油的运行监督与维护的主要目的是：延长抗燃油的使用时间；提高相关运行设备的使用寿命。

抗燃油系统主要是由油箱、液压供油系统、液压油冷却系统以及液压油再生系统组成的。抗燃油液压系统设计、安装得是否合理，对抗燃油的使用寿命有很大的影响。

前文提到，伺服阀是汽轮机 DEHC 系统中最重要的转换元件，其性能的优劣将直接影响到调节系统的安全运行。根据国内外有关资料介绍及现场经验，伺服阀的常见故障见表3-11。

表 3-11 伺服阀常见的故障

分 类	设备故障	故障原因	故障现象
阀芯及阀套部分	滑阀的刃边缺口	磨损、冲蚀、腐蚀	泄漏、流体噪声增大，系统零偏增大，逐渐不稳定
	滑阀径向阀芯磨损	磨损	泄漏逐渐增大，零偏增大，增益下降
	滑阀卡涩	污染、变形	波形失真、卡死

续表

分 类	设备故障	故障原因	故障现象
伺服阀的驱动部分	球头磨损	长期使用磨损	伺服阀性能下降，不稳定，频繁调整
	喷嘴或节流孔局部或全部堵塞	油液污染	系统零偏增大，系统频响大幅下降，系统不稳定
伺服阀净化部	滤芯堵塞	油液污染	逐渐堵塞，引起频响有所下降，伺服阀的分辨性能下降，严重的可引起系统摆动

由上表可见，伺服阀的故障主要是磨损、腐蚀及颗粒污染造成的，这也是抗燃油系统存在的主要问题。下面围绕伺服阀的故障原因及解决方法介绍抗燃油的维护管理方法和原则。

一、伺服阀故障与 DEHC 系统故障的关系

1. 汽门失控

机组在正常运行过程中，有时会出现在没有任何指令的情况下，汽门突然关闭或打开的现象。造成这种现象的原因主要是脏物突然堵塞伺服阀的喷嘴档板，造成伺服阀误动，使用汽门失去控制。

2. 汽门动作迟缓或摆动

在排除热工信号故障的前提下，伺服阀工作不稳定是导致汽门摆动的主要原因。当伺服阀内漏增加时，其分辨率增大，分辨能力下降，伺服阀响应控制系统指令速度减慢，引起系统超调，使系统在一定的范围内不停地调整，严重时会导致汽门的摆动。

3. 油动机拒动

伺服阀的卡涩、堵塞是导致油动机拒动的主要原因。运行中伺服阀的拒动原因主要是由于油质老化或颗粒度超标，引起伺服阀内部滤芯堵塞，使其前置级控制压力过低，不能使滑阀运动，致使汽门拒动。

二、磷酸脂液压油主要性能指标对伺服阀影响

磷酸脂液压油的性能指标与伺服阀的故障是相联系的。磷酸脂液压油的酸值及颗粒度两个指标是使伺服阀失效的最为重要的因素。

1. 磷酸脂抗燃油酸值变化对伺服阀的影响

油品的酸值是磷酸脂抗燃油的重要指标。磷酸脂液压油酸值的增加，主要来自其劣化（水解降解）产物，当劣化产物多至一定程度时，不仅对金属有一定的腐蚀性，更会引起磷酸脂液压油指标丧失其应有的物理化学性能。这也是电力行业标准及国内外设备供应商对运行油的酸值都有明确规定的原因。

（1）磷酸脂液压油的水解降解机理。磷酸脂对水分很敏感，易于吸收水分而水解。水解过程是通过 P—O 键或 C—O 键的断裂完成的，由水解而产生酸性降解物，最终会生成磷酸。水解降解的机理如下：

（化学反应结构式）

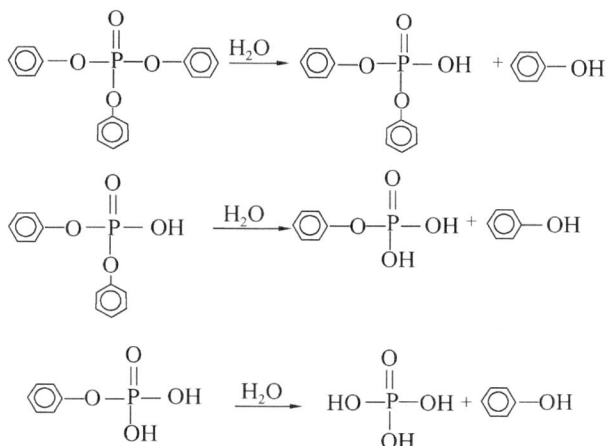

水解是导致磷酸脂液压油酸值增大的主要因素。酚类物质在一般情况下不会对油的性能产生不利影响，但其增加到一定量时会使油的抗泡沫性能降低。

（2）酸性物质对金属的腐蚀作用。水解导致酸性物质增加，增加的酸性物质一方面直接腐蚀金属，另一方面会导致油品电阻率的降低，进一步会引起金属的电化学腐蚀。但是水解产物达到多少，或者说酸值达到多大会引起金属明显腐蚀，目前没有定论。

对故障伺服阀的解体检查表明，虽然在滑阀及阀套的表面很少发现酸性腐蚀和电化学腐蚀的迹象，但在阀芯刃边上曾发现过明显的化学腐蚀的特征。

（3）系统中胶质沉淀物形成的原因。在 20 世纪 70 年代末，法国、德国在使用硅藻土再生磷酸脂液压油时，在各级滤网甚至伺服阀的阀芯的槽沟中，常发现黄褐色胶质沉淀物。国外对沉淀物的分析资料表明，黄褐色胶质沉淀物是不同形式的盐皂，主要来自硅藻土中的钙、镁和系统腐蚀产物。

硅藻土中都含有碳酸钙、碳酸镁成分，它们与磷酸脂发生降解反应是导致凝胶沉淀物产生的主要原因。系统中盐皂形成的机理如下：

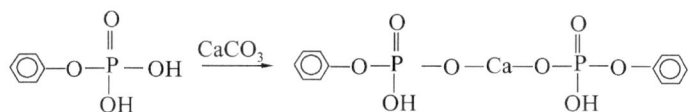

（化学反应结构式）

从理论上讲，金属皂形成的化学反应过程非常复杂，各种中间产物间的相互作用也是不可避免的，它们会进一步反应生成一些高分子量的产物，共同组成了胶质沉淀物。如：

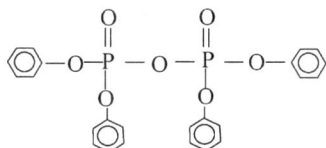

（化学结构式）

国外的经验表明，含量很低的金属盐就足以聚合起很大数目的磷酸脂分子，这些产物形成时，溶解在油液中。但由于其分子链较大，黏度高于磷酸脂液压油，当其流速降低或流到死角位置时，它们就会粘附析出形成凝胶沉淀物。随着沉淀物的增多，必将导致过滤器、伺服阀堵塞和卡涩。

由此可见，即使酸值并没有达到引起金属腐蚀的程度，但在酸值增长的过程中，其产生的沉淀物的危害也是不容忽视的。另外钙、镁盐类的存在，也是油品电阻率低、抗泡沫性差的主要原因。

2. 颗粒污染对伺服阀的危害

固体颗粒的种类繁多，软质的有纤维、凝胶沉淀物等，硬质的有金属、灰尘、硅藻土碎屑等。因阀芯与阀套之间的间隙很小，它们都会造成伺服阀、比例阀及换向阀的卡涩、堵塞，硬质的还会造成伺服阀的冲蚀和磨损。图 3-5 是 EHC 系统控制阀的典型动态间隙示意图，表 3-12 是控制阀的典型动态间隙尺寸。

表 3-12 控制阀的典型动态间隙尺寸

控制阀名称	动态间隙尺寸（μm）	控制阀名称	动态间隙尺寸（μm）
伺服阀	2～3	换向阀	2～8
比例阀	1～6	齿轮泵	0.5～5

（1）颗粒对伺服阀的冲蚀。油品中的颗粒物质，特别是硬质颗粒，对滑阀凸肩有直接的高压冲刷或切削加工作用，非常类似于金属除锈和清理汽轮机叶片结垢时采取的喷砂措施，这种作用导致节流棱边（刃边）损坏，这种现象称之为冲蚀。图 3-6 是硬质颗粒对伺服阀冲蚀磨损示意图。

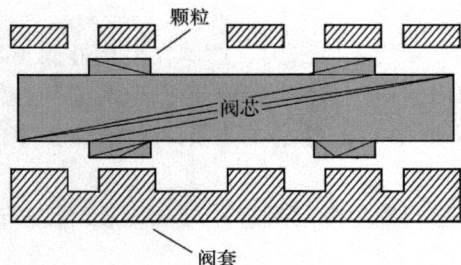

图 3-5　EHC 系统控制阀的典型动态间隙示意图

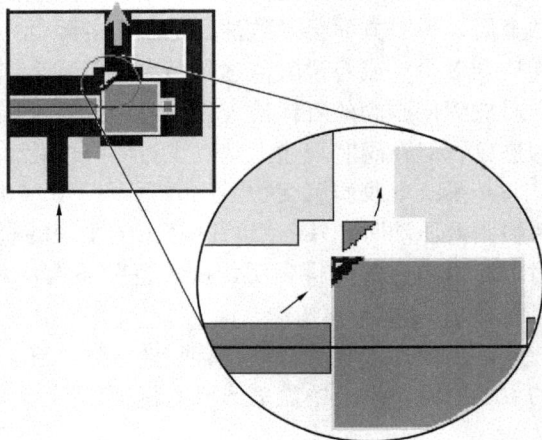

图 3-6　硬质颗粒对伺服阀冲蚀磨损示意图

油系统中只要有硬质颗粒存在，随时都会发生冲蚀。由于油品中的大颗粒易于滤除和控制，正常运行系统中数量较少，因此造成设备冲蚀主要是因为油品中难以滤除的 5μm 以下颗粒的大量存在。

如何减少 5μm 以下颗粒在系统中的循环时间和数量，是避免和减缓冲蚀的首要任务。使用过滤精度 $\beta>200$ 甚至 $\beta>1000$ 的高效滤芯，是减少 5μm 以下颗粒数量，避免和减缓伺服阀冲蚀的重要手段。

（2）颗粒对伺服阀的磨损。伺服阀的阀芯与阀套之间的间隙在 1～4μm 之间，在此范围内的颗粒对伺服阀的磨损危害最大，这也是常见发生磨损的部位。

（3）颗粒对伺服阀的卡涩与堵塞。伺服阀的阀芯与阀套之间的间隙非常小，阀芯与阀套之间的颗粒除了造成磨损外，还会使金属面之间的粘附作用增强，造成阀芯的运动不平稳，严重时会直接卡死，引起伺服阀卡紧失效。

从上述酸值及颗粒污染对伺服阀影响的分析中可知，要防止伺服阀故障，必须严格控制油品的酸值和颗粒污染。在系统运行中，采用滤油设备对油品进行脱水、脱气处理，使用旁路再生装置对油品进行吸附处理，就是为了降低酸值；在 DEHC 系统布置多重精密过滤器则是为了控制油品颗粒污染。

需要指出的是，设备制造厂商或行业标准给定的指标均是日常维护中不能逾越的极限值、最低要求。也就是说在抗燃油的运行监督过程中，不能仅满足于指标合格，而应从系统投入运行起，采取一切有效的措施，尽可能地降低和减缓油品的水解、劣化过程，维持油品的高品质。只有这样，才能真正延长油品及伺服阀的使用寿命，保障机组的安全运行。

三、抗燃油的维护管理措施

1. 使用相容性材料

前文提到，抗燃油具有很强的溶剂性，与汽轮机油系统使用的多数非金属材料是不相容的。因此，在抗燃油液压系统的安装、检修过程中，要特别注意材料的相容性问题，如使用了不相容的垫圈等密封材料，抗燃油就会短期内因材料的溶解，导致颜色迅速变深，物理化学指标变差，甚至导致系统油品泄露等问题。

使用体外滤油机时，也要注意滤油机上所用的垫圈材料、滤油机进油、出油管路材料的相容性问题，否则会出现油品越滤越差的状况。

2. 严格控制油品的清洁度和水分

一般来说，肉眼可看到的最小黑点约 $40\mu m$。抗燃油的颗粒污染是否合格，不能靠肉眼来判断，而应用专用的仪器进行监测。

油品中存在的微小颗粒污染物和水分，除了前面提到的会造成调速系统中精密部件，如伺服阀的磨损、调速阀门的卡涩等事故外，还会对油品产生催化裂解作用，使油品在投运较短的时间内，颜色加深，酸值急剧上升，腐蚀相关运行设备，缩短抗燃油的使用寿命。表 3-13 是水和金属颗粒对抗燃油使用寿命的影响。

表 3-13 水和金属颗粒对抗燃油氧化的影响

颗 粒	水	酸 值	流体寿命（h）
无	无	0.1	3500
无	有	0.9	3500
铁	无	0.6	3500
铁	有	8.1	400
铜	无	0.89	3000
铜	有	11.20	100

从表中可以看出，水和金属颗粒共存时，会显著降低抗燃油的使用寿命。另外，由于抗燃油系统中精密部件的间隙比润滑系统的油膜厚度更小，故对固体颗粒污染的要求更高，建议控制在 MOOG 2 级；因抗燃油水解稳定性差，且对油品有催化裂解作用，水分的控制标准理应比汽轮机油更严，0.1% 的标准太低，建议研究修订抗燃油的水分控制标准。

3. 减少或防止空气的侵入

抗燃油携带过量的空气，一方面会加速抗燃油的老化，使油品的空气释放性和泡沫性变差；另一方面，溶于抗燃油的空气在系统的节流部件会释出，造成调节系统的响应缓慢、振动和压力的不稳。空气的存在还会造成流体温度升高，因气蚀而使泵受损。如油中侵入大量空气，应主要检查泵入口处的密封是否正常。

4. 保持合适运行油温

抗燃油的热稳定性、黏温性较差，油温过低（低于20℃），油品的黏度过大，会使系统中的油泵和电动机过载；油温过高，则会加速抗燃油的水解及老化。

要保持抗燃油运行温度在合适的范围内，除应注意调节冷油器冷却水阀门的开度外，还应注意在安装、检修时，采用合理适当的保温工艺，即应避免油管路与主蒸汽管路靠得太近，防止油系统中出现局部过热区。若保温不好，油品会因局部过热或热辐射而急剧劣化，严重时，会使管路内的抗燃油形成结块而堵塞滤网。

国内某大型电厂就发生过因过热蒸汽与抗燃油管路共用一个金属支撑，导致抗燃油老化结块堵塞滤网，出现过因滤网压差过大而击穿滤网的事故。

5. 加强过滤器、滤网的维护管理

（1）油系统中采用的精密过滤器、滤网应定期检查和维护。防止过滤元件堵塞，压力过大而使过滤器破损。如对于工作压力15MPa的系统，其油泵出口过滤器前后压差超过0.7MPa，就应立即更换，回油污染指示器压差超过0.2MPa应及时更换滤芯。

（2）当前，抗燃油系统普遍使用的防颗粒污染装置均为固定孔径的金属过滤器、滤网等滤材，这类滤材过滤效率低，截污能力差。抗燃油中的颗粒污染难以有效地控制。建议有条件的单位使用渐变孔径滤材，以提高过滤器的过滤效率。

6. 使用旁路再生装置

尽管硅藻土给人们带来了金属皂的问题，导致系统中出现胶质沉淀物，甚至引起伺服阀堵塞和卡涩等诸多问题，但就目前情况而言，投运硅藻土再生装置依然是运行维护中必不可少的措施。

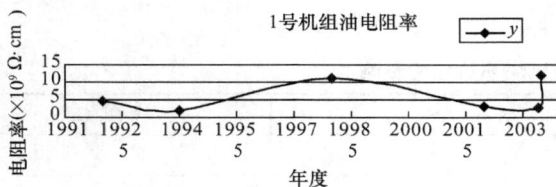

图3-7　某300MW机组抗燃油电阻率变化曲线

人工合成在磷酸脂液压油的稳定性远远不如矿物油，随着水解过程的进行，由于其产物自身的催化作用，水解速率呈指数形式增加，表现在酸值上也呈指数形式增加，电阻率明显降低。有资料表明，在大于0.1mgKOH/g后，升速加快，达0.20mgKOH/g后则以近于直线上升。图3-7是某300MW机组抗燃油电阻率变化曲线，图3-8是其酸值变化曲线。

从图中可以看出，因1998年以前酸值控制标准为0.25mgKOH/g，故该机组抗燃油酸值长期在0.2mgKOH/g以上运行，电阻率随着酸值的上升明显降低。期间伺服阀需频

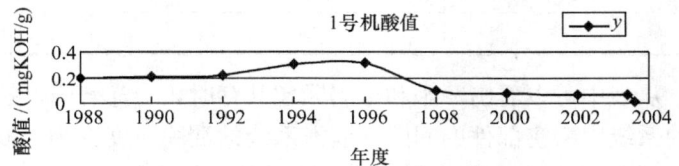

图3-8　某300MW机组抗燃油酸值变化曲线

繁清洗（或更换），年均80～100次（个），油箱放油检查，发现箱壁有黄油状沉积物2～5mm。

1998年后，该机组开始执行0.1mgKOH/g酸值内控标准，通过旁路再生系统及体外再生处理，酸值开始明显下降，电阻率也逐步升高，之后采取连续投运旁路滤油装置确保酸值

不超标。结果发现，伺服阀清洗（或更换）次数显著降低，年均 5～10 次（个）；油箱放油检查，箱壁也无黄油状沉积物。图 3-9 是该机组改造后的旁路再生系统示意图，表 3-14 是一次再生前后的效果试验数据。

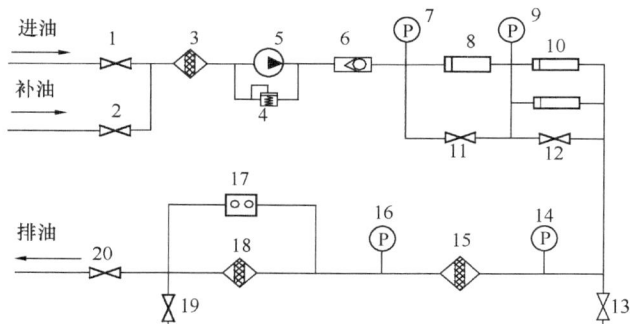

图 3-9　旁路再生系统示意图

1—进油阀；2—补油阀；3—吸油滤油器；4—溢流阀；5—油泵；6—单向阀；7—系统压力表；8—脱水器；9—再生器前压力表；10—再生器；11—脱水旁通阀；12—再生旁通阀；13—放油阀；14—粗滤前压力表；15—粗滤器；16—精滤前压力表；17—压差报警器；18—精滤器；19—取样阀；20—排油阀

表 3-14　　　　　　　　　　　　　　一次再生前后的效果试验数据

项　目		2003 年 9 月		2004 年 7 月
		旁路再生前	旁路再生后	定期工作
氯含量（质量分数，%）		0.0072	0.0036	0.0041
泡沫特性	24℃（mL/mL）	30/0	20/0	20/0
	93℃（mL/mL）	30/0	20/0	20/0
	24℃（L/mL）	50/0	130/0	130/0
电阻率（20℃，Ω·m）		3.2×10^9	1.2×10^{10}	2×10^{10}
空气释放值（50℃，min）		9.9	5.7	2.3
酸值（mgKOH/g）		0.076	0.03	0.03

由此可见，在运行过程，硅藻土再生装置应不间断地连续投运，尽可能地把酸值控制在 0.1mgKOH/g 以下是非常重要的。当酸值有明显增加的趋势时，表明吸附剂失效，需要更换。正常情况下，应半年更换一次吸附剂。

根据经验，硅藻土吸附剂的用量以 1.5％W/V（固体/液体）数量较为适宜。水分的存在对硅藻土吸附酸性物质的能力影响很大，因此更换时，要对硅藻土进行高温脱水处理。

为了避免硅藻土吸附剂产生金属皂的问题，国外正在推广使用离子交换树脂再生装置。

7. 换油和补油的注意事项

（1）换油。

1）抗燃油价格昂贵，换油应慎重。只有当油质严重劣化，不能满足生产需要，且再生成本较高时才换油。

2）换油工作最好结合大、小修进行。换油前应把劣化油彻底排净，并将系统中的过滤器、伺服阀、油箱等部位进行彻底清理，把杂质清除干净。

3）用一部分新油对油系统进行冲洗过滤，待油中的颗粒度合格，酸值等其他技术指标达到或接近新的标准后，再补入足量的合格新油。

（2）补油。

1）系统中因油品的损耗而使油位较低时，可向系统内补油。禁止以降低酸值为目的而补加新油的做法。

2）油系统中，油品的酸值低于 0.1mgKOH/g 时，可直接向系统内补入同牌号的合格新油。

3）若系统内抗燃油的酸值较高，则首先应采取再生滤油措施，使酸值降至 0.1mgKOH/g 以下，再补入同牌号的合格新油。

4）严禁将严重劣化的旧油补入接近新油标准的合格油系统中。

第五节　颗粒污染控制与监督检测

汽轮机的润滑系统和液压控制系统都存在着油品的清洁度问题。油品的高清洁度，是保证发电机组安全经济运行的必要条件。运行汽轮机油和抗燃油中产生和侵入的各类污染杂质，有些会降低油品的物理化学性能指标（如老化产物、水分、空气等），间接影响机组的运行安全；有些虽不会明显影响油品的物理化学性能指标，如固体颗粒污染物则会对运行系统中的装置、部件构成直接危害。

在润滑、液压调速共用的汽轮机油系统中，固体颗粒会使液压调速特性恶化，导致滑负荷、事故保安控制装置拒动等事故；汽轮机在盘车时油膜厚度非常小，约为 $13\mu m$，而机组运行过程中，轴承、轴颈间油膜厚度在 $10\sim150\mu m$ 之间，因此，固体颗粒的存在将会造成轴承、轴颈的表面磨损划伤，导致轴承承载能力降低和温度上升，严重时酿成化瓦事故。因小于最小油膜厚度的固体颗粒的数量很大，高速流动时具有磨料的作用，会导致精密部件的磨蚀、磨损。

在大型机组中独立的 EHC 抗燃油系统中，为了提高机组的动态响应特性，系统中使用的伺服阀、比例阀和换向阀，机械加工精度非常高，其阀芯与阀套之间的动态间隙一般小于 $10\mu m$，大颗粒物质会引起油路系统的局部堵塞、机械运动部件卡塞，小颗粒物质则会引起部件的磨蚀、磨损。

另外，微小的固体金属颗粒对油品具有一定的催化裂解作用，会加速油品的老化，从而影响油品的物理化学性能指标。

每年美国电力系统的传动机械、轴承损坏造成的维修和停工损失约为 2 亿美元。国外研究报告认为，汽轮机、泵、风机、辅机和旋转轴承损坏主要是油系统污染造成的，见表 3-15。

表 3-15　　　　　　　汽轮机、泵、风机、辅机和旋转轴承损坏主要原因

油系统污染	54%	轴承磨损导致油膜震荡	2%
备用油泵系统故障	34%	其他轴承故障	3.5%
不规范安装和维修	5%	其　他	1.5%

要求运行汽轮机油中不含固体颗粒杂质，从技术角度来说，是难以实现的，在经济上也是不合理的。针对不同润滑油系统的特点，制定和控制合理的清洁度指标，建立标准化的油质检测体系，采用配套的油品净化设备，确保油品清洁度合格，是油务监督管理者的一项重要职责。

一、颗粒污染控制标准

目前，我国尚未制定出运行汽轮机油、抗燃油系统固体颗粒杂质的控制标准，因而，在GB/T 7596—2000《电厂用运行汽轮机油质量标准》注释中，提出参照美国 NAS1638 和 MOOG 标准执行的相应要求；而在 DL/T 571—1995《电厂用抗燃油验收、运行监督及维护管理导则》中，推荐使用 MOOG 标准。

颗粒污染杂质控制标准很多，现将国外广泛使用的几个颗粒杂质控制标准作简明介绍，供读者参考。

1. 美国宇航（NAS1638）标准

NAS1638 标准是美国国家科学院宇航协会制定的液压油颗粒污染等级标准，见表 3-16。该标准是基于自动颗粒计数仪测定的，依每 100mL 油品中含有不同粒径范围的固体颗粒个数，划定不同的颗粒污染等级，按使用设备的要求不同，制订相应的等级控制标准。该标准不但为美国各部门广泛采用，而且西欧、日本等国也大量引用。

表 3-16   **美国 NAS1638 污染等级标准**

颗粒大小 (μm) / 等级	100mL 油中的颗粒数				
	5～15	15～25	25～50	50～100	>100
00	125	22	4	1	0
0	250	44	8	2	0
1	500	89	16	3	1
2	1000	178	32	6	1
3	2000	356	63	11	2
4	4000	712	126	22	4
5	8000	1425	253	45	8
6	16000	2850	506	90	16
7	32000	5700	1012	180	32
8	64000	11400	2025	360	64
9	128000	22800	4050	720	128
10	256000	45600	8100	1440	256
11	512000	91200	16200	2880	512
12	1024000	185400	32400	5760	1024

注意该标准中的数据是用自动颗粒计数仪测定的，而自动颗粒计数仪是受校准方法影响的。

校准方法的差异当然会引起测试数据的不同。这种变化将在下面介绍的 ISO 标准时详加说明。

2. 美国穆格（MOOG）标准

穆格（MOOG）标准是美国飞机工业协会（ALA）、美国材料试验协会（ASTM）、美国汽车工程师协会（SAE）联合提出的标准，见表3-17。该标准共有7级，其应用范围是：0级——很难实现；1级——超清洁系统；2级——高级导弹系统；3、4级——一般精密装置（电液伺服机构）；5级——低级导弹系统；6级——一般工业系统。

表 3-17　　　　　　　　　　MOOG 污染等级标准（100mL 中的个数）

等　　级 ＼ 颗粒大小（μm）	5～10	10～25	25～50	50～100	100～150
0	2700	670	93	16	1
1	4600	1340	210	28	3
2	9700	2680	380	56	5
3	24000	5360	780	110	11
4	32000	10700	1510	225	21
5	87000	21400	3130	430	41
6	128000	42000	6500	1000	92

需要指出的是，虽然在颗粒污染等级规定的形式上，MOOG标准与NAS1638标准相近，但在测定方法上却有本质的差别。MOOG标准是基于机械抽滤，用100倍的投影仪人工计数的检测方法制定的，它测定的是固体颗粒的最大直径，该方法无须校准，当然也不受校准方法变化的影响。

由于MOOG标准与NAS1638标准所用的测定方法原理完全不同，其颗粒尺寸范围划分的范围也不同，因此两个标准之间从理论上来说没有严格等效的换算方法。

3. ISO 4406—1999 标准

ISO 4406—1999《液压传动—油液—固体颗粒污染等级代号法》标准中，涵盖了自动颗粒计数仪和显微镜两种测量方法的代号。

使用代号的目的是通过将颗粒个数转换成范围较宽的等级，从而简化颗粒计数分析报告。

ISO 4406—1987标准中，分析报告是以两种粒径的颗粒数来表示的，即≥5μm 和≥15μm。但是，由于原采用ACFTD（AC fine test dust particle counter calibration method）自动颗粒计数仪校准方法 ISO 4402—1991 测量的是颗粒的最大长度，不能真实反映颗粒的几何形态，其测量结果与实际应用上有较大的局限性。

新颁布的 ISO 11171—1999 NIST（National Institute of Standards and Technology traceable particle counter calibration method）校准法，测定的是颗粒等效面积所对应的颗粒直径，比旧标准测量的结果更接近颗粒的实际几何尺寸。不同校正标准之间颗粒尺寸的差别见图3-10，不同校正标准导致所测量的颗粒粒径产生变化见表3-18。

新标准中采用3种粒径的颗粒数来表示，即≥4μm（c）、

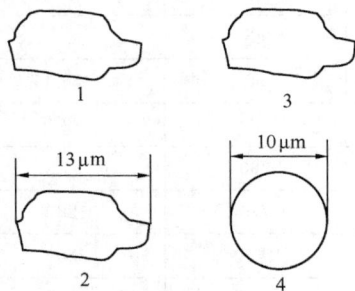

图 3-10　不同校正标准之间所测量同一颗粒尺寸的差别

1—颗粒实际尺寸；2—ISO 4402 方法（ACFTD）测量的颗粒尺寸；3—颗粒的实际面积为78.5 μm²；4—ISO 11171 方法（NIST）测量的等效于颗粒图3面积的等效直径

≥6μm(c)、≥14μm(c)。从表 3-18 中可以看出，新标准中的 4μm(c)、6μm(c)、14μm(c) 3 种粒径分别相当于原标准的≥2μm、≥5μm 和≥15μm。μm(c)的意思是指使用经过 ISO 11171 校准过的自动颗粒计数仪测得的颗粒粒径。表 3-20、表 3-21 是根据表 3-19 确定的某汽轮机油样品颗粒度测试等级实例。

表 3-18　　　　　　　　　　不同校准方法测得的颗粒粒径对比

ACFTD 与 NIST 粒径换算		NIST 与 ACFTD 粒径换算	
ACFTD 粒径 (ISO 4402—1991) (μm)	NIST 粒径 (ISO 11171—1999) (μm)(c)	NIST 粒径 (ISO 11171—1999) (μm)(c)	ACFTD 粒径 (ISO 4402—1991) (μm)
1	4.2	4	<1
2	4.6	5	2.7
3	5.1	6	4.3
5	6.4	7	5.9
7	7.7	8	7.4
10	9.8	9	8.9
15	13.6	10	10.2
20	17.5	15	16.9
25	21.2	20	23.4
30	24.9	25	30.1
40	31.7	30	37.3

代码是根据每毫升油样中的颗粒数确定的，见表 3-19。代码每增加一级，污染水平一般增加一倍。

表 3-19　　　　　　　　　　代 码 的 确 定

每毫升的颗粒数		代码	每毫升的颗粒数		代码
大 于	小于等于		大 于	小于等于	
2500000		>28	80	160	14
1300000	2500000	28	40	80	13
640000	1300000	27	20	40	12
320000	640000	26	10	20	11
160000	320000	25	5	10	10
80000	160000	24	2.5	5	9
40000	80000	23	1.3	2.5	8
20000	40000	22	0.64	1.3	7
10000	20000	21	0.32	0.64	6
5000	10000	20	0.16	0.32	5
2500	5000	19	0.08	0.16	4
1300	2500	18	0.04	0.08	3
640	1300	17	0.02	0.04	2
320	640	16	0.01	0.02	1
160	320	15	0.00	0.01	0

注　代码小于 8 时，重复性受油样中所测的实际颗粒数的影响。原始计数值应大于 20 个颗粒，如达不到，则参考本节 3.(1)中的规定执行。

表 3-20 汽轮机油样品颗粒度测试等级

颗粒尺寸	大于该尺寸的颗粒数	代码范围	ISO 分级代码
$2\mu m$	33121	22	
$5\mu m$	7820	20	22/20/18
$15\mu m$	2240	18	

表 3-21 汽轮机油样品颗粒度测试等级

颗粒尺寸	大于该尺寸的颗粒数	代码范围	ISO 分级代码
$2\mu m$	85	14	
$5\mu m$	41	13	14/13/11
$15\mu m$	12	11	

(1) 自动颗粒计数仪法分析代号的确定。使用经 ISO 11171 方法校准的自动颗粒计数仪，测得的颗粒个数，从表 3-19 中查出 $\geqslant 4\mu m(c)$、$\geqslant 6\mu m(c)$、$\geqslant 14\mu m(c)$ 3 种颗粒粒径的相应代码，3 个代码按顺序书写，并用一条斜线分隔。

例 1：代号 22/18/13 所表示的意义，用新校正标准表示在 1mL 油样中的颗粒等级见表 3-22，沿用原标准习惯的表示方法见表 3-23。实际上两种表示方法的结果完全相同。

表 3-22 新校正标准表示在 1mL 油样中的颗粒个数

颗粒尺寸	大于该尺寸的颗粒数	代码范围	ISO 分级代码
$\geqslant 4\mu m(c)$	20000～40000	22	
$\geqslant 6\mu m(c)$	1300～2500	18	22/18/13
$\geqslant 14\mu m(c)$	40～80	13	

表 3-23 沿用原标准的表示在 1mL 油样中的颗粒个数

颗粒尺寸	大于该尺寸的颗粒数	代码范围	ISO 分级代码
$2\mu m$	20000～40000	22	
$5\mu m$	1300～2500	18	22/18/13
$15\mu m$	40～80	13	

应用时，可用"＊"或"—"两个符号作报告代码。例 2：＊/19/14 表示样品中 $\geqslant 4\mu m(c)$ 的颗粒数太多，而无法计数；例 3：—/19/14 表示样品中 $\geqslant 4\mu m(c)$ 的颗粒不需要计数。

注意，在所测数据中，3 种颗粒粒径中任一粒径范围的颗粒数小于 20 时，该粒径范围的代码前，应标注 "$\geqslant$" 符号。例 4：代号 14/12/$\geqslant 7$ 表示，在 1mL 油样中，$\geqslant 4\mu m(c)$ 的颗粒数在 80～160 之间（包括 160）；$\geqslant 6\mu m(c)$ 的颗粒数在 20～40 之间（包括 40）；代码 $\geqslant 7$ 表示 $\geqslant 14\mu m(c)$ 颗粒数在 0.64～1.3 之间（包括 1.3），但计数值小于 20。由于此时统计的可信度较低，$\geqslant 14\mu m(c)$ 的代码实际上高于 7，即每毫升油液中的颗粒数多于 1.3 个。

(2) 显微镜测定法分析代号的确定。用显微镜按 ISO 4407 方法测定的颗粒个数，从表 2-15 查出 $\geqslant 5\mu m$、$\geqslant 15\mu m$ 相应的代码，顺序书写，中间用一条斜线分隔。为了保持与自动颗粒计数仪法所得出的报告形式相一致，代号也由 3 部分组成，第一部分用 "—" 符号替代。例 5：代号 —/18/13 中，"—" 没有意义；"18" 表示 $\geqslant 5\mu m$ 的颗粒数在 1300～2500 之间（包括 2500）；"13" 表示 ≥15μm 的颗粒数在 40～80 之间（包括 80）。

例 3 和例 5 中的两个代号，虽然表示形式上相同，但其"一"所代表物理意义却有本质的差别。为了使两种表示方法不发生混淆，产生理解上的错误，在出具分析报告时，一定要注明分析方法。

4. 基于测定颗粒质量的污染标准

用称重法测定油品的颗粒污染时，检测的是污染物的总量。这种方法虽然简便易行，但所测定的数据对运行设备安全指导意义较差，因而电力系统很少采用。

具有代表性的质量法颗粒污染控制标准有美国 NAS1638 和 ISO 4405 两个标准，分别见表 3-24、表 3-25。

表 3-24　　　　　　　　　　美国 NAS1638 污染标准（100mL 油中的质量）

等　级	100	101	102	103	104	105	106	107	108
质量（mg）	0.02	0.05	0.10	0.30	0.50	0.70	1.0	2.0	4.0

注　100、101 和 102 级需要 100mL 以上的油样。

表 3-25　　　　　　　　　　ISO 4405 颗粒污染分级标准

级别	M[①]（mg）	级别	M（mg）
A	$M \leqslant 1.0$	F	$5.0 < M \leqslant 7.0$
B	$1.0 < M \leqslant 2.0$	G	$7.0 < M \leqslant 10.0$
C	$2.0 < M \leqslant 3.0$	H	$10.0 < M \leqslant 15.0$
D	$3.0 < M \leqslant 4.0$	I	$15.0 < M \leqslant 25.0$
E	$4.0 < M \leqslant 5.0$		

①　100mL 油中含污染物的质量。

二、颗粒污染检测方法

在前文中，已经提到了 3 种测定颗粒污染的方法和相应的控制标准。3 种检测方法分别是：自动颗粒计数仪法、显微镜法和称重法。

1. 自动颗粒计数仪法

自动颗粒计数仪法一般均采用激光作光源，当样品通过毛细管或检测池时，扫描的激光束的投过率、消光值、折射系数等参数会发生变化，其变化的幅度与样品中含有的颗粒大小成正比，连续记录、累计这种变化量，就得到了固体颗粒的粒径大小和数量。

激光束的投过率、消光值、折射系数等参数的变化量，与颗粒大小的比例关系，通过含有已知粒径的标准颗粒样品进行标定。当然，如前所述，标定的方法不同，其测量的结果也不同。

由于油品中不可避免地含有一定量的空气。测定过程中，油中溶解的空气在进入毛细管或检测池时，会因产生气泡，而影响激光束的参数，导致测定结果偏大。故在测定前，必须对样品进行脱气处理。

该方法的优点是：仪器自动化程度高，检测操作简便，分析速度快，数据重复性好；其缺点是：仪器价格昂贵，水分、空气对测定结果有影响，且需要进行定期标定。

2. 显微镜法

该法是将 100mL 样品倒入装有 5μm 滤膜的赛氏漏斗，然后用清洁的玻璃片盖上，启动

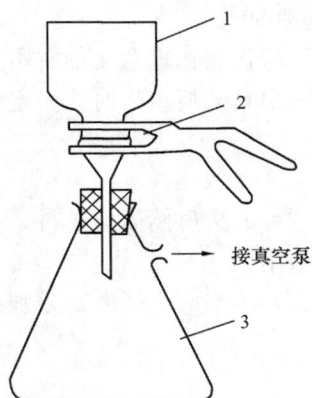

图 3-11　机械过滤颗粒装置
1—漏斗；2—滤膜夹持器；
3—真空瓶

真空泵，使油滴滴入过滤瓶内，见图 3-11。油滴过滤的快慢取决于油品的运动黏度和清洁度。过滤完成后，关闭真空泵，拆开赛氏过滤器，用镊子轻轻将滤膜夹放在清洁的玻璃片上，再在上面放上另一片清洁的玻璃压紧，放在 100 倍的显微镜或投影仪下，人工计数一定面积内不同颗粒粒径（因颗粒不规则，按颗粒的最大直径作为颗粒粒径）的颗粒数，根据滤膜的面积分别计算不同粒径的颗粒总数。

该方法的优点是：颗粒粒径测量准确，仪器无须校准，仪器价格相对低廉；缺点是：分析时间长，人工计数颗粒困难，尤其是清洁度差的样品，因颗粒过多计数更难。

为了克服这种方法的缺点，目前现场多采用对比显微镜法，即仪器厂商按 ISO 标准、NAS 和 MOOG 标准的污染等级，做出相应等级的标准模板。测定时，在显微镜下把测量样品与标准模板进行对比，找出与样品清洁度接近的标准模板，该标准模板的污染等级就是样品的污染等级。

3. 称重法

该方法与显微镜法类似，需对样品进行过滤，其过滤方法也基本相同。不同的是在滤膜的孔径更小，过滤器上同时装两片滤膜，上面的滤膜称为检测滤膜 A，下面的滤膜称为校正滤膜 B。其操作步骤是：用已过滤合格（一般应达到 MOOG 0 级）的石油醚冲洗漏斗，待溶剂抽干后，取出滤膜放在清洁的培养皿内，置于恒温 80℃的烘箱内 30min，取出滤膜置于干燥器内冷至室温，用分析天平称重至 0.1mg，两片滤膜的质量分别为 m_{A1}、m_{B1}；将称重过的两片滤膜按相同的方法再次装到过滤器上，把 100mL 样品倒入漏斗过滤，样品滤完后用约 50mL 石油醚冲洗样品容器及漏斗，并淋洗到滤膜无油渍，再取出滤膜，按前述相同的方法烘干、称重，分别得到滤膜的质量为 m_{A2}、m_{B2}。100mL 样品所含固体颗粒污染物的质量 m 按下式计算：

$$m=(m_{A2}-m_{A1})-(m_{B2}-m_{B1})$$

需要说明的是，该方法之所以采用两片滤膜，是为了消除滤膜本身在过滤过程中可能发生的质量变化。

该方法的优点是显示污染物的总重量；其缺点是无法测污染物颗粒尺寸大小。两种油样进行比较时，只有当两种油样的颗粒数相差悬殊时，才有意义。

4. 测定颗粒污染应注意的几个问题

（1）采样的代表性是分析测定中的首要问题。油品中的固体颗粒因重力沉积，易造成油品中颗粒分布的不均匀，所以样品必须在系统正常循环流动的状态下，从冷油器采集。静态采集的样品代表性较差。

（2）采取正确的方法采集样品，防止外界污染。颗粒的外界污染主要来自 3 个方面：一是环境空气的污染，因空气中悬浮着大量的固体尘埃，在没有采取空气隔离措施的情况下，采集的样品会受到空气中浮尘的污染，使样品的代表性变差；二是采样容器的污染，采样容器必须在试验室内，用经过滤合格的水或溶剂彻底清洗，密封保存，使用时再用样品油冲洗一两次；三是取样阀门的污染，采样前必须把取样阀门周围的灰尘擦净，开启阀门排放少量冲洗油后，再采集样品。

（3）测定前样品要摇匀。为防止容器内样品因颗粒沉积造成分布不均，进行测定前，必须把样品要摇匀，然后再取样检测。

（4）用自动颗粒计数仪进行测定时，要注意样品中溶解的空气和含有的游离水带来的测定误差。

三、油品颗粒污染控制和等级评定

1. 汽轮机油颗粒污染控制标准

理论上，应根据汽轮机油系统中最小油膜厚度的要求，滤除全部大于 $10\mu m$ 的固体颗粒。但由于固体颗粒形状的不规则性和系统的复杂性以及过滤技术的限制，要达到这一要求是不现实的。

为了最大限度地降低大直径的颗粒数量，多数发电公司在润滑系统轴承进油口前安装 $100\mu m$ 的滤网，而在推力轴承前安装 $50\mu m$ 的滤网加以保护。美国 Hiac 公司收集汇总了 8 个国家（美国、加拿大、日本、澳大利亚、英国、瑞典、法国、联邦德国）的 85 份汽轮机油清洁度资料，推荐汽轮机润滑系统采用 NAS1638 标准 5 级。

美国 Allegheny 电力系统规定：对有顶油泵的运行汽轮机油执行 MOOG4 级标准；对无顶油泵的运行汽轮机油执行 MOOG6 级标准。

我国在 GB/T 7596—2000《电厂用运行中汽轮机油质量标准》中，建议参照执行美国 NAS1638 标准 8～9 级。

因 NAS 8～9 级标准大致相当于 MOOG 5～6 级标准，由此可见，我国的汽轮机油颗粒污染控制标准还是较低的。为了确保设备运行的安全性和体现监督从严的原则，作者建议运行汽轮机油采用 MOOG 4 级或 NAS 7 级标准，新建机组和大修后的机组颗粒污染再相应提高 1 级，即 MOOG 3 级或 NAS 6 级。

2. 油品颗粒污染的等级评定

NAS 和 MOOG 污染等级标准是按颗粒度粒径的大小，分成了 5 个区间，每个区间都有特定的颗粒个数要求。在实际检测中，所检测的结果不可能正好与表中所列的每个等级中的每个区间颗粒个数一一对应，所以就存在着如何根据检测结果正确地判定污染等级的问题。

一般的评定颗粒污染等级的原则是：若测试数据在两个等级之间，按下一个污染等级定级；若测试数据中每个区间颗粒度数的污染等级不同，按照其中的最大等级定级。

例如，某电厂在一次检测中得到表 3-26 的颗粒度数据，其定级方法是：因 5～15μm 和 50～100μm 颗粒个数介于 7～8 级之间，应定为 8 级；15～25μm 和 25～50μm 颗粒个数均介于 6～7 级之间，应定为 7 级；>100μm 颗粒个数介于 3～4 级之间，应定为 4 级；综合应判定该样品的颗粒度污染等级应为 NAS 8 级。

表 3-26　　　　　　　　　　某电厂 100mL 油中颗粒数检测结果

5～15μm	15～25μm	25～50μm	50～100μm	>100μm
56320	3200	920	260	3

另外，油务监督检测人员除能正确地评定颗粒污染等级外，还应具有对检测数据的分析判断能力。一般来说，颗粒度的检测数据符合小颗粒个数级别大于大颗粒个数级别的规律，

即小颗粒的污染等级高，大颗粒的污染等级低。因此，若检测数据出现大颗粒的污染等级高于小颗粒的污染等级的异常情况时，就应考虑采样容器是否洁净、取样方法是否得当、样品是否可能受到污染、检测方法是否正确等问题。

四、颗粒度的控制方法

前文提到无论是汽轮机的润滑系统所用的汽轮机油，还是液压控制系统使用的磷酸脂抗燃油，都必须对其油中的机械颗粒尺寸大小及数量进行有效地控制，以确保机组的运行安全。

控制油中的颗粒度最有效的方法就是过滤，机械过滤方法是用具有一定孔径的滤材、滤料，将油品中具有一定尺寸的机械颗粒截留下来，从而提高油品的清洁度。

常用的过滤材料有滤纸、滤网和滤芯。

由于滤纸的机械强度低、孔径大小不一等原因，一般只适用于清洁度要求不高、离线的低压初级过滤。

高压系统的在线过滤主要采用金属滤网和按照严格工艺加工的滤芯。

由于机械颗粒的几何尺寸大小不一、形状不规则，用固定孔径的金属滤网过滤效率较低，循环过滤时间漫长；另外由于金属滤网纳污量较少，因此在过滤过程中应注意滤网的及时清理，以防止污堵导致系统的供油不畅和滤网的压力击穿。图 3-12 是固定孔径金属滤网过滤效果示意图。

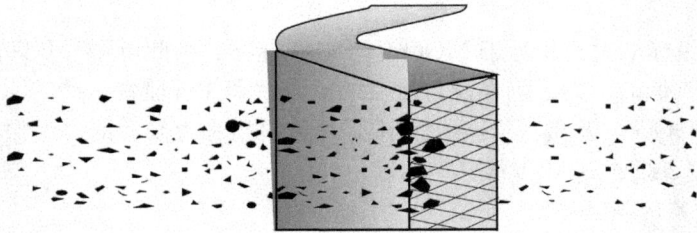

图 3-12　固定孔径金属滤网过滤效果示意图

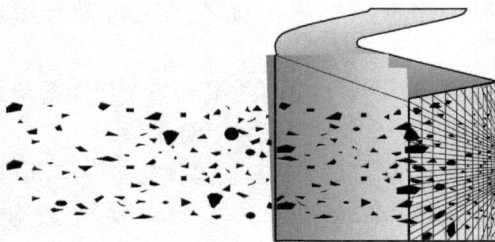

图 3-13　渐变孔径过滤器过滤效果示意图

为了克服固定孔径金属滤网过滤效率低、纳污量少的问题，近年来发明了一种渐变孔径过滤器，图 3-13 是其过滤效果示意图。用这种过滤器可以极大地提高过滤效率，显著地减少过滤时间。

评价一个过滤器或滤芯的过滤效果，一般用过滤比来表示。过滤比的计算公式为：

$$过滤比 \ \beta_x = \frac{上游大于 \ x\mu m \ 的颗粒数}{下游大于 \ x\mu m \ 的颗粒数} \qquad (3-1)$$

β 值数字越大，表示过滤效率越高。渐变孔径过滤器的 β 值可高达 200 以上，这是固定孔径过滤器难以比拟的，图 3-14 是使用不同过滤比滤芯的过滤效果示意图。选用高性能的过滤器，不但可以保证油品的清洁度，而且可以有效地减少过滤时间，延长滤芯的使用寿命。

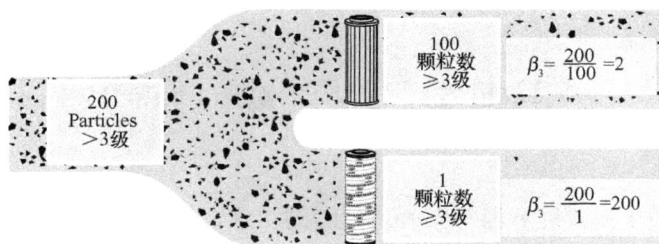

图 3-14 不同过滤比滤芯的过滤效果示意图

思 考 题

1. 为什么在调速控制系统中要使用抗燃油?
2. 抗燃油的电阻率高会对调速系统造成什么危害?
3. 抗燃油的含水量高会对油品造成什么危害?
4. 严格控制抗燃油的酸值指标,在监督上有什么意义?
5. 抗燃油的颜色突然变黑,一般是什么原因造成的?
6. 控制抗燃油中 $5\mu m$ 以下的颗粒数量有意义吗?
7. 为什么机组投运的同时必须投用旁路再生系统?

第四章　绝　缘　油

随着国民经济的快速发展和西部大开发战略的实施，我国电力需求快速增长，电网建设已经进入全面推进西电东送、南北互供和全国联网，实现更大范围资源优化配置，建成世界一流电网的新阶段。为了满足大容量、长距离的电力输送，采用高压直流输电和更高电压等级的交流输电是输变电技术的主要发展方向。

随着变电设备容量的提高，变电设备的安全可靠运行的重要性日益提高。绝缘油作为充油电气设备的主要绝缘介质，其性能的优劣不仅影响设备的安全运行，而且通过绝缘油的传质作用，可以了解设备的健康状况，为状态检修服务。

绝缘油与汽轮机油相似，也是由石油加工而成的矿物油。它适用于变压器、互感器、套管和断路器（开关）等充油电器设备。其中断路器用油较其他电器设备用油质量要求差异较大，目前国内已制订出了断路器油质量标准，以与变压器油相区别。

绝缘油监督的目的就是通过监督监测绝缘油的各项物理化学、电气性能指标，确保绝缘油满足充油电气设备的安全运行要求；通过油中溶解气体、糠醛等项目分析，掌控设备的健康水平，为状态检修提供依据。

第一节　电力变压器基础知识

19 世纪电力变压器发明之前，公用供电的早期阶段均采用直流发电系统，人们不得不把发电设备靠近负载地点，那个年代，输电距离仅达 $1\sim3km$。

受绝缘水平的限制，发电机的输出电压不可能太高。为了减少输电线路上的电能损耗，提高输电效率，降低输电成本。从发电站发出的电能必须经过升压电力变压器将电压升高送到电网，然后又将电网的高电压经过电力变压器变成符合用户各种电气设备要求的额定电压，为工农业生产和人民生活提供服务。

现代输变电系统的建立主要归功于现代电力变压器技术的进步。因此，电力变压器和与之配套的电抗器、电流互感器、电压互感器等是电力系统最重要的电气设备，这些充有矿物绝缘油和以纸或层压纸板为绝缘材料的电气设备的运行状态，特别是电力变压器的运行状态，对电力系统运行的可靠性具有决定性意义。

一般认为，变压器容量为 630kVA 以下的属小型变压器，$800\sim6300kVA$ 的变压器属中型变压器，$8000\sim63000kVA$ 的变压器为大型变压器，9000kVA 以上的统称为特大型变压器。

一、变压器原理

电力变压器一般有两个绕组，即一次绕组和二次绕组，这两个绕组通过磁路（铁芯等）而发生耦合。

将交流电压施加给一次绕组时，该绕组就会产生电流，从而形成磁动势，导致铁芯出现交变磁通。这种交变磁通在两个绕组中分别感应出一个电动势。在一次绕组中，这个电动势被称为"反电动势"，如果变压器达到理想状态，一次绕组的反电动势就会抵消施加给一次侧的电压，此时一次绕组没有电流通过。实际上，流动的电流是变压器的励磁电流。

在二次绕组感应出的电动势是二次开路电压。如果将负载连接到二次绕组，二次绕组便有电流流动，此电流则产生一个消磁磁动势，从而破坏了施加给一次侧的电压和反电动势间的平衡。为了恢复平衡，就必须从电源汲取更大的电流来提供一个完全相等的磁动势。这样，当一次侧增加的电流使一次侧和二次侧达到安匝平衡时，电动势便达到平衡。

由于在单匝导线上感应出的电压之间没有差异，所以无论一次绕组还是二次绕组，由公共磁通在每个绕组感应出的总电压一定与匝数成正比，即

$$E_1/E_2 = N_1/N_2$$
$$I_1N_1 = I_2N_2$$

式中　E——感应电压；

　　　N——绕组匝数；

　　　I——感应电流。

故一、二次绕组的电压分别与绕组的匝数成正比，而电流则与匝数成反比。因此若一次绕组的匝数一定，只要增加二次绕组的匝数，就可以提高增加二次绕组的输出电压，这就是升压变压器的基本原理。

二、变压器的结构

1. 变压器的类型特点

根据绕组和铁芯的结构，变压器可以分为两种类型：壳式和心式。

壳式变压器的特点是铁芯的磁通回路包围着绕组。该结构有较好的磁屏蔽性，特别适用于低压、大电流的情况，如电炉变压器。

心式变压器的特点是绕组缠绕在铁芯柱上。采用这种结构，使上、下铁轭截面积与铁

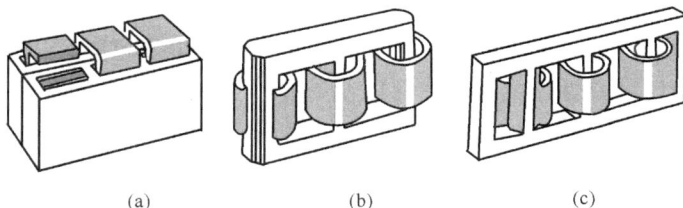

图 4-1　变压器的类型
(a) 壳式变压器；(b) 心式变压器；(c) 五柱心式变压器

芯柱截面积相等，不需要另设磁通回路，对于平衡的三相磁通系统来说，其和始终为零。目前世界上普遍使用的是心式变压器。

一台三相变压器要比功能相同的三台单相变压器经济得多，因此，大多数电力变压器均采用三相结构。

2. 变压器的结构

大多数电力变压器均采用双绕组结构，即变压器有两个独立的绕组，一个低压绕组和一个高压绕组。这种结构为不同电压等级系统之间的绝缘提供了便利，且限制了一个系统的故障对另一个系统的影响程度。

油浸变压器绝缘通常分为油箱内绝缘和外部空气绝缘。内绝缘又分为主绝缘和纵绝缘等。主绝缘指线圈（引线）对地、同相或异相线圈之间的绝缘，其绝缘性能用工频电压与冲击电压表示；纵绝缘主要是指同一线圈各点之间或其相应引线之间的绝缘，其绝缘性能用感应耐压与冲击电压表示。

油浸变压器绝缘主要由介电常数很高的油浸纸和介电常数相对较低的绝缘油组合而成。

在这种绝缘方式下，绝缘油部分的场强较高，通常在高场强部位设置油隙，以提高绝缘油的介电效果。

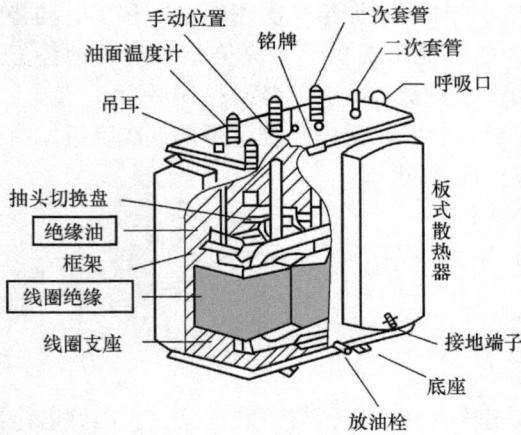

图 4-2 充油变压器

充油变压器是由导电材料（铜、铝合金等）、矽钢片、绝缘材料（纸、油等）、结构材料（铁、不锈钢）等很多部件和材料构成的。充油变压器的构造如图 4-2 所示。

绝缘纸通常是使用电缆纸和马尼拉纸，但是为满足高电场下高气密性与高耐热化要求，也采用聚酰亚胺的复合纸。

由于变压器绝缘中的油隙较大，电压基本上都加在油隙上。根据变压器中电极的形状，一般采用的设计电场强度为 3kV/mm。

在充油变压器中，绝缘油也起着作为冷却媒体的重要作用。由于变压器的能量损耗使得其发热量较大，而且随着外界负载的变化，温度的变化也很大。因此，要求变压器油必须热稳定性好、且不容易发生化学变化、不易氧化，为此变压器油以使用矿物油为主。

另外，对于以油循环为冷却方式的变压器，必须在内部形状及绝缘油方面采取措施，避免由于油的流动带电而引起的绝缘破坏。

小型变压器的线圈有用双层纱包线和漆包线包覆的圆截面导体等，大型变压器则使用纸绝缘包覆的矩形截面导体。以上这些线圈的成型方法有直绕式和模绕式之分。直绕式如图 4-3 所示，在层叠铁芯上加上绝缘材料，然后在其上绕制线圈，并进一步进行绝缘处理之后，再绕上高压线圈。这种方法主要用于小容量（铁芯式构造）的柱上变压器。绕组油道和油的流动示意图如图 4-4 所示。

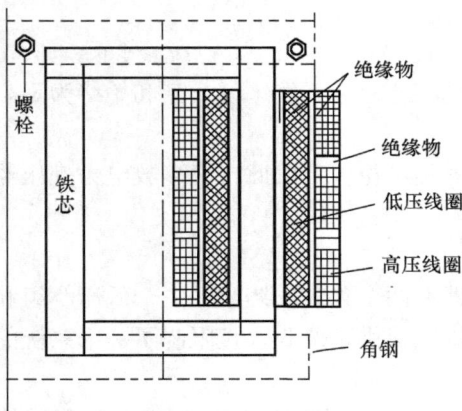

图 4-3 直绕式绕组的布置

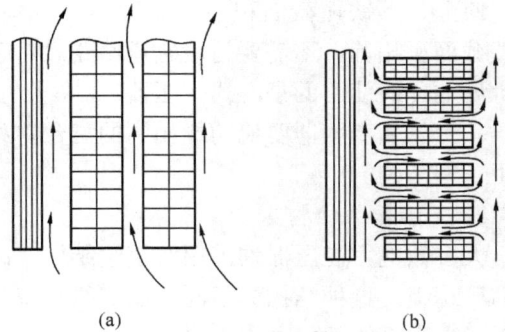

图 4-4 绕组油道和油的流动示意图
(a) 桶式绕组；(b) 饼式绕组

油纸组合绝缘结构主要有覆盖、绝缘层和隔板三种，见图 4-5。这种结构组合的主要目的是提高绝缘强度，减少绝缘结构的尺寸及油中杂质的影响。

覆盖：指用固体绝缘材料紧贴电极表面，其厚度在 0.5～5mm，其目的是隔离杂质与电极直接接触，提高工频电压。在油被纤维和水分污染时，在均匀工频电场中，可提高油隙 70％～100％ 的击穿强度。覆盖不改变油中的电场分布及电场强度。

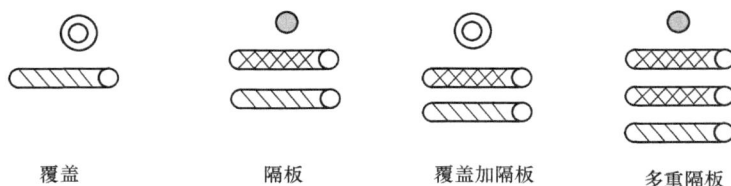

图 4-5 油纸组合绝缘结构

绝缘层：绝缘层厚度可达几十毫米，它不仅起隔离杂质的作用，而且还承担一定比例的电压，改变了油纸间隙的电场分布，可以显著提高工频和冲击击穿强度。变压器的引线、静电板等通常包几毫米厚的电缆纸或皱纹纸作为绝缘层。若绝缘层 6mm，油间隙 10mm，其击穿强度比裸电极提高 200％。

隔板：一般为 1.5～6mm 的绝缘纸板，放置于两个电极之间的油隙中，以提高不均匀电场的击穿强度。变压器绕组之间的纸筒、绕组围屏、端部脚环都属于这种结构。隔板的作用是使原来较大的油隙分为若干的小油隙，提高油间隙的电场均匀性。若隔板距针电极的间隙为电极间隙的 15％～35％ 时，击穿电压比无隔板时提高 200％～250％，电极间油隙距离越大，屏蔽效果越小。

3. 变压器材料

（1）铁芯用电工钢片。变压器铁芯的用途是为穿过一次和二次绕组的磁通提供低磁阻回路。在提供低磁阻回路时，由于铁芯的磁滞现象和内部的涡流会引起铁芯损耗，其表现形式是铁芯材料发热。此外，对大型电力变压器来说，交变磁通还会产生很大的噪声，向周围环境传播。

尽管铁芯损耗相对于变压器所传递的容量并不算大，但只要变压器被励磁，它便存在。因此，铁芯损耗是电力系统中值得注意的能量流失。据估计，在电力设备输出的电能中，约有 5％ 被铁芯损耗。因此，几十年来，在开发新型电工钢片和变压器铁芯结构上，投入了很大的人力、物力。

铁芯损耗由两部分组成：一部分是磁滞损耗，其与频率成正比，并取决于磁滞回线面积，而磁滞回线面积又取决于材料特性，即是磁通密度峰值的函数；另一部分是涡流损耗，它取决于频率的二次方，也与材料厚度的二次方成正比。因此，要降低磁滞损耗，就必须使铁芯材料具有最小的磁滞回线面积；要降低涡流损耗，就必须采用薄铁芯钢片，并增加片间电阻，使涡流难以在片间流动。

19 世纪 80 年代生产的第一批变压器铁芯是由高质量的锻铁制成的，但在 1900 年前后，人们发现将少量的硅或铝加到铁中可以明显地降低磁性损耗，从而开创了特制电工钢片的新纪元。

将硅添加在钢片中，降低了磁滞损耗，提高了磁导率和电阻率，因此还降低了涡流损耗。这样的电工钢片有一个缺点，即钢片变脆变硬，故制作工艺性变差，为此硅的添加量必须限定在 4％ 以内。

（2）绕组导线。变压器绕组用高导电率的铜制成，以减少绕组体积，并降低负载损耗。变压器负载损耗是负载电流所导致损耗的一部分，它随负载电流的平方而变化。负载损耗可分成 3 部分：绕组导线和引线内的电阻损耗；绕组导线的涡流损耗；油箱和钢结构的涡流损耗。

绕组导线和引线内的电阻损耗：减少绕组匝数、增加导线截面积或两者兼顾，可以降低电阻损耗。然而，减少绕组匝数需要增加铁芯截面积，这就增加了铁芯重量和铁芯损耗。因此应选择最佳的铁芯框架与绕组匝数。

绕组导线的涡流损耗：变压器绕组的漏磁通会导致绕组辐向和轴向磁通的变化，磁通的变化会感应出电压，电压使电流沿着垂直于磁通变化方向流动。减少绕组的截面积虽可降低涡流损耗，但增加了电阻损耗，因此只能通过降低导线股截面积并增加总股数来解决这一矛盾。

油箱和钢结构的涡流损耗：降低涡流损耗的主要方法是控制漏磁通。

缩小尺寸对电力设备来说是非常重要的。对变压器来说也是如此。变压器绕组的尺寸决定了变压器的尺寸。而必须增加绕组的截面积才能降低负载损耗，损耗增加不仅是一种能源直接浪费，而且因损耗产生的热量还必须通过冷却油道散热解决，因而要加大绕组和铁芯尺寸。增加铁芯尺寸又会加大铁芯空载损耗，并且油箱尺寸、绝缘油用量也需相应增加。反之，降低绕组尺寸，则可缩小变压器的尺寸，并相应节省其他材料，这就需要提高绕组材料—铜的性能。

高导电精炼铜，总杂质水平低于 0.03%。

（3）固体绝缘材料。变压器内部绝缘失效始终是最严重和损失巨大的问题。对电力需求的不断增长，导致了发电机体积增大和输电电压的提高。相应要求变压器的额定容量和电压也必须保持同步提高。

从 20 世纪 50 年代起，虽然变压器的尺寸和重量一直在限定的范围内，但是变压器的额定容量和电压等级却在不断增加，这主要归功于内部绝缘材料的进步和设计改进。

变压器的寿命主要取决于绝缘结构和状态。由于对绝缘材料和专用绝缘件制作的改进和革新，不仅大大节约了成本，而且使变压器的寿命达到 40 年或以上。

早期的变压器采用石棉、棉花和低级纸压板，外部用空气介质绝缘。20 世纪采用浸漆绝缘纸标志着重大技术进步。不久，便发现空气和浸漆绝缘纸满足不了新研制的油浸式变压器热容量的要求。此时在变压器中采用牛皮纸和纸压板绝缘，大约到 1915 年，又使用了酚醛树脂浸渍牛皮纸卷制成的绝缘筒，这种绝缘材料通常缩写为 S. r. p. b（合成树脂粘结纸）。

1）牛皮纸。纸是已知最便宜和最好的电气绝缘材料。电气绝缘纸必须满足一定的物理化学性质及电气性能要求。电气绝缘纸主要应具有如下电气性能：很高的介电强度；油浸绝缘纸的介电常数和油的接近；低功率因数（介电损耗）；不含导电粒子。

牛皮纸的介电常数约为 4.4，变压器油的介电常数近似 2.2。由于在不同材料组成的绝缘系统中，各材料所承担的场强与其介电常数成反比。在变压器中，油中的场强是纸的 2 倍。

牛皮纸由未经漂白的软木浆通过硫酸盐处理而成，不漂白的目的是怕残存的漂白剂影响其电气性能。这一工艺使纸中残存弱碱性物质，其 pH 值在 7～9 之间，它不像用低成本亚硫酸盐生产新闻纸那样，使纸浆呈酸性。因为酸性物质将导致长链纤维分子快速降解，而引起机械强度降低至电气绝缘无法接受的程度。

软木纤维最适合制造电气绝缘材料，因为它具有 1～4mm 的纤维长度，可使其具有最大的机械强度。

纤维素是由多个葡萄糖单体聚合而成的高分子碳水化合物，其聚合度高达 2000。

2）棉纤维。棉纤维是一种很纯的纤维素，它可以生产出比牛皮纸电气强度和机械强度更好的绝缘纸。

棉纤维与牛皮纸木浆混在一起，还可生产出一种既有良好电气性能和机械强度，又有最大吸油能力的综合两种纸优点的绝缘纸。吸油能力对纸绝缘来说意义重大，其浸润性的好坏与绝缘强度直接相关，因为浸渍不良造成的空隙会导致局部放电，最终引起电气击穿。

3）特殊用纸。不同类型的绝缘纸都有其特定的性质，以满足特定的需要。目前，普遍使用的有皱纹纸、高伸长率纸、耐高温纸、菱格上胶纸四种特种纸。

皱纹纸：皱纹纸是最早的特型纸。它带有皱纹以提高纸的厚度和长度方向上的伸长率，特别适合用手工缠绕在引线连接处或绕组内饼间的静电环上。皱纹纸的缺点是随时间的延长而失去弹性，较好的解决办法是采用高伸长率纸。

菱格上胶纸：因其具有良好的绝缘性能和高的机械强度而被广泛应用到配电变压器上。现在应用较少，主要是因为其变压器油浸渍性差。

提高绝缘纸的耐热稳定性，一般是在制造过程中添加稳定剂来降低热降解的。可以肯定地说，降解取决于温度，并且是由长链纤维分子的断裂所致。电力变压器运行中的温升极限根据其运行平均热点温度而定，这一热点温度要能使变压器的绝缘寿命为人们所接受。一般来说，变压器的热点温度值在 110～120℃。但在该范围内，绝缘纸降解程度受氧气和湿度的影响而大大提高。耐高温纸的优点是靠绝缘纸的质量来延缓绝缘纸的老化，提高绝缘纸的寿命，或者说，提高变压器的使用寿命。

4）纸压板。顾名思义，纸压板就是在造纸的潮湿阶段，将多层纸叠压在一起而成的厚纸。原材料与绝缘纸的一样，即纯木浆、纯棉浆或二者的混合物。

用于绕组线匝和端部绝缘的，厚度为 2～3mm；用做撑条绝缘的，厚度为 4.5～6mm。层压纸板最初的厚度为 10mm 左右，最大厚度可高达 50mm 或以上，可做绕组垫板、托板、压板及导线夹等。

（4）变压器油。电力装置在 18 世纪后期才开始使用矿物油。变压器之父塞巴斯蒂安·费兰梯（Sebastian de Ferranti）1891 年便认识到油的价值。之后，随着炼油技术的提高和进步，绝缘油的性质得到了质的变化，成为电力设备中的重要绝缘材料。

三、变压器绝缘性能要求

1. 电气性能要求

变压器运行中要承受三种典型过电压的作用，工频电压升高、外部短路和雷击引起的外部过电压、操作不当和谐波等引起的内部过电压。变压器必须能够承受各种过电压的作用，才能保证设备的安全运行。实践证明，相关国家标准规定的电气试验指标基本能够满足设备可靠运行的需要。

工频耐压试验主要考验变压器主绝缘的电气强度；冲击耐压试验主要考验主、纵绝缘的电气强度；雷电冲击试验主要考验匝间、层间、饼间的绝缘性能；直流电阻、绝缘电阻及局部放电试验对判断变压器的绝缘缺陷均具有重要的作用。

2. 抗短路性能要求

变压器运行过程中，必须承受电网短路所引起的过电流冲击。因此，变压器在短路时必须具有较好的热力稳定性。

变压器在遭受外部故障短路时，流过绕组、引线的短路电流远大于其额定电流，高达几倍至几十倍，绕组的机械振动与导线的热膨胀同时发生。因此，设备的各部位要承受很大的由电力引起的机械力和热效应。据资料介绍，线圈短路瞬间，每米导线所受的电动力可达$1 \times 10^4 N$。在该力的作用下，绕组、引线等易发生相对位移，绝缘材料加速老化，引发事故。

3. 热性能要求

运行变压器因铜损和铁损而产生热量，导致铁芯、绕组、油箱等部位温升提高。变压器的温升增加，会加速变压器绝缘材料的老化、劣化速度，最终严重影响变压器的使用寿命。

4. 其他要求

变压器油受潮和老化、含有气泡和杂质等均会使介电强度降低。

总之，变压器对绝缘性能的要求，除了对变压器设计提出更高的要求之外，对运行变压器而言，主要是控制变压器油的质量。因为对已经设计定型和安装使用的特定变压器，变压器油的质量是影响绝缘性能的主要因素。

第二节　大型变压器对绝缘油的要求

大型变压器与小型变压器的基本结构和用途相同，其主要差别在变电容量和电压等级上。对绝缘油的要求上，则表现为基本物理化学性能指标差别不大，而电气性能指标则要求更高。

一、绝缘油的作用

一般来说，绝缘油具有下述 3 大功能：即绝缘、散热和灭弧作用。

1. 绝缘作用

电气设备中，许多不同部件处在不同的电位，需要将其相互绝缘，使之不致于形成短路。从经济上考虑，要减少充油电气设备的尺寸，就要减少部件间的间隙，这就意味着设备必须在尽可能高的场强下运行，且能耐受短时间的操作冲击、雷电冲击的瞬变过电压。

由于空气的介电常数为 1.0，而变压器油的介电常数为 2.25，也就是说，在同样的电场作用下，相同体积的变压器，使用空气介质的与使用绝缘油介质的相比，前者易于击穿短路，而后者则不会。反之，在电场强度相同的情况下，空气绝缘变压器的体积要远远大于变压器油绝缘的变压器。因此，变电设备使用绝缘油的重要原因是其介电性能高，且其质量越高，设备的安全系数就越大。

对于绝缘油和绝缘纸共同构成的绝缘体系，因绝缘纸的介电常数远高于绝缘油，故绝缘油是绝缘体系的薄弱环节，承受着更高的绝缘强度。油对固体绝缘效率的重要作用还体现在它能浸入包围绝缘的层间。

应当指出，从早期的油浸变压器开始，一直将电气强度试验作为检验变压器电气质量的唯一标准。直至今天，虽然有许多更为复杂的试验，但电气耐受试验仍被看成是适合现场进行的最简单、最适宜的试验。

2. 散热作用

运行变压器因电阻损耗和其他损耗而产生热量，这些热量必须传递给变压器油，并由其带走。虽然铜绕组能耐受几百度的高温，变压器油在 140℃ 以下也不会显著劣化，但其外部包覆的固体绝缘纸却在 90℃ 左右的温度下就会加速劣化。因而，绝缘油必须通过循环冷却，使绝缘纸的温度尽可能地维持在这一温度极限以下，否则变压器的寿命就会大大降低。

研究表明，绝缘纸不会显著劣化的最高温度在 80℃ 左右。然而，如果在任何情况下都将变压器的绝缘温度限定在该水平上，既不经济也不现实。由于环境温度和所加负载的变化，80℃ 的最高温度通常意味着大多数时间段内，变压器绝缘的温度要低于 80℃，故变压器的寿命将远高于设计寿命。除以外故障导致变压器报废外，变压器的预期寿命的决定因素是绝缘的工作温度，更精确地说，就是绝缘最热部分（或热点）的温度。

经过研究，普遍认为：随着工作温度的提高，绝缘的老化或劣化速度迅速增加。1930 年，蒙特辛格（Montsinger）对当时普遍使用的绝缘材料进行了研究试验，得出的结论是：在 90～110℃ 之间，温度每升高 8℃，绝缘的老化速率增加一倍。另一些学者研究发现，就变压器使用的各种材料而言，引起绝缘老化加速率倍的温度是 5～10℃。现在，一般将 6℃ 作为绝缘老化速率加倍的温度。

由此可见，绝缘材料的加速老化的温度是不确定的，这主要是变压器中使用的绝缘材料品种繁多造成的，当然也就无法确定变压器的允许温度。另外，由于油中的水分、酸值和含氧量，以及变压器的维护状况，都对绝缘寿命有着非常重要的影响。因此，每个制造厂商或标准，都是在确保变压器预期寿命 30 年的条件下，规定变压器温升的极限值。

必须认识到，标准规定的温升，只是可以测量部位的温升。变压器中通常存在的某些热点的温度，远高于可测量的温升。而不幸的是，正是这些热点温度部位的绝缘材料决定着变压器的寿命。

实际上，变压器的允许温升与变压器的冷却方式、冷却效果密切相关。目前变压器冷却方式主要有自然循环风冷、强迫油循环风冷、强迫油循环水冷三种。由于强迫油循环风冷方式冷却效果最好，故被大容量变压器广泛采用。

3. 灭弧作用

在油开关和有载调压设备中，绝缘油主要起灭弧作用。当油浸开关切断或切换电力负荷时，其定触头和动触头之间会产生高能电弧，由于电弧温度很高，如不把弧柱的热量及时带走，使触头冷却，那么在后续电弧的作用下，很容易把设备烧毁。而设备中的绝缘油在产生高能电弧时，一方面会通过自身汽化和剧烈的热分解，吸收大量的热量；另一方面因分解产生的气体中，氢气约占 70%，而氢气在所有气体中的导热性能最高，它会迅速将热量传导至油中，并直接冷却开关触头，使之难以产生后续电弧，从而起到消弧、灭弧的作用。

概括起来说，绝缘油在变压器、电抗器、互感器中主要起绝缘和冷却作用；在充油套管中起绝缘作用；在油浸开关中起灭弧和绝缘作用。

另外，绝缘油还是传递充油电气设备健康状况信息的重要介质。现代绝缘油监督过程中，广泛开展的油中溶解气体、糠醛、金属含量分析，正是利用绝缘油传质的媒介作用，用以诊断充油电气设备健康状况。

二、绝缘油的技术规范

技术规范是在一定时期内，具有法规性约束力的条文、条款和数值指标，它是随着技术的发展和进步而逐步更新、修改、补充和完善的。建国以来，我国有关部门对新的和运行变压器油标准曾进行了若干次修订和修改。

随着电气设备向高电压、大容量方向的发展，对变压器油的质量要求也越来越高。如 500kV 设备所用的变压器油，不仅要求其物理化学、电气性能更加优越，而且还提出了析气性、含气量等新的指标要求。

近几年来，我国变压器油的技术规范逐步向国际标准靠拢，其试验方法和技术指标也基本与国际标准接轨。

1. 国产变压器油新油标准

我国变压器油按其使用的电压等级，分为普通变压器油和超高压变压器油。普通变压器油适用于330kV以下的变压器和其他充油电气设备；超高压变压器油则适用于500kV的变压器和有类似要求的电气设备中。

普通国产变压器油新油标准为GB 2536—1990，见表4-1。它是参照IEC60296—1982标准制订的。在该标准中，虽然在10号、25号油中引入了倾点的概念，但其牌号实际上仍然是按照凝点数值划分的。

在20世纪80年代，我国为了满足500kV国产变压器的用油需要，试制了国产超高压用油，制订了超高压变压器油标准SH 0040—1991，见表4-2。该标准主要是参照ASTMD 3487—1982标准制订的。为了改善超高压变压器油的析气性能，在该标准中增加了苯胺点、析气性和比色散3项指标。

实验表明，由于苯胺点、比色散与析气性的相关性较差，故没有给出具体的指标数值。另外，由于对析气性技术指标上的争论，国外同类油品析气性指标存在着明显差异等因素的影响，超高压变压油的应用并未得到普及。

目前，在国内超高压变压器上，基本上使用的是普通变压器油，而不是超高压油。

国内外，都单独制订了断路器油标准，以适应断路器对油品的特殊要求。概括起来说，断路器油除应具有优异的绝缘性能外，还应具有良好的低温流动性，即低黏度、低凝点。我国断路器油标准SH 0351—1992，见表4-3。从中可知，断路器油的最大特点是黏度低，其40℃时运动黏度比普通45号油低一倍以上，其−30℃的运动黏度仅为45号油的1/9。

表4-1　　　　　　　　GB 2536—1990 变压器油技术条件

项　目		质　量　指　标			试　验　方　法
牌　号		10	25	45	
外　观		透明、无悬浮物和机械杂质			目测[①]
密度（20℃，kg/m³）　≤		8.95			GB/T 1884、GB/T 1885
运动黏度 (mm²/s)	40℃　≤	13	13	11	GB/T 265
	−10℃　≤	—	200	—	
	−30℃　≤	—	—	1800	
倾点（℃）　≤		−7	−22	报告	GB/T 3535[②]
凝点（℃）　≤		—	—	−45	GB/T 510
闪点（闭口）（℃）　≥		140		135	GB/261
酸值（mgKOH/g）　≤		0.03			GB/T 264
腐蚀性硫		非腐蚀性			SH/T 0304
抗氧化安定性[③] 氧化后酸值（mgKOH/g）　≤		0.2			SH/T 0206
氧化后沉淀（%）　≤		0.05			
水溶性酸或碱		无			GB/T 259
击穿电压（间距2.5mm交货时)[④]（kV）　≥		35			GB/T 507[⑤]

续表

项　目		质　量　指　标		试　验　方　法
介质损耗因素（90℃）	≥	0.005		GB/T 5654
界面张力（mN/m）	≥	40	38	GB/T 6541
水分（mg/kg）		报告		SH/T 0207

① 把产品注入 100ml 量筒中，在 20±5℃下目测，如有争议时，按 GB/T 511 测定机械杂质含量为无。

② 以新疆和大庆原油生产的变压器，测定倾点或凝点时，允许用定性滤纸过滤。

③ 抗氧化安定性为保证项目，每年至少测定一次。

④ 击穿电压为保证项目，每年至少测定一次。用户在使用前必须进行过滤并重新测定。

⑤ 测定击穿电压允许用定性滤纸过滤。

表 4-2　　　　　　　　　　　　**SH 0040—1991 超高压变压器油技术指标**

项　目		质　量　指　标		试　验　方　法
		25	45	
外观①		透明、无沉淀物和悬浮物		
密度（20℃，kg/m³）	≤	895		GB/T 1884、GB/T 1885
色度（号）	≤	1		GB/T 6540
运动黏度（mm²/s）	100℃ ≤	报　告		GB/T 265
	40℃ ≤	13	12	
	0	报　告		
苯胺点（℃）		报　告		GB/T 262
凝点②（℃）	≤	—	−45	GB/T 510
倾点（℃）	≤	−22	报告	GB/T 3535
闪点（闭口）（℃）	≥	140	135	GB/T 261
中和值（mgKOH/g）	≤	0.01		GB/T 4945
腐蚀性硫		非腐蚀性		SH/T 0304
水溶性酸或碱		无		GB/T 259
击穿电压（间距 2.5mm 出厂时）④（kV）	≥	40		GB/T 507
抗氧化安定性③沉淀（%）	≤	0.2		SH/T 0206
酸值（mgKOH/g）	≤	0.4		
介质损耗因素（90℃）	≤	0.002		GB/T 5654
界面张力（mN/m）	≥	40		GB/T 6541
水分（出厂，mg/kg）	≤	50		SH/T 0207
析气性⑤（μL/min）	≤	+5		GB/T 11142
比色散		报告		SH/T 0205

① 把产品注入 100mL 量筒中，在（20±5）℃下目测，如有争议时，按 GB/T 511 测定机械杂质，含量为无。

② 以新疆和大庆原油生产的超高压变压器油，测定倾点或凝点时，允许用定性滤纸过滤。

③ 抗氧化安定性为保证项目，每年至少测定一次。

④ 测定击穿电压时，允许用定性滤纸过滤。

⑤ 析气性为保证项目，每年至少测定一次。

表 4-3　　　　　　　　　　　　　SH0351—1992 断路器油技术规范

项　目		指　标	试 验 方 法
外观①		透明、无悬浮物和沉淀物	
密度（20℃，g/cm³）	≤	0.895	GB/T 1884、GB/T 1885
运动黏度（mm²/s，40℃）	≤	5	GB/T 265
－30℃	≤	200	
倾点②（℃）	≤	－45	GB/T 3535
酸值（mgKOH/g）	≤	0.03	GB/T 264
闪点（闭口，℃）	≥	95	GB/T 261
铜片腐蚀（T₂铜片，100℃，3h）	≤	1	GB/T 5096
水分③（mg/kg）	≤	35	SH/T 6541
界面张力（25℃，mN/m）	≥	35	GB/T 6541
介电强度（电极间隙 2.5mm，kV）	≥	40	
介质损耗因素（70℃）	≥	0.003	GB/T 5654

① 把产品注入 100ml 量筒中，在（20±5）℃下目测，如有争议时，按 GB/T511 测定机械杂质应为无。

② 以新疆原油生产的断路器油，测定倾点时，允许用定性滤纸过滤。

③ 水分和介电强度测试，油样允许用滤纸过滤。

2. 国外新油标准

随着我国改革开放步伐的加快和电力事业的发展，电力系统引进了许多高电压、大容量的充油电气设备，按照国际惯例和设备制造厂家的要求，一般进口设备都使用设备厂家指定或带来的进口油。为了便于进口油的质量验收和运行监督，也便于与国家标准进行比较，现列举国外变压器油的质量标准供读者参考。

从以美国材料试验协会 ASTM D3487 和国际电工委员会 IEC 60296 为代表的国外主要变压器油规格来看，进口变压器油不是按电压等级分类，更没有按照变压器的低温流动性划分牌号，而是按抗氧化剂的加入量来分类。因此在这些标准中，除了与抗氧化性相关的技术指标外，其他项目各类油的指标都基本相同，没有特殊要求。

（1）国际电工委员会 IEC 60296—2003 变压器油标准（通用规格）。IEC 60296—2003 标准按抗氧化剂含量将变压器油分为 3 类：U 类——抗氧化剂含量检测不出；T 类——抗氧化剂含量小于 0.08%；I 类——抗氧化剂含量在 0.08%～0.4% 之间。

从 IEC 60296 修订历程来看，IEC 60296—1982 标准中，没有析气性要求。1991 年在修订 IEC 60296 标准征求意见稿中，则要求析气性不大于 +5μL/min，但由于 IEC 各成员单位意见不统一，经十几年的反复讨论，于 2003 年正式颁布的 IEC 60296—2003 标准中，析气性指标仍未作统一规定，而是交由变压器油使用者和生产商协商，见表 4-4。

表 4-4　　　　　　　　　　IEC 60296—2003 变压器油标准（通用规格）

性　质		试 验 方 法	指　标	
			变压器油	低温开关油
功能性	黏度，40℃	ISO 3104	最大 12mm²/s	最大 3.5mm²/s
	黏度，－30℃	ISO 3104	最大 180mm²/s	—

续表

性　质		试　验　方　法	指　标	
			变压器油	低温开关油
功能性	黏度，－40℃	IEC 61868	—	最大 400mm²/s
	倾点	ISO 3016	最大－40℃	最大－60℃
	水含量	IEC 60814	最大 30（mg/kg）/（40mg/kg）	
	击穿电压	ISC 60156	最大 30kV/70kV	
	密度，20℃	ISO 3675/ISO 12185	最大 0.895g/mL	
	DDF，90℃	IEC 60274/IEC 61620	最大 0.005	
精制/稳定性	外观		透明无沉淀和悬浮物质	
	酸值	IEC 62021-1	最大 0.01mgKOH/g	
	界面张力	ISO 6295	无通用要求	
	总硫含量	BS 2000 第 373 部分或 ISO 14596	无通用要求	
	腐蚀性硫	DIN 51353	无腐蚀性	
	抗氧剂	IEC 60666	U（未加剂油）：检测不出 T（加微量剂油）：最大 0.08% I（加剂油）：0.08%～0.40%	
	2-糠醛含量	IEC 61198	最大 0.1mg/kg	
性能	氧化安定性	IEC 61125C 法 试验时间 U（未加剂油）：164h T（加微量剂油）：332h I（加剂油）：500h		
	总酸值		最大 1.2mgKOH/g	
	沉淀		最大 0.8%	
	DDF，90℃	IEC 60247	最大 0.500	
	析气性	IEC 60628	无通用要求	
健康、安全和环境	闪点	ISO 2719	最小 135℃	最小 100℃
	PCA 含量	BS2000 第 346 部分	最大 3%	
	PCB 含量	IEC 61619	检测不出	

注　DDF—介质损耗因数；
　　PCA—多环芳烃；
　　PCB—多氯联苯。

IEC 60296—2003 通用标准中，对抗氧化剂含量不同的 3 类变压器油分别提出了不同的抗氧化安定性要求。从标准中可以看出，虽然对 3 类油都采用 IEC 61125 C 法氧化试验，但其氧化时间各不相同，而氧化后的标准要求却相同一致，表 4-5 是氧化试验后的指标要求。

表 4-5　　　　　　　　　　　　**氧化后的指标要求**

酸值	最大 0.3mg KOH/g	DDF，90℃	最大 0.050
沉淀	最大 0.05%	总硫含量	最大 0.15%

（2）美国材料试验协会 ASTMD 3487（00）矿物绝缘油标准。与 IEC 60296—2003 变压器油标准相似，ASTMD 3487 标准按抗氧剂含量将变压器油分为两类：Ⅰ类变压器油抗氧剂含量≤0.08%；Ⅱ类变压器油抗氧剂含量≤0.3%。

表 4-6　　　　　　　　　　**ASTMD 3487(00)矿物绝缘油标准**

项　　目			质　量　指　标		ASTM 试验方法
			Ⅰ类	Ⅱ类	
物　理　特　性					
苯胺点（℃）			（63～84）	（63～84）	D611
颜色		≤	0.5	0.5	D1500
闪点（℃）		≥	145	145	D92
界面张力（dynes/cm）		≥	40	40	D971
倾点（℃）		≤	−40	−40	D97
相对密度		≤	0.91	0.91	D1298
黏度（mm²/s）	100℃	≤	3.0（36）	3.0（36）	D445 或 D88
	40℃	≤	12.0（66）	12.0（66）	
	0℃	≤	76.0（350）	76.0（350）	
目测			透明、光亮	透明、光亮	D1524
电气性能					
击穿电压（60Hz，圆盘电极，kV）		≥	30	30	D877
击穿电压（60Hz，VDE 电极，kV） 间隙 0.040 -in（1.02mm） 间隙 0.080 -in（2.03mm）		≥ ≥	20 35	20 35	D1816
击穿电压（25℃，脉冲下，kV） 针负极到球面间隙 1 -in（25.4mm）		≥	145	145	D3300
析气性（μL/min）		≤	+30	+30	D2300
介质损耗因数（60Hz，%）	25℃	≤	0.05	0.05	D924
	100℃	≤	0.30	0.30	
化学性能					
抗氧化安定性	72h	油泥（m%） ≤	0.15	0.1	D2440
		总酸值（mgKOH/g） ≤	0.5	0.3	
	164h	油泥（m%） ≤	0.2	0.2	
		总酸值（mgKOH/g） ≤	0.6	0.4	
氧化安定性（旋转氧弹，min）		≥	—	195	D2112

续表

项 目		质 量 指 标		ASTM 试验方法
		Ⅰ类	Ⅱ类	
抗氧剂含量（%）	≤	0.08	0.3	D4768 或 D2668
腐蚀性硫		非腐蚀性	非腐蚀性	D1275
水含量（×10⁻⁶）	≤	35	35	D1533
中和值，总酸值（mgKOH/g）	≤	0.03	0.03	D974
PCB 含量（×10⁻⁶）	≤	未检测出	未检测出	D4058

从表 4-6 所列的标准内容可以看出，因两类油抗氧化剂含量的差异，除了抗氧化安定性指标Ⅱ类油远高于Ⅰ类油外，Ⅱ类油还增加了旋转氧弹氧化法试验要求。

该标准中虽然提出了析气性不高于 $+30\mu L/min$ 的指标要求，但该指标除深度精制石蜡基变压器油外，一般矿物绝缘油都能满足。

（3）西门子（SIEMENS）公司和 ABB 公司变压器油规格。国外主要变压器制造商 SI-EMENS、ABB 公司都分别发布了变压器油标准要求。他们根据变压器油氧化、老化性能的优劣，将变压器油分为普通级别和高级别两类，分别见表 4-7、表 4-8。

SIEMENS 公司不排斥使用加抗氧化剂的变压器油，并对直流换流变压器油提出了析气性的要求。为了指导西门子在世界各地分公司的油品选用，该公司按照其对变压器的技术要求，对世界主要变压器供应商所生产的变压器油进行了评价，其评价结果见表 4-9。

ABB 公司则不主张使用加抗氧化剂的变压器油。

表 4-7 **SIEMENS 公司对变压器油的要求**

级 别	不加抗氧剂代 号	加抗氧剂代 号	用 途	典型寿命	符合标准
高级别	HG-N		≤200MVA 电力变压器	与变压器同寿命	DIN/IEC 标准
		HG-I	>200MVA 电力变压器，用于高温变压器，如电炉变压器、整流器、牵引变压器		
标准级别	ST-N		配电变压器	<15 年	
		ST-I	客户要求加抗氧剂油的配电变压器		
BS 标准级别	BG-N		客户要求符合 BS148 油的电力和配电变压器	<15 年	使用 BS 标准的市场有效
		BG-I	客户要求符合 BS148 加抗氧剂油的电力和配电变压器		
ASTM 标准级别	AG-N		客户要求符合 ASTM D3487 油的电力和配电变压器	<10 年	使用 BS 标准的市场有效
		AG-I	客户要求符合 ASTM D3487 加抗氧剂油的电力和配电变压器		
气体吸收级别	GG-N		PTD T 不使用	与变压器同寿命	

表 4-8　　　　　　　　　　　　　　**ABB 公司对不加抑制剂变压器油的要求**

性 能 分 类		试验方法	标 准 级 别			高 级 别		
			SU-A	SU-B	SU-C	HU-A	HU-B	HU-C
运 动 黏 度 (mm²/s)	40℃	ISO 3104	≤11.0	≤11.0	≤16.5	≤11.0	≤11.0	≤16.5
	−15℃		—	—	≤800	—	—	≤800
	−30℃		≤800	≤1800	—	≤800	≤1800	—
闪点(PM)(℃)		ISO 2719	≥130	≥130	≥140	≥130	≥130	≥140
倾点(℃)		ISO 3016	≤−45	≤−30	≤−20	≤−45	≤−30	≤−20
浊点(℃)		ISO 3015	≤−45	≤−30	≤−20	≤−45	≤−30	≤−20
密度(20℃,kg/m³)		ISO 3675	≤895					
界面张力(25℃,mN/m)		ISO 6295	≥40					
水含量		IEC 60814	散装≤40mg/kg,桶装≤30mg/kg					
介损(90℃)		IEC 60247	≤0.005					
击穿电压 (kV)	交货	IEC 60156	≥30			≥30		
	处理后		≥50			≥70		
脉冲击穿电压(kV)		IEC 60897A	—			≥160		
析气性(μL/min)		IEC 60628A	供应商和用户协商					
总芳含量(%)		IEC 60590	—			≤13		
极性芳烃含量(%)		ABB	—			≤0.7		
总硫含量(%)		ASTMD 2622	—			≤0.15		
腐蚀性硫		DIN 51353	通过					
酸值(mgKOH/g)		IEC 60296	≤0.03					
抗氧剂含量(%)		IEC 60666	检测不出					
抗氧 化安定 性	酸值 (mgKOH/g)	IEC 61125A	≤0.30			≤0.15		
	沉淀(%)		≤0.06			≤0.03		

表 4-9　　　　　　　　　　　　　　**SIEMENS 公司对变压器油评价结果**

级别	Shell（壳牌）公司	中国石油	Nynas（尼纳斯）公司
HG-N	Diala D		Nytro3000
HG-I	Diala DX	Petro45X	Nytro3000X/10X
ST-N	Diala B	Petro45	Nytro10GBN
ST-I	Diala BX	Petro45X	Nytro10GBX
BG-N	Diala G		Nytro10GBN
BG-I	Diala GX	Petro50GX	NytroGBX
AG-N	Diala A	Petro45	Nytro10GBN、10GBA
AG-I	Diala AX	Petro45AX	Nytro10GBXT
GG-N	Diala G		
GG-I	Diala GX	Petro50GX	

西门子公司提供表 4-9 的评价结果，既说明了 3 个主要变压器供应商生产的绝缘油的不同产品的质量等级，也指出了不同厂商之间不同产品的相互代用关系。

总体上来说，变压器油制造商对其变压器油的分类主要是建立在抗氧化性能基础上的，结合其资源特点略有差别、大同小异。

世界上主要的环烷基绝缘油生产商尼纳斯公司（Nynas）也是按抗氧化性能的差别，将变压器油分为普通级别、高级别和超高级别变压器油。

3. 我国变压器油的生产现状

就目前国际绝缘油产品标准及变压器要求来看，都是将变压器油的抗氧化安定性作为区分变压器油质量优劣的最主要指标。由此可见，我国按照电压等级分类、其牌号按凝点划分的质量标准，已远远落后于电力和变压器行业的发展要求，尤其是对 SH0040 超高压变压器油，以牺牲抗氧化安定性而求得析气提高的做法，更是与这一发展趋势背道而驰。

为了适应变压器行业对变压器油的质量要求，我国克拉玛依石化公司依托其独特的环烷基原油资源，根据不同设备的使用特点，采用窄馏分蒸馏、深度精制或适度精制基础油等工艺措施，通过加入优质抗氧复合添加剂或与抗析气性变压器油调和等手段，生产出了电气性能好、低温流动性优的高质量环烷基变压器油，达到了尼纳斯（Nynas）、壳牌（SHELL）等国际知名品牌的质量要求，完全能够满足我国 330kV、500kV、750kV 及特高压交流、直流输变电设备的用油需要。表 4-10 是克拉玛依炼油厂生产的主要产品及用途，表 4-11 是其质量典型数据。

表 4-10　　　　　　　　　　　**环烷基变压器油品种、推荐用途**

产品牌号	级　别	符　合　标　准	推　荐　用　途	代替国外牌号
KI25X/45X	高级别	IEC 60296—2003（Ⅰ） ASTMD 3487（00）Ⅱ GB 2536—1990	500kV 及以下高温、长寿命、大容量变压器 750kV 普通容量变压器	Nytro3000X Diala DX
KI25AX/45AX	标准级别	IEC 60296—2003（Ⅰ） ASTMD 3487（00）Ⅱ GB 2536—1990，SH 0040—1991	对析气性有要求的 500kV 变压器	Nytro10GBX
KI45	标准级别	IEC 60296—2003（U） ASTMD 3487（00）Ⅰ	国外公司生产的变压器，不加抑制剂	Nytro10GBN Diala B
KI50X	高级别	IEC 60296—2003（Ⅰ） ASTMD 3487（00）Ⅱ GB 2536—1990	ABB 公司技术制造的 HVDC、HVAC	Nytro10X
KI50GX	高级别	IEC 60296—2003（Ⅰ） ASTMD 3487（00）Ⅱ GB 2536—1990，SH 0040—1991	SIEMENS 公司技术制造技术的 HVDC、HVAC	Diala GX
KI40AX	高级别	IEC 60296—2003（Ⅰ） ASTMD 3487（00）Ⅱ GB 2536—1990，SH 0040—1991	有析气性要求的高电压、高温、长寿命、大容量变压器	—

续表

产品牌号	级别	符合标准	推荐用途	代替国外牌号
KI50AX	高级别	IEC 60296—2003（Ⅰ）ASTMD 3487（00）Ⅱ GB 2536—1990、SH 0040—1991	750kV及更高电压，高温、长寿命、大容量变压器	—
KI60SGX	—	IEC 60296—2003	适用于断路器、变压器充油开关	Nyswitcho 3X
KI20HFX		ASTMD 5222（00）	适用于有防火要求的电气设备，如电力变压器、配电变压器、箱式变压器等	SHELL DIALA HFX、DSI 公司 BETA 油

表 4-11　　　　　　　　克拉玛依生产的环烷基变压器油的典型数据

性　质		试验方法	KI25X/45X	KI25AX/45AX	KI50AX	KI50X	KI40AX	KI45
外观		IEC 60296	透明无沉淀和悬浮物					
密度（20℃）(g/mL)		ISO 12185	0.880	0.884	0.880	0.874	0.880	0.880
黏度 (mm²/s)	40℃	ISO 3104	9.56	9.746	7.39	7.46	9.38	9.56
	−30℃		1467	1731	691	717	1417	1467
倾点（℃）		ISO 3106	−60	<−50	−60	<−49	−60	−60
闪点（℃）		ISO 2719	143	143	143	140	146	143
水含量（mg/kg）		IEC 60814	<30	<30	<30	—	<30	<30
苯胺点（℃）			—	—	—	76.1	—	—
析气性（μL/min）		IEC 60628A	—	−3	<0	+21	<0	
击穿电压（kV）	处理前	IEC 60156	40~60	40~60	40~60	70	40~60	40~60
	处理后		>70	>70	>70		>70	>70
DDF，(90℃)		IEC 60274	<0.001	<0.001	<0.001	处理后 <0.00019	<0.001	<0.001
脉冲击穿电压（kV）		IEC 60897	>300	>300	>300		>300	>300
带电趋势（μC/m³）		DOBLE	1	1	1		5	1
酸值（mgKOH/g）		IEC 62021—1	<0.01	<0.01	<0.01	<0.01	<0.01	<0.01
界面张力（mN/m）		ISO 6295	49	49	49	44.3	49	49
总硫含量（%）		ISO 14596	0.02	—	0.01		0.02	
腐蚀性硫		DIN 51353	无腐蚀性					
抗氧化剂（%）		IEC 60666	0.3	0.3	0.3		0.3	0.3
PCA 含量		IP 346	0.6	<3	0.6	—	<3	<3
PCB 含量		IEC 61619	检测不出					
抗氧化安定性（h）		IEC 61125B	>236	>236	>236	>236	>236	
抗氧化安定性，500h后	酸值（mgKOH/g）	IEC 61125C	<0.01	0.4	<0.01	—	<0.01	
	沉淀（%）		<0.02	0.08	<0.02		<0.02	
	DDF（90℃）		0.015	0.07	0.018		0.023	

性　　质		试验方法	KI25X/45X	KI25AX/45AX	KI50AX	KI50X	KI40AX	KI45
Baader 老化，672h	皂化值（mgKOH/g）	DIN51554	0.04	—	<0.01	0.06	<0.01	—
	沉淀（%）		<0.01	—	<0.01	<0.006	<0.01	—
	DDF（90℃）		0.007	—	0.008	0.0022	0.010	—

从表 4-11 的技术指标看，克拉玛依公司生产的变压器油具有低倾点、低黏度、高介电性能、高抗氧化安定性的特点，除了闪点指标外，其他指标不仅高于国际标准要求，而且许多指标优于国外同类型产品的指标要求。

三、充油电气设备对变压器油的要求

充油电气设备对变压器油的基本要求是：具有较高介电强度，以适应不同的工作电压；具有较低的黏度，以满足循环对流和传热需要；具有较高的闪点温度，以满足防火要求；具有足够的低温性能，以抵御设备可能遇到的低温环境；具有良好的抗氧化能力，以保证油品有较长的使用寿命。

概括起来说，变压器油应具有良好的物理化学和电气性能。

化学特性：包括氧化稳定性、抗氧化剂含量、腐蚀性硫、含水量、酸值。

物理特性：包括外观、密度、黏度、倾点（凝点）、界面张力、闪点。

电气特性：击穿电压、介质损耗因数。

附加要求：包括脉冲击穿电压、油流带电、析气性、芳香烃含量、苯胺点、比色散等。

由于变压器油的应用历史很长，表征油品基本性质的指标在许多文献资料中都有论述，在此只介绍几项主要指标。

1. 凝点与倾点

凝点和倾点都是表征油品低温流动性的指标。凝点是指液体油品在一定条件下，失去流动性的最高温度；而倾点则是在一定条件下，油品能够流动的最低温度。倾点一般比凝点高 2~5℃。

变压器油的低凝点与倾点对变压器油的应用具有非常重要的意义。因为大型变压器大多户外使用，如变压器油凝点（倾点）低，则可在较低的环境温度下保持低黏度，而保证运行变压器内部的正常油循环，确保绝缘和冷却效果。

矿物油像大多数液体一样，其黏度随温度的下降而上升，直到成为半固体，此时油的冷却效果几乎为零。因此，对于在寒带运行的变压器来说，即使在可能经受的最低温度下，也不允许使油达到半固体状态，油品必须具有较低的倾点。

即使温度很低，但环境温度远高于油品倾点的情况下，油的黏度必须保证油的流动不受阻碍。

变压器油低温流动性的好坏主要取决于油品中正链烷烃——石蜡含量的高低，其石蜡含量高，其低温流动性就差；反之，其低温流动性就好。

图 4-6 是在 −40℃，不同剪切速率

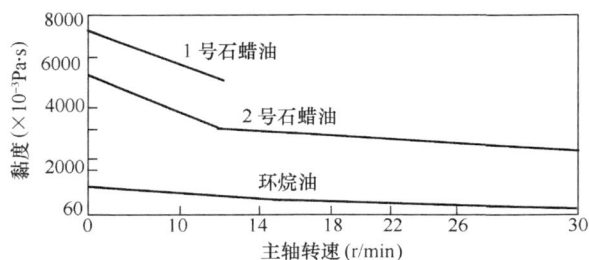

图 4-6　不同组成油品的动态黏度曲线

下测定出的石蜡基油和环烷基油的动态黏度。

上图表明：低温下环烷基油的黏度随剪切速率的变化很小，而石蜡基油的黏度变化则较大，即前者的低温流动性好，而后者的低温流动性差。在低温下有些石蜡基油，甚至会结晶析出固体石蜡。

2. 黏度

传热方式有 3 种，即辐射、传导和对流。对油浸变压器而言，对流是最重要的方式。对流是依赖热油和冷油间的密度差所形成的自然循环。对流的效果取决于油品的黏度，因此变压器油应具有较低的黏度。虽然，对流有时借助泵来强迫进行，但理想的情况是油本身阻力最小和对流最好。

此外，低黏度有助于变压器油穿过窄油道、浸渍绝缘层，在绕组中充分循环，避免因油的低流速导致部件的局部过热。

油的黏度对变压器的冷却效果有着密切的关系。黏度愈低，油品的流动性越好，冷却效果也越好。

前文提到过汽轮机油的黏温特性，并建议选用高黏度指数的油作汽轮机的润滑油。但对变压器油而言，则需选用低黏度指数的油，以满足冷却需要。因为油品的黏度愈高，其流动性越差，当然其冷却效果也差。对变压器而言，冷却效果差，会使变压器的温升增加，功率损失增大，进而促进油和纸的老化劣化，降低变压器的使用寿命。

油品的黏温性与油品的组成有关，一般来说，石蜡基油黏温性好，而环烷基油黏温性差。表 4-12 是两个 40℃时运动黏度相同的油，70℃时运动黏度的实测数值。

表 4-12　不同组成油黏温性比较

黏度 ＼ 油品	石蜡基油	环烷基油
运动黏度（70℃）（mm²/s）	4.2	3.4

3. 击穿电压与脉冲击穿电压

击穿电压是绝缘油在电场作用下，形成贯穿性桥路，发生破坏性放电，使电极（导体）间降至零（短路）时的电压。它是衡量绝缘油绝缘性能的一项重要指标。

脉冲击穿电压亦称雷击脉冲击穿电压，这是一种高压直流电脉冲波（陡前沿脉冲），就像打雷时那样，它的半衰期比较长，对变压器的绝缘是一种额外的应力。绝缘油的脉冲击穿电压与油品的组成密切相关（见析气性）。

影响击穿电压的因素很多，其测定值主要取决于杂质含量、类型、含水量以及所使用的试验方法。

测量击穿电压的方法较多，其主要区别是使用的测量电极不同。西方国家使用球形、球盖形电极居多，而我国普遍使用的是平板电极。对同一油品，在相同条件下，以用平板电极测量的击穿电压数值最低。不管用哪种测试方法，因每次测试数据的重复性较差，故取 6 次试验数据的平均值。

击穿电压数值的高低除受测试方法影响外，主要受油品中含水量、杂质含量（尤其金属颗粒含量）和温度的影响。即使精炼程度低的油品，只要把水和杂质去

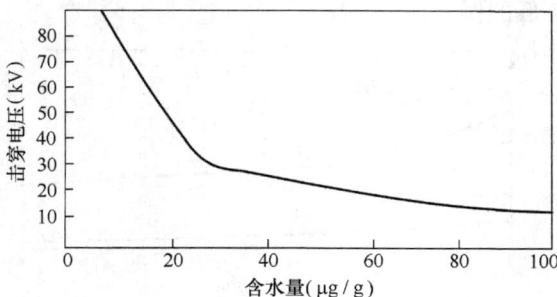

图 4-7　水分含量对击穿电压的影响

除，一般也可使油品的击穿电压达到较高水平。图 4-7 表示的是水分对击穿电压的影响。

油品中悬浮的机械杂质对击穿电压有非常明显的影响。随着悬浮的金属、游离碳、纤维素等粒子数量的增加，油品的击穿电压明显下降，见图 4-8。

由此可见，对运行油的含水量和悬浮颗粒进行严格控制是非常必要的。因此各国不同的标准中均对油中的含水量提出了具体的指标要求；在所有的标准中，虽然只有美国ASTM 标准提出了对新油的清洁度的指标要求，

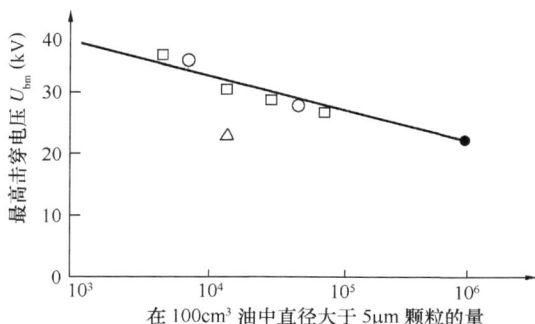

图 4-8 油品中悬浮颗粒对击穿电压的影响
△—黄铜颗粒；○—纤维颗粒；□—新油中的颗粒

但因变压器在现场安装注油时，都要进行现场过滤，并有击穿电压要求，实际上也在一定程度上控制了油中悬浮颗粒的数量。

表 4-13 不同年代变压器的用油比

年　　代	用油比（L/kVA）
1930	约 3.5
1960	1.0
1980	0.25

随着变电设备向高参数、大容量的发展，变电装置的设计愈来愈紧凑，因而对所用油品的绝缘性能要求也越来越高，有些标准甚至提出了脉冲击穿电压的要求，如 IEC296、ASTM标准。表 4-12 的数据足以说明这一问题。

4. 介质损耗因数

介质损耗因数是表征油中因泄漏电流而引起功率损失的一项指标。一般用 90℃时的 tgδ表示。

对新油而言，它反映了油品精炼程度的高低。精炼程度高，其极性杂质含量就低，介质损耗因数数值就小，一般小于 0.5%。这一参数对污染物，如发动机油等特别敏感，几微克/克的含量即可使油品的介质损耗因数显著增加。

对于运行油来说，介质损耗因数反映了运行油的老化劣化程度。溶解状态的氧化劣化产物，尤其是金属皂类的存在，会使油品的介质损耗因数明显增加。

油品中的水分本身对介质损耗因数的影响很少，但是若水和氧化产物或其他溶解的杂质混在一起，则可使介质损耗因数数值显著地增加。

随着温度的升高，油品的介质损耗因数迅速增加，见图 4-9。

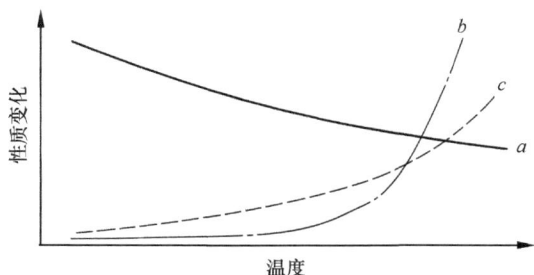

图 4-9 温度对击穿电压、介质损耗因数的影响
a—击穿电压；b—介质损耗因数；c—氧化倾向

5. 界面张力

所谓界面张力，是指在油——水两相的交界面上，两相液体分子受到各自内分子的吸引，都力图缩小其表面积所形成的力。习惯上将液体表面与空气接触时所测得的力称为表面张力。

界面张力大小取决于油中溶解的极性物质，而介质损耗因数可显示油中污染物的含量。

纯净变压器油与水的界面张力约为40～

50mN/m，而老化油与水的界面张力则较低，一般在 25～35mN/m 左右，待油的界面张力降至 19mN/m 以下时，油中就会有油泥析出。所以说油——水的界面张力高低与油品的劣化程度密切相关。表 4-14 是同一油品在不同存贮条件下的对比试验数据。

表 4-14　　　　　　不同贮存条件下 tgδ，界面张力的对比试验

贮存条件 ＼ 油质指标	介质损耗因素（90℃，%）	界面张力（mN/m）	含水量（μg/g）
油贮存于洁净玻璃瓶，暴露于日光下	0.31	36	50
贮于密封的铝瓶中	0.10	44	18

上述实验数据表明：变压器油对光最敏感，使介质损耗因数、界面张力指标都明显变差。这也反应了变压油试验样品避光、密封保存规定的必要性。

6. 抗氧化安定性

变压器油在使用过程中，因溶解氧的存在，加之在使用环境温度、铜、铁金属催化剂等的作用下，氧化、劣化是难以避免的。酸值或中和值、油泥及介质损耗因数等都是表征油品的抗氧化性能的指标。

石油烃的氧化反应是通过烃基与过氧基按照自由基链式反应机理进行的。油品的氧化过程按照反应速度的快慢变化，一般可分为 3 个阶段，即诱导期、反应期和迟滞期。

诱导期的长短取决于油品的加工精炼程度。

氧化过程是一种链式反应，如不加以阻止，反应速度会越来越快，即油的劣化速度加快。过氧自由基或其他自由基与油品中的烃类分子进一步反应，生成的醇、酮、羧酸等氧化产物。在一定条件下，这些氧化产物之间会进一步反应，形成稠合的高分子化合物、树脂状物质、油泥、积碳等，使油质迅速裂化变质。

迟滞期就是阻止这种链式反应的过程，一般可通过向油品中添加抗氧化剂来实现。抗氧化剂通常分为两类：第一类是破坏自由基，即在反应期刚形成自由基时，由抗氧化剂放出一个 H 原子，与游离自由基结合，从而形成稳定的化合物，酚和胺就属于此类。第二类是与形成的过氧化物反应，油中存在的天然抗氧化剂（如含硫、氮化合物等）属于此类。

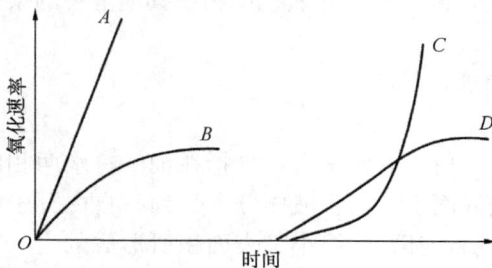

图 4-10　不同油品的 4 种氧化过程曲线

由此可见，第一类抗氧化剂添加到未氧化或轻微氧化的油品中才更为有效，对已经氧化的变压器油，其添加效果很差。图 4-10 表示了不同油的 4 种氧化过程。

图中曲线 A 是深度精制的白油，因为没有能阻止氧化过程物质，因而该油的劣化速度很快，酸值快速升高，且在经过一定时间后的劣化油中，可看到呈黄色沉淀的氧化产物。

曲线 B 是一种适度精制的、含一定量的天然抗氧化剂的油。从曲线上看，油品经短时间的快速氧化后，天然抗氧化剂阻止产生自由基，从而使反应速度迅速减缓，其氧化产物是酚类及硫、氮化合物，形成的黑色的残渣。

曲线 C 是白油中添加了酚类抗氧化剂。在抗氧化剂耗尽前，氧化速度较慢，随着抗氧

化剂的消耗，油品中抗氧化剂含量降低，其氧化速度迅速增加。

曲线 *D* 是兼有天然和合成两种抗氧化剂的油。一般来说具有良好抗氧化剂感受性的油，其多环芳香烃的含量（PCA）较少。由于 PCA 自身易于氧化，在氧化过程中消耗了油中溶解的自由氧，达到了牺牲自己，保护他人的效果，阻止了对其他油分子的进一步氧化，因此 PCA 基的分子也是一种抗氧化剂。但是由于 PCA 最终氧化产物是易于沉淀的油泥，因此高质量变压器油都对其含量有严格的控制指标要求，也是油品炼制过程中要精制除去的主要组分。

抗氧化安定性的试验方法很多，这些方法都试图在一定试验条件下，模拟测定变压器油的寿命，但由于油品使用环境的差异较大，均难以达到这一目的。

目前使用的各种抗氧化安定性试验方法的意义在于：①提供了不同油品在相同试验条件下比较其性能优劣的基础；②提供了评判同一种油品劣化变质程度的依据。

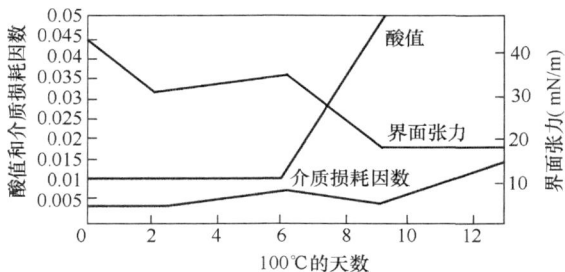

图 4-11　开口杯老化试验（100℃，铜催化剂）

图 4-11 是开口杯老化法的实验数据，值得注意的是界面张力指标对氧化过程最为敏感。

金属离子对油品的氧化具有很强的催化加速作用，图 4-12 表示的是在有金属和无金属存在的状况下，白油和添加抗氧化剂的油氧化趋势的变化情况。

7. 析气性与脉冲击穿电压

在强大电场作用下，绝缘油与气体的界面上就会产生电晕放电现象，因电晕放电而导致绝缘油的裂解，而产生 H_2 和 CH_4 等低分子烃类气体。随着变压器中场强的增加，裂解析气现象亦愈加明显。绝缘油的这种放气性称为析气性。

运行变压器在故障情况下，其内部使用的绝缘油、绝缘纸均会发生裂解，产生低分

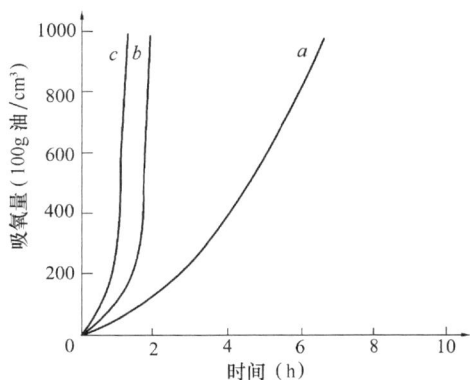

图 4-12　金属离子对油品的氧化作用的影响
a—深度精制基础油；*b*—*a* 油中加入铁丝；
c—*a* 油中加入铜丝

子气体，这些气体在油中形成气泡，并在变压器油浮力和油流的作用下，在变压器固体绝缘间运动。若气泡运动至变压器绕组匝间，由于气体介电常数远低于绝缘油，则会使绝缘油有效介电厚度变薄；而电场应力分配的特点是施加在绝缘薄弱的部位，故气泡很容易被击穿，从而造成变压器绕组匝间导体短路，引发绝缘事故。

因此自 500kV 变压器投用以来，国内外都对变压器油的析气性给予特别的关注，为此许多变压器制造厂商都对变压器油的析气性提出了指标要求。

变压器油的析气性除受电场强度、油温、电压频率影响外，主要取决于油品的族组成。一般来说，由于石蜡烃属饱和烃，没有加成反应的分子结构条件，因而析出的气体只能以气泡的形式排出，故具有放气性；而芳香族和烯烃化合物因属不饱和烃，其分子结构具有进行

加成反应的条件，高能量条件下产生的某些气体组分，会参与分子的化学反应，变成液体分子的一部分，故具有吸气性，图 4-13 是油中不同组分分子对析气性的影响示意图，表 4-15 是芳香烃含量对析气性影响的数据，图 4-14 是烷基苯含量与析气性之间的关系。

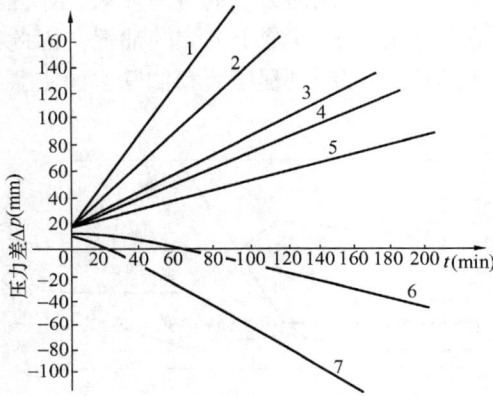

图 4-13　油中各组分与其析气性的关系

1—纯环烷烃—烷烃；2—环烷烃—烷烃＋胶质；3—环烷烃—烷烃＋单环芳香烃馏分；4—环烷烃—烷烃＋多环芳香烃馏分；5—环烷烃—烷烃＋双环芳香烃馏分；6—环烷烃—烷烃＋总芳香烃馏分；7—脱蜡油

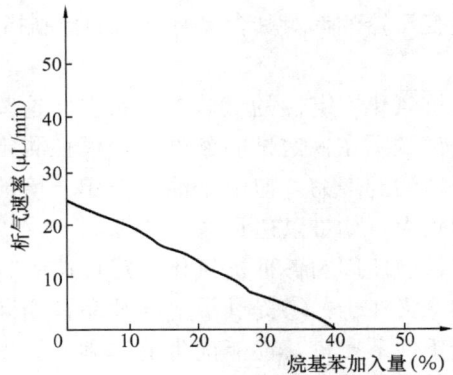

图 4-14　烷基苯含量与析气性之间的关系

表 4-15　　　　　　　　　　芳香烃含量与析气性关系的试验数据

编　　号	烷基苯加入量（V） （%）	* C_A （%）	析气速率 （μ L/min）
油 A	0	3.34	＋7.95
油 A—5	5	6.84	＋4.17
油 A—10	10	9.63	＋2.38
油 A—20	20	18.08	－1.99
油 A—30	30	22.27	－6.85

　＊　C_A 代表芳香碳。

　　因此对析气性要求高的变压器油，一般的做法是在炼制过程中，通过适度精制工艺保留一定比例的芳香烃化合物；或者在深度精制的变压器油中，再调配一定比例的芳香烃成分。我国的超高压变压器油就是根据芳香族化合物具有吸气性的特点，用普通变压器油与适量的烷基苯调和而成的。

　　研究表明，芳香族化合物对变压器油的性能影响极为复杂，不是所有的芳香族化合物都具有吸气性。试验表明，只有稳定性较差的多环芳香烃才具有吸氢加合能力，这就解释了表征芳香族化合物含量的苯胺点、比色散等指标与析气性相关性差的现象。图 4-15 是多环芳香烃含量与析气性、脉冲击穿电压试验数据。

　　多环芳香烃虽然可改善油品的析气性能，但却会降低油品的抗氧化安定性及脉冲击穿电压，这也是析气性指标自提出以来争议较大的原因所在。因此在选用绝缘油时，要综合考虑

多环芳香烃 HPLC

脉冲电压

多环芳香烃 HPLC	芳香族含量	脉冲击穿	析气性
0.01	5	>300	+32.9
0.02	7	282	+26.2
0.07	10	200	+16.3
0.30	10	196	+11.3
0.75	10	148	+4.5

脉冲击穿电压

(a)

多环芳香烃 HPLC

析气

多环芳香烃 HPLC	芳香族含量	脉冲击穿	析气性
0.01	5	>300	+32.9
0.02	7	282	+26.2
0.07	10	200	+16.3
0.30	10	296	+11.3
0.75	10	348	+4.5

析气性 ASTM

(b)

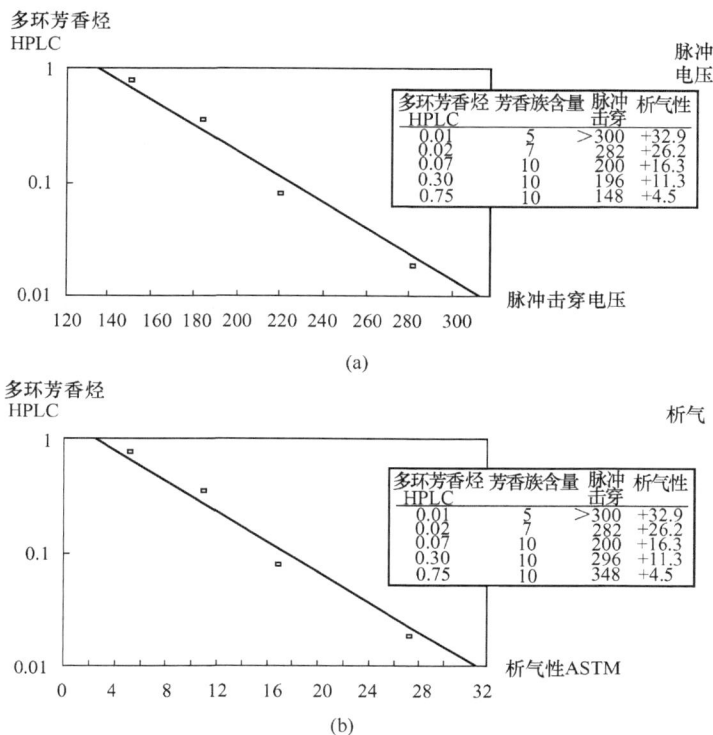

图 4-15　PCA 含量与析气性、脉冲击穿电压的关系
（a）与脉冲击穿电压的关系；（b）与析气性的关系

油品的各项性能，不可偏颇某一项技术指标。

第三节　基建阶段变压器油的质量监督

监督检测变压器油的目的是保证变压器的运行安全。而变压器的运行状况除与变压器的设计、制造质量等因素有关外，还与新变压器油的质量及安装时变压器油的处理工艺密切相关。因此变压油的监督应该从变压器设备的基建阶段起，进行全过程质量监督。

一、变压器油的新油验收

变压器新油到货后，应按照 GB/T 7597 标准抽检取样。国产变压器油按照 GB 2536 标准逐项进行验收。验收时应注意使用的分析方法与所采用的油质验收标准相同。

国产变压器油因油品的抗氧化安定性属保证项目，可以不测定，而其他项目则必须测定，尤其是介质损耗因数要予以特别关注，它是最容易出现不合格的一项指标。

进口变压器油因其新油中一般不含抗氧化剂，其抗氧化安定性较差，可依据小型试验结果，在新油中添加适量的抗氧化剂加以改善。另外由于进口新油的精制程度相对较低，要注意硫腐蚀性试验。

二、新变压器的到货验收

对于大型变压器的运输，为了不超重，一般采取不带油运输方式。因此，必须在油箱里充入干燥空气或高纯氮气，并保持微正压状态，从而保证在无油情况下，绕组尽可能处于干燥状态。通常的做法是：在变压器上安装一个高压钢瓶，将高压钢瓶的分压表出口接到油箱上的过滤阀上，调整气流刚好补充油箱泄露出的气体损失。为保险起见，备用一瓶气体。

在变压器到货后，首先应检查充氮压力表上的指示是否是微正压，以确定设备运输过程是否可能受潮。然后从变压器本体取残油，做色谱和微水分析，以进一步确定设备是否受潮和变压器出厂时的状态。

变压器在出厂之前，在制造厂都做了耐压冲击、局放等各项电气试验。现场做残油的色谱分析可以在一定程度上确定变压器出厂时是否有缺陷。若无缺陷，则色谱分析中的烃类含量很低，且不会存在乙炔；若有缺陷，则烃类含量较高，并可能存在乙炔。

残油微水分析的目的是进一步确定变压器在长时间远途运输过程中，其内部绝缘是否可能受潮。若微水分析结果大于 30mg/kg，则设备绝缘就有受潮的可能，在设备安装完毕后必须进行严格的干燥处理。

三、安装过程中的油质监督

变压器现场就位、检查验收后，应除去安装使用的卡具，打开人孔，进行引线连接等安装操作，注意为降低湿气的进入，人孔敞开的时间应尽可能地短，且用空气压缩机连续地向油箱中鼓入干燥空气。现场安装好了以后，变压器应尽快注油，即使变压器还要再过几个月才能投运，也要尽快注油，并保证制造厂放油后，3 个月内注油。

变压器绝缘的质量最终要通过安装质量来保证，处理方法包括长时间的抽真空除去湿气和空气，之后注入合格的绝缘油。

现场设备安装完毕后，应将真空泵接入油箱，抽出油箱中的空气，直至真空达到 $5\sim1\times10^3$ Pa。制造商干燥变压器绝缘的目的是使绝缘材料的水分含量低于 0.5%。当绝缘暴露在大气中时，厂家的一般要求是，在 35% 或更低的相对湿度下，暴露时间不大于 24h。按比例推算，在 70% 的相对湿度下，暴露时间不应超过 12h。在上述时间内，湿气主要由外层绝缘所吸收；随着暴露时间的延长，湿气会逐渐向绝缘内层迁移。即使外层绝缘水分达到 10%，只要抽到足够高的真空，并维持适当的时间，除去这些湿气也并不困难。

不过，一旦湿气向绝缘中层迁移，通过抽真空的方法去除湿气则要花费较长的时间。应该注意到，绝缘在暴露于大气过程中，空气以和湿气相同的速率被浸油绝缘件吸收，如注油和处理后仍滞留于绝缘中，会引起气泡放电，进而引起绝缘击穿。这就是推荐无油变压器存放时间不超过 3 个月的原因所在。因为，变压器放完油后，即使充入了干燥空气或氮气，残留在绝缘中的油也会缓慢渗出，从而在绝缘中留出了气穴，在注油过程中，长时间的抽真空也难以保证将其全部抽出。

如果现场安装遵循恰当的程序，安装期间侵入绝缘的湿气非常有限，且大部分湿气滞留在绝缘表面，维持一定时间的真空就可除去。专家建议在 5×10^2 Pa 的真空下，持续 12h。

尽管在真空注油过程中，采取了多种措施减少湿气的侵入，但这种侵入是不可避免的，所以在设备注油完成后，必须进行热油循环，要使油中的水分含量低于 10×10^{-6}。

如果绕组暴露于空气中的时间高于 24h，或有其他理由怀疑器身受潮，则必须进行漫长的现场干燥。

变压器现场安装一般主要经过油—气置换、吹气—排油、真空注油、热油循环几个步骤。

1. 油—气置换

设备运输到现场后，并不一定马上安装，为了防止变压器存放期间的绝缘受潮，在设备到货验收以后，必须尽快进行油—气置换。用预先经过真空过滤合格的变压器油（见表4-16），置换出运输过程中充入的高纯氮气。

操作方法是一边注油，一边排气，直到变压器器身完全浸没在油中为止。

2. 吹气—排油

在进行设备安装以前，首先应进行吹气—排油。

操作方法是一边吹入湿度20%以下的干燥空气，一边将油排入备用的油罐中。

3. 真空滤油及注油前的检验

在真空注油之前，首先应在备用油罐与真空滤油机之间进行循环过滤，以脱除油中的水分、空气和其他机械杂质。

注意滤油管路应用不锈钢蛇形管，不能用黑橡胶管，否则油品易受污染而使介质损耗因数增大。另外介质损耗因数不合格的油，除非是因水分高所致，否则用真空滤油机过滤的效果很差。

在油品的过滤过程中，应定时对油品的击穿电压、水分、含气量和介质损耗因数进行检验，直至达到表4-16所列的指标后，才能停止真空滤油。

表 4-16 新净化后的检验项目与指标

试验项目 \ 指标值	设备电压等级（kV）		
	500kV	220～330kV	66～110kV
击穿电压（kV）	≥60	≥55	≥45
含水量（mg/kg）	≤10	≤15	≤15
含气量（v/v,%）	≤1	≤1	—
介质损耗因数（90℃,%）	≤0.2	≤0.5	≤0.5

4. 真空注油及热油循环

在设备安装完成以后，进行真空注油。

净化脱气合格后的新油，经真空滤油机在真空状态下注入变压器本体，然后在真空滤油机和变压器本体之间进行热油循环。一般滤油机的出口接变压器本体油箱，滤油机的入口接变压器本体底部，控制滤油机出口油温为60～80℃，以保持变压器本体油温60℃左右为宜。

热油循环的目的：①通过油—纸水分平衡转移原理，对变压器运输、安装过程中绝缘材料表面吸收的水分进行脱水干燥；②通过油品的加温和强制循环增加绝缘材料的浸润性；③通过油流扰动，消除变压器死角部位积存的气泡。

热油循环时间一般按下列原则控制：①不小于变压器器身在大气中暴露的时间；②至少应保证变压器本体的油达到3个循环周期以上；③变压器油指标达到表4-17的标准要求。

在循环过程中，重点检测油中的水分含量和含气量。热油循环的各项指标必须达到表4-17的标准要求。

表 4-17　　　　　　　　　　　热油循环过程中的检测项目与指标

指标值 试验项目	设备电压等级 kV		
	500kV	220～330kV	66～110kV
击穿电压（kV）	≥60	≥50	≥40
含水量（mg/kg）	≤10	≤15	≤20
含气量（v/v）（%）	≤1	≤1	—
介质损耗因数（90℃）（%）	≤0.5	≤0.5	≤0.5

5. 油静置 72h 后的检验

热油循环结束后，一般变压器油在设备中静置 72h 以后，应对变压器进行一次全分析。由于新油已与绝缘材料充分接触，油中溶解了一定数量的杂质，这时的油品既不同于新油，也不同于运行油，它可称为"投入运行前的油"，其质量控制指标见表 4-18。

除了分析检测表 4-18 所列的项目之外，还应做气相色谱分析，以便与电气试验以后的气相色谱分析数据做比较，判断变压器的安装质量。

静置 72h 后的分析数据和电气试验后的色谱分析数据，可作为基建单位与生产单位的交接试验数据。

四、运行设备的油质监督

设备维护的主要目的是：①获得最大的实际运行有效性；②达到最佳的运行使用寿命；③将早期或未预料到的故障、事故减少到最低限度。

由于变压器没有运动部件，不会产生磨损等问题，因而对其维护工作没有引起足够的重视。的确，许多小变压器，尤其是配电变压器，一旦投入运行后，很少需要维护。然而，如果采取一定的维护措施，变压器运行的可靠性会大大增加。变压器容量越大，维护工作也越重要。

对电力变压器来说，维护人员必须根据检测到的变压器运行状况、变压器油质的变化情况，通过采样和试验获得变压器的状态信息，了解矿物油的性质和纤维绝缘性质，有针对性地制订变压器的维护措施，提高变压器运行的可靠性，延长变压器的使用寿命。

1. 采样

通过采取油样对变压器油进行监测是运行维护的基本要求。对油务监督人员来说，采油样是一项常规的工作，油样是获取变压器状态的重要信息来源，因而采样方式、方法的正确与否非常重要。

为了方便取样，最好配置单独的专用密闭取样阀。取样方法和容器应根据试验项目的不同而不同，为此我国制订了 GB/T 7597—1987《电力用油（变压器油、汽轮机油）取样方法》。

油质试验项目指标因受大气的影响不同，大致可分为两类：一类是基本不受大气影响的项目，如物理化学性能项目中的黏度、界面张力、闪点等；另一类是受大气中的灰尘、水分、空气等影响的项目，如颗粒度、水分、油中溶解气体组分含量等。

对于不受大气影响的项目，一般采用广口瓶采样。在取样时，要首先打开采样阀，放几升油冲洗。在取样过程中，一旦调整好采样阀的开度，则不应干扰阀，直到完成取样。广口瓶应处于半倾斜状态，使油顺着瓶壁缓慢流进容器底部，将采样容器充满直至溢流，然后封好备用。

对于易受大气影响的项目，一般采用注射器采样。与广口瓶采样不同的是，首先在取样阀门上预先套上一根易于与注射器密闭连接的软管，然后再打开阀门调整其开度，排掉阀门内的死油后，把注射器与软管连接起来，利用变压器本体的静压将注射器充油至一定的刻度，然后将注射器取下密封保存。

另外，采样最好是在变压器运行状态时进行；若运行时不便采样，则应在设备停电后尽可能短的时间内采取；取样时应记录变压器的名称、油温、采样日期等信息。

2. 变压器油的存储

严格地说，虽然油的存储不属于变压器的维护程序，但是制订一些关于油在贮存方面的维护要求还是必要的。油可以被存储在大罐中，但通常更多的是存贮在油桶中。大贮油罐通常安装一个硅胶吸湿器，经常检查干燥剂，使其保持在干燥状态是很重要的。

存贮在油桶中的油可以通过桶盖塞子吸收湿气。为了保证桶盖上不集水，应将油桶平放，并使桶盖处于时钟 3 点或 9 点的位置。油桶最好存贮在温度变化小的室内，如必须置于室外，至少要保证其不受温差的影响，避免直接日晒。油的存贮周期应当最短，必须保证先存贮的油先用。

可以对存贮油的水分进行估算。实际上，对开关装置用油来说，这一点要比变压器用油更重要。变压器绝缘有很强的吸水能力，如果大型变压器绝缘中含有 $1\%\sim2\%$ 的水分，那么绝缘能够吸收总水量达几升。如果从含水量 40×10^{-6} 的油桶中抽 50L 油，则加入变压器的总水分含量应为

$$(40\times50)\times10^{-6}\times1000=2(\text{cm}^3)$$

与变压器绝缘中已经存在的含水量相比，油中所含的水分含量则微不足道，即使油桶中的油含有两倍允许值的含水量，也不会有太大的影响。当然并不是说，可以忽视油的存贮，因为存贮不当可能导致油质的严重劣化。

从贮油罐中取样与从变压器中取样要求相同。若从油桶中取样，则要采用玻璃管或采样器。玻璃管的长度应能达到油桶低部，在放进油桶之前，必须对其认真清洁，以免污染油品。清洁时，应采用聚丙稀或类似材料的不起毛布擦试取样器。普通碎布或纸巾含有纤维，因此不能使用。采样时，将玻璃管伸到油桶高度一半的位置，用取出的油冲洗玻璃管，然后倒掉，重复 2～3 次操作后，再进行严格的取样操作。其操作方法是：用拇指按住玻璃管顶端，将其插入底部，然后放开拇指，当油充满后，再用拇指堵住管头，把充油玻璃管提出，插入取样瓶中，松开拇指，使取样管中的油淌入瓶中，反复操作，直至把取样瓶取满。这样采取的油样具有较好的代表性，即使油桶底部的油品也能采到。

3. 试验项目和周期

国标 GB/T 7595—2000《运行中变压器油质量标准》根据变压器的重要性，不但规定了运行变压器油的质量控制标准，而且规定了不同的试验项目的分析周期，分别见表 4-18、表 4-19。

对于大多数变压器来说，一般要求在注油或重新注油之后，都要取样，进行全部油质试验。在首次试验后，对重要变压器间隔一定的时间进行周期性取样试验，对不太重要的变压器则 4～6 年进行一次试验。

将每台设备每次采样获得的试验结果绘制成表格或曲线，以便于趋势分析，从而对相应

设备做出正确的维护决定。

4. 换油和补油

尽管变压器油的质量是按照与变压器同寿命原则选用的，但是在变压器的运行使用过程中，因老化、故障等原因，其某些指标会提前严重下降，难以满足变压器安全运行的要求，此时就需要换油。在换油过程中，变压器中的残油会污染更换后的新油。因此，在换油前，应让铁芯和绕组静置几小时，以尽可能地将旧油排净，再用新油冲洗变压器，最后再在真空条件下注入合格的新油。

由于变压器在运行过程中须定期采样及挥发损失等原因，长期运行的变压器会出现油位下降的现象，此时需要向变压器补油，这就产生了油品的混合问题。虽然，大多数用户都知道应避免不同类型和不同等级的油混合，但实际上，却很难做到。最好的解决办法是进行混合油的老化试验，根据试验结果确定油品是否可以混合。

表 4-18   **GB/T 7595—2000 运行变压器油质量标准**

序号	项目 \ 指标值	设备电压等级 kV	质量指标		试验方法
			投入运行前的油	运行油	
1	外状		透明、无杂质或悬浮物		外观目测
2	水容性酸（pH 值）		>5.4	≥4.2	GB/T 7598P
3	酸值（mgKOH/g）		≤0.03	≤0.1	GB/T 264 7599
4	闪点（闭口，℃）		>140(10,25 号油) >135(45 号油)	与新油原始测定值低相比不低于 10℃	GB/T 261
5	水分①(mg/L)	330～500	≤10	≤15	GB/T 7600 或 GB/T 7601
		220	≤15	≤25	
		≤110 及以下	≤20	≤35	
6	界面张力(25℃,mN/m)		≥35	≥19	GB/T 6541
7	介质损耗因数(90℃)	500	≤0.007	≤0.020	GB/T 5654
		≤330	≤0.010	≤0.040	
8	击穿电压②(kV)	500	≥60	≥50	GB/T 507 或 DL/T 429.9
		330	≥50	≥45	
		66～220	≥40	≥35	
		35 及以下	≥35	≥30	
9	体积电阻率(90℃,Ω·m)	500	≥6×10^{10}	≥1×10^{10}	GB/T 5654 或 DL/T 421
		≤330		≥5×10^9	
10	油中含气量(%,体积分数)	330～500	≤1	≤3	DL/T 450 或 DL/T 423
11	油泥与沉淀物(%,质量分数)		<0.02(以下可以忽略不计)		GB/T 511
12	油中溶解气体含量分析		按 DL/T 596—1996 中第 6、7、9 章见附录 A(标准的附录)		GB/T 17623 GB/T 7252

① 取样油温为 40～60℃。

② DL/T 429.9 方法是采用平板电极；GB/T 507 是采用圆球、球盖形两种形状电极。3 种电极所测的击穿电压值不同，其影响情况见附录 B（提示的附录）。其质量指标为平板电极的测定值。

设备名称	设备规范	检验周期	检 验 项 目
变压器、电抗器所、厂用变压器	330～500kV	设备投运前或大修后 每年至少1次 必要时	1～10 1、2、3、5、7、8 4、11
	66～220kV、8MVA 及以上	设备投运前或大修后 每年至少1次 必要时	1～9 1、2、3、5、6、7、8、9、10 6、9、11
	＜35kV	设备投运前或大修后 3年至少1次	自行规定
互感器、套管		设备投运前或大修后 1～3年 必要时	自行规定

表 4-19　　　　　　　　　　运行变压器油的常规检验周期和项目

注　1. 变压器、电抗器、厂用变压器、互感器、套管等油中的"检测项目"栏内的1、2.3、…为表4-18的项目序号。

　　2. 油中溶解气体含量色谱分析检测周期见附录 A（标准的附录）。

　　3. 对不易取样或补充油的全密封式套管、互感器设备，根据具体情况自行规定。

由于现代大型电力变压器本身都采取了许多行之有效的防止油质劣化的措施，如冲氮保护、隔膜密封等。因此，对于运行变压器油而言，只要切实把好新油验收质量关，在正常运行条件下，变压器油的物理化学性能指标变化很小，一般不会因变压器的质量问题而危及设备的安全运行。

变压器油的运行监督中最主要的是油中溶解气体的气相色谱监督，这一内容将在第六、七章中详加介绍。

五、变压器油监督中的几个问题

1. 抗氧化添加剂和抗氧化油

目前，使用的变压器油主要有两大类：一类是添加了抗氧化剂的抗氧化油；另一类是未加抗氧化剂的精制油。关于在变压器油中是否应该添加抗氧化剂，争议较大，没有定论。

以 ABB 公司为代表的变压器制造商主张使用未加抗氧化剂的精制油，其主要理由是现代炼油技术生产的变压器油中的芳香烃含量很低，其老化性能完全能够满足与变压器同寿命的要求；而其他厂商则不排斥使用添加抗氧化剂的油，因为添加抗氧化剂的油的老化性能更好。

（1）使用抗氧化剂的理由。在讨论在变压器油中是否应该添加抗氧化剂之前，首先应该考虑变压器油中，有哪些不理想的性能以及如何在不使用添加剂的情况下，将引起的问题降低到最低限度。

在前面已经指出，绝缘油因氧化而产生沉淀和酸值升高现象。20 世纪 50 年代，因运行年限太长或过早发生故障的变压器解体时常常发现整个铁芯和线圈均覆盖了一层暗褐色油泥。这些沉积物部分堵塞了油道，影响了油循环，降低了线圈、铁芯和油之间的传热效率，进而引起局部温升增加，进一步加速了氧化过程，造成恶性循环。温度过高会导致绝缘快速劣化，缩短变压器寿命。生成的有机酸也会加速绝缘劣化。若不使用添加剂，可以采用其他措施降低油的氧化速度。其中，最有效、最直接的方法是降低油与空气的接触。变压器普遍使用储油柜，并采用隔膜密封工艺，就是为了减少油与空气的接触措施。

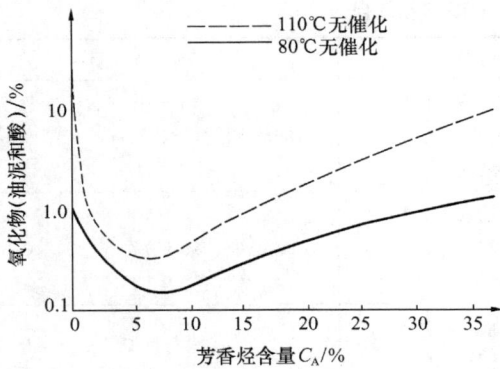

图 4-16　芳香烃含量对绝缘油氧化作用的影响

然而，影响油氧化的另外两个主要因素——温度、催化剂却没有好的解决方法。油温每升高 6℃，油的氧化速率加倍；用作绕组的铜和制造铁芯的铁等都是良好的氧化催化剂。

氧化产物本身也是一种氧化催化剂，含有芳香烃化合物的油则较容易氧化。图 4-16 显示了油中芳香烃含量对绝缘油氧化作用的影响。

自 20 世纪 70 年代以来，变压器的运行温度呈现升高的趋势，降低油与催化剂铜、铁的接触措施更加困难，因此运行变压器油的氧化问题更加突出。

（2）使用抗氧化剂。具有抑制氧化特性的抗添加剂称为抗氧化剂，添加抗氧化剂的油称为抗氧化油。

抑制氧化是通过加入抗氧化剂、金属钝化剂和碱活化剂来实现的。金属钝化剂和碱活化剂与金属起反应可以防止金属催化；氧化抑制剂与初始氧化产物、游离基或过氧化物发生反应，终止或打断氧化反应链；油中某些天然化合物——主要是含硫化合物，就是以后者的方式起抗氧化作用的。

研究表明，溶解在油中铜的某些金属化合物，甚至比金属本身的催化作用更强。金属钝化剂和碱活化剂实际上是阻止铜在油中的溶解或抑制溶解铜的催化作用。图 4-17 是绝缘油中加抗氧化剂和未加抗氧化剂对老化性能的影响。

2. 变压油中抗氧化剂含量问题

国产新变压器油标准 GB 2536 中有抗氧化安定性的指标要求，但没有规定所用的抗氧化剂含量指标；GB/T 7595 运行变压器油质量标准中，虽没

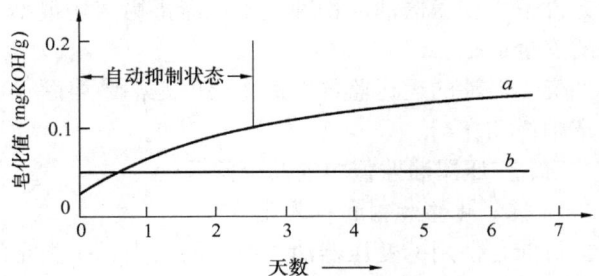

图 4-17　绝缘油中加抗氧化剂和未加抗氧化剂对老化性能的影响
a—未加抗氧化剂的油；b—加抗氧化剂的油

有规定抗氧化剂含量的监测周期，但在提示附录 C 中，则明确提出了"新油、再生油中 T501 含量不低于 0.3%～0.5%，运行中油不低于 0.15%，当含量低于此规定值时，应进行补加"的要求。

因生产变压器油的企业可以通过改进新油加工工艺，不加或少加 T 501 抗氧化剂，也可满足新变压器油抗氧化安定性指标。若供油企业不理会运行变压器油质量标准中抗氧化剂含量的规定，而按照新油抗氧化安定性指标的标准要求供油，这就给运行变压器油的质量监督带来了麻烦和问题。因为若按照运行变压器油质量标准中抗氧化剂含量的要求，验收新油时，就需要测定抗氧化剂的含量，且其含量必须达到 0.3%～0.5% 的标准，如达不到该含量数值，用户接受、使用这样的新油后，就会出现一旦设备投运即发生运行油不合格的问题，以此为由，用户会判定新油不合格；但对供油厂商来说，因新油标准中没有抗氧化剂含

量的规定，他们不会接受这样的条件和理由。

产生这一问题的根源在于我国新油与运行油标准抗氧化安定性指标规定上的矛盾。由于现代大型变压器设计上的改进和保护措施上的完善，并依据变压器油与设备相同寿命的使用理念，变压器油只要满足新油抗氧化安定性的指标要求即可，不必具体规定新油、运行油的抗氧化剂含量指标。我国大量使用进口的、不加抗氧化剂的变压器油的运行经验表明，油品的物理化学性能指标及使用寿命完全可以满足设备长期安全运行的要求。

作者认为，只要新变压器油的抗氧化安定性合格，新油、运行油一般不必监测和控制抗氧化剂的含量。为了解决新油、运行油抗氧化安定性问题上的矛盾，建议修改或废止运行油质量标准中的相关提示和要求。

3. 新设备投运前油中溶解气体中存在乙炔的问题

在新变压器的残油验收、设备投运前的油中溶解气体的检测分析中，时常发现油中含有一定量乙炔的问题，而设备供应商及安装单位遇到这种情况时，往往采取真空滤油的方法加以解决。

采取如此简单的做法虽然可满足了 GB/T 7252—2000《变压器油中溶解气体分析和判断导则》和 GB/T 7595—2000《运行中变压器油质量标准》中，出厂、新投运设备油中不应有乙炔的要求，但其做法却是不正确的，有悖这一规定的宗旨。

因为出厂、新投运设备中如有乙炔，可能是设备在出厂前或投运前的电气试验时，因设备存在缺陷，产生放电现象所致。它反应了设备出厂前或安装质量上可能存在问题，需查明乙炔产生的原因和来源，消除产生乙炔的根源，以确保设备的运行安全。而滤油、脱气措施，虽然简单、易行，但却治标不治本，可能给运行生产带来安全隐患，这一点值得生产单位引起重视和注意。

4. 含气量测试方法与标准控制问题

客观地说，GB/T 7595—2000《运行中变压器油质量标准》中，规定 330～500kV 设备含气量的标准有其充分的理论基础，但在实际电力生产中，却有值得商榷之处。一是运行油含气量控制标准的可行性问题；二是含气量测定方法的实用性问题。

（1）运行油含气量控制标准的可行性问题。对于投运前的油品，通过真空滤油含气量达到 1% 的指标不难，而且也非常必要；但对运行设备的运行油，要达到 3% 的含气量标准却存在诸多问题。因为影响运行油品含气量的因素很多，如设备壳体制造工艺差、隔膜密封不好、循环油泵负压区漏气等，都会使运行油的含气量增加。另外变压器油、绝缘材料的老化裂解也会使含气量逐步增加。因此运行设备油中含气量增加是必然的，超出 3% 的控制指标只是时间问题。在变压器运行过程中，既无有效的控制含气量的办法，又不可能因含气量超标停电滤油。故 3% 的含气量运行控制指标实际上难以达到和落实执行，多数电厂也只能顺其自然。

（2）含气量测定方法的实用性问题。关于含气量的测定方法，目前有 3 个行业标准，即 DL/T 423—1991 真空压差法、DL/T 450—1991 二氧化碳洗脱法、DL/T 703—1999 气相色谱法。对于前两种测定方法，正如 DL/T 703 方法前言中所说的：DL/T 423 方法存在测定的仪器不易普及的局限性；DL/T 450 方法仅适用于不含碳酸气体的样品。加之两种测定仪器都存在阀门过多、操作繁琐、测定过程中易漏气等问题，故都不实用。

从理论上来说，DL/T 703 气相色谱法是一种精确的含气量测定方法，该方法虽然可用试验室现有的油中溶解气体组分含量测定仪器，但要准确测定油中含量最高的氧气、氮气含量却并非易事。其存在的主要问题有：既能彻底分离氧气、氮气，又能满足其他组分最小检测浓度要求的色谱分析流程很难实现；从何处获得含有氧气、氮气及其他油中溶解气体组分的标准气；如何减少或防止大气对氧气、氮气测定时的进样误差。另外，该方法中沿用了变压器油/氮气相系的组分分配系数 K_i 值，而不是该方法理应采用的变压器油/氩气相系的组分分配系数值。而不同相系的组分分配系数是不同的，故该方法既难准确测定油中的含气量，又不能准确测定出油中溶解气体的组分含量。

作者提出了一种较为实用的方法：用 100mL 的注射器，准确取出 50mL 变压器油样品，再准确注入 5mL 空气，用震荡仪在常温下震荡 20min，静置 10min，然后根据震荡后样品中余气的量，选用合适体积的注射器取出余气，准确地读出气体的体积，体积数的 2 倍即为含气量的百分比。

上述方法的优点是：操作简便、快速，人为影响因素少，且用震荡仪做油中溶解气体的组分含量分析的单位不需添置仪器设备。缺点是：该法以油中溶解气体的饱和度为 10% 作为理论基础，而油中溶解气体的饱和度像组分分配系数一样，是受油品的组成、温度因素影响的。作者及有关单位的使用表明，该方法的测定精度和检测效果，并不逊色行业标准中的 3 种方法，完全能够满足含气量测定的要求。

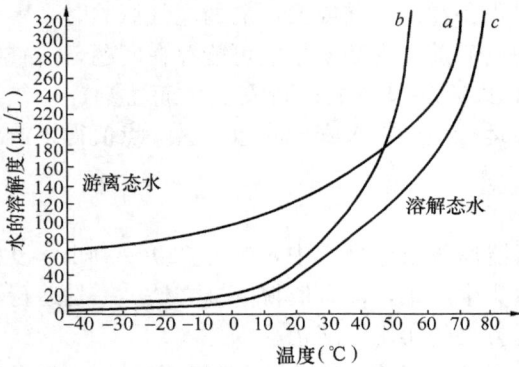

图 4-18 温度与水在油中溶解度的关系
a—粗制油；b—正常炼制油；c—精制油

5. 运行变压器油中水分变化的原因

运行变压器油中的水分含量是影响变压器油绝缘性能的一项重要指标。但试验人员检测发现，变压器油中水分含量的高低与环境温度密切相关，即同一台变压器油中的水分，呈夏季高，而冬季低的现象。

产生这种现象的原因既不是因夏季雨水多、湿度高造成的设备受潮所致，也不是检测仪器、操作方法等因素影响的结果。而是随运行油温的变化，变压器油和绝缘材料，两种材料之间水分平衡转移的结果。图 4-18 是温度与水在油中溶解度的关系；图 4-19 是变压器中绝缘油中的含水量与绝缘纸中含水量的关系。

大型变压器绝缘纸表面允许的含水量为 0.3%，而运行变压器油中的含水量不超过 25mg/kg。在夏季环境温度升高时，变压器风冷的效果下降，运行油温上升，绝缘纸表面的水分就会向油中转移，纸中的含水量降低，而油中的含水量增加，表现为测定数值较高；在冬季低温时，因变压器风冷的效果较好，运行油温下降，则变压器油中的水分向绝缘纸中转移，表现为测定数值较低。

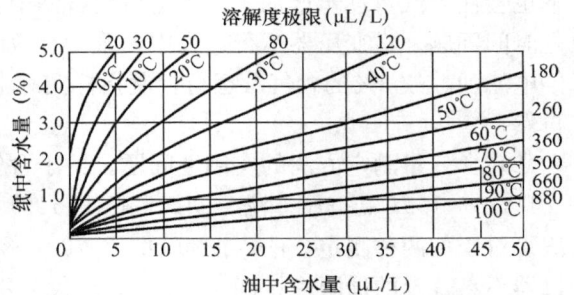

图 4-19 变压器中绝缘油中的含水量与
绝缘纸中含水量的关系

6. 变压器中油流带电问题

高电压等级的大型电力变压器投运以来，因油流带电问题引起的设备的间歇放电性故障越来越多，作者在生产监督中就多次发现过此类故障。

(1) 变压器中产生油流带电的机理。尽管国内外对油中带电的机理还没有统一的认识，但得出的结论却大致相同：即在固体和液体的交界面上，固体一侧带一种电荷，而另一侧带异号电荷，且液体中的电荷分布密度与离交界面的距离有关。距离越近，电荷密度越高，且不随液体流动；反之，电荷密度越低，且随液体一起流动，见图4-20。这样在流动的绝缘油临近的绝缘层外，就积累

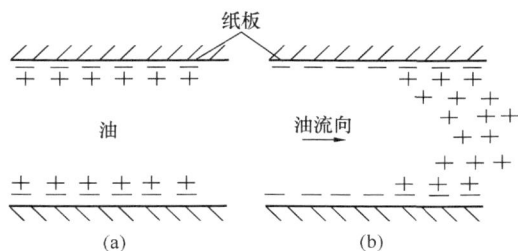

图 4-20 油中的电荷分布
(a) 油静止；(b) 油流动

起一定数量的电荷，这种电荷累积到一定的程度，就会产生对油放电现象。从而使油中溶解气体中的乙炔和氢气含量明显增加。

(2) 强油冷却变压器内的油流带电现象。针对变压器内的油流带电电荷分布情况，各研究单位得出的结论不完全一致。一部分研究人员认为油导入绕组入口处的电荷密度最大；而另一部分研究人员则认为冷却器出口处的电荷密度最大。两者结论虽然不同，但其共同点是：电荷密度最大的部位都是流速最大的部位，即节流部位。

(3) 影响油流带电的因素。

1) 油的流动速度。研究人员认为，油流的流速对油流带电的影响最大，油的流速越高，带电越严重，尤其是流速由层流转为湍流时，影响更大。

实体模拟发现：变压器的结构不同，绕组泄漏电流对流量的依存程度有很大差别，一般绕组泄漏电流与流量的 2～4 次方成正比，因此为了控制油流带电，油的流速一般应低于 1m/s。

2) 油温。油温升高，油流带电更为严重。研究人员发现，油流带电峰值出现在 20～60℃ 的范围内。

3) 固体绝缘材料表面的影响。在变压器中使用的固体绝缘材料因其表面形态不同，因而其带电性也不同，其带电量的大小依次为：棉布带、皱纹纸、层压纸板、牛皮纸，即表面平整度越差，其带电量越大。

4) 绝缘油的带电性。绝缘油的带电性是决定油流带电量的主要因素之一。实验表明，油种油质不同，其带电性不同，发生静电放电的极限流量也不同，带电性的差异与绝缘油的导电率、介质损失因数有很大的关系。一般，从油桶刚取出的新油往往带电性低，然而当注入变压器后，则带电性明显变高。实验表明，强制加热的绝缘油带电性增加。

另外研究表明，绝缘油的带电性与其组成有密切的关系。一般来说，深度精制的油比适度精制的油带电性更低，见图 4-21。需要指出的是图中只是选用多环芳香烃含量（PAC）表示油的精炼程度，并不意味着多环芳香烃含量（PAC）越高，油品的带电性越强。否则难以解释加抗氧化剂的油比不加抗氧化剂的油带电性低的现象，见图 4-22。

研究人员进一步指出，油中含有油醇、油酸铜及沥青质等杂质时，往往有强烈的带电倾向。

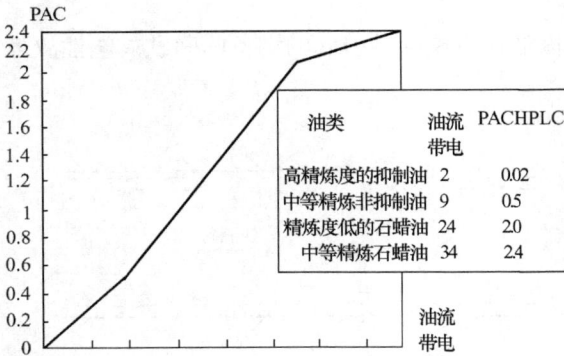

油类	油流带电	PACHPLC
高精炼度的抑制油	2	0.02
中等精炼非抑制油	9	0.5
精炼度低的石蜡油	24	2.0
中等精炼石蜡油	34	2.4

图 4-21　绝缘油的精制程度与带电倾向的关系

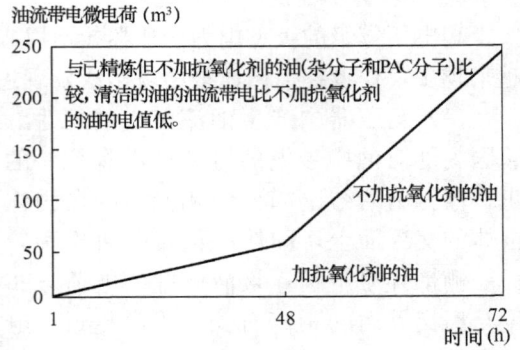

与已精炼但不加抗氧化剂的油(杂分子和IPAC分子)比较，清洁的油的油流带电比不加抗氧化剂的油的电值低。

图 4-22　抗氧化剂含量对带电倾向的影响

5）其他因素。日本的研究人员发现，油泵启动时，带电量较大，然后随着时间的推移而趋于稳定。他们认为，油开始流动时之所以带电量较大，是因为经过较长时间的静止，已形成的界面电荷双层分布在骤然流动时，造成电荷分离，故最好有步骤地启动油泵，以尽量避免对油形成冲击。

（4）油流带电的危害。通过对变压器实体模型和局部模型的试验证明：提高绝缘油的流速，使绝缘件表面或油中的电荷量蓄积到极限，就会导致静电放电。

心式变压器产生静电放电的部位是下部导油口附近，发生放电时，具有数万至数百万PC的放电量，其发生频率为几小时一次，如提高流速则可达到 1s 数次。随着放电次数的增加，可燃性气体的含量增加，尤其是 H_2、C_2H_2 的含量增加最快。

研究人员进一步指出：油流带电使变压器各部件积累了一定的电荷，从而建立了一个直流电场，当该电场超过油的击穿强度时，便发生局部放电或沿面放电，甚至在固体表面形成电痕。据计算，在带电最严重的下部导油口附近，其静电电压可达 $-480kV$，场强超过 $16kV/mm$，带电电荷密度超过几十 $\mu C/m^3$，这种局部放电的特点是放电量大，达到 $10^4 \sim 10^6 PC$。

油流带电引起的放电特点是：放电主要取决于油的循环速度，而与变压器合运行与否关系不大。

（5）油流带电的抑制。油流带电直接危害变压器运行的可靠性，因此必须采取措施加以抑制。目前国内外普遍认为，其抑制的途径主要有下述 3 条：①改进绝缘油及固体绝缘材料；②改进变压器的结构；③适当调整变压器的运行方式和运行参数。

变压器内部各部件及绝缘油均不应含有油酸、油酸铜、沥青等杂质。因 $tg\delta$、导电率变化大的油，其带电倾向大，故应避免采用这样的绝缘油。

在结构方面，因冷却器和绕组下部油导入口等节流部位是产生电荷、静电放电的主要部位，所以应改善变压器油道结构的设计，尽量使油流平稳。

就变压器的运行方式而言，主要是在变压器投运时，要分步启动油泵，避免引起油流的冲击，限制油流速度不要太快，减少带电倾向和放电频率。

对已经投运的变压器，还可通过在油中添加带有多氮原子的化合物，如 BTA 同系物，则可显著降低油流的带电性。试验证明向油中加入苯并三氮唑 $10 \sim 13 \mu g/g$，基本上可以消除绝缘油的带电倾向。

思 考 题

1. 试论述控制大型变压器油中含气量指标的意义。
2. 大型变压器热油循环的目的和意义是什么？
3. 试论述变压器油的温升与变压器运行安全的关系。
4. 简述运行油中添加抗氧化剂的方法。
5. 为什么新油注入变压器中后其介质损耗因数、水分等控制指标要降低？

第五章　电力用油的净化与再生处理

　　电力系统发电机组使用的汽轮机润滑油、液压抗燃油及输变电设备使用的绝缘油，在长期的使用过程中，油品中的氧化产物、水分、灰尘及其他杂质会逐步积累，大大降低了油品的质量，最终导致油品的某些质量指标难以满足安全、性能指标的要求，必须予以更换。换下来的油，俗称"废油"。

　　目前，我国还没有建立严格的"废油"循环利用法规和体系，积存在电力系统内部的"废油"量越来越大，对"废油"的再生利用不但是环境保护的需要，也是在资源日益紧张条件下，企业降低生产成本的有效途径。经验表明，电力系统产生的"废油"，氧化变质较轻、污染成分简单，通过简单的再生处理工艺就可继续重复使用。

第一节　油 的 净 化 处 理

　　所谓油的净化处理，就是通过简单的物理方法（如沉降、过滤等）除去油中的污染物，使油品某些指标达到要求，如绝缘油的耐压、微水含量和 tgσ 等。

　　一般来说新油在运输、保存过程中，不可避免地会被污染，油中混入杂质和水分，使油品的某些性能变坏并加速油的氧化，为此注入设备前必须进行净化处理。油的净化方法很多，根据油品的污染程度和质量要求可以选择适当的净化方法，既保证油品质量，又经济合理。

一、沉降法净化油

　　沉降法是从油中除去水分和机械杂质的常用方法。它是利用水分和机械杂质与油的密度差进行分离的。一般来说，混杂物的密度通常都比油品大，当油品长时间处于静止状态时，利用重力作用的原理，可使大部分密度大的混杂物从油中自然沉降而分离。

　　液体中悬浮颗粒的沉降时间可根据斯托克斯定律，用下式表示：

$$w = \frac{d^2}{18}(\rho_1 - \rho_2)\frac{1}{\eta}$$

式中　　w——颗粒沉降速度，m/s；

　　　　d——颗粒直径，m；

　　　　ρ_1——颗粒密度，kg/m³；

　　　　ρ_2——油密度，kg/m³；

　　　　η——油在沉降温度下的绝对黏度，Pa·s。

　　从公式可以看出：浊液中悬浮颗粒的沉降时间与颗粒大小、密度以及液体的密度和黏度有关。当悬浮颗粒的密度和直径愈大，液体的密度和黏度愈小时，沉降的时间愈短。如果颗粒直径小于 100 μm 时则成为胶体溶液，分子的布朗运动阻碍了颗粒的沉降。在该情况下，也可能生成较稳定的乳化液，此时就应加破乳化剂，否则无法沉降。

　　沉降与油的温度有关，绝缘油最好在 25～35℃；汽轮机油黏度较大，可以适当加温，如在 40～50℃的范围内。降低油的黏度，有助于提高沉降速度。如果油品的黏度很大，沉降温度可适当高些，但不要太高，温度过高，一方面能促使油品老化，另一方面因热对流加剧，不利沉降。

　　沉降过程可以在卧式罐或立式罐内进行，如图 5-1 所示。罐底设有蒸汽盘管。

　　卧式罐安放时宜略倾斜，有排污阀一端在下；立式罐应有锥底。锥尖端设排污阀。沉降罐必须有盖，外壁包以保温材料。设计或选取沉降罐时，要注意沉降距离，沉降距离越大，沉降所需时间越长。对黏度较大的油，不宜采用很高的罐，可以采用卧式罐。设计立式罐

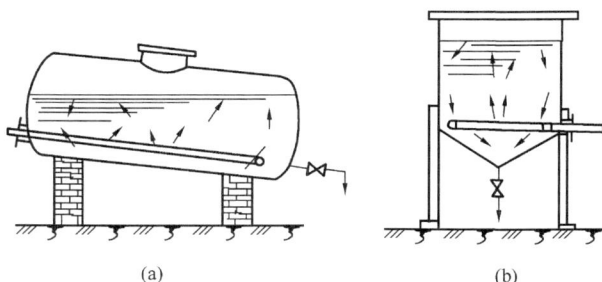

图 5-1　沉降罐示意图
(a) 卧式罐；(b) 立式罐

时，直径与高度的比，最好应为 1.5～2 倍，但由于直径过大，占地面积大，实际多用 1：1。

　　沉降法净化油比较简单，但不彻底。只能除去油中大量水分和能自然沉降下来的混杂物。一般先将油品沉降后，再选择其他净化方法。这样可节省药剂，缩短净化时间，同时保证净化质量，降低成本。

二、离心分离法净化油

　　当油内含有过多的水分，特别是含有乳化水分时，利用压力式滤油机不能达到高效率的净化，必须采用离心分离法。离心分离净化油是靠高速旋转产生的离心力进行分离的。在离心机旋转时，离心力的大小可以按下式计算：

$$F = \frac{9.8Grn^2}{900}$$

式中　　F——离心力，N；

　　　　G——旋转物体的质量，kg；

　　　　r——旋转半径（离心机半径），m；

　　　　n——旋转速度，r/min。

　　离心机旋转速度越快，产生的离心力越大，水分和杂质的分离速度越快。在实际应用中，3000～40000r/min 范围内的旋转速度均可以采用。

　　油的离心分离净化是基于油、水及固体杂质三者密度不同，在离心力的作用下，其运动速度和距离也各不相同的原理。油最轻，聚集在旋转鼓的中心；水的密度稍大被甩在油质的外层；油中固体杂质最重被甩在最外层；并在鼓中不同分层处被抽出，从而达到净化油的目的。这种方法对含水较多的油品（如汽轮机油），特别对含有乳化水的油品效果更显著。

　　如图 5-2 所示，离心式滤油机主要靠高速旋转的鼓体来工作；它是一些碗形的金属片，上下叠置，中间有薄层空隙，金属片装在一根主轴上。操作时，由电动机带动主轴，主轴高速旋转，产生离心力，使油、水和杂质分开。

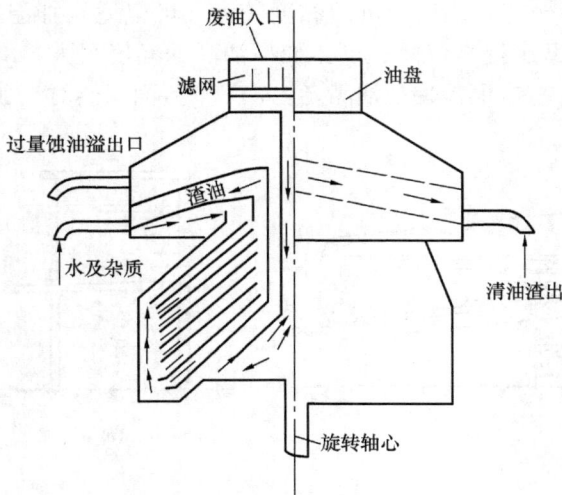

图 5-2　废油在离心式滤油机流动情况

在正常工作时，脏油从离心滤油机的顶部油盘进入（一般离心机有开口和闭口两种），向下流到轴心四周，由于轴的高速旋转，产生离心力，混入油中的水分和杂质与油分离，向外飞出，油升入碗形金属片的空隙中经过各个薄层逐渐向上移动，如果这时油内仍有极少的杂质，还可以受到离心力的作用，向金属碗内壁衡击而分离出来。水分和杂质与油分离后，由不同出口排出，这样就达到了油净化的目的。

离心分离主要用于汽轮机油的净化，一是含水多，二是乳化油。其特点如下：

（1）方法简单，操作方便；

（2）可以装在油系统管路上，在汽轮机正常运行中使用；

（3）离心分离旋转速度快，能甩掉油中大量水分和固体污染物（包括氧化产物——油泥），因而延缓了油品的氧化。

三、压力过滤法净化油

利用油泵压力将油通过具有吸附及过滤作用的滤纸（或其他滤料），除去油中混杂物，达到油净化之目的，称为压力式过滤净化。

过滤法是除去油中固体杂质最有效的方法。有些密度与废油差不多的杂质（如纤维）或颗粒直径很小的杂质，用沉降或离心法很难完全除去，而采用过滤法只要选择合适的过滤材料，完全可以将固体杂质除净。

过滤法利用过滤介质两边的压力差，使油通过过滤介质，而将固体杂质阻留下来。过滤速度公式如下（波塞立公式）：

$$w = \frac{\pi r^4 pA}{8L\eta}$$

式中　　w——过滤速度，m/s；

　　　　p——过滤介质两边的压力差，Pa；

　　　　η——油在过滤温度下的绝对黏度，Pa·s；

　　　　A——过滤面积，m²；

　　　　L——过滤介质中毛细管的长度，m；

　　　　r——过滤介质中毛细管的半径，m。

从式中知道过滤介质毛细管半径对过滤速度影响极大，因此应根据废油所含杂质颗粒的大小，选择过滤材料，一般应选择孔隙小于杂质颗粒的过滤材料；提高过滤温度，降低油的黏度，可以加快过滤速度，一般过滤温度为常温至100℃，即使黏度很大的油，也不宜超过140℃。为了保证足够高的过滤温度，在过滤之前，先用清洁的热油暖热过滤机；过滤速度很慢时，可以考虑加助滤剂，如白土、珍珠岩等，助滤剂的作用在于其与油混合后，可以使被压缩的沉淀层获得必要的疏松性。

过滤材料有滤纸（粗孔、细孔和碱性）、致密的毛织物、钛板和树脂微空滤膜等。这些过滤材料的毛细孔必须小于油中颗粒的直径。压力式滤油多采用滤纸作过滤材料，因为它不仅能除去机械杂质，而且吸水性强，能除去油中少量水分。若采用碱性滤纸还能中和油中微量酸性物质。

钛板和树脂微孔滤膜是近几年发展起来的过滤材料。电力系统刚刚开始引用这些材料，它们对除去油中微细混杂物（过滤精度为 $0.8 \sim 5 \mu m$）和游离碳有明显效果。

压力式过滤机工作原理如图 5-3 所示。表 5-1 为国产压力式过滤机的技术数据。

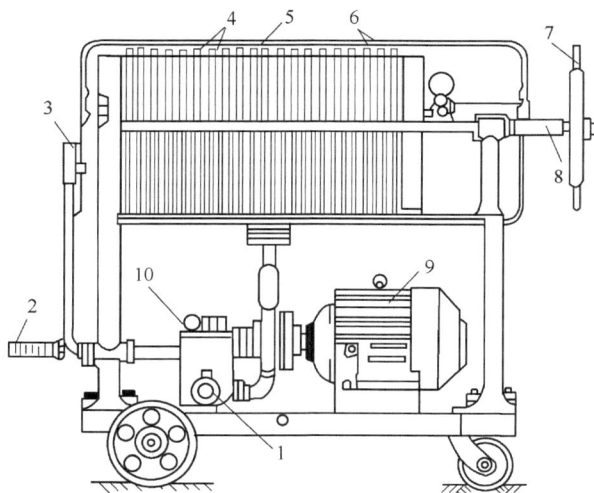

图 5-3　压力式滤油机

1—污油进口；2—净油出口；3—压力表；4—滤板；5—滤纸；
6—框架；7—摇柄；8—丝杆；9—电动机；10—网状过滤器

在油品净化工作中，压力式过滤机是最常采用的滤除机械杂质的方法。因为它简单易行，效果显著。

表 5-1　　　　　　　　　　　　　国产压力式过滤机技术数据

型式	动力（kW）	工作能力不小于（L/min）	最高压力（MPa）	重量（kg）	外形尺寸（cm×cm×cm）
150	4.5	150	0.7	720	140×60×105
100	2.8	100	0.7	650	125×47.5×96.5
50	1.7	50	0.7	480	79.5×40×71
25	1.0	25	0.7	380	113.4×95.2×101

压力式过滤机的工作情况是：污油首先进入由框架所组成的空间，在油压作用下使油强迫通过滤纸而透入滤板（在一块铸铁的方铁板上具有许多突出的方块。）

如图 5-4 所示的槽沟内，在各突出小方块之间所形成的沟槽恰好成为许多并联油路。因此，压滤总过滤面积为各个滤板上的并联油路的并联支路数之和。当油流经滤纸但油温过低时，由于油的黏度较大及水分在油内形成结晶格子，因此水分不易被滤纸吸收。只能当油的温度增加时，使水的活性增强，水分才易被滤纸吸收。

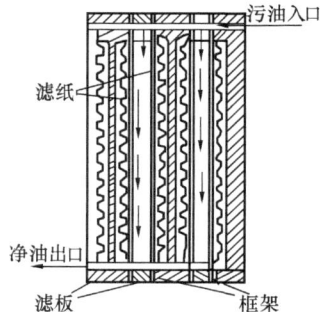

图 5-4　压力式滤油机原理示意图

滤纸一般采用工业用吸附纸。由于它的纤维结构组织稀松，形成纵横交错的多孔状，水分就可能渗入滤纸孔内。在不太高的压力下（$0.15 \sim 0.3 MPa$），以毛细作用始终附着于孔内。经验表明：为了使滤纸更好地过滤水分，油的加温预热度最好为 $35 \sim 45 ℃$（汽轮机油可适当高些）。滤纸的干燥程度也很关键，因为它决定滤油的工作效率和清除水分是否彻底。滤纸的干燥是在专用的烘干箱内进行的。当干燥温度为 80℃时，干燥时间为 8～16h；温度为 100℃时，时间为 2～4h。

如果油的预热温度达到 80～100℃，则由于水分的活度特别加强，在油压的作用下，所能流动的力完全大于水分的毛细吸附力，油中水分就可能直接通过滤纸，而不被滤纸所吸附。

压力式滤油机的正常工作压力为 0.1～0.4MPa（视油品与温度而异）。在过滤中，如果压力逐渐升高，甚至超过 0.5～0.6MPa 时，说明油内的污染物过多，填满了滤纸孔隙。此时必须更换新鲜的干燥滤纸。

当油通过滤纸时，既可滤掉了水分，又可滤除油中固体污染物，如机械杂质、游离碳、油泥等，从而提高绝缘油的绝缘强度。

滤纸的厚度通常是 0.5～2.0mm。由于在滤板和滤框之间一般放置 2～4 张滤纸，所以在更换滤纸时，最好是从滤框两侧的第一张换起，在层滤纸抽出一张的同时，可将更换的一张滤纸放入靠近滤板的一面。实践证明，这种更换方法既能节省滤纸，又能收到良好效果（与每层滤纸同时更换相比）。

压力式滤油机主要用来滤去油中水分和污染物，用来提高电气用油的绝缘强度，目前广为采用，效果很好。但随着高电压大容量设备的出现，对超高压用油的绝缘强度、微水含量、含气量和 tgσ 有更高的要求，单靠压力式滤油机净化油，远不能满足要求，因此要与真空滤油配合使用，才能收到良好效果。

采用压力式滤油机净化油，提高电气用油绝缘强度，与空气湿度有关；湿度大，滤油效果不好，最好在晴天和湿度不大的情况下滤油。

四、真空过滤法净化油

此种方法是借助于真空滤油机，油在高真空和不太高的温度下雾化，脱除油中微量水分和气体；因为真空滤油机也带有滤网，所以亦能除去杂质污染物，如果与压力式滤油机串联使用，除杂效果更好。

这种净化处理适用范围很广，不仅能满足一般电气设备用油的净化需要，而且对高电压、大容量电气设备用油的净化效果尤其显著。对脱出油中气体（包括可燃气体），也同样具有明显效果。

真空滤油机的构造和流程如图 5-5 所示。

它由一级滤网（粗滤）、进油泵、加热器、真空罐、出油泵、二级滤网（精滤）、真空泵和冷凝器等组成。

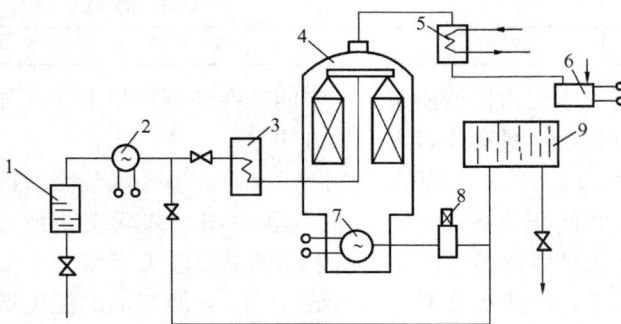

图 5-5　真空滤油机流程示意图
1—一级滤器；2—进油泵；3—加热器；4—真空罐；5—冷却器；6—真空泵；7—出油泵；8—电磁阀；9—二级滤器

真空罐由罐体、喷嘴、进出油管及填充物（瓷环）所组成。配有两个真空罐的真空滤油机，称二级真空滤油机，其脱水和脱气效果更好。

真空滤油机的工作原理：按油路流程，当热油经真空罐的喷雾管，喷出极细的雾滴后，油中水分（包括气体）便在真空状态下因蒸发而被负压抽出，而油滴落下又回到下部油室，由出油泵排出。油中水分的汽化和气体的脱除效果取决于真空度和油的温度，真空度越高，水的汽化温度越低，脱水效果越好。这个关系可以通过水的沸点与真空度的关系看出，如表5-2所示。

表 5-2 　　　　　　　　　　　　　　　水的沸点与真空度的关系

真空度（mmHg）	755	751	742	728	705	667	610	526	405	230	0
温度（℃）	0	10	20	30	40	50	65	70	80	90	100

目前国内生产的高真空滤油机均采用两级真空，一般压强不超过 $1.33×10^2$ Pa（几乎全真空），并且都带有加热装置。油温可控制在 $30\sim80℃$ 之间，由于这些设备都具有加温和高真空的功能，所以对油中脱气，提高闪点和油中脱水都具有较高效果。表5-3列出了国内几种真空滤油机性能数据。

表 5-3 　　　　　　　　　　　　　　国内几种真空滤油机性能数据

型号	滤油能力		真 空 度（Pa）	泵工作压力（MPa）	最高工作温度（℃）	电动机功率（kW）	备 注
	油量在（L/min）	一次提高耐压（kV）					
—50	≥50	10～20	$96×10^3\sim99×10^3$	0.039～0.34	65	2.8	一级
—100	100～160	10～20	$≥96×10^3$	0.09～0.34	100	5.5	一级
—50	50	10～20	$97×10^3\sim99×10^3$	0.09～0.29	60	2.8	一级
—100	100	10～20	$93×10^3\sim99×10^3$	0.039～0.29	60	5.5	一级
—12	100	≥60	—	—	85	—	一级

目前还有分子净油机，主要系统中增加了吸附制过滤器。

对超高压电气设备用油，只有采用真空净化处理，才能达到使用要求；采用一般净化处理是不行的。

五、联合方法净化油

以上介绍的几种净化油的方法各有其特点。至于采用哪种方法净化油，一方面取决于油品的污染程度，另一方面还要考虑对处理后油质的要求。如大型变压器用绝缘油对油中含水量、含气量要求较严格，在采用净化油的方法时，可采用压力过滤法（主要去掉杂质）和真空过滤或二级真空过滤法（主要去掉水分和气体）联合净化，才能达到满意的效果。又如汽轮机油含水量较多时，可采用离心分离净化法（先甩去大量水分）和压力过滤净化法联合净化，既经济（节约滤油纸）又可得到较好的效果。

六、油的净化指标

1. 绝缘油的净化指标

（1）新油。按 GB 2536—1990《变压器油》、SH 0040—1991《超高压变压器油》、GB 4624—1988《电容器油》、SH 0351—1992《断路器油》等标准进行有关项目的净化验收。

（2）运行油。按 GB 7595—1987《运行中变压器油质量标准》进行监督。

2. 汽轮机油的净化指标

（1）新油。按 GB/T 11120—1989《L—TSA 汽轮机油》等标准进行有关项目的净化验收。

（2）运行油。按 GB/T 7596—2000《电厂用运行中汽轮机油质量标准》进行监督。

第二节　废油的再生处理

实际上所谓的废油，国外一般称为"用过的油"。这部分油中氧化产物只占很少一部分，一般占总量的 1%～25%，其余 75%～99% 都是理想组分。如果采用简单的工艺将这些变质物和杂质除去，废油就可以得到再生，重新利用。

通常人们把废油变为好油的工艺过程称之为油的再生处理。

电力系统用油量很大，每年全国换下的废油数量相当可观。油的再生处理既能节省能源，又能提高经济效益，而且又能保证电力设备的安全运行，可谓一举多得。

选择废油再生方法的原则应根据废油的变质程度，含杂质的情况，对再生油质量的要求等，选用既能保证再生油质量又经济合理的工艺流程和设备进行处理。

一、再生方法的分类

废油的再生方法较多，大致分为以下几种方法：

（1）物理净化法。这一方法主要包括沉降、过滤、离心分离和水洗等。具体再生时，可根据油质的劣化程度、设备条件等，选择其中一种或几种单元操作作为废油的再生方法，因而有时又将上述单元操作分别称为"沉降法"、"过滤法"、"离心分离法"等。

（2）物理—化学净化法。这一方法主要包括凝聚、吸附等单元操作。

（3）化学再生法。这一方法主要包括硫酸处理、硫酸—白土处理和硫酸—碱—白土处理等。

以上 3 种方法之中，物理净化法严格说来不属于废油再生范畴，主要是净化油，除去油中污染物和杂质，也可作为废油再生前的预处理。

在废油的实际再生过程中，可根据需要选择其中某一种或几种方法联合使用。

二、再生方法的选择

合理再生废油是选择再生方法的基本原则，即应根据废油的劣化程度、含杂质情况、对再生油质量要求等，选用既能保证再生油质量又能作到使用经济合理的工艺流程和设备来进行再生，以提高其经济效益。例如：

（1）油的氧化不太严重，仅出现酸性或极少的沉淀物时，可采用过滤和吸附处理等方法。

（2）油的氧化较严重，含杂质较多，酸值较高时，除采用沉降（凝聚）法外，还可采用净化处理的其他方法。

（3）绝缘油只因击穿电压或介质损失不合格时，可采用电净化法或真空滤油法。

（4）酸值很高，颜色较深、沉淀物多、劣化严重的油品，应采用化学再生法。

净化处理的各种方法所需设备简单、操作较简单，适用油质劣化不太严重的油；而化学再生法制得的再生油质量较高，但所需设备较复杂，其再生技术也要求较高，适用于劣化严重、仅采用净化处理达不到油质要求的废油。

近些年来，国外在废油再生技术方面，除采用传统的硫酸—白土处理法外，已逐渐采用一些新技术和新工艺，如溶剂提—酸—白土处理法；溶剂提—加氢精制法等。这样的方法可以提高油品的回收率；减少废水、废气和废渣的污染；减轻工人劳动强度。

三、吸附剂再生法

1. 吸附剂法原理

吸附剂法是典型的物理—化学净化法。它利用吸附剂有较大的活性表面积，对废油中的酸性组分、树脂、沥青质、不饱和烃和水分等有较强的吸附能力的特点，使吸附剂与废油充分接触，从而除去上述有害物质，达到净化再生的目的。

常用吸附剂的性能和工作条件见表5-4。

表 5-4　　　　　　　　　常用吸附剂的性能

名　称	化学成分	活性表面（m^2/g）	最佳工作温度（℃）	性　状	能吸附的组分
活性白土	$mSiO_2$ nAl_2O_3 xH_2O 等	100~300	100~150（450~600）	无定形或结晶的粉末状或粒状。粉末状多用于接触法再生，粒状多用于过滤法再生	不饱和烃、树脂及沥青质等非烃类化合物、水分、酸性组分等
硅胶	$mSiO_2$ nAl_2O_3 Fe_2O_3 CaO MgO xH_2O 等	300~450	30~50（450~600）	干燥硅胶呈乳白色、块状或球状结晶。孔径为 $8\times10^{-9}\sim10\times10^{-9}m$ 称粗硅胶，多用于油处理；孔径约为 $2\times10^{-9}m$ 称细硅胶，多用于吸水	酸性组分、油泥等氧化产物、水分等
活性氧化铝	mAl_2O_3 xH_2O 等	800~1500	50~70（300）	块状或粉状结晶，多用于油的吸附过滤	酸性组分及其他油氧化产物等
801 吸附剂	$SiO_2Al_2O_3$（含有稀土Y型分子筛）	530	50~60	粉状或粒状结晶，多用于接触法再生油	酸性组分及其他油氧化产物等

注　括号内的数值为适宜的灼烧温度（回收温度）。

吸附剂的吸附作用是选择性的，如白土优先吸附油中的极性含氮、硫、氧的有机化合物，其次是多环芳香烃。吸附剂对硫酸和磺酸都有较强的吸附能力。

吸附再生温度因再生不同油种和使用不同吸附剂而异。提高再生温度可以增强吸附剂的活性，有利于提高再生效果。但是，提高温度也加快了油品氧化速度，此时在氮气保护下再生是有利的。

吸附剂用量一般为油量的 2%~15%，应根据油的变质程度，通过小型试验选定。

2. 吸附剂法分类

吸附剂法可分为接触法和渗滤法两种形式。

（1）接触法。在搅拌下，废油与吸附剂混合，使其充分接触进行再生。接触法的再生效果与温度、接触搅拌时间以及吸附剂性能、用量等因素有关，应根据油质劣化程度并通过小型试验确定再生时的最佳工艺条件。

接触法只适合再生从设备上换下来的油。在油劣化不太严重，油色不深，酸值在 0.1mgKOH/g 油以下，油中出现水溶性酸或 tgσ 明显升高时，实践证明可采用此种方法进行再生。

接触法使用的吸附剂为粉末状或微球状，使用的设备接触再生搅拌罐如图5-6所示。

（2）渗滤法。将吸附剂装在柱形渗滤器内，强迫油连续地通过渗滤器而获得再生效果。渗滤法既适合再生换下来的油，也适合再生运行中的油。对于处理运行中的油，可以在设备不停电的情况下，带电过滤吸附处理，这对轻度劣化油效果很明显。

渗滤法使用的吸附剂是颗粒状的，使用的设备渗滤器如图5-7所示。渗滤器中吸附剂必须充填均匀，渗滤器高度与直径之比宜在4以上，以防油短路。

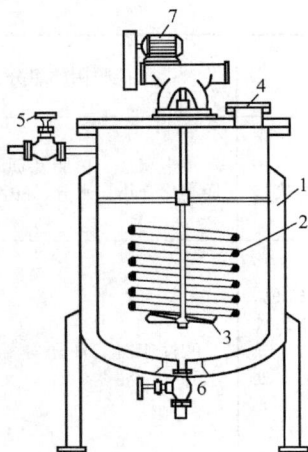

图 5-6　接触再生搅拌罐

1—蒸汽夹套；2—蒸汽盘管；3—搅拌浆；4—吸附剂进料口；5—进油口；6—油与吸附剂排出阀；7—电动机

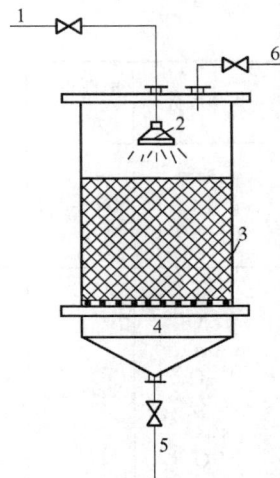

图 5-7　渗滤器

1—原料油入口；2—喷头；3—吸附剂床层；4—孔板及金属网；5—再生油出口阀；6—气体阀

原料油（废油）经喷头分散进入过滤器，以免将吸附剂冲起来。渗滤器在装入新吸附剂后的一段时间内，其再生能力最强，随着所吸附杂质量增多，吸附剂的再生能力下降。至一定时间后，就需要更换新吸附剂。

绝缘油在变压器中带电吸附过滤处理的原则流程如图5-8所示。其原理是利用废油流经直流电场时，油的极性污染物（如水分、酸性组分、油泥等）被电场游离，变成阳离子。这些阳离子被带负电荷的电极与阴极壁桶组成的静电场所吸附，而纯净的油品不易被吸附，在外部压力的作用下强行通过电场，达到净化的目的。本方法通常采用直流电源，在保证电场（介质）不发生击穿的前提下，可尽量提高其电场强度。电压范围为$10 \sim 40 kV$。电极间隙一般为$15 \sim 45 mm$。

为避免因再生油而造成重要设备停电的影响，应采取在带电设备中直接过滤及渗滤再生的方法，对运行设备内的油进行再生。

带电吸附过滤处理由加温、吸附罐和过滤机3部分组成。变压器油从变压器底部抽出，经过预热，至净油器再生，再经过滤机过滤后打回油忱，依次反复循环，直至油获得再生。绝缘油温度很低时，吸附再生前油必须加温，降低油品黏度，这样油中的有害成分容易被吸附剂吸附，效果明显。当采用硅胶吸附剂时，油的预热温度最好在$20 \sim 40 ℃$之间；而用活性氧化铝时，油的预热温度为 $50\sim70℃$。基于这种情况，夏季在变压器上带电吸附处理时，可不用加温。因变压器本身油温很高，足够再生要求。变压器带电再生流程图见图 5-8。

本方法适用于油质老化程度不太严重，含水不太多的情况。如果油质还很好，只是因微量水分或机械杂质而使耐电压性能下降时，则可以不用预热器及净油器，仅通过过滤机循环过滤即可。

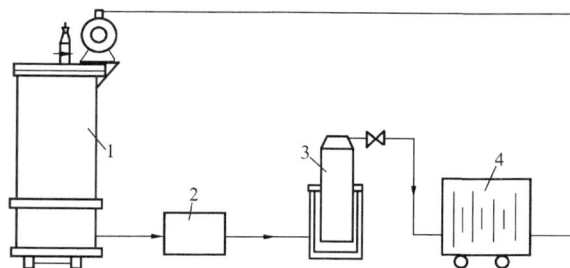

图 5-8　变压器带电再生流程图
1—变压器；2—加热器；3—吸附剂；4—滤油机

汽轮机油运行中吸附过滤再生原则流程如图 5-9 所示。运行中吸附过滤再生汽轮机油时，将吸附罐（一般采用粗孔硅胶）串联在油系统中就可以，不需串联加热设备和过滤机。当油中水分太多，影响再生效果，所以对油中漏水严重的机组，不可采用此种方法。

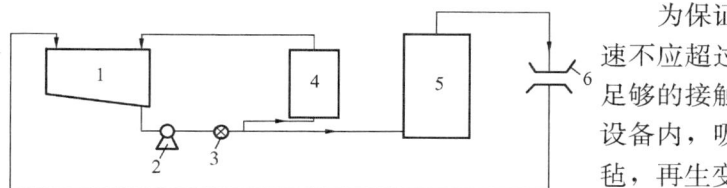

图 5-9　汽轮机油运行再生系统图
1—油箱；2—主油泵；3—减压阀；4—吸附罐；
5—冷油器；6—轴承

为保证再生效果，油通过吸附罐的流速不应超过 2000L/h，这样油与吸附剂有足够的接触时间。为防止将吸附粉末带入设备内，吸附罐出口应装有铁纱网和毛毡，再生变压器油时，吸附罐出口一定串上过油机。各种吸附剂在使用前要按照规定干燥脱水。

一般来说：活性氧化铝除酸效果比硅胶好，所以再生变压器油近几年多采用活性氧化铝吸附剂。过滤吸附再生也可采用粒状 801 或 87801 吸附剂。

3. 吸附剂的再生

某些吸附剂吸附水分或其他杂质失效后，可以经再生后重复使用。对于硅胶来说，根据其所吸附物质不同，可采用不同方法进行再生。

（1）硅胶吸附油品中的有机酸饱和后。硅胶吸附有机酸饱和后可用如下方法进行再生。①直接火燃烧法：把废硅胶装在底部有铁丝网的桶内，利用硅胶吸附的油进行燃烧，将废油和有机酸烧尽即得再生硅胶。②蒸汽冲洗及水煮沸法：将废硅胶装在容器内并注入一定量的水，然后通入蒸汽加热煮沸，废硅胶吸附的有机酸随废油析出并分离，再将硅胶焙烧脱水即得再生硅胶。此法的缺点是容易造成硅胶破裂。③还可以用其他加热设备加热焙烧。

（2）硅胶吸附水分饱和后。硅胶吸附水分失效后，可以用各种加热设备，如电热炉、烘箱、烟道气、热风等进行加热脱水。

一般硅胶干燥再生的最高温度极限如下：①粗孔硅胶<600℃；②细孔硅胶<250℃；③变色硅胶<120℃。

4. 吸附剂废渣的处理

废白土渣中含油量较大，有的高达 30%，可以直接用作燃料；也可以回收利用，即将废白土渣用蒸汽直接加热将其"蒸煮"，浮集于水面的油回收，作为废油重新再生，而去油的白土渣可作为制造砖瓦的原料、铺设沥青路面的填料等。其他吸附剂也可采用类似方法处理。

四、硫酸再生法

1. 硫酸再生法原理

硫酸再生法是重要的化学再生方法。硫酸再生法的原理是其对油的某些成分有相当强的反应能力，甚至在一定条件下，几乎对油中所有成分都能起作用。因此，再生效果较好。在再生过程中，硫酸主要起以下几种作用：

（1）对油中含氧、硫、氮化合物起磺化、氧化、酯化及溶解等作用。

（2）对油中的胶质及沥青质主要起溶解作用，同时也发生氧化、磺化、缩合等复杂的化学反应。

（3）对芳香烃起磺化反应。

（4）对油中悬浮的各种固体杂质起凝聚作用。

（5）芳香烃、环烷烃和烷烃都能略溶于硫酸。

2. 硫酸再生设备及工艺流程

硫酸再生设备及工艺流程如图 5-10 所示。

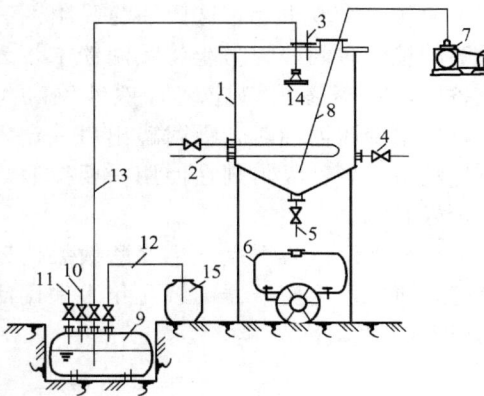

图 5-10　硫酸再生设备及工艺流程

1—硫酸再生罐；2—蒸汽加热盘罐；3—进油罐；4—放油罐；5—排酸罐管；6—排酸渣的铁制小车；7—空气压缩机；8—吹空气管；9—酸罐；10—真空管线；11—压缩空气管线；12—抽酸管；13—压酸管；14—喷头（将管端砸扁而成）；15—酸坛

（1）浓硫酸对碳钢的腐蚀性小于稀硫酸，而对铅的腐蚀性大于稀硫酸。所以，硫酸再生设备的反应罐可以不衬铅。

（2）放渣阀及酸性油管线上的阀宜用铸铁阀或钢阀。酸对一般的黄铜阀腐蚀较快。排放的酸渣很黏稠，宜用闸板阀。

（3）为了缩短沉降时间，酸再生罐不宜做得太高；为了能搅拌混合均匀，酸再生罐又不宜做得太扁。所以，为了两者兼顾，酸再生反应罐的圆筒部分的直径与高度之比应为 1：1，锥底的锥顶顶角为 120°。上部有顶盖，盖上有入孔。全罐包以保温材料。

（4）用高位罐贮酸很不安全，采用地下酸蛋较为有利。硫酸管线用钢管或塑料管均可，因只需 0.05～0.1MPa 的压力，就足以把酸压进高位的酸再生罐中。

（5）硫酸必须经喷头分散成小滴状进入油层，以防止硫酸集中，造成局部烧油现象。

3. 操作条件

（1）温度。应根据油品的黏度选择硫酸再生温度及沉降温度，温度范围可参考表 5-5。

表 5-5　　　　　　　　　　　　　再生温度与黏度的关系

油的黏度（40℃，mm²/s）	≤15	22～28	35～67	77～115	130～230	250～350
酸再生温度（℃）	10～25	20～25	30～35	40	40～50	55～60

表中酸再生温度是上限，即不能超过此温度范围，一段在低于该温度范围下进行酸再

生。延长搅拌时间和沉降时间，既可达到必要的反应深度，又可减少氧化之类的有害副反应，油的颜色会好一些。但是酸再生温度过低，沉降分渣就会比较困难，需要很长的沉降时间。过高的酸再生温度会破坏油中的理想组分，降低油的回收率，同时产生较多的油溶性磺酸，使用白土处理时需要较多的白土。如果酸再生后采用碱中和，就容易乳化。过高的酸再生温度也会使油颜色变坏。

（2）搅拌方式和搅拌时间。①用压缩空气或机械搅拌均可。采用压缩空气搅拌，设备简单、操作方便。可将一根直径约 20mm 的钢管的一端砸扁，另一端连接在压缩空气胶管上，搅拌时将钢管插入油罐底部，停止时将钢管提出，以免沉降下去的酸渣将管口堵死。②加酸时搅拌应激烈一些，以保证加入的酸能均匀地分散在油中。加酸速度视酸量而定，一般在 5～20min 内加完，以后可将空气量适当减少一些。缓和的搅拌有利于下一步沉降时酸渣的凝聚分离。所用的压缩空气应经过干燥脱水处理。③再生搅拌时间（包括加酸时间在内）一般为 10～20min 即可，随着再生油黏度增加，时间可偏长些。较长的接触时间有利于磺化反应，如果希望除掉更多的芳香烃，可以取较长的时间。但要注意过长的搅拌时间将使酸渣中一些非理想组分返溶于油中。

（3）酸再生次数。①对不含水的废油，一次加酸再生是适宜的。②对含微量水的废油，可以采取二次加酸的方法，先用 0.5%～2% 的酸脱水预再生，然后再加入主要的再生酸量。③脱水预再生一般搅拌 20～30min，沉降 1～2h，分渣后再进行再生。

（4）硫酸浓度。①常用的硫酸浓度为 93%～98%；②最适用的硫酸浓度是 98%，但其凝固点高，冬季使用不便；③93%～96% 浓度的硫酸再生效率略差，但其凝固点低，冬季使用方便；④90% 左右浓度的硫酸亦可以用，但其再生效果更差。

（5）硫酸用量。

1）应根据废油中的杂质含量及特性和对再生油的质量要求选择硫酸用量。合适的硫酸用量必须通过试验选定。一般情况下，废油质量尚好，硫酸用量就少一些；对再生油质量要求高，硫酸用量就多一些；硫酸浓度大，用量就少一些。变压器油和汽轮机油再生时硫酸用量一般为 2%～8%。

2）对于不加抗氧化添加剂的油，硫酸用量与油的氧化安定性的关系是一个单峰曲线，即要得到抗氧化安定性最好的油有一个最合适的再生深度。当硫酸多于或少于这个数量时，再生油的质量均较差。

3）对于加抗氧化添加剂的油，再生深度较深的油具有较好的添加剂感受性，所以硫酸用量可适当多一些。

（6）助凝剂。为了加速酸渣的沉降，可以使用助凝剂来帮助某些很难沉降的酸渣微粒凝聚为较大的颗粒。用硫酸再生变压器油和汽轮机油时常用的助凝剂为白土。

（7）沉降分渣条件。

1）沉降时间越长，酸渣分离越净。但酸渣本身是一个不断在起着复杂化学变化的不稳定体系，在变化过程中，会有一些非理想组分重新进入油中，所以大量酸渣与油长期接触会影响再生油的质量。在长时间沉降时，不可等沉降终了再排渣，而应分次排渣，在沉降 15min 及 1h 之后，各排一次酸渣，10h 左右排一次，沉降终了再排放一次。

2）沉降时间主要视分渣情况而定。变压器油一般为 4～6h；汽轮机油为 10h；重质油为 10h 及以上。

3）沉降罐应加盖并将罐体保温，以便在长时间的沉降中，保持均匀的沉降温度，避免热对流影响沉降分渣和减少热量损失。

4）在沉降后，上层是酸性油，底层是酸渣，其间有一个中间层，实际上是一个含酸渣微粒较多的油层。在图 5-10 中的再生罐内沉降时，可以从侧管放出酸性油，从底阀放出酸渣，而将中间层留在锥底参与下次的硫酸再生。

4. 酸渣的处理

（1）水洗法处理：用水稀释并可直接用蒸汽搅拌加热到 80～90℃（用水量为酸渣的 20%～40%），直至不再出现二氧化硫气味时为止，静置沉降，酸渣液分为 3 层，下层为浓度为 20%～60% 的稀硫酸，可以用作处理切削下来的铁屑，以生产绿矾（硫酸亚铁），或吸收氨而生产硫铵肥料；上层为酸性油，经水洗至中性后，可用作木材防腐或大车的车轴润滑，也可用作燃料油；中层的酸渣可以生产代用涂料，也可用作铺设低级路面的沥青。

（2）将酸渣弃置在需要回填的矿坑中。

五、联合再生的方法

将上述方法联合应用，再生效果往往更好。

1. 硫酸—白土法

在电力系统中，废油的硫酸—白土再生工艺流程，主要包括沉降、加酸处理、白土处理和过滤 4 步。其工艺设备流程图如图 5-11 所示。本法主要包括两个工序——硫酸处理和白土处理。即将经硫酸再生后的酸性油直接用白土吸附处理。这一方法适用于油质老化较严重的情况，尤其适用于高黏度的汽轮机油。白土吸附处理可以解决高黏度油碱洗时的乳化问题。

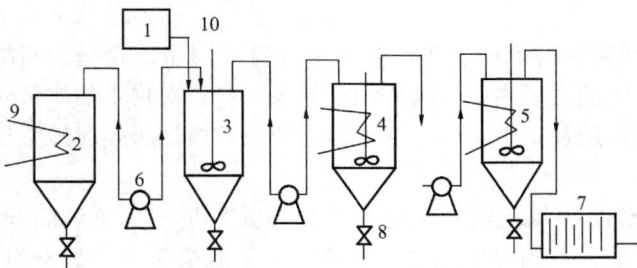

图 5-11　硫酸—白土再生工艺设备流程图
1—硫酸流量箱；2—废酸沉降槽；3—酸处理槽；4、5—白土处理槽；
6—油泵；7—过滤机；8—排渣阀；9—加热器；10—搅拌器

再生工艺流程：首先将废油抽入废酸沉降槽 2 中，静置、沉降，分离排除油中水及杂物；而后用泵 6 将槽 2 的上层油抽入酸处理槽 3 中进行酸处理。

开动酸处理槽 3 中的搅拌器 10，常温下将所用硫酸以雾状慢慢加入油中，边加边搅拌，这时油色逐渐变成乌黑色，产生颗粒状的酸渣，并有二氧化硫气味；自加酸时算起搅拌 30min，后加入 2%～3% 的白土助凝剂，再搅拌 5min。停止搅拌，沉降分离 4～6h。沉降过程中定期从排渣阀 8 排出酸渣。沉降结束，观察酸油中基本无渣。再用油泵 6 将酸处理槽 3 的上层油抽入白土处理槽 4 中进行第一次白土处理。

在白土处理槽 4 中，给上加热器，将酸性油加热至 70～80℃，再开启搅拌器 10。在不断搅拌下加干燥白土（加量是总量的 3/5），搅拌 30min 后，静置沉浮 1～2h。将上层油用油泵 6 打入白土处理槽 5 中，进行第二次白土处理。

给上白土处理槽 5 的加热器，使油温升至 70～80℃，再开启搅拌器 10，边搅拌边加入干燥白土（总量的 2/5），搅拌 30min 后，停止搅拌，取上面油，过滤除掉白土渣，做苛性钠试验。如果苛性钠试验达到 1～2 级，认为油处理合格；静置一夜（或更长），用过油机将处理好的油抽到成品槽中，过滤除杂，分析化验合格，即得再生油。

当苛性钠试验不合格（3 级以上），再开动白土处理槽 5 的搅拌器，适当增加白土用量，直到苛性钠试验合格为止。

所用白土要事先干燥，除去表面水分，增强吸附能力。

再生变压器油和汽轮机油可使用硫酸—白土法，其再生温度及药剂用量可以参考表5-6。

表 5-6　　　　　　　　　　　　　**再生温度和药剂用量**

油 种	硫 酸 处 理		白 土 处 理	
	温度（℃）	用量（％）	温度（℃）	用量（％）
变压器油	20 左右	2～8	50～80	10～12
汽轮机油	30 左右	2～8	100 左右	15～20

2. 硫酸—碱法

本法是将经硫酸再生后的酸性油用碱溶液中和，然后水洗。此方法适用于黏度小，不易被碱中和时发生乳化的油。碱中和是离子反应，所以不宜用固体碱而宜用碱溶液；使用强碱性的氢氧化钠比弱碱性的碳酸钠更有效些；为了除酸，采用浓碱低温处理较为有利，但乳化的可能性又增大。为了防止乳化，最常用的碱浓度是 3％～5％，温度为 70℃ 左右。对于黏度较大的油，则采用 1％ 浓度的氢氧化钠溶液，80～100℃ 为宜。

碱中和用的碱量可按下式计算：

$$w = 0.072 \frac{QN}{c}$$

式中　w——所用氢氧化钠溶液量，kg；

　　　c——所用氧化钠溶液浓度，％；

　　　N——酸性油的酸值，mgKOH/g；

　　　Q——酸性油量，kg。

实际用碱量以等于计算量的 2～3 倍为宜。

对于碱中和后的水洗，一般水洗数次至氢氧化钠试验合格为止。

3. 硫酸—碱—白土法

经硫酸再生的酸性油用碱中和后，若需水洗的次数太多（为了使油的抗乳化时间合格），则可以减少水洗次数，而采用白土处理，这就是硫酸—碱—白土再生法。亦可在碱中和后沉降 20～30h，取上部澄清液直接进行白土处理。本方法可以再生酸值很高的废油。

本方法再生时的工艺条件可以参考上述条件，并根据废油老化程度和对再生油的质量要求，通过试验选定。

第三节　其他方法处理油

自然老化的废油都可选用上述方法进行再生处理。而有的油品是因某些原因促使个别指标不合格，用以上讲到的方法不能处理，对于这样的油品，有针对性地采取某些措施，恢复油品的使用性能。

一、油品的脱硫处理

硫是石油的经常组分之一，但含量很少，一般在 1% 以下，与其产地有关。硫常以化合状态存在油中，主要有硫醇（RSH）、硫醚（RSR′）、二硫化物（R—S—S—R′）、硫化氢（H_2S）和元素硫（S）等。有的硫化物在较高的温度下会分解产生硫化氢（H_2S）和元素硫（S）。

运行中油由于外界影响和油处理中酸精制的不良，油中也会产生硫化物。

油中硫化物的存在是有害的，主要对金属和导线绝缘有较强的腐蚀作用；尤其是元素硫和硫化氢气体的存在，其危害更大，必须从油中除掉。除硫的方法较多，根据所含硫化物成分的不同，方法各异。

（1）油中的 H_2S 气体可采用加热的方法或以 5% 的苛性钠溶液碱洗除掉，其反应如下：

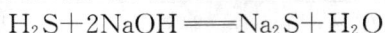

$$H_2S + 2NaOH = Na_2S + H_2O$$

（2）油中的硫醇（RSH）等可用 20% 以上的浓碱液除掉，其反应如下：

$$RSH + NaOH = RSNa + H_2O$$

（3）油中的硫醚（RSR′）等能溶于浓硫酸中被除掉。

（4）元素硫可采用加热的方法除掉。

二、低闪点绝缘油的处理

正常运行的绝缘油的闪点不会降低。油品闪点降低的原因有：①油中混入轻质油（汽、煤油等）；②电气设备中内部产生故障。局部过热引起油分解，产生低分子的气体（H_2、CH_4、C_2H_6、C_2H_4、C_2H_2 等），它们溶于油中，从而造成油的闪点降低。多年来常利用油中所含可燃气体成分和含量大小，来查找电气设备的潜伏性故障，实践证明是行之有效的。

低闪点油的处理方法有：①采用减压蒸馏法；②采用真空脱气法。它们原理都是一样的。前者设备比较复杂，操作较麻烦。真空脱气法比较适用，一般都采用此方法。这种方法就是采用真空滤油机滤油，脱出油中可燃性气体，提高油品的闪点。

真空滤油机的结构、原理和操作方法，本章第一节作了详细阐述，这里不再赘述。

三、提高绝缘油介质损耗因数的方法

绝缘油的介质损耗因数不合格主要与油受外部环境的污染有关。如新油在运输、贮存过程中受杂质、水分等的污染；新油注入新设备后，由于油品和设备内部各种绝缘材料的相容性问题，也会使油受到污染而使介质损耗因数升高；还有油老化后的产物，也是使油介质损耗因数升高的因素。因此绝缘油介质损耗因数不合格的问题比较普遍。处理的方法也要视油质的污染情况而定。

（1）如果仅因水分、杂质而影响介质损耗因数不合格，可采用压力式过滤法和真空过滤法处理。

（2）如油已老化或油被极性物质污染，可采用吸附剂（如极性吸附剂、高效吸附剂等）处理（接触法、过滤法均可），可得到较好的效果。

第四节　再生油的质量标准

无论采用哪种方法再生的油品，都应按有关规定进行再生油的全分析试验。其质量标准均应达到有关国家新绝缘油或新汽轮机油的质量标准。

目前，随着国产油品质量的提高，以及防止油劣化工作的加强，深度劣化油品已不常见；加之油再生工艺的改进，只要再生方法选择得当，正确操作，再生油的质量达到新油标准一般不成问题。

废油经处理后，油中抗氧化剂含量要减少，要求对再生油作"T501"含量测定；一般新油"T501"含量在 0.3%～0.5%；如再生油低于这个含量，应予补加，以提高油品的抗氧化安定性，延长油的使用寿命。

一、再生油过程中的有关问题

1. 再生油中添加剂的消耗状况

（1）以沉降、过滤、离心、碱中和等方法对油进行再生的过程中，不消耗再生前油中仍保留着的抗氧化添加剂。

（2）吸附法对油中抗氧化添加剂的消耗量，取决于吸附剂的种类及油再生条件，如采用白土处理，在不高的温度下白土不吸附 T501（2，6—二叔丁基对甲酚）抗氧化添加剂，LWX—801 吸附剂对其也不吸附，而硅胶则吸附一些。因此应通过试验测定消耗量。

（3）硫酸再生会消耗较多的抗氧化添加剂。

2. 再生油中添加剂的补加

废油再生无论采用何种方法，由于废油本身在使用过程中已经消耗掉部分添加剂，再生油一般都需要补加添加剂，补加量通过试验并按照如下规定确定。

（1）T501 抗氧化添加剂：再生油中的含量应不低于 0.03%～0.05%，当含量低于此规定值时，应进行补加。再生变压器油补加此添加剂时，油的 pH 值不应低于 5.0。

（2）T746 防锈添加剂（十二烯基丁二酸）：再生油中含量为 0.02%～0.03%，并应根据油的液相锈蚀试验结果确定是否补加。

3. 补加添加剂的注意事项

（1）再生变压器油补加抗氧化剂。

1）T501 抗氧化剂的质量应按有关标准进行验收并注意妥善保管以防变质。

2）应做再生油对抗氧化剂的感受性试验，以确定是否适宜添加和添加时的有效剂量。如遇感受性差的油，必要时可将油净化或再生处理后，再做感受性试验。

3）应采用热溶解法添加，即将 T501 抗氧化剂在 50℃下配制成 5%～10%的油溶液，然后通过滤油机，将其加入循环状态的设备油中并混合均匀，以防药剂过浓导致未溶解的药剂沉积在设备内。添加后，油的电气性能应试验合格。

（2）再生汽轮机油中补加抗氧化剂和防锈剂。再生汽轮机油补加抗氧化剂的注意事项同再生变压器油。

再生汽轮机油补加防锈剂的注意事项如下：①T476 防锈剂的质量应按标准进行验收，并注意妥善保管，以防变质。②再生油中添加防锈剂应先做添加效果试验，包括液相锈蚀试验和破乳化时间、抗氧化安定性等试验。如防锈效果良好且对油质无不良影响，则可正式添加。③添加时应先将 T476 防锈剂配制成 5%～10%的油溶液，然后通过滤油机，将其加入循环状态的设备油中并混合均匀。添加后，油的防锈蚀性能应试验合格。

二、废物的处理和回收

废油处理中的废物主要有废渣（酸和白土）、残油、污水等。这些废物如果不加控制和治理，能够严重地污染环境，危害很大。为此对这些废物必须严加管理，不能任意排放。

1. 酸渣处理

酸渣加20%～40%水后用热蒸汽吹，使酸渣加热到80～90℃，然后沉降分离，酸渣即可分为3层。上层是黑色残油，收集起来，用热水洗2～3次，作为废油重新再生。中层是残酸渣，可以用来铺设路面等；下层是棕色浓度为20%～60%的稀硫酸，用来清洗再生罐等，再用水冲稀排放地沟。

2. 白土渣的处理

白土渣中含有10%～20%的油，其余为胶质、沥青质和白土等混合物，呈黑色。

首先采用压榨机进行回收处理。用厚布将白土渣包好，放进漏斗中，然后搬动设在上部的螺旋压杆，残油即可被挤压出来。压出来的残油，可以再生或作为废油用。

榨过的干白土渣再用干净的沸腾水进行搅拌清洗，清洗后沉淀几小时，上层黑色泥浆水倒出，再重新用沸腾水清洗白土渣至其变为白色为止。然后用500℃～600℃的温度烘烤，时间不超过6h，回收的白土可以再用。回收时间不能太长，否则白土活性减退。

3. 吸附剂的回收处理

用过的硅胶、活性氧化铝和801吸附剂等应放置在废油中保存，严禁光照和雨浇。然后通过适当的方法回收处理再用。实践证明，如果回收方法得当，吸附剂可回收使用20余次。

将废硅胶或活性氧化铝放入回收炉中，以500～600℃的高温进行燃烧，回收时控制时间和温度，一般烧至吸附剂外观颜色变白为止。回收后的吸附剂可重新使用。

801吸附剂也可回收使用，回收方法在研究中。

4. 污水的处理

废油再生用水量不大，所以污水不多，但也要重视处理问题。一般用隔油槽将上部漂浮的杂质除去，油分除不尽时，再经生化处理后就可达到排放标准。

三、废油再生的安全与防护

电力用油是一种可燃性石油产品。在废油处理中和废油存放场所，存有较多油品，空间还扩散有石油蒸汽：石油蒸汽与空气接触其混合比达到一定比例时，会引起燃烧和爆炸，这种危险性必须提高警惕，注意防止。

（1）废油再生场所周围严禁存放易燃物品，杜绝一切火种。

（2）再生场所应备有完善的消防措施。工作人员要熟练掌握易燃品着火时的扑救方法。

（3）室内通风良好，及时排除废油处理场所的有毒及易燃易爆气体。

废油再生中经常采用硫酸和浓碱危险品，但它们溅到身上和皮肤上容易烧伤，所以在搬动和使用工作中，应遵守有关的安全规程。

思 考 题

1. 对于破乳化性能指标不合格的汽轮机油，用什么再生处理方法最为有效？
2. 对含气量超过5%的绝缘油，宜用什么方法处理？
3. 对电阻率指标严重下降的抗燃油，宜用什么方法处理？
4. 对介质损耗因数指标不合格的绝缘油，用板框式压力滤油机处理合适吗？为什么？

第二篇　充油电气设备油中溶解气体组分含量检测与潜伏性故障诊断

通过变压器油中溶解气体的组分含量分析，诊断充油电气设备内部的潜伏性故障，是被几十年经验证明行之有效的绝缘监督的重要手段，在电力系统中得到普遍应用和重视。

目前，国内外测定充油电气设备油中溶解气体组分含量的测定方法主要是气相色谱法。经过多年的试验和完善，我国修改、制订了 GB/T 17623—1998《绝缘油中溶解气体组分含量的气相色谱法》标准，该标准实施以后，极大地促进了电力系统气相色谱监督检测水平的提高。

然而，由于油中溶解气体分析操作环节多，气相色谱仪型号繁多，分析流程不统一及操作人员分析熟练程度上的差异等因素，致使分析结果的重复性、可比性差，误判、漏判故障的情况时有发生，严重地影响了电力的生产安全。

应该说，在气相色谱仪硬件配置、分析流程、操作条件合理的情况下，按照标准方法进行检测分析，得到油中溶解气体的分析数据并不难，但是要保证分析数据的准确却不易，这需要做大量认真细致的工作。

本篇第六章主要介绍气相色谱分析的基础知识；第七章结合电力系统气相色谱分析的特点，介绍电气用油中溶解气体组分含量的分析技术和应注意的问题；第八章阐述充油电气设备潜伏性故障的诊断方法和步骤。

第六章　气相色谱分析基础

色谱分析是化学分析的一个分支，因其对混合物组分的高效分离效果，在现代化学分析领域占有重要地位。

色谱分析是 20 世纪发展起来的一门新兴学科，在 20 世纪中期建立和完善了理论体系，应用于电力系统的油中溶解气体组分含量分析也只有几十年的时间。对于电力行业从事油中溶解气体组分含量分析的人员来说，学习和掌握色谱分析的基本概念和基础知识是非常重要的。

第一节　色谱法概述

色谱分析的名称源于色谱分析方法的发现过程。1906 年俄国植物学家茨维特（Tswett. M）在研究植物叶绿素的成分时发现：把植物叶绿素的浸取液倒入填装有碳酸钙颗粒的竖直玻璃管中，然后用石油醚从玻璃管顶端淋洗叶绿素的浸取液，随着淋洗的进行，在玻璃管中的碳酸钙颗粒呈现出不同颜色的谱带。将玻璃管中不同颜色的碳酸钙颗粒分离，分别进行鉴定，发现每一种颜色的谱带代表一种叶绿素成分，当时茨维特把这种分离方法命名

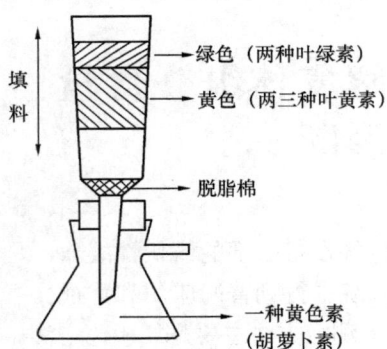

图 6-1　茨维特试验装置

为色谱法，而把填装有碳酸钙颗粒的玻璃管称为色谱柱，图 6-1 是茨维特试验装置。

经过一个世纪来色谱工作者的不断探索研究，色谱技术有了长足的发展，色谱分析的对象早已不限于有色物质了，但"色谱"这个名词一直沿用至今。

在分析化学领域，色谱法是一个相对年轻的分支学科。"色谱"一词可简单地解释为"分离"，只是比萃取、蒸馏等分离技术分离效率更高而已。但当这种高效的分离技术与高灵敏度的检测技术结合在一起后，使得色谱技术发展成为几乎可以分析所有已知物质，在各学科领域都普遍应用的最重要的分析技术。

色谱分析是一个专业学科，有其独立的理论体系。鉴于篇幅限制，只能做简明基础性介绍。

色谱法的分类方法很多，主要有按两相状态分类、按色谱柱分类、按分离原理分类等方法。

1. 按两相状态分类

色谱法中有固定相和流动相两相（相是指体系中某一均匀的部分）。若流动相是气体，就称气相色谱；若流动相是液体，就称液相色谱。

由于固定相也有两种状态，即固体吸附剂和表面涂有固定液的担体，这样按两相状态可将色谱法分为表 6-1 中的 4 类。

表 6-1　　　　　　　　　　　　两相状态分类的色谱法

	气相色谱 GC		液相色谱 LC	
流动相	气体		液体	
固定相	固体	液体	固体	液体
色谱名称	气固吸附色谱	气液分配色谱	液固吸附色谱	液液分配色谱

由此不难看出，茨维特分离叶绿素使用的色谱方法，因使用的是石油醚液体流动相，故属于液相色谱法；因使用的固定相是固体碳酸钙，所以可进一步以细分为液固吸附色谱。

2. 按色谱柱类型分类

色谱柱类型主要有两大类，即填充柱色谱和毛细管柱色谱。

填充柱是将固定相装在玻璃管或金属管中，填充柱的内径一般为 2~4mm，长 1~6m。

毛细管柱是将固定相附着在很细的石英毛细管管壁上，毛细管柱的内径一般为 0.2~0.53 μm，长 10~100m。

3. 按分离原理分类

按分离原理可将色谱法分为吸附色谱和分配色谱。

吸附色谱是利用吸附剂对样品中不同组分分子在吸附性能上的差别进行分离的，它包括气固色谱、液固色谱。

分配色谱是利用对样品中不同组分分子在两相间的分配系数差别进行分离的，它包括气液色谱、液液色谱。

第二节 气相色谱基本理论

塔板理论和速率理论是现代色谱分析的理论基础。色谱分析工作者必须对这两个理论体系有一个系统的了解和掌握。

一、气相色谱分离原理及有关术语

1. 气相色谱分离原理

气相色谱分离是利用流动相与固定相间的两相分配原理进行的。具体来说，就是利用色谱柱中的固定相，对流动相中的样品组分吸附（或溶解）能力的不同，或者说组分瞬间留在流动相的比例与吸附（或溶解）在固定相的比例不同，即分配系数不同。

当样品被载气带入色谱柱中后，样品中的组分就在流动相与固定相间反复进行分配（吸附—解吸或溶解—释出），由于固定相对各组分的吸附或溶解能力不同（即分配系数不同），因而各组分在色谱柱中地运动速度就不同，分配系数小的组分较快地流出色谱柱，分配系数大的组分流出色谱柱的速度较慢，流出的组分顺序进入检测器（见图 6-2），产生的电子信号被记录仪按时间顺序连续记录下来，就得到了反应组分性质和含量的色谱图，亦称色谱流出曲线，见图 6-3。

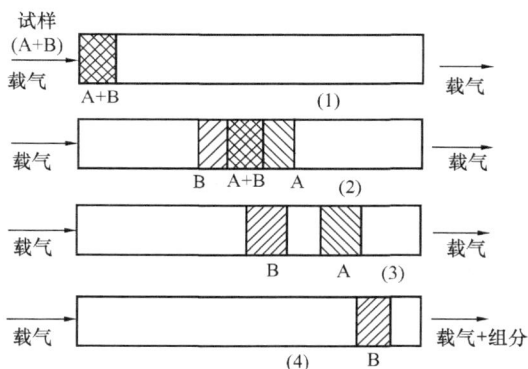

图 6-2 气相色谱分离过程图解

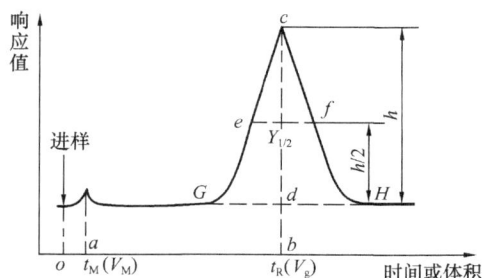

图 6-3 气相色谱流出曲线

2. 色谱流出曲线及术语

（1）色谱流出曲线。色谱柱流出物质通过检测器时，产生的响应信号对时间的曲线图称为色谱流出曲线。其纵坐标为信号强度（mV），横坐标为保留时间（min）。

1）色谱峰：色谱柱流出组分通过检测器时，产生的随时间变化的响应信号曲线。

2）峰高 h：色谱峰最大值到峰底的垂线距离。

3）峰底宽 Y：峰两侧拐点处所作切线与峰底相交两点之间的距离。

4）半峰宽 $Y_{1/2}$：峰高一半处色谱峰的宽度叫半峰宽。由于色谱峰顶呈圆弧形，色谱峰的半峰宽并不等于峰底宽的一半。

5）峰面积 A：峰与峰底之间包围的面积。

6）标准偏差 σ：峰高的 0.607 倍处所对应峰宽的一半。

7）基线：在正常操作条件下，没有样品进入检测器时产生的随时间变化的响应信号曲线。

8）基线飘移：基线随时间定向缓慢地变化。

9）基线噪声 R_N：由各种因素所引起的基线波动。

（2）保留值的基本参数

1）保留时间 t_R：组分从进样到出现峰最大值所需的时间。

2）死时间 t_M：不被固定相滞留的组分，从进样到出现峰最大值所需的时间，数值上等于柱长 L 除以线流速 u。

$$t_M = L/u$$

3）调整保留时间 t'_R：扣除了死时间的保留时间。

$$t'_R = t_R - t_M$$

4）死体积 V_M：不被固定相滞留的组分，从进样到出现峰最大值流过的流动相体积。

$$V_M = t_M F_C$$

式中　F_C——色谱柱内载气平均流量。

5）保留体积 V_R：从进样到出现组分峰最大值流过的流动相体积。

$$V_R = t_R F_C$$

6）调整保留体积 V'_R：对应于调整保留时间的载气体积。

$$V'_R = t'_R F_C = V_R - V_M$$

在气相色谱分析中，一般利用组分的保留时间定性，利用组分的峰面积定量。

二、塔板理论

塔板理论主要是把气液色谱过程看成是组分在固定液里的溶解平衡过程。把色谱柱比作石油加工的蒸馏塔，把组分在色谱柱中的分离过程，比作石油馏分在蒸馏塔塔片之间的分配平衡过程。这种半经验的理论处理不但基本上与稳定体系的试验结果一致，而且由该理论计算出的理论塔板数，可以用来评价柱效能，比较各种参数对分离的影响。

1. 塔板理论公式

在 L 的柱长中，理论塔板高度 H 与理论塔板数 N 有如下关系：

$$H = \frac{L}{N} \tag{6-1}$$

通过 V 体积载气后，在第 N 块塔板上出现某组分分子浓度的概率应为：

$$C = \frac{W_R \sqrt{N}}{V_R \sqrt{2\pi}} e^{-\frac{N}{2}\left(\frac{V_R-V}{V_R}\right)^2} \tag{6-2}$$

式中　C——组分浓度；

　　N——理论板数；

　W_R——进样量；

　V_R——组分保留体积；

　V——载气流过的体积。

式（6-2）就是所谓的色谱流出曲线方程，即塔板理论方程式。

2. 塔板理论解决的问题

（1）成功地解析了色谱曲线形状。式（6-2）是以流出载气体积 V 为横轴坐标变量，表示组分浓度 C（纵轴坐标）变化的方程式。它描述的是被分离的组分，通过 V 体积的载气离开具有 N 块塔板的填充柱，进入检测器时的浓度。

当 N 很大时，就是一个正态分布方程，即高斯分布曲线。这与实际看到的色谱图是完全一致的。

（2）给出了浓度最大值 $C_{\max}$ 的位置。从方程式中可以发现：当 $V=V_R$ 时，方程指数为 0，组分浓度最大。

$$C_{\max} = \frac{W_R \sqrt{N}}{V_R \sqrt{2\pi}} \tag{6-3}$$

因为 $V_R = F_C t_R$，而 F_C 为常数，也就是说，组分保留时间为 t_R 时，在色谱流出曲线上出现最大值。

（3）说明了浓度最大值 $C_{\max}$ 的影响因素，可用 N 评价柱效。从方程式（6-3）中可以看出：

1）对于选定的色谱柱，在操作条件不变时，进样量 W_R 愈大，则 $C_{\max}$ 愈大，峰高 h 愈高，W_R 与 h 成正比。这是色谱峰高定量的理论依据。

2）在操作条件不变，进样量 W_R 一定时，色谱柱理论板数 N 值愈大，$C_{\max}$ 愈大，即峰高 h 愈高。

也就是说，选用 N 值愈大的色谱柱，组分的峰高 h 愈高，即柱效愈高。故塔板理论的理论塔板数 N 或板高 H 可以评价色谱柱柱效。

3）由于 $F_C = u\phi t_R$，即体积流速 F_C 是色谱柱截面积 ϕ 和载气线速度 u 的函数，故在保持载气线速度不变的条件下，选用小内径的色谱柱，$C_{\max}$ 值增大，组分的峰高 h 增大，即色谱柱柱效高。

同样道理，色谱柱愈短，$C_{\max}$ 值愈大，柱效愈高。在进样量不变的条件下，保留时间愈短（t_R 愈小），$C_{\max}$ 值愈大，色谱柱柱效愈高。

4）可从色谱图中的有关色谱峰参数计算理论塔板数 N。常用的计算公式有：

$$N = 5.54(t_R/Y_{1/2})^2 = 16(t_R/Y)^2 \tag{6-4}$$

式中　$Y_{1/2}$——半峰宽；

　　　Y——峰底宽。

3. 塔板理论的不足

塔板理论是在 4 个基本假设条件下而提出的，而这些假设同实际情况是有差距的，因而塔板理论在实践中就有一定的局限性，许多试验结果无法解释。

（1）塔板理论难以回答塔板高度 H 或理论塔板数 N 这两个参数是受哪些因素影响的？色谱峰扩张是如何引起的？

（2）在实际测定中，为什么流动相线速度 u 不同，柱效率 N 也不同等现象，见图 6-4。

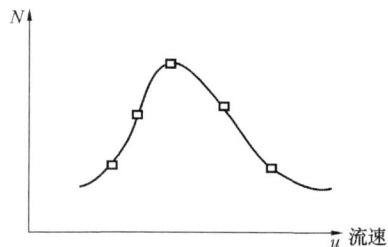

图 6-4　流动相线速度 u 与柱效率 N 的关系

三、速率理论

为了解决塔板理论存在的不足，范第姆特（Van Deemter）等人在塔板理论的基础上提出了速率理论。后来，吉斯汀（Giddings）等又作了进一步的完善。

速率理论模型充分考虑了组分在两相间的扩散和传质过程，更接近组分在两相间的实际分配过程。论证了引起谱带展宽的主要因素有：涡流扩散、纵向扩散和两相中传质阻力。谱带展宽的直接后果是降低分离效率和检测灵敏度，所以，抑制谱带展宽就成为追求高效分离的目标。

组分在色谱柱的的展宽是各影响因素的综合结果，Van Deemter 等人把各影响因素的贡献，用理论塔板高度 H 进行表达，形成了范氏方程式：

$$H = 2\lambda d_p + 2\gamma D_g/u + [0.01k^2/(1+k)^2 d_p^2/D_g + 2k^2/[3(1+k)^2]d_f^2/D_L]u \qquad (6-5)$$

式中　λ——填充不规则因子；

d_p——填料颗粒直径；

γ——弯曲因子或阻碍因子；

u——流动相线速度，cm/s；

D_g——组分在流动相中的扩散系数，$cm^2 \cdot s^{-1}$。

k——容量因子；

d_f——固定相液膜厚度；

D_L——组分在液相中的扩散系数。

这一方程式对选择色谱分离条件具有重要的理论指导意义，它揭示了色谱柱固定相粒径大小，填充的均匀程度，载气的种类及流速，固定相液膜厚度等对柱效的影响。

如果色谱条件已经确定，只有流速是变量时，表示 H 与 u 关系的上述 Van Deemter 方程式可以简写如下：

$$H = A + B/u + Cu \qquad (6-6)$$

式中第一项 A 与流速无关，表征涡流扩散引起的谱带展宽；第二项 B/u，表示组分分子纵向扩散引起的谱带展宽，流速越快，纵向扩散引起的谱带展宽越小；第三项 Cu 为流动相和固定相中传质阻力引起的谱带展宽，流速越大，传质阻力引起谱带展宽越大。

第三节　色谱分离条件的选择

一台气相色谱仪之所以能分析许多性质不同的混合样品，是因为不同的样品可以选用不同的色谱柱，并在不同的操作条件下进行分析。所以正确地选择色谱柱的固定相和色谱的操作条件，就成为色谱分析的关键问题。关于色谱柱的固定相的选择将在下一节讨论，本节主要介绍色谱分析操作条件的选择。

色谱分析条件选择的理论依据是范氏方程式，为了评价色谱分析条件选择的好坏，首先必须确定分离条件选择的指标。

一、评价色谱柱分离效能的指标

色谱柱对混合物组分的分离好坏一般用柱效能、选择性、分离度来评价。

1. 柱效能

柱效能通常用塔板理论中的理论塔板数 N、理论塔板高度 H 两个指标来表示。由于塔板理论的局限性，这两个指标不能真实反应色谱柱的实际分离效果，因此在实际应用中，一般用由净保留时间 t'_R 计算出的有效理论塔板数 n_{eff}、有效理论塔板高度 H_{eff} 两个指标来表示。图 6-5 是色谱分离柱效能的示意图。

$$n_{eff} = 5.54(t'_R/Y_{1/2})^2 = 16(t'_R/Y)^2 \qquad (6-7)$$

$$H_{eff} = L/n_{eff} \qquad (6-8)$$

由此可见，单位柱长的有效理论塔板数 n_{eff} 越多，有效理论塔板高度（H_{eff}）越小，柱效能越高。从公式（7-7）中可知，提高柱效能的有效方法是，在保持 t'_R 不变的条件下，降低色谱峰的宽度 Y、$Y_{1/2}$。图 6-6 是有效理论塔板数对分离度的影响示意图。

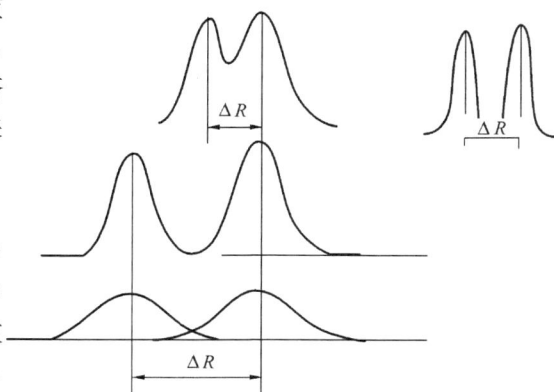

图 6-5　色谱分离柱效能的示意图

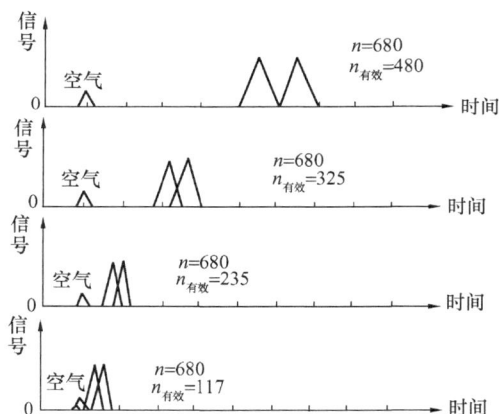

图 6-6　有效理论塔板数对分离度的影响示意图

与两峰峰底宽度总和一半的比值。

2. 选择性

所谓选择性，就是固定相对于两个相邻组分的相对保留值，即某一难分离物质对的校正保留值之比，用 $r_{2,1}$ 表示。

$$r_{2,1} = t'_{R2}/t'_{R1} \qquad (6-9)$$

结合示意图 6-6 和公式（6-9）不难理解，该数值越大，表示两个组分越容易分离，其选择性也越好。这一指标主要表示的是，固定相选择得是否得当。

一般来说，降低柱温可提高其选择性指标。

3. 分离度

分离度 R：相邻两组分色谱峰保留值之差与两峰峰底宽度总和一半的比值。

$$R = 2(t_{R2} - t_{R1})/(Y_1 + Y_2) \qquad (6-10)$$

从式（6-10）和图 6-6 可以看出，组分的分离度 R 不但与两组分保留值之差 Δt_R 有关，还与两组分的峰底宽度有关。也就是说，要提高分离度 R，可以通过提高两组分保留值之差 Δt_R 来实现，也可以通过降低两组分的峰底宽度来实现。而这两个因素均受色谱操作条件的影响，因此，操作条件选择得当与否直接影响组分的分离度，见图 6-7。

4. 柱效能、选择性和峰宽分离度三者之间的关系

在色谱分析中，柱效能只说明色谱柱效率的高低，却反映不出难分离物质对的直接分离效果；而选择性刚好相反。故需要一个综合指标来直观反应色谱柱的分离效能，这一指标就是分离度。

对于相邻两个组分峰，当两峰高相差不大，且峰型

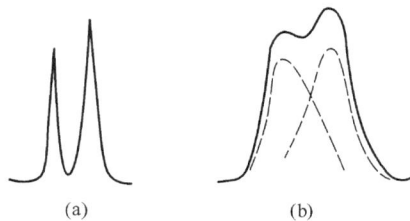

图 6-7　操作条件对分离度的影响
(a) 最佳操作条件；(b) 操作条件选择不当

接近时，柱效能、选择性和峰宽分离度三者之间有如下关系：

$$R = [N^{1/2}(r_{2,1} - 1)]k/[4\ r_{2,1}(1 + k)] \tag{6-11}$$

式中　k——组分在气—固两相间的分配比。

由公式（6-11）可知，峰宽分离度 R 与理论塔板数 N 成正比，且与选择性 $r_{2,1}$ 密切相关。故 R 值能反应出柱效能的高低和选择性的好坏，是一个综合指标。

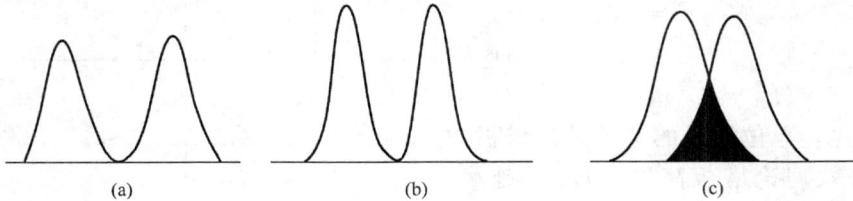

图 6-8　分离度的大小与分离程度的关系

(a) $R=1$；(b) $R=1.5$；(c) $R<1$

二、分离条件的优化

1. 分离度 R 的确定

在色谱分析中，分离度的大小与定量误差直接相关。从定量的角度来说，色谱分析工作者希望分离度越大越好，然而，分离度的增加，必然以分析时间的延长为交换代价。为了节省分析时间，分离度的大小一般根据分析误差来确定，也就是说，在满足分析误差的前提下，分离度尽量小。那么多大的分离度最为合适呢？

通过理论计算，两个相邻组分在峰高相差不大的条件下，其分离状况如图 6-8 所示。

两个峰相邻 $R=1$ 时，两个峰可达到 98％ 的分离，见图 6-8 (a)；两个峰相邻 $R=1.5$ 时，两个峰可达到 99.7％ 的分离，基本完全分离，见图 6-8 (b)；一般来说，$R<1$，两个峰明显重叠，见图 6-8 (c)。

也就是说，对于浓度相差不大的组分，分离度达到 1.5 时，其分析误差就达到 1％ 以下。当然在实际分析中，被测组分的浓度往往相差较大，另外定量方法对分离度的要求和定量误差影响也很大。一般来说，峰高定量比峰面积定量对分离度的要求低，见表 6-2。

表 6-2　　　　　　　　　　　**不同定量方法和条件对 R 值的要求**

组分含量	峰高比值*	峰高定量误差小于 1％ 的 R 值	峰面积定量误差小于 1％ 的 R 值
1％	10^2	1.17	1.45
0.1％	10^3	1.33	—
0.01％	10^4	1.48	—
10ppm	10^5	1.60	—
1ppm	10^6	1.71	—
1ppb	10^8	2.01	—

*　小峰在大峰之前，若小峰在大峰之后，同样的定量误差，R 值要更大。

2. 色谱柱的选择

在此不讨论固定相的选择，只探讨色谱柱材质、柱径、柱长对分离度的影响。

目前色谱柱使用的材料主要是不锈钢、玻璃管和石英管。从柱形上看，主要有直型柱、U 形柱和螺旋柱几种，以螺旋柱居多。

根据塔板理论，柱长 L 增加，理论塔板数 N 增加，由分离度公式（6-11）可知，R 值将会提高。

对相同柱长的色谱柱，因与其他柱形的柱子相比，直形柱的弯曲因子 γ 最小，B 项扩散降低，理论板高 H 减少，则理论塔板数 N 增加，R 值提高。

在范氏方程中没有反映出来，但在制备柱理论中，板高与柱半径的平方成反比，而实验也表明细柱的板高低，柱效高，见图 6-9。

对于使用相同固定相，填装工艺及分析对象也基本相同的条件下，从式（6-11）中可以推导出分离度与柱长的相互关系：

图 6-9　柱径对柱效的影响

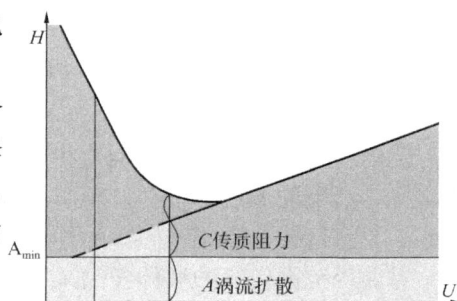

$$\frac{n_1}{n_2} = \left(\frac{R_1}{R_2}\right)^2 = \frac{L_1}{L_2} \tag{6-12}$$

利用这一关系，可以通过一条试验柱，较快地确立色谱分析柱的柱长。

3. 载气及流速的选择

（1）载气的选择。选择载气的原则是首先要适应检测器的特点，如 TCD 检测器最好使用 H_2 或 He 做载气；其次要考虑载气对柱效和分析速度的影响。

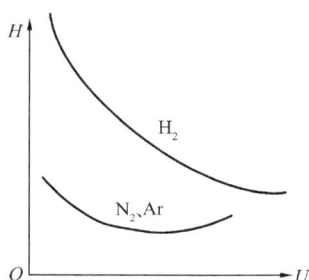

载气对柱效的影响，主要表现为组分在载气中的扩散系数 D_g 上，前面讲过 D_g 与载气分子量的平方根成正比，即分子量小的气体扩散系数大。从速率理论方程看，B 项与 D_g 成正比，而 C 项与 D_g 成反比，故用小分子量的气体做载气时，其最佳线速度、最小板高都比使用大分子量的载气时大，见图 6-10。

从理论上来说，当 u 值较小时，B 项起控制作用，应使用分子量大的气体做载气，如 N_2、Ar 等；当 u 值较大时，传质项 C_g 起控制作用，应使用分子量小的气体做载气，如 H_2 或 He 等。

图 6-10　载气对板高 H 的影响

（2）载气流速的选择。图 6-11 表示板高与线速度之间的关系。从图中可以看出，每一条色谱柱都有一个相应于板高最小的最佳线速度。对用 N_2、Ar 载气而言，其最佳线速度在 $7\sim10\text{cm/s}$；H_2、He 做载气时，其最佳线速度在 $10\sim12\text{cm/s}$。

从柱效角度来说，当然应该采用最佳线速度下的相应的流速。然而由于在最佳流速下，分析样品的时间往往太长，在很多工业分析上是不允许的，因此在实际分析中很少采用。

在实际分析中一般采用比较大的流速，以提高分析速度，缩短分析时间。因流速较大引起的柱效下降可通过增加柱长予以补偿。实验证明，因增加流速，使柱效下降 20%，但可使分析时间缩短 5/8，此时的 N_2 实用线速为 $10\sim12\text{cm/s}$，H_2 为 $15\sim20\text{cm/s}$。

4. 柱前压力的选择

在速率理论中，并没有压力参数。但是，因载气

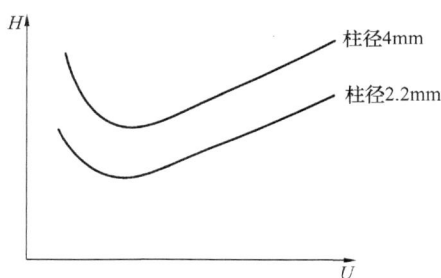

图 6-11　板高与线速度的曲线图

可以被压缩，载气的线速度和气相扩散系数都受柱压力的影响，故对板高有影响。

载气在色谱柱中的每一柱段的压力是不同的，因而其流动速度也是不均匀的。一般来说，填充柱内的压力降是非线性变化的，即柱入口处下降得慢，而出口处下降得快，当柱入口压力与出口压力比小于 2 时，则柱内压力降几乎为常数。所以降低柱前压力是提高柱效的一个有效途径。

载气的线速度与色谱柱中压力降有对应的关系。压力降小，线速度变化小；压力降大，线速度变化大。也就是说，柱入口处线速度低，而出口处线速度高。从速率理论方程可知，线速度高，柱效低，因此，靠近出口处 10%～20% 的柱长的柱效很低。为此，要控制柱入口与出口的压力比，使载气在色谱柱内压力降均匀，从而使载气线速度均匀，以提高柱效。

5. 载体的选择

色谱柱内的载体直接影响色谱柱柱效、色谱峰的峰形和保留值参数。载体的选择主要包括载体粒径、筛分范围及载体性质 3 项指标。

（1）载体粒径。由速率方程式可知，载体颗粒直径 d_p 直接影响涡流扩散项和气相传质阻力项，且随着 d_p 的增加，板高增加，柱效降低。另外，d_p 的大小直接影响 d_f 的数值，d_p 值小可使液膜厚度 d_f 变薄，提高柱效。然而，载体颗粒直径 d_p 过小，会使柱子难以填充均匀，同时使色谱柱两端压降过大，抵消因降低 d_p 使柱效增加的影响。因此，载体的颗粒直径要根据色谱柱的直径来选定，一般以柱径的 1/20 至 1/25 为宜。例如对内径 4mm 的色谱柱，在柱子较长时，用 60～80 目的载体；柱子较短时，用 80～100 目的载体。

（2）载体筛分范围。范氏方程 A 项中的 λ 值是反映载体填充均匀性的常数。要降低 λ 值，除要求载体的形状规则外，还要求颗粒均匀，即粒度范围窄。实际上，任何载体都很难做到粒度均匀一致，载体筛分范围是表示粒度均匀性的指标，筛分范围越窄，颗粒越均匀。从提高柱效的角度考虑，要求筛分范围越窄越好。一般应在 10～20 目范围内。在填充柱中多使用 80～100 目的载体。图 6-12 是筛分范围对柱效影响的示意图。

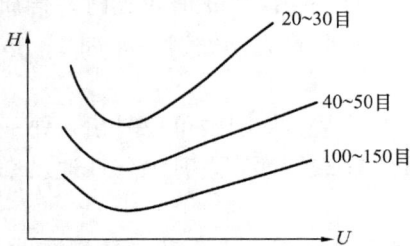

图 6-12　筛分范围对板高影响的示意图

（3）载体的性质。载体的化学性质对色谱峰的峰形和保留值有显著的影响。天然载体（如硅藻土等）往往因载体表面有活性中心，使液膜难以涂敷均匀，使色谱峰的峰形发生畸变，保留值也发生变化。因此，在选择载体时，应尽可能地选用化学惰性的物质，在可能的情况下选用化学合成载体。

6. 柱温的选择

控制色谱柱的温度，对色谱分析非常重要。因为柱温不仅影响分配系数 k、液相和气相传质阻力，而且还影响固定液的选择性和挥发性，既影响柱效，也影响柱寿命。

正确地选择柱温非常复杂，在此不做详细分析介绍。选择柱温要考虑的主要因素有：在载体材料承受的温度；固体、液体的挥发损失；分析样品的沸程范围；载体对样品的选择性等。

对沸程范围较宽的液体样品来说，一般采用程序升温的方式，兼顾不同沸点组分的分离效果和分析时间；对永久性气体样品而言，选择室温或 50℃ 以下的柱温，有利于提高柱子的选择性，提高分离效能。

7. 进样时间和进样量的选择

进样时间和进样量均影响色谱柱的柱效。

一般来说，进样时间应尽可能地短，最好在 1s 以内完成。只有这样，才能基本满足塔板理论假设中提出的"所有样品开始时，都处在第 0 块塔板上"的要求，并使柱效最高。另外对于液体样品而言，不但要求进样速度快，而且要求色谱仪的进样器保持适宜的温度，以确保样品能够迅速、完全地汽化，而不分解。

样品进样量的大小主要受制于色谱柱的性能及检测器的检测限。一般来说，填充柱比毛细柱允许的进样量大，因为前者的负载能力大，不易发生过载出现峰形畸变的现象；而后者则在进样量大时，容易发生过载而使峰形变差。

进样量与组分峰的峰高或峰面积成正比是色谱定量的基础，因此进样量必须保持在检测器的线性响应范围内，若进样量过大，超出了检测器的线性响应范围，则没法定量或定量误差很大。

对于大多数色谱柱和检测器来说，所允许的最大进样量为：液体 $10\mu L$，气体 $10mL$。

以上介绍的只是色谱分离条件选择的几项基本原则，是色谱理论的具体应用，读者在实践中，应具体问题具体分析，灵活运用。

第四节　气相色谱固体固定相

在气相色谱分析中，混合物组分的分离过程是在色谱柱中进行的，其分离得好坏主要取决于色谱柱中固定相选择是否得当。色谱分析技术的发展，除了依赖电子技术的进步以外，还主要取决于化学工业所提供的各种吸附剂、固定液、多孔聚合物的多少和性能优劣。

气相色谱固定相大致可分为两类，即液体固定相和固体固定相。液体固定相是由固体载体和涂附在载体上的固定液构成的，由于固定液的种类繁多，选择困难及存在固定液流失等问题，在电力系统所进行的油中溶解气体组分含量分析中应用较少，故本节不做介绍。本节主要介绍在电力系统应用最为普遍的固体固定相，即吸附剂。

一、固体吸附剂的特点

在气固色谱中，以固体吸附剂为色谱柱填料，其所分析样品的主要对象为永久性气体和低分子量烃类气体混合物。

1. 有较大的比表面积

固体吸附剂的比表面积一般大于 $200m^2/g$，有的甚至达到 $1000m^2/g$，对多种物质有很强的吸附性。因此不宜用于分析液态样品，而较适用于气态样品的分析。

2. 有较好的选择性

不同的气态组分在固体吸附剂上的吸附热差值往往较大。因此，在气液色谱中溶解度很小、难以分离的气态混合物样品，在固体吸附剂上却能很好地分离。

3. 有良好的热稳定性

固体吸附剂所能承受的温度上限比仪器和被测样品所能承受的温度上限还要高。因此几乎不存在流失问题，这对使用高灵敏度检测器而又需要获得稳定基线的分析尤为重要。

4. 使用方便

大部分固体吸附剂价格低廉，而且制备色谱柱工艺简单，可以直接使用。使用中，若分离效能降低了，可通过简单的再生活化就可重复使用。

二、常用固体吸附剂

固体吸附剂的种类很多，但能用于色谱分析的数量却很少。其主要原因是：吸附剂的机械强度较差，制备时容易破碎而影响柱效；不同厂家的或不同批号的同一种吸附剂质量差异较大，难以制备性能完全一样的色谱柱；在较高温度下使用时，因存在催化活性中心而使组分峰形发生畸变；由于吸附容量大，对某些组分容易发生永久性吸附而降低柱效。

尽管固体吸附剂存在着上述缺点，但其在永久性气体和低分子烃类气体分离上的优势，却是液固色谱难以比拟的。

目前，在色谱分析上常用的固体吸附剂主要有硅胶、氧化铝、活性碳、分子筛等。

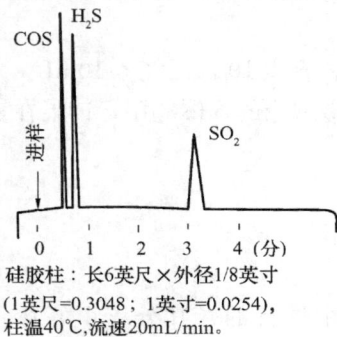

图 6-13　硫化物的分析实例

硅胶柱：长6英尺×外径1/8英寸
（1英尺=0.3048；1英寸=0.0254），
柱温40℃，流速20mL/min。

1. 硅胶

色谱用硅胶的比表面积在 $800\sim900m^2/g$ 之间，平均孔径小于 $10\sim70Å$。主要用于硫化物、二氧化碳及其他气态混合物的分析。图 6-13 是硫化物的分析实例。

为了改善硅胶的分离性能，可以把硅胶制成多孔微球，国产色谱硅胶有 DG 系列的多孔硅胶产品，国外的商品名称有 Porasil、Sphrosil 和 Chromosil 等。

2. 氧化铝

色谱用氧化铝的比表面积在 $200m^2/g$ 左右，其热稳定性和机械强度都很好。

氧化铝吸附剂一般用于 $C_1\sim C_4$ 气态烃类及其异构体的分析。组分在氧化铝吸附剂的保留值及选择性，与其水分含量有很大的关系。当使用温度高、分析时间长、水分流失多时，因表面活性增强，组分峰出现拖尾。此时需对其进行钝化，以保持其活性稳定。钝化方法是：将载气通过含 10 个结晶水的硫酸钠（或 5 个结晶水的硫酸铜）后，再进入氧化铝色谱柱，为改善其重现性也可用碳酸氢钠进行处理。

3. 炭质吸附剂

炭质吸附剂有活性炭、石墨炭和炭分子筛 3 类。

（1）活性炭。活性炭是最早应用于色谱分析的固体吸附剂之一。它一般是用天然物质，在高温、缺氧的条件下制备而成的。

色谱分析常用的椰壳炭就是活性炭的一种。其比表面积在 $800\sim1000m^2/g$ 之间。由于组分在活性炭上的吸附热大，通常用于分析永久性气体和低沸点烃类，不宜分析高沸点组分和活性气体。组分在活性炭上的保留值重复性差，拖尾现象较为严重。可分离空气、一氧化碳、甲烷、二氧化碳、乙炔、乙烯等混合物。

（2）石墨炭。石墨炭主要用于分离 $C_1\sim C_{10}$ 醇、游离脂肪酸、酚、胺、烃、硫化氢和二氧化硫等组分，对某些异构体也有很好的分离能力。

（3）炭分子筛。炭分子筛也称多孔炭黑，因其微孔结构与分子筛相似，故被称为炭分子筛。它是用偏聚氯乙烯小球，经高温热解处理后得到的残炭物质。国产的商品名为 TDX 系列，国外的商品名有 Carbosieve 系列。

炭分子筛的分离特点是：分离醇、醛、水和其他短链化合物时，能得到对称的组分峰；水一般在有机物之前流出，有利于微量水分分析；在单一色谱柱上，就能把氧、氮、一氧化碳、甲烷和二氧化碳分离，而其他固体吸附剂却较为困难，见图 6-14；饱和程度不同的烃类组分，按一定的规律顺序分离，一般同炭数烃类，饱和组分保留时间长，见图 6-15。

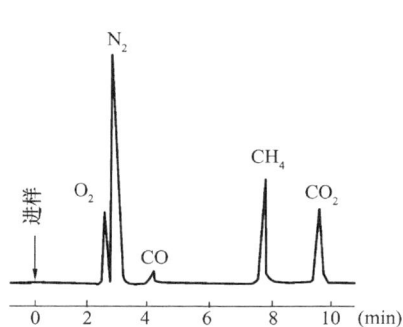

Catbosleve B,9英尺×1/8英寸，
柱温30℃ min，至175℃，
流速60mL/min

图 6-14　氧、氮等气体在炭分子
筛柱上的分离实例

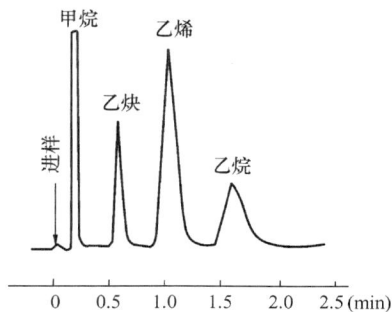

Carbosieve B,长3英尺×内径2mm，
U形玻璃柱，柱温150℃，
N₂流速40mL/min

图 6-15　低分子烃类气体在炭分子
筛柱上的分离实例

4. 分子筛

分子筛是一种强极性吸附剂，其在永久性气体和烃类分析中，具有重要地位。

（1）分子筛的组成。分子筛是一种合成的硅铝酸盐，其基本化学组成是：

$$(MOM')O \cdot Al_2O_3 \cdot SiO_2 \cdot YH_2O$$

式中　M——二价阳离子，如 Ca、Sr、Ba 等；

$\quad\quad$ M′——一价阳离子，如 Na、K、Li 等；

$\quad\quad$ Y——结晶水数量。

气相色谱中常用的分子筛吸附剂是 Na 型（4A、13X）和 Ca 型（5A、10X），其数字表示平均孔径的大小，如 4A 分子筛，表示孔径为 4Å（$1Å = 10^{-8}$ cm），其化学组成为：

$$Na_2O : Al_2O_3 : SiO_2 = 1 : 1 : 2$$

当其中 3/4 的 Na 被 Ca 置换后，就成为 5A 分子筛。X 型的化学组成与 A 型相似，只是硅铝比高一些。

分子筛是一种规则的结晶，可制成颗粒状和球形。高温加热后，结晶水从硅铝骨架上逸出，留下一定大小和均匀分布的孔穴。试验表明，分子筛从 260℃开始脱去结晶水，故活化温度应在 300～600℃之间。

分子筛是一种比表面积很大，极性很强的吸附剂。其外比表面积为 $1～3m^2/g$，而内比表面积为 $700～800m^2/g$。

（2）分子筛的分离机理。关于分子筛的分离机理，有人认为它是对不同直径的分子，起过筛作用，即分子直径小于孔穴直径的分子可以被吸附，而大于孔穴直径的分子则不被吸附，分子筛的名称也是由此而来的。

然而试验证明，分子筛不但能够分离比分子筛孔径小得多的永久性气体混合物；而且也能分离一些分子量较大，且分子直径远大于孔穴直径的烷烃，因此筛分机理无法解释。

现代分析认为，分子筛的分离作用是基于分子筛的极性，而非过筛作用。组分在分子筛上的分离顺序，主要是由组分在分子筛上的吸附热和吸附速度决定的。不管分子直径的大小，分离都是由分子筛外表面的极性吸附作用决定的。图 6-16、图 6-17 分别是氧、氮在 13X 和 5A 色谱柱上的分离实例。

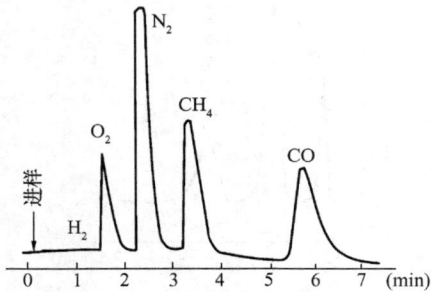

45/60目5A分子筛,长6英尺,柱径1/8
柱温22℃,氩气流速20mL/min。

图 6-16　氧、氮在 13X 色谱柱上的分离实例

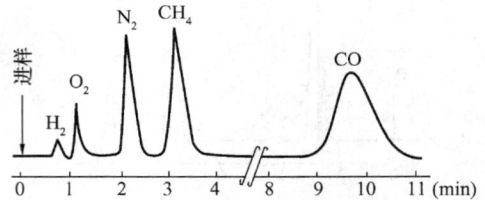

45/60目5A分子筛, 3英尺×1/8英寸,
柱温22℃,氩气流速20m1/min。

图 6-17　氧、氮在 5A 色谱柱上的分离实例

（3）分子筛结晶水的含量与分离作用的关系。分子筛本身是一种良好的干燥剂，它很容易从与其所接触的介质中吸收水分。吸水后的分子筛由于水分占据了它的活性孔穴，因而其活性降低，分离作用变差，这是分子筛柱不稳定的主要原因。

另外，由于分子筛是一种强极性吸附剂，对一些极性组分，如水分、二氧化碳、氨等有不可逆吸附作用，应设法避免或降低与其接触，否则会引起色谱柱的"中毒"，而降低或失去分离能力。

分子筛的水分含量对某些组分的保留时间影响很大。如 13X 分子筛在含水量较高时，一氧化碳先于甲烷流出色谱柱；而含水量较低时，则甲烷先于一氧化碳流出色谱柱。

三、新型合成固体吸附剂

天然吸附剂由于其结构上的弱点和表面的不均匀性，都直接影响了色谱柱效率和选择性，限制了其应用范围。为了克服天然吸附剂的缺点，发展起了一种较为理想的合成固体固定相——高分子多孔微球。

高分子多孔微球固定相，既可以高温活化后直接作为吸附剂使用，也可作为载体涂上固定液后，再用于分离。

这类固定相常用苯乙烯－二乙烯苯共聚物、乙基乙烯基苯－二乙烯基苯共聚物，在交链共聚过程中，引入含有特种官能团的单体，则可有效的控制共聚物表面的化学特性（极性）。

高分子多孔微球的比表面积一般在 $100\sim800\text{m}^2/\text{g}$，堆积密度为 $0.2\sim0.4\text{g}/\text{cm}^2$。国内的商品名为 GDX 系列，国外主要有 Chromosorb 系列和 Poropak 系列。图 6-18、图 6-19 分别是 GDX-502 柱、PoropakN 柱分析油中溶解气体组分含量的分离实例。

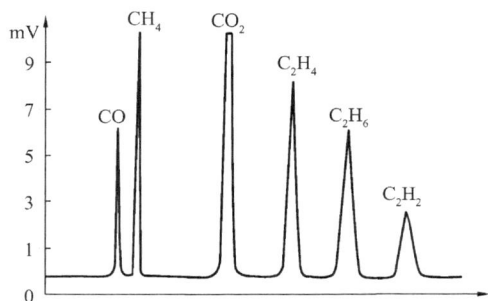

图 6-18　GDX-502 柱分析油中溶解气体
组分含量的分离实例

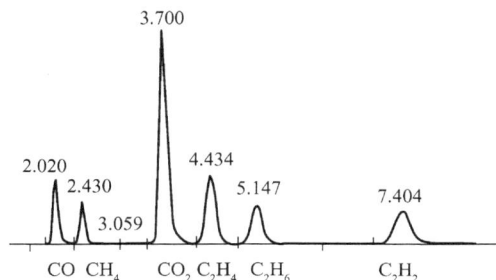

图 6-19　PoropakN 柱分析油中溶解气体
组分含量的分离实例

四、固体吸附剂的联合使用

在实际分析中，用单一种类的固体吸附剂色谱柱，有时很难完成给定的分析任务，这时需要根据每种固体吸附剂的分离特点，串联或并联用不同吸附剂填装的色谱柱。

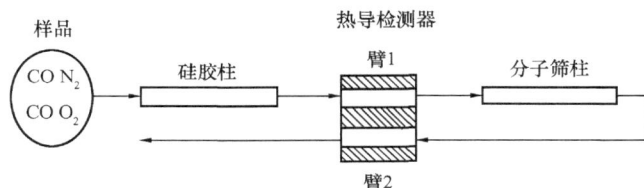

图 6-20　硅胶柱与分子筛柱串联使用

例如含氧气、氮气、一氧化碳和二氧化碳的混合样品，在一般操作条件下，很难用单一的分子筛柱或硅胶柱进行完全分离。因为混合气体中的二氧化碳组分，易被分子筛柱永久吸附而难以分析；硅胶柱能够分离二氧化碳，却难以分离其他组分。然而用如图 6-20 所示的方式把两者串联使用，则可得到如图 6-21 所示的完整分离图谱。

在该分析案例中，载气把混合样品先带入硅胶柱，其他组分因不被保留，先流出色谱柱，二氧化碳被保留则后流出，在热导检测器臂 1 上，得到混合组分峰和二氧化碳峰；当全部组分由载气带入分子筛柱后，二氧化碳被永久吸附，而其他组分得到分离，分离的组分被热导检测器臂 2 检测出来。

图 6-22 是利用三通阀分离的实例。其工作流程是：首先把两个三通阀置于硅胶柱与分子筛柱串联状态，当其他组分离开硅胶柱后，把两个三通阀均置于旁通位置，待二氧化碳被硅胶柱分离检测出来以后，再次把两个三通阀均置于串联位置，用分子筛柱分离出其余组分。

需要强调指出的是，虽然图 6-20 和图 6-22 均能分离含有二氧化碳的混合样品，但图6-22 的分析流程更为合理，因为这一流程有效地保护了分子筛柱不受二氧化碳的影响，提高了分子筛柱的使用寿命。

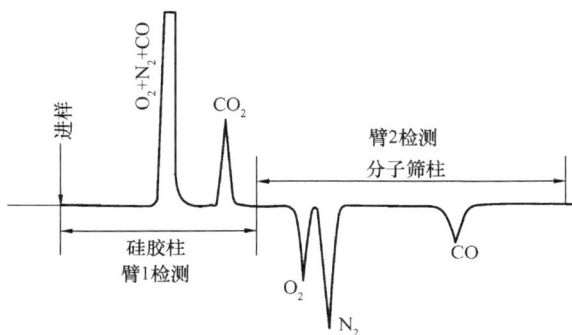

图 6-21　硅胶柱与分子筛柱串联使用得到的分析图谱

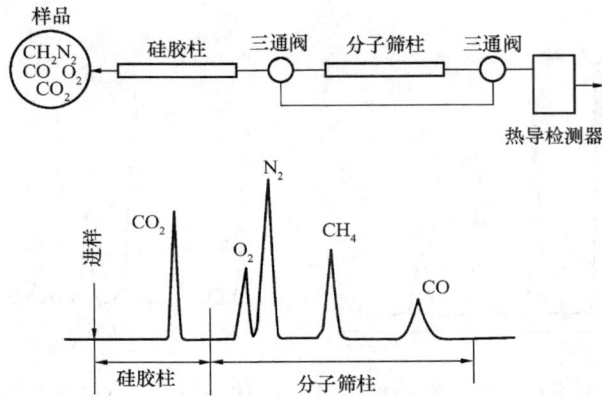

图 6-22　利用三通阀串联和旁路分子筛柱分析流程

第五节　气相色谱仪

气相色谱分析就是利用气相色谱仪，将混合物样品用色谱柱分离成单组分，然后经检测器把组分信息转化为电信号，由记录装置绘出色谱流出曲线，根据曲线上代表组分谱峰的保留时间定性、峰面积（或峰高）定量。

一台气相色谱仪一般包括 3 大部分，即分离系统、检测系统和数据处理系统。图 6-23 是气相色谱仪流程方框图。

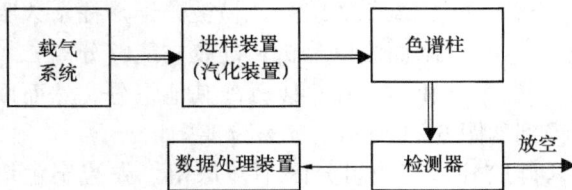

图 6-23　气相色谱仪流程方框图

分离系统的作用主要是提供必要的控制手段和方法，实现混合样品的分离。该系统包括：气路部分、进样器部分、层析室、色谱柱。

检测系统的作用主要是把分离出的组分定量转化为电子信号。该系统主要由检测器及信号放大电路组成。

数据处理系统的作用主要是采集、记录检测器输出的样品信号，并进行定性、定量计算。该系统主要由计算机或积分仪、数据采集板、数据处理软件等组成。

由于混合样品分离的好坏主要取决于色谱柱；而分离出的组分能否定量转化为电子信号则主要取决于检测器。因此色谱柱和检测器是色谱仪的核心。

一、气相色谱柱

气相色谱柱是承担把混合物分离成单组分重任的关键部分，因为混合物组分分离的好坏直接影响检测结果的误差大小。

气相色谱柱主要有填充柱和毛细管柱两类。目前电力系统在油中溶解气体分析中，虽然已有大口径毛细管柱的成功应用，但仍以填充柱色谱为主，故在下面的内容中，凡涉及色谱柱的地方，如不特别指出，均为填充柱。

对于填充色谱柱来说，其柱性能的好坏主要取决于固定相的选择和适当的填充工艺。

关于固定相的选择在上一节中已作了较为详细的介绍，在此只简单介绍色谱柱的制备工艺。

常用的色谱柱管材料主要有不锈钢管、金属铜管、聚四氟乙烯管、玻璃管等，其外径一般为 3~5mm，内径为 2~4mm。在选定柱管材料后，一般需对柱管进行化学清洗、烘干处理；然后将柱管加工成一定的几何形状，一般较短的柱子（小于 50cm）加工成 U 形，较长的柱子加工成螺旋状；在柱子的一端塞入少量的玻璃棉和铜丝团作为抵住物，防止填料漏出；将柱管塞有抵住物一端与真空泵连接，另一端装上漏斗，开启真空泵，一边抽真空，一边把干燥的填料缓慢喂入漏斗，并用木棒轻轻敲击柱管，直至装满；最后停泵，取下色谱柱，在接漏斗端塞上玻璃棉即可。

填充色谱柱的要求是：填料颗粒既不破碎，又要填得均匀实在。

另外填好的柱子在接到色谱仪上时，填入的一端接载气的入口，接真空泵的那端接检测器，切不可反接。

在色谱柱出口端接检测器前，一般要在通载气、高于正常分析柱温 50~80℃的条件下，活化 6~8h 方可使用。

色谱柱活化的目的主要是把吸附剂固定相合成时残存的或存放时吸附的杂质除去，恢复其分离活性，提高热稳定性。

二、气相色谱检测器

气相色谱检测器是一种测量、指示载气中被测组分性质及浓度变化的装置，也就是把载气中组分及其浓度变化转换成易于测量的电信号。目前，在绝缘油中溶解气体组分含量分析中，主要使用热导检测器（TCD）和氢燃离子化检测器（FID），这两种检测器实际上也是色谱分析中应用最早、最广的检测器。

1. 检测器的性能

检测器是气相色谱仪上最重要的部分，它是反映一台仪器性能高低的标志。

检测器种类很多，大致可分为积分型和微分型两类。因积分型检测器灵敏度低、不能指示保留时间而很少采用。在常用的微分型检测器中，根据其检测原理的不同，又分为浓度型和质量型两类。

浓度型检测器测量的是载气中组分浓度的瞬间变化，即响应值 R 的大小取决于载气中组分的浓度。这类检测器有热导检测器、电子捕获检测器等，其主要的特点是：当进样量一定时，组分峰高 h 基本上与载气流速 F_c 无关，而峰面积 A 与载气流速成反比，见图 6-24。

质量型检测器测量的则是载气中所携带的样品组分进入检测器速度的瞬间变化，即响应值 R 的大小取决于单位时间内载气中组分进入检测器的质量。这类检测器有氢燃离子化检测器、火燃光度检测器（FPD）等，其

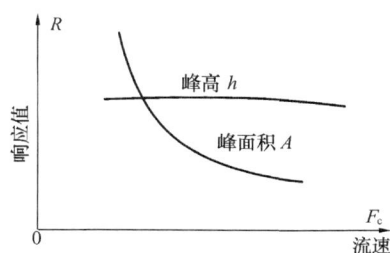

图 6-24 浓度型检测器的响应值
与流速的关系

主要的特点是：当进样量一定时，组分峰高基本上与载气流速成正比，而峰面积 A 与载气流速基本无关，见图 6-25。

（1）检测器的性能指标。检测器实际上是一种换能器，即把载气中组分的物理量（浓度、质量）转化为电量（电压、电流）输出。对检测器的一般要求是：检测灵敏度高、检测度低、线性范围宽、响应快。

1）检测器的灵敏度 S。灵敏度亦称响应值、应答值，是评价检测器性能好坏的重要指标。

实验表明，一定浓度（质量）的样品，进入检测器后就产生一定的应答电信号，若以进

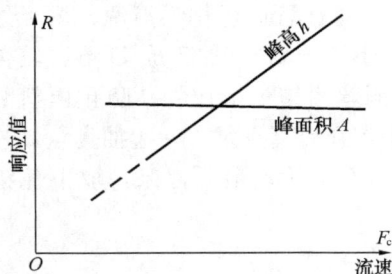

图 6-25　质量型检测器的响应值
　　　　　与流速的关系

样量 Q（mg/mL 或 g/s）对检测器响应信号 R 作图，就可以得到一条通过零点的直线（见图 6-26），该直线的斜率就是检测器的灵敏度，故灵敏度的定义是：响应信号对进样量的变化率。因此灵敏度可用下式表示：

$$S = \Delta R / \Delta Q \tag{6-13}$$

式中　ΔR 取 mV；ΔQ 取 mg/mL 或 g/s。

在实际应用中，R 值常用色谱工作站给出的峰面积 A（μV·S）进行计算，因此经数学推导，浓度型检测器的灵敏度可用下式计算：

$$S_c = (F_c A \cdot 10^{-3})/(60W) \tag{6-14}$$

式中 S_c 为浓度型检测器的灵敏度，若进样量 W 用进样体积（mL）表示，则灵敏度的单位为 mV·mL/mL；若进样量 W 用进样质量（mg）表示，则灵敏度的单位为 mV·mL/ mg。因此 S_c 的物理意义是：每毫升载气中，含有 1mL（或 1mg）样品通过检测器时，所产生信号的毫伏数。

同样质量型检测器的灵敏度可以用式（6-15）计算：

$$S_m = (A \times 10^{-3})/W \tag{6-15}$$

式（6-15）中 S_m 为质量型检测器的灵敏度，进样量 W 必须换算为纯物质的质量（g），其单位为 mV·S/g。其所表示的物理意义为：每秒钟有 1g 样品通过检测器时，产生信号的毫伏数。

从式（6-14）和式（6-15）中可知，进样量一定时，浓度型检测器的灵敏度与载气流速成正比，而质量型检测器的灵敏度与载气流速无关。

2）检测度 D。理论上，检测器的输出信号可由电子放大器放大到几乎任何数值，这样检测器的灵敏度也可达到希望的任何水平。而实际上，单靠提高检测器的放大倍率来提高灵敏度的做法，在检测上是毫无意义的。因为检测器的输出信号都伴有噪声，电子放大器本身也有噪声，在放大检测信号的同时，噪声也同样放大了，当达到某一数值后，噪声甚至能够掩盖检测信号。故此，噪声就限定了检测组分的浓度或质量流速。换句话说，对某一组分，低于一定的浓度或质量流速，检测器就难以检出。

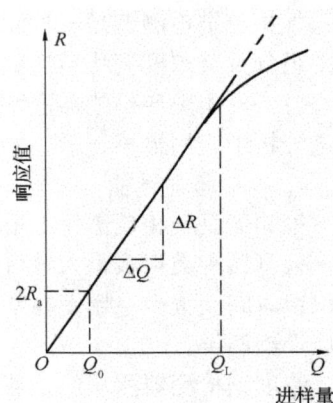

图 6-26　检测器响应信号 R 与
　　　　　进样量 Q 的关系

噪声通常分为两类：一类为短期噪声，它是在一条有限的宽度内，由相当快的笔振幅或无规则的毛刺组成的；第二类是所谓的长噪声，它是波动周期大于几分钟的噪声，如果单方向的长噪声波动就称为漂移。一般所说检测器的噪声，指的是短期噪声，其大小可由波动的宽度来确定，常用 R_n 表示，见图6-27、图 6-28。

对于一个检测器来说，不仅要看其灵敏度的高低，还要看其检测度的大小。检测度也称敏感度，是指检测

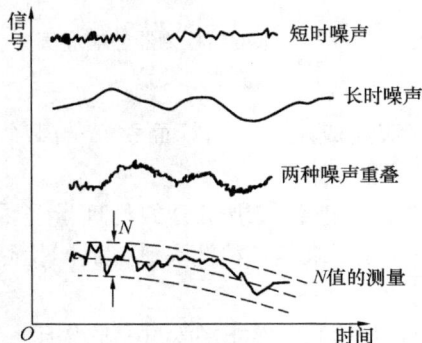

图 6-27　基线噪声

器恰能产生二倍于噪声信号（峰高，mV）时，单位时间（s）或单位体积引入检测器的最小物质量。其计算式为：

$$D = 2R_n/S \qquad (6-16)$$

式中　　$2R_n$——总机噪声，mV；

　　　　S——检测器灵敏度；

　　　　D——检测器检测度，浓度型检测器（D_c）的单位为 mg/

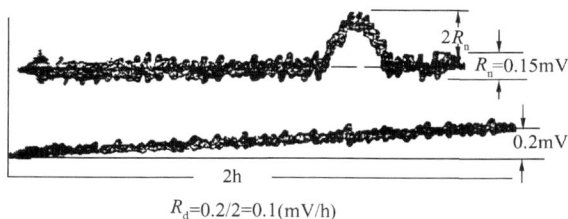

$R_d=0.2/2=0.1(mV/h)$

图 6-28　基线噪声与漂移

mL 或 mL/mL；质量型检测器（D_m）的单位为 g/s。

一个被测组分必须达到一定的量，才能在检测器上产生恰能大于二倍噪声的信号，而从背景噪声中鉴别出来，这个量称为最小检测量 W_{min}。最小检测量除以进样体积或进样质量，即为最小检测浓度，其物理意义是在一定进样量时，色谱分析所能检测出的最低浓度。

理论和试验都证明：检测度受噪声制约；最小检测浓度与谱峰的半宽、检测度成正比，与色谱柱所允许的进样量成反比。正是由于最小检测浓度是与色谱分析条件相关的物理量，因此仪器的出厂指标大多采用灵敏度与检测度，而不采用最小检测浓度。

（2）检测器的线性范围。定量分析取决于载气中的样品浓度或质量与检测器响应值之间的线性关系。而检测器的线性范围定义为：检测器响应值与样品浓度或质量呈线性时，最大与最小进样量之比；或最大允许进样量与最小检测量之比。

在定量分析中，检测器的线性范围指标非常重要，其主要原因是：①较大的线性范围意味着可以忽略进样过量的问题，而且还能精确地检测痕量物质；②在已知的线性范围内检测时，可以通过较少的标准标定试验点（甚至单点），做出比较准确的标定曲线，方便样品的定量。

实验表明，一个线性检测器若浓度（或质量）与响应值的标定直线通过原点，斜率近似为 1.0，定量分析的结果最佳。

当所进的样品浓度（或质量）处于线性范围之外，就称为检测器过载，注意这与色谱柱过载是完全不同的两个概念。

在电力系统，绝缘油中溶解气体组分含量分析所用的检测器中，FID 检测器的线性范围宽，达 10^7；而 TCD 检测器的线性范围较窄，仅为 10^4。

（3）检测器的选择性。检测器按选择性来分类，有通用型和专用型（选择型）两种。通用型检测器对进入检测器的任何化合物都产生响应信号，如 TCD；而专用型检测器则只对特定类型的化合物才有响应信号，如 FID、FPD。

一般来说，通用型检测器应用面广，但检测灵敏度低；而专用型（选择型）检测器则正好相反，应用面窄，但检测灵敏度高。故对通用型检测器来说，提高检测器的灵敏度是检测器发展的重要方向；而对专用型（选择型）检测器而言，进一步提高检测器的选择性，进而进行基团定性分析则是其主要研究课题。

2. 检测器

目前在气相色谱分析上使用的检测器种类很多，现主要介绍绝缘油油中溶解气体组分含量分析所用的两种检测器，即 TCD 和 FID。

（1）热导检测器（TCD）。热导检测器是利用检测物质与载气有不同的热导系数原理制成的一种通用型浓度检测器。

一般热导检测器都是由安装在热导池体上的热敏元件（热导臂）所构成的惠斯登电桥。图 6-29 是热导池构造示意图，图 6-30 是常用的四臂热导检测器惠斯登电桥。图 6-31 是热导检测器检测原理示意图。

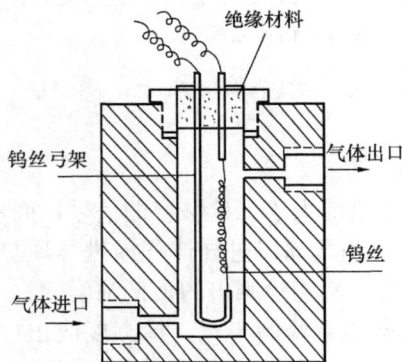

图 6-29   热导池构造示意图

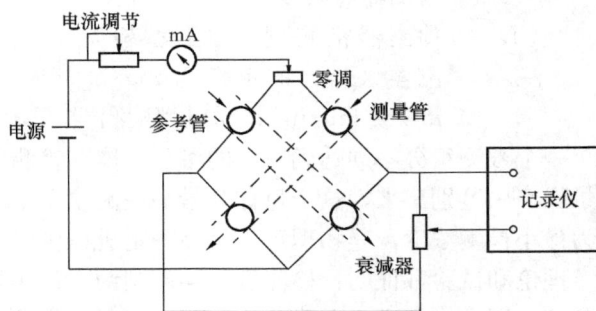

图 6-30   四臂热导检测器惠斯登电桥

当只有载气通过热导检测器中的参考臂和测量臂时，载气从参考臂和测量臂带走的热量相同，因而两臂的热敏元件温度不变，其电阻值也不变，电桥保持平衡，没有信号输出；当

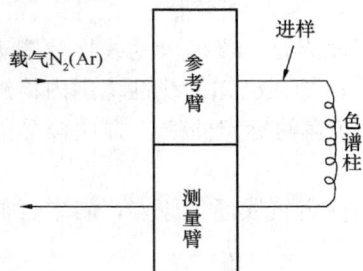

图 6-31   热导检测器检测
原理示意图

从参考臂后的进样器中注入样品气时，流过参考臂的只有载气，而流过测量臂的气体却是载气和样品气，因流过两臂气体的组分发生了变化，导致气体的热导系数发生了改变，因而气体从两臂带走的热量也就不同，导致两臂热敏元件的温度不同，其电阻值也不同，电桥失去平衡，就会有信号输出，这个信号的大小就反映了进样组分的含量。

热导检测器有恒电流和恒热丝温度检测器之分。国产热导检测器基本上都是恒电流检测器，即在惠斯登电桥上施加一个恒定的电流，其热敏丝的温度是随载气中气体的组分变化而改变的，最终测量的是因热丝温度变化，引起电阻值变化，最终导致的信号变化；国外的热导检测器大多是恒热丝温度检测器，即在测量过程中热丝温度是恒定的，载气从热丝带走的热量是通过改变施加的电流进行补偿的，最终测量的是维持热丝温度不变的补偿电流的大小。

对于给定的色谱仪的热导检测器，在一定范围内，恒电流检测器通过增加热丝电流来提高检测灵敏度；恒热丝温度检测器则通过提高热丝温度来提高检测灵敏度。前者在不通载气时，检测器的热丝会因温度持续升高，造成热丝的熔断而烧毁；而后者，因不通载气时热量没有损失，补偿电流不会增加，热丝维持恒定的温度而没有熔断的危险。

恒热丝温度检测器除了安全性高外，其灵敏度也较高，是热导检测器的发展方向。

（2）氢焰离子化检测器（FID）。氢焰离子化检测器是一种专用型质量检测器，主要用于测定含碳有机化合物。

氢焰离子化检测器主要由喷嘴、发射极（极化极）、收集极三部分组成，其结构参见图6-32。

以氢气与空气燃烧生成的高温火焰为能源，当含碳有机物通过喷嘴进入火焰时，火焰高温把含碳有机物离子化，形成大量带电离子，带电离子在火焰周围施加的静电场作用下，定向流动形成离子流，离子流被收集极收集，通过高阻采集，经放大器放大输出至记录仪或数据处理装置。

对于给定色谱仪的氢焰离子化检测器，其检测灵敏度主要受氢气、空气及载气流量的影响。从氢焰离子化检测器的离子化机理来说，选用合适的 H_2/AIR 流量比对提高检测器的检测灵敏度非常重要。

图 6-32　氢焰离子化检测器的结构示意图

另外氢气、空气供应的方式对检测器的灵敏度也有显著的影响。试验表明：燃气、助燃气混合后通过喷嘴进入（尾吹）检测器预混燃，比燃气、助燃气不通过喷嘴供应的火焰灵敏度高，表 6-3 是不同气体供应方式的对比试验数据。

表 6-3　　　　　　　　　　尾吹气对检测灵敏度影响的对比试验数据

载　气		尾吹气		峰　高	相对峰高
载　气	流量 mL/min	尾吹气	流量 mL/min	mm	
H_2	40	—	—	48	1.00
N_2	40	H_2	40	124	2.58
H_2	40	N_2	40	135	2.80
H_2	40	AIR	40	252	5.20

第六节　气相色谱的定性、定量分析

气相色谱分析一个混合样品时，总是要先用色谱柱进行分离；再根据检测器输出信号—谱峰的特征参数进行定性鉴定；最后根据谱峰的峰高或峰面积的大小进行定量。有人把这种色谱分析的程序称为色谱分析的"三步曲"。

一、定性分析

所谓色谱的定性分析，通俗地讲就是确定色谱流出曲线上的某个色谱峰代表的是个什么组分，或者说是一种什么物质。

客观地讲，气相色谱法是一种强有力的分离方法和定量分析方法，但其定性能力则受许多条件限制，不是其强项。在定性方面，远不如光谱、质谱及核磁共振等分析技术。但这并不表示气相色谱法不能定性，在一定的条件下，气相色谱法也具有定性鉴定的能力。

在气相色谱定性分析中，最常用的是保留时间定性法。组分保留时间 t_R 与分子结构有关，但两者间相关规律远未阐明。因为色谱信息少，响应信号缺乏典型的分子结构特征，不

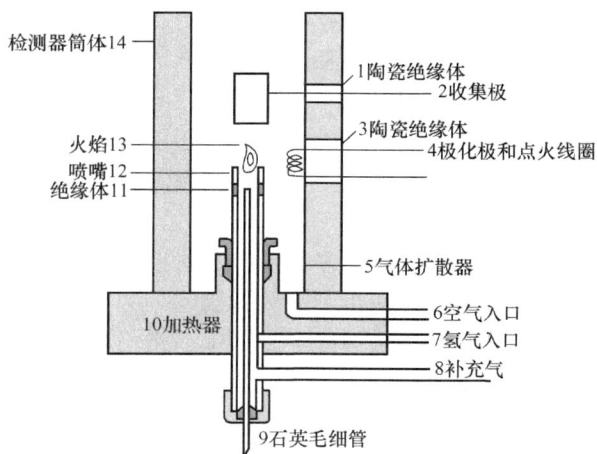

能鉴定未知的新的化合物，只能鉴定已知的化合物。

在一定的色谱系统和操作条件下，每种物质都有一定的保留时间，如果在相同色谱条件下，未知物的保留时间与标准物质相同，则可初步认为它们为同一物质。

为了提高定性分析的可靠性，还可进一步改变色谱条件（分离柱、流动相、柱温等）或在样品中添加标准物质，如果被测物的保留时间仍然与标准物质一致，则可认为它们为同一物质。

同一样品可以采用多种检测方法检测，如果待测组分和标准物在不同的检测器上有相同的响应时间，则可初步判断两者是同一种物质。

保留时间定性法的优点是简单、实用；缺点是只适用于已知物，且需要有纯样品。

二、定量分析

气相色谱定量分析的依据是：被测物质的量与它在色谱图上的峰面积成正比，即在一定条件下，被测组分物质的含量与检测器输出信号所形成的峰面积呈线性关系：

$$W_i = f_w A_i \tag{6-17}$$

式中　　W_i——被测物质的含量；

　　　　f_w——被测物质的重量校正因子；

　　　　A_i——被测组分的峰面积。

或者

$$C_i = f_i A_i \tag{6-18}$$

式中　　C_i——被测物质的浓度；

　　　　f_i——被测物质的体积校正因子；

　　　　A_i——被测组分的峰面积。

由式（6-17）和式（6-18）可知，只要求出被测组分的定量校正因子及峰面积，就可得到被测组分的含量或浓度。

1. 峰面积的测量

峰面积是微分色谱图上给出的基本定量数据，峰面积测量的准确性直接影响定量误差的大小。然而，在色谱分析方法的发展过程中，峰面积的准确测量曾经一直是困扰色谱分析工作者的大问题。

由于色谱组分峰是一个高斯正态分布曲线（或近似高斯正态分布曲线），其峰面积的准确测量非常困难。为此，人们采用了峰高、峰高乘半峰宽、峰高乘保留时间等多种参数来替代峰面积参数，用以计算组分的含量。当然，由于上述参数只是峰面积的近似替代参数，其定量误差往往较大。

客观地说，只有计算机技术应用于色谱分析以后，峰面积的准确测量问题才得以彻底解决，色谱分析的定量准确性才有了质的飞跃。现在数据处理软件（工作站）可以非常容易地给出包括峰高和峰面积在内的各种数据参数，因此采用峰面积进行定量分析就变得容易、简单而准确。

2. 校正因子的测量

大量的试验表明，同一物质在不同类型检测器上的响应值是不同的，而不同物质在同一检测器上的响应值也是不同的。为了得到检测器的响应值与物质含量的关系，就必须对响应值进行校正，这个值就是定量校正因子。它实际上是组分含量与峰面积曲线图上的斜率，见图 6-33。

校正因子有绝对校正因子和相对校正因子之分。

（1）绝对校正因子。绝对校正因子 f_i 为单位峰面积所对应的被测物质的浓度（或质量），即

$$f_w = W_i/A_i \qquad (6-19)$$

$$f_i = C_i/A_i \qquad (6-20)$$

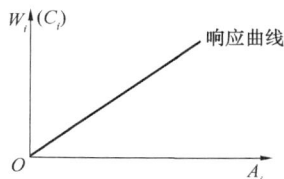

图 6-33　组分含量与峰面积曲线图

绝对校正因子是由仪器的灵敏度决定的。一般来说，在一定条件下，绝对校正因子越小，检测灵敏度越高。

绝对校正因子受实验条件的影响，定量分析时必须与实际样品在相同条件下测定。

（2）相对校正因子。在色谱分析过程中，如有被测物的标准物质，就可求得该物质的绝对校正因子，当然定量分析就变得简单易行。然而，在实际分析中，常遇到找不到被测物标准物质的情况，此时就需要借助相关专业文献资料，通过相对校正因子来进行定量分析。

相对校正因子 f'：某物质 i 与一选择的标准物质 S 的绝对校正因子之比。即

$$f' = \frac{f_i}{f_s} \qquad (6-21)$$

相对校正因子又有相对重量校正因子和相对克分子校正因子之分。

若进样量以重量（或质量）表示时，得到的相对校正因子就是相对重量校正因子，其计算公式如下：

$$f'_w = f_{iw}/f_{sw} = (A_s W_i/A_i W_s) \qquad (6-22)$$

式中　A_s——标准物的峰面积；

　　　A_i——被测物的峰面积；

　　　W_i——被测物的重量；

　　　W_s——标准物的重量。

若进样量以克分子数表示时，得到的相对校正因子就是相对克分子校正因子，其计算公式如下：

$$f'_M = f_{iM}/f_{sM} = (A_s W_i M_s/A_i W_s M_i) = f'_w(M_s/M_i) \qquad (6-23)$$

式中　M_i——被测物组分；

　　　M_s——标准物的分子量。

由于 1g 分子物质气体的体积，在标准状况下是一常数，均为 22.4L，故以体积表示的相对校正因子与相对克分子校正因子相同。

在色谱分析仪器领域，为了用户比较不同制造商产品检测器的灵敏度的差异，都给出了对相同标准物质的灵敏度或检测限。我国规定表示热导检测器（TCD）灵敏度的标准物质为苯；氢焰离子化检测器（FID）检测限的标准物质为正庚烷。在有关文献中，分别给出了这两种检测器以苯和正庚烷为标准物质的其他气体组分的相对校正因子，见表 6-4。

相对校正因子只与检测器类型有关，而与色谱操作条件无关，从理论上来说，是完全可

以直接引用的。

表 6-4　　　　　　　　　常用物质 TCD、FID 检测器的相对校正因子

化合物名称	TCD 检测器		FID 检测器	分 子 量
	f'_M	f'_w	f'_w	
CH_4	2.80	0.45	1.03	16
C_2H_6	1.96	0.59	1.03	30
C_2H_4	2.08	0.59	0.98	28
C_2H_2	—		0.94	26
N_2	2.38	0.67	—	28
O_2	2.50	0.80	—	32
CO_2	2.08	0.92	—	44
CO	2.38	0.67	—	28
H_2O（水蒸气）	3.03	0.55	—	18
C_6H_6（苯）	1.00	0.78	0.89	78
C_7H_{16}（正庚烷）	0.98	0.71	1.00	102

注　表中所列数据均是以氢气为载气的条件下测定的，表中 $f'_w = (f'_M M)/100$。

3. 定量方法

色谱分析方法主要有归一法、内标法和外标法。这些定量方法都有其特定的使用条件，分析人员要根据仪器、样品、分析条件的情况，正确地选择不同的定量方法，否则会带来较大测量误差。

（1）面积归一化法。面积归一化法是将所有组分的峰面积 A_i 分别乘以它们的绝对校正因子后求和，即所谓"归一"，被测组分 i 的含量可以用下式求得：

$$W_i\% = \frac{f_i A_i}{\Sigma f_i A_i} \times 100\% = \frac{f_i A_i}{f_1 A_1 + f_2 A_2 + \cdots + f_n A_n} \times 100\% \tag{6-24}$$

采用归一化法进行定量分析的前提条件是，样品中所有组分都要能从色谱柱上洗脱下来，并能被检测器检测。

优点：因为是相对测量方法，故与进样量无关，定量较准确。

缺点：要求样品所有组分都要出峰，且所有组分都有标准物，否则难以求得绝对校正因子。

（2）外标法。外标法有单点校正法和标准曲线法两种。

单点校正法是将未知样品中某一物质的峰面积与该物质的标准品的峰面积直接比较进行定量。通常要求标准品的浓度与被测组分浓度接近，以减小定量误差。

其具体做法是：首先配制一个与被测组分含量十分接近的标样 $W_s\%$；然后定量进样测得 A_s；再进同样体积的未知样品，测得 A_i。根据下列公式，求未知样品的含量 $W_i\%$。

$$A_i : A_s = W_i \% : W_s \%　　　　　(6-25)$$

标准曲线法是将被测组分的标准物质配制成不同浓度的标准系列，经色谱分析后制作一条标准曲线，即物质浓度与其峰面积的关系曲线，见图 6-34。根据样品中待测组分的色谱峰面积，从标准曲线上查得相应的浓度。

标准曲线的斜率与物质的性质和检测器的特性相关，相当于待测组分的校正因子。

外标法优点：快速简单，只要待测组分出峰，且完全分离即可。

图 6-34　物质浓度与其峰面积的关系曲线

缺点：因是绝对测量，要求进样量，操作条件不变，多点校正要配系列标样。

（3）内标法。内标法是将已知浓度的标准物质（内标物）加入到未知样品中去，然后比较内标物和被测组分的峰面积，从而确定被测组分的浓度。

$$\frac{W_i}{W_s} = \frac{A_i f_i}{A_s f_s}　　　　　(6-26)$$

$$W_i \% = \frac{W_i}{W} \times 100\% = \frac{A_i f_i}{A_s f_s} \times \frac{W_s}{W}　　　　　(6-27)$$

式中　　W_s——内标物重量；

A_s——内标物峰面积；

A_i——被测物峰面积；

f_s——内标物重量校正因子；

f_i——被测物重量校正因子；

W——样品重。

由于内标物和被测组分处在同一基体中，因此可以消除基体带来的干扰。而且当仪器参数和洗脱条件发生非人为的变化时，内标物和样品组分都会受到同样影响，这样就消除了系统误差。

当对样品的情况不了解、样品的基体很复杂或不需要测定样品中所有组分时，采用这种方法比较合适。

内标物应满足如下要求：在所给定的色谱条件下具有一定的化学稳定性；在接近所测定物质的保留时间内洗脱下来；与两个相邻峰达到基线分离；物质特有的校正因子应为已知的或者可测定；与待测组分有相近的浓度和类似的保留行为；具有较高的纯度。

为了进行大批样品的分析，有时需建立校正曲线。具体操作方法是：用待测组分的纯物质配制成不同浓度的标准系列，然后在等体积的这些标准溶液中分别加入浓度相同的内标物，混合后进行色谱分析。以待测组分的浓度为横坐标，待测组分与内标物峰面积（或峰高）的比率为纵坐标建立标准曲线（或线性方程）。

在分析未知样品时，分别加入与绘制标准曲线时同样体积的样品溶液和同样浓度的内标物，用样品与内标物峰面积（或峰高）的比值，在标准曲线上查出被测组分的浓度或用线性方程计算。

内标法优点：因是相对法，不要求全出峰，全知峰。

缺点：要有内标物且浓度已知，需向样品中定量加入标准物质，要求分析人员有较高的

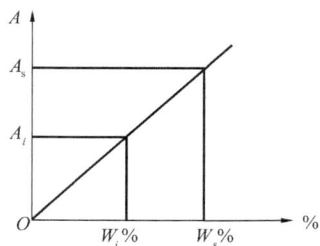

操作技术。

　　总之，归一法与内标法均属相对法，测量结果与操作条件无关，所以测试误差小；而外标法因为是绝对法，虽然操作简单，但测量误差与操作条件有关，测试误差相对较大。

思　考　题

　　1. 简述色谱法的分离原理。

　　2. 试绘出一张色谱流出曲线图，并在图上标明（或说明）组分的保留时间、调整保留时间、峰高、峰面积等参数。

　　3. 影响组分峰扩宽的主要因素有哪些？

　　4. 简述影响组分分离度的操作因素。

　　5. 简述热导检测器和氢燃离子化检测器的检测原理。

　　6. 从理论上来说，用峰高定量和峰面积定量哪种方法更好？为什么？

　　7. 组分的分离度对检测结果有影响吗？为什么？

　　8. 用热导检测器可以检测氢气、氧气、一氧化碳和二氧化碳、水分组分吗？

　　9. 用氢燃离子化检测器可以直接检测一氧化碳和二氧化碳组分吗？

　　10. 色谱分析的定量方法主要有哪几种？简述每种方法的应用条件。

第七章　绝缘油中溶解气体组分含量分析

世界上，用气相色谱法对变压器绝缘油中溶解气体组分含量分析始于 20 世纪 60 年代，国际电工委员会于 1977 年发布了 IEC567《从充油电气设备取气样和油样及分析游离气体和溶解气体的导则》，并于 1992 年进行了修订。

我国电力部门 70 年代开始进行这方面的研究探索，在此基础上，于 1986 年制订颁布了 SD 187—1986《变压器油中溶解气体分析和判断导则》行业标准，该标准涵盖了分析方法和故障诊断两方面的内容。在执行 SD 187—1996 标准过程中，电力系统的各个单位对标准中的分析方法不断进行了研究和创新，1989 年制定了独立的分析方法，即 SD 304—1989《绝缘油中溶解气体组分含量测定法（气相色谱法）》；1998 年又对 SD 304—1989 方法进行了修订、完善，形成了 GB/T 17623—1998《绝缘油中溶解气体组分含量的气相色谱测定法》。

我国在这一系列标准的制定和完善过程中，极大地推动了绝缘油中溶解气体组分含量分析方法的普及和推广，成为充油电气设备运行故障诊断的最有效的手段，在生产中发挥了巨大的作用。

第一节　油中溶解气体分析对仪器的要求

从分析的角度来说，油中溶解气体分析要求气相色谱仪的分析流程简单，分离度高；气相色谱仪的检测灵敏度高，最小检测浓度低；定量方法简单，准确性高。

一、色谱仪的配置

电力系统用于油中溶解气体的气相色谱仪，从配置上来说必须具备的硬件条件是：带有热导检测器（TCD），氢焰离子化检测器（FID）及镍触媒转化炉。

一般用热导检测器（TCD）检测 H_2、O_2；用氢焰离子化检测器（FID）检测 CO、CH_4、CO_2、C_2H_4、C_2H_6、C_2H_2。

镍触媒转化炉的主要作用就是把氢焰离子化检测器难以检测的 CO、CO_2 转化为易于测定的 CH_4，其反应式如下：

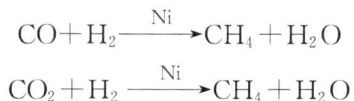

$$CO + H_2 \xrightarrow{\quad Ni \quad} CH_4 + H_2O$$

$$CO_2 + H_2 \xrightarrow{\quad Ni \quad} CH_4 + H_2O$$

为了便于数据处理，应配备专用的色谱数据处理工作站。

二、分析流程与分离度

1. 分离度

前文提到，分析样品的分离度不但与所分析样品组分浓度的差值有关，还与使用的定量参数（峰高或峰面积）及所要达到的定量误差相关。因此，在 GB/T 17623—1998《绝缘油中溶解气体组分含量的气相色谱测定法》中，没有统一提出分离度的要求。

作者认为，鉴于目前峰面积易于测定，且测量准确及其他方面的优点，绝缘油中溶解气体分析宜使用峰面积作为定量参数；由于用峰面积作定量参数，对组分的分离度要求高，建议难分离物质对（H_2/O_2、CH_4/CO）的分离度 R 应不小于 1.5。

2. 分析流程

分析流程是实现被测组分分离的手段，其分析流程设计得是否合理直接影响被测组分的分离度，分离度好是保证分析结果准确的前提和基础。

目前，国内使用的分析流程主要有下述几种。

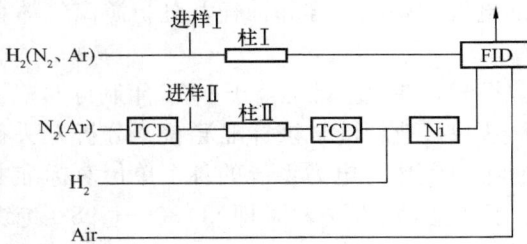

进样Ⅰ：（FID）分离和检测 C_1、C_2 组分
进样Ⅱ：分离 H_2、O_2、CO、CO_2，用 TCD 检测 H_2、O_2，
　　　　用 FID 检测经转化后的 CO、CO_2。
图 7-1　双柱双气路两次进样流程

（1）双柱双气路并联两次进样流程。该流程是 GB/T 17623—1998 标准方法推荐的流程之一，见图 7-1。

该流程的特点是：采用双柱双气路，分两次进样，完成对 H_2、O_2、CO、CO_2、CH_4、C_2H_4、C_2H_6、C_2H_2 组分的分析。一路载气（N_2）把进样口Ⅰ的样品带到柱Ⅰ（常用 $60\sim80$ 目的 GDX-502 载体，内径 3mm，柱长 3m），经分离后的 CH_4、C_2H_4、C_2H_6、C_2H_2 组分气体被 FID 检测器检测出来；另一路载气（N_2）把进样口Ⅱ的样品带到柱Ⅱ（常用 $60\sim80$ 目的 TDX-01 载体，内径 3mm，柱长 $0.5\sim1.0$m），经分离后的 H_2、O_2 组分被 TCD 检测器检出，分离出的 CO、CO_2 气体组分则经过转化炉加氢后，以甲烷的形式被 FID 检测器检出。

该流程的优点是：由于两路载气流量可分别控制，各组分离度易于保证；缺点是：因需要两次进样，所需脱气量大，且 TDX-01 柱分离出的 CO_2 的峰形较宽、易于拖尾，配用数据处理工作站处理数据较为麻烦。

（2）双柱并联一次进样分流流程。该流程有一次分流和两次分流流程之分。图 7-2 为双柱并联一次进样两次分流双检测器流程；图 7-3 为双柱并联一次进样一次分流三检测器流程。

两个流程的共同特点是可在没有切换阀的仪器上，实现一次进样分析，便于配用数据处理工作站进行数据处理。

图 7-2 流程的缺点：①因需两次分流，人为地降低了仪器的检测灵敏度；②两条柱子的流量受色谱柱阻力控制，其色谱柱的配合较为困难，组分分离度难以保证；③两条色谱柱都对甲烷、一氧化碳、二氧化碳及水蒸气有分离作用，且柱 2 分离出的不需要检测的甲烷、水蒸气组分在含量较高时也会在 FID 检测器出峰，影响了其各组分的分离度。

如图 7-2 所示流程是在如图 7-3 所示流程基础上改进形成的。该流程因增加了一个

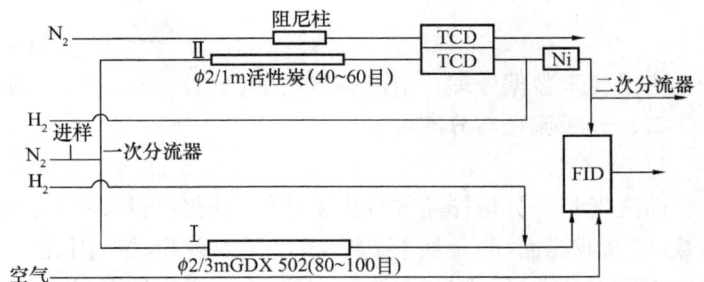

图 7-2　双柱并联二次分流流程

FID 检测器，克服了如图 7-2 所示流程中组分不易分离，两条色谱柱分离出的组分在 FID 检测器形成冲突的缺点；但增加了仪器成本，且仍存在人为分流，所以仪器检测灵敏度也有所降低。

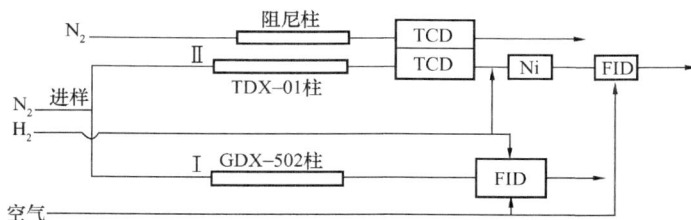

图 7-3　双柱并联一次分流流程

（3）双柱串联一次进样切换流程。该流程需要一个六通切换阀，使柱Ⅰ与柱Ⅱ串联和旁路交替进行，见图 7-4。

该流程的运行过程为：当样品气一次进样后，由柱Ⅰ阻留 CO_2 及 C_2H_4、C_2H_6、C_2H_2 以上的烃类气体，待 H_2、O_2、CO 和 CH_4 分离检出后，再由切换阀旁路柱Ⅱ，分析 CO_2 及 C_2H_4、C_2H_6、C_2H_2 烃类组分。

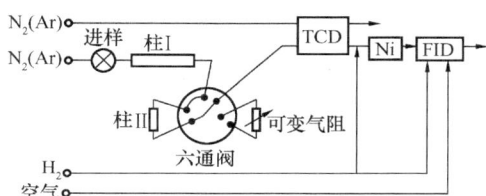

图 7-4　双柱串联一次进样切换流程

该流程的特点是：一次进样，组分的分离度高；因不需分流气体，所有被测样品组分都经过仪器的检测器，故检测灵敏度高；FID 检测器检测的组分只有两种，即 CH_4 和 C_2H_6，因为 CO、CO_2 被转化炉转化为 CH_4，而 C_2H_4、C_2H_2 被转化为 C_2H_6；便于配用数据处理工作站进行数据处理。该流程是目前较为理想的分析流程。

该流程的缺点是：需要配备自控水平较高的气相色谱仪，如 HP5890、HP6890、SP3430 型仪器等。

（4）一次进样单柱分析流程。该流程适用于自控水平高，程序升温条件好的高档气相色谱仪。该流程最好配用大口径毛细管色谱柱，填充柱也可用，见图 7-5。

一次进样单柱分析油中溶解气体组分一直是电力系统色谱分析工作者的努力方向。国内外都有报道，使用 propakN 柱或其他专利色谱填充柱，在恒温或程序升温的条件下，较好地完成了油中溶解气体组分的分析检测工作。

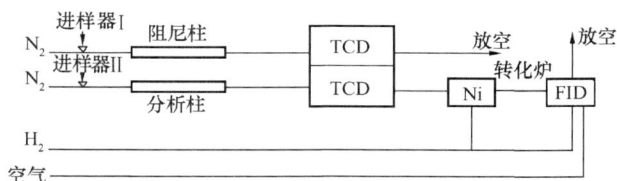

图 7-5　一次进样单柱程序升温流程

近年来，电力系统的许多单位也成功使用了大口径毛细管色谱柱，配合程序升温条件，进行油中溶解气体组分的分析检测工作。

三、检测器灵敏度

对于油中溶解气体分析，在 GB/T 17623—1998《绝缘油中溶解气体组分含量的气相色谱测定法》中，对出厂、交接设备和运行设备分别提出了最小检测浓度的要求，见表 7-1。

电力行业标准 GB/T 7252—2000《变压器油中溶解气体分析和判断导则》中，对气相色谱仪的最小检知浓度提出了表 7-2 的要求。

这一要求对于微量分析仪器来说是很高的，它实际上是应用的气相色谱仪的检测下限。客观来说，用填充柱要达到烃类气体或 C_2H_2 最小检知浓度 $\leqslant 0.1\mu L/L$ 水平是非常困难的。

表 7-1	最小检测浓度的要求	
气体	出厂、交接试验	运行试验
	20℃下的浓度($\mu L/L$)	20℃下的浓度($\mu L/L$)
氢	2	5
烃类	0.1	1
一氧化碳	5.0	25
二氧化碳	10	25
空气	50	50

表 7-2	色谱仪的最小检知浓度
气体组分	最小检知浓度($\mu L/L$)
C_2H_2	$\leqslant 0.1$
H_2	$\leqslant 5$
CO	$\leqslant 20$
CO_2	$\leqslant 30$

油中溶解气体分析的检测灵敏度不但与色谱仪检测器有关,还受变压器油脱气装置、分析流程等因素的影响。如用振荡脱气装置脱气,其检测灵敏度相对较低;使用分流流程,其检测灵敏度相对更低。

读者应明确一个概念,在实际分析中,当测出油样中的烃类气体或乙炔为 $0.1\mu L/L$ 甚至更低时,决不意味着所用的仪器就达到了 $\leqslant 0.1\mu L/L$ 的最小检知浓度要求。因为不管仪器灵敏度的高低,总会有一个浓度被检出时,其检出数值为 $0.1\mu L/L$,但其真实数值可能比实测数值高几倍甚至几十倍。

目前,国产气相色谱仪的氢焰离子化检测器(FID)的检测灵敏度与国外仪器相当,但热导检测器的检测灵敏度(TCD)则比国外仪器低得多。

第二节　油中溶解气体分析步骤和方法

实验室油中溶解气体分析一般经过设备取样、样品脱气处理、仪器标定、样品分析、数据处理和出具报告几个操作步骤。现按照上述分析过程,介绍每个步骤的操作要求和应注意的事项。

一、设备取样

要准确测定变压器油中溶解气体的组分含量,取样是重要的一环,在异常变压器的跟踪分析中,正确采样尤为重要。

在进行设备取样时,取样容器、取样方法的不同都会引起分析结果的差异。

在同一实验室对同一设备,不同时间分析结果重复性差的主要原因之一就是由取样环节造成的。

1. 取油样

由于色谱分析的对象不是变压器油,而是油中溶解的气体,这些气体在变压器油中的溶解度是各不相同的,当与外界空气接触时就会产生交换,从而产生扩散损失。因此取油样时,应满足下列要求:①从取样到脱气过程中,油中溶解的气体尽可能保持不变;②所取油样能代表充油电气设备的运行油;③取样方法简便易行。

(1)油中溶解的气体尽可能保持不变。

1)取样时油样应与空气隔绝。空气中除 O_2、N_2 外,其他气体如 H_2、CO、C_1、C_2 等可视为零。因此,当油样与空气接触时,油中溶解的气体组分将扩散到空气中,如这种接触不受限制,扩散将一直持续到建立平衡为止。

根据气体溶解平衡的原理，油中溶解的气体组分向空气扩散的损失速率与油和空气的接触面积、油中溶解气体组分的浓度成正比。即油样与空气的接触面积越大，气体组分的损失越大；油中溶解气体组分的浓度越高，气体组分的损失越高。

因此，在取样操作时，原则上要按照国标（GB/T 7597—1987）中的有关规定进行，即用 100mL 注射器，用专用的密封取样阀，在隔绝空气的条件下，在变压器油箱底部采样。

2）采样容器中不能存留空腔。盛装油样的容器内的空腔可能是取样时存留的，也可能是采样后因油温降低、油体积收缩产生的。

不管空腔是什么原因形成的，空腔的存在必将造成油中溶解气体组分的损失。这是因为只要容器中存在空腔，在容器中就形成了气—液两相的交换平衡体系，油样中的气体组分必然会扩散到空腔中，空腔的体积越大，损失得越多；样品存放的时间越长，气体组分损失得越多。实际上，这种状态与振荡脱气过程没有本质的区别，试想用已脱过一次气的样品进行分析，能得到准确的结果吗？

采样容器中存留空腔所造成的气体损失可以用式（7-1）进行估算。例如 150mL 的样品中，若存在 1mL 空腔体积，则很容易计算出其氢气的损失率为 10%。

$$E_i = V_c/(V_c + K_i V_0) = 1/(1 + K_i V_0/V_c) \tag{7-1}$$

式中　E_i——油中溶解气体某组分的损失率，%；

　　　V_c——采样容器中存留的空腔体积，mL；

　　　V_0——采样容器中的油样体积，mL；

　　　K_i——油中溶解气体某组分的溶解度系数。

从式（7-1）中可以得出这样一个结论：在油样与空气接触或样品中存留有空腔的情况下，油中溶解气体某组分的损失率与该组分的溶解度系数有关。溶解度系数越小，损失率越高；反之溶解度系数越大，损失率越低。这也在一定程度上解释了在油中溶解气体组分含量分析中，H_2、CO、CH_4 等低溶解度组分气体测定重复性差的现象。

另外，为了保持油样在脱气前不变，还应注意取样容器的气密性好，容器不吸收或渗透气体，便于避光保存，存放时间短等问题。

（2）油样能代表充油电气设备的运行油。做油中溶解气体组分含量分析时，通常都从充油电气设备底部采样，其主要原因是：①设备底部的油具有较好的代表性；②充油电气设备底部一般都设有采样口，取样方便。

变压器的运行方式虽然有自然循环和强油循环之分，但只要采样间隔不小于 24h，不管设备内部故障发生在什么部位，其底部的油都具有良好的代表性，不必考虑多点采样问题，这是已经被试验证明了的事实。有人曾对自然循环变压器做过这样的试验：在满载和空载时，分别从一个部位向设备内部注入 CH_4 和 C_2H_4 气体，然后每隔 2h 从不同采样点采样分析，结果发现在满载 6h、空载 30h 后，各采样点分析数据一致，证明充入的气体在变压器油中分布均匀。对于强油循环的变压器，由于其循环倍率远高于自然循环变压器，其溶解气体达到均匀分布的时间会更短。由此可见，对于运行的变压器，在周期分析时，根本不用考虑其设备底部采样的代表性，就是在跟踪分析时，由于其分析周期一般也不少于 12h，其设备底部采样的代表性也不存在问题。

对于充油互感器、套管等少油设备，虽然内部油品的循环性较差，但由于油量较少，且只有唯一的底部采样点，不存在多点采样问题。

从变压器循环角度来说，虽然从变压器底部取样阀采样的代表性没有问题，但要注意变压器取样管路及取样阀死体积对采样的代表性的影响。解决的办法是：采样时，应放掉取样管路及取样阀内不参与循环的死油，然后再取样。

2. 取瓦斯气样

对于内部故障能量大、产气速率高或油中溶解气体已达到饱和状态的变压器，其气体继电器积聚气体或发出信号时，除在变压器底部采样外，还应同时从气体继电器采集气体样品，以便通过分析比较，判断变压器内部是否有故障或是故障的严重程度。

在采取瓦斯继电器中气体时，也要用注射器，且在瓦斯动作后，应立即采取，马上分析。这样做的目的是：①防止故障气体回溶到油中；②避免气体组分在注射器存留过程中的扩散损失。

3. 取样容器

按照取样要求可知，取样容器应满足下列条件：①取样容器内部压力不会随油温而变化，能始终保持常压；②取样时便于与空气隔绝，取样后不产生气体空腔；③容器透明，气密性好，不易破损，便于避光保存；④便于与脱气装置连接，减少气体转移损失。

在实际工作中，很难找到完全满足上述要求的取样容器。目前较为理想的取样容器是玻璃注射器，因为注射器芯子能随油温自由滑动，既保持常压，又不会产生气体空腔；在安装专用取样阀的设备上，取样时可完全与空气隔绝，做到密闭取样；对于使用振荡脱气装置的实验室，样品无须转移，可直接使用。这也是国标采样方法规定用注射器取样的原因所在。

需要指出的是，有些单位和分析人员为了满足用注射器采样的国标要求，在不具备注射器密闭采样的设备上，先用取样瓶采用，然后再在现场将样品转移至注射器中，这种做法意义不大；有的人员在使用注射器采样后，将注射器的芯子缠绕固定，然后运输保存的做法也是错误的。

客观地说，由于受设备取样阀的限制，目前电力系统还不具备全部实施国标规定的密闭采样的条件，小口瓶溢流采样的方法的应用还十分普遍，但小口瓶采样的缺点是显而易见的，也是无法克服的。在此，建议电力运行部门对充油电气设备的取样阀门进行改造，以满足密闭采样的要求。

二、脱气

目前电力系统还不具备将采集的油样直接注入气相色谱仪，进行其溶解气体的组分含量分析的条件和水平。而通常的做法是，在实验室中用脱气装置将油中的溶解气体脱出，再将脱出的气样注入气相色谱仪中进行分析。

在做到设备密闭采样的前提下，油中溶解气体组分含量分析的主要误差来源是脱气这一操作环节。

自电力系统开展油中溶解气体组分含量分析工作以来，如何把油中溶解的气体组分定量地转移出来，一直是困扰色谱分析人员的一个大问题。为此，国内电力系统的色谱分析工作者做了大量的试验研究工作，先后研制出了水银真空脱气装置、饱和食盐水真空脱气装置、薄膜真空脱气装置、机械振荡脱气装置、全自动脱气装置(变径活塞法)等各种脱气装置。

虽然国内研制的脱气装置种类、型号很多，客观地说，直到20世纪80年代，基于溶解平衡原理的机械振荡脱气法出现以后，油中溶解气体的脱出工作才得以较好地解决。下面主要介绍国标推荐的两种脱气装置和方法，即机械振荡法(溶解平衡法)和全自动脱气方法(变径活塞法)。

1. 机械振荡平衡法(溶解平衡法)

机械振荡平衡法是洗脱法的一种。

(1) 脱气原理。根据亨利分配定律,在常压、恒温条件下,密闭系统内的气—液两相,经过一定的时间,气体组分在气相中的浓度和在液相中的浓度就会达到动态平衡,此时气体组分 i 在液体中的浓度 C_{il} 与气体中的浓度 C_{ig} 的比值是一个常数 K_i,有如下关系:

$$K_i = C_{il}/C_{ig} \tag{7-2}$$

式中的 K_i 值称为平衡分配系数。

根据物料平衡原理,可推导出液体中某溶解气体组分的浓度 X_i 为

$$X_i = C_{ig}(K_i + V_g/V_l) \tag{7-3}$$

式中　V_g——平衡条件下的气体体积,mL;

V_l——平衡条件下的液体体积,mL。

由此可见,只要测定出在平衡条件下某溶解气体组分在气相中的浓度 C_{ig},知道 K_i、V_g、V_l 的值,就可计算出液体中某组分溶解气体的浓度 X_i。

(2) 影响平衡分配系数的因素。脱出气体的浓度 C_{ig}、用油的体积 V_l 及脱出气体的体积 V_g,都是容易测量的。问题的关键是,如何求得气体在气—液两相的分配系数 K_i 值。

对油中溶解气体的分配系数来说,就是在高纯氮气与变压器油组成的密闭气—液两相体系内,在一定温度和定压力下,高纯氮气与变压器油中溶解的气体组分在两相中重新分配,达到溶解平衡后,油中溶解气体组分在变压器油中的溶解度系数。

油中溶解气体组分在变压器油中的溶解度系数与参加分配气相气体的性质、油中溶解气体组分的性质、变压器油的分子组成及平衡温度有关。

1) 参加分配气相气体的性质。每种气体在变压器油中的溶解度是不同的,其溶解度的大小与气体的性质密切相关。由于变压器油溶解气体的总量是有限的,某一气体溶解得多,必然会导致其他气体溶解得少,故参加分配气相气体的性质直接影响其他气体在油中的溶解度。也就是说采用氩气或氦气做振荡平衡的气相,得到的其他气体的溶解度系数肯定与用氮气做气相得到的数值不同。

2) 油中溶解气体组分的性质。气体在变压器中的溶解度大小,实际上取决于气体分子与变压器油分子之间范德华引力的大小。对同一变压器油而言,分子之间范德华引力的大小取决于气体分子的性质。也就是说,引力大的气体组分在油中的溶解度大,反之则溶解度小。当然气体组分在油中溶解度的大小直接影响其平衡分配系数。

3) 变压器油的分子组成。与2)相同的道理,对某一气体组分而言,分子之间范德华引力的大小取决于变压器油分子的性质。也就是说,对同一气体组分,变压器油的分子组成不同,其平衡分配系数也不同。

4) 平衡温度。溶质在溶液中的溶解度是温度的函数,一般来说,温度升高,溶解度增大。但对液体中的溶解气体组分而言,通常是温度升高,溶解度降低。

变压器油中溶解气体组分随温度的变化规律有其特殊性。试验证明,烃类、二氧化碳气体随着温度的升高,溶解度降低,平衡分配系数减小;而氢气、氧气、氮气、一氧化碳气体则随着温度的升高,溶解度增大,平衡分配系数提高。

(3) 平衡分配系数的测定。分配系数的测定方法主要有两种:一次平衡法和二次平衡

法。由于分配系数是计算油中溶解气体组分含量的重要参数，一般不要求现场试验人员自己测定，而统一采用我国电力系统有关单位协调试验的平均值，见表 7-3。

表 7-3   **50℃时国产矿物绝缘油的气体分配系数 K_i**

气体	K_i	气体	K_i	气体	K_i
氢气(H_2)	0.06	一氧化碳(CO)	0.12	乙烯(C_2H_4)	1.46
氧气(O_2)	0.17	二氧化碳(CO_2)	0.92	乙烷(C_2H_6)	2.30
氮气(N_2)	0.09	甲烷(CH_4)	0.39	乙炔(C_2H_2)	1.02

（4）机械振荡脱气法的计算。机械振荡脱气装置实际上就是为满足油中溶解气体分配平衡而设计的专用装置。它提供了恒温的条件、加快平衡的振荡手段及确定平衡时间的记时系统。

用机械振荡脱气法脱出油中溶解气体后，经色谱分析求出脱出气体的浓度 $C_{ig} = f_iA_i$，然后按照规定把其换算到 20℃、101.3kPa 标准状态下，油中溶解气体的浓度 X_i。

$$X_i = 0.929p/101.3C_{ig}(K_i + V'_g/V'_1) \tag{7-4}$$

$$V'_g = V_g[323/(273+t)] \tag{7-5}$$

$$V'_1 = V_1[1 + 0.0008(50-t)] \tag{7-6}$$

式中　p——试验时的大气压力，kPa；

　　　t——试验时的室温，℃；

　V_g——试验室温 t、压力 p 下的平衡气体体积，mL；

　V_1——试验室温 t 时的油样体积，mL；

　V'_g——校正到 50℃、压力 p 下的平衡气体体积，mL；

　V'_1——校正到 50℃的油样体积，mL；

　C_{ig}——试验压力、温度下，平衡气体的组分含量，μL/L；

　0.0008——为绝缘油的热膨胀系数，L/℃；

　0.929——油样中的溶解气体浓度校正系数（从 50℃校正到 20℃）。

（5）振荡脱气操作应注意的问题。

1）用油体积 V_1。方法规定：在室温下，将充有 45mL 油的 100mL 注射器的芯子准确调整到 40.0mL 刻度。

在方法中视 40.0mL 刻度为取了 40.0mL 油，请注意这两个概念的差别。100mL 注射器的 40.0mL 刻度所对应的容积是否为 40.0mL，需要用户校正，否则会引入较大的误差。

另外需要说明的是，用油体积不需要一定是准确的 40.0mL，为了使用上的方便，只要准确调整到 40.0mL 刻度即可，计算时使用该刻度校正后的实际容积。

若是用注射器取来的样品，按标准方法操作，调整好注射器的刻度即可。但要注意，若注射器内有气泡，千万不能排掉，在调整注射器刻度时，要将其留在注射器中，油品的体积可以在振荡操作完成后，冷却至室温时再准确读取。

对于用小口瓶采集的样品，在采样时因与空气接触，已经产生了部分气体第一次损失；因油温的变化等原因，小口瓶中常存有气体空腔，开瓶后这部分气体逸散，产生了第二次损失；油从小口瓶转移至注射器过程中，再次与空气接触，产生第三次损失；若操作人员将转移时带入注射器内的气泡排掉，则会产生第四次损失。前三次损失是不可避免的，但第四次损失可以通过将气泡留存在所取的油中而避免。由此可见，用小口瓶采样，得到的分析结果肯定偏低。

2）平衡后气体的体积 V_g。振荡平衡后，用 5mL 注射器取出的气体体积受注入氮气的体积和油品中溶解气体量的多少影响。

对含气量不同的两个油品，同样注入 5mL 氮气，含气量高的样品平衡后，取出的气体体积大；而含气量低的样品平衡后，取出的气体体积小。因为前者氮气溶解到油中的量小，而后者溶解到油中的量大。因此对于刚进行完真空脱气的设备，在取样分析时，因油中的含气量很低，若仍按要求注 5mL 氮气，则可能脱出的气体量很少，以至不够一次进样分析使用。

解决的办法是，把注入氮气的量增加至 6～7mL，这样即使油中的含气量为零，也可保证脱出气体的体积达到 1～2mL，足够分析使用。需要说明的是，注入氮气的体积不要求非常准确，因其不是计算参数；而脱出气体的体积，因是计算参数则必须读数准确；从理论上来说，虽然增大注入氮气的体积不影响分析结果的准确性，但氮气体积的增大导致脱出气体的体积增加，降低了脱出气体的浓度，降低了仪器的检测灵敏度，因此注入氮气的体积应以脱出的气体量分析够用为限。

3）平衡温度。分析计算使用的是气体组分 50℃时的气体分配系数。因此，振荡仪内的温度必须予以校正，确保达到真正的 50℃，仪器上的显示温度是标称温度，并不一定是实际温度。另外，由于振荡仪内箱体较大，而仪器显示的只是某一点的温度，用户要注意选用其内部温度梯度小的振荡仪。

样品振荡完成后的取气操作应注意：①要迅速，防止因温度变化而破坏已在 50℃下建立的平衡，引起气体组分的回溶；②保持 50℃，逐个取气逐个分析，不可将一次振荡的多个样品，全部将气体取至 5mL 注射器后，再逐个分析。

4）振荡时间与平衡时间。方法规定的振荡 20min，静置 10min 是达到平衡所需要的最短时间，只要振荡仪温度不变，适当延长其中的任何一个时间，都不会影响分析结果的准确性。

5）国外变压器油的平衡系数。前文提到，气体组分的平衡分配系数与变压器的分子构成有关，而方法提供的是国产矿物绝缘油的气体分配系数，实际上主要是以当时普遍使用的烷基和中间基变压器油协同试验给出的。因进口油的烃类组成与国产油有较大的差异，国内外又都在推广使用环烷变压器油，故从道理上来说，做进口油和环烷基变压器油中溶解气体分析时，不宜直接引用方法给出的分配系数，而应根据用油情况自行测定。

然而，由于油中溶解气体分析的目的是诊断设备内部的潜伏性故障，而诊断故障的主要依据是同一设备前后多次分析结果的相对变化量，其分析数据的绝对值并没有意义。因此，不管用什么变压器油，都可引用方法给出的分配平衡系数进行计算，这样处理对故障的诊断没有影响，只不过引入了一个系统误差而已。

（6）振荡脱气法的优、缺点。

1）振荡脱气法的优点是：可直接使用取样所用的 100ml 注射器，样品无须转移，气体损失少；装置简单，故障率低；操作简便、外来影响因素小；脱出气体体积的重复性好。

2）振荡脱气法的缺点是：该法属于部分脱气，脱出气体的浓度相对较低，因而需要配备高灵敏度的气相色谱仪。

2. 变径活塞法全脱气装置

该方法实际上是由国外普遍使用的水银真空法（托普勒泵法）改进而来的，图 7-6 是托普勒泵法脱气装置示意图，图 7-7 是变径活塞法全脱气装置原理结构图。两个脱气装置的不同之处主要是：用变径活塞泵替代了原方法中的有毒水银。

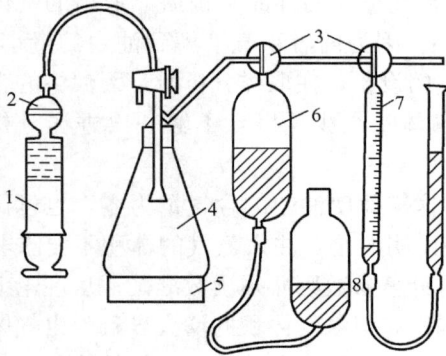

图 7-6   水银真空法脱气装置示意图
（托普勒泵法）

1—油样注射器；2—直通旋塞；3—三通旋塞；
4—脱气瓶；5—磁力搅拌器；6—水银泵；7—量
气管；8—水银接受器

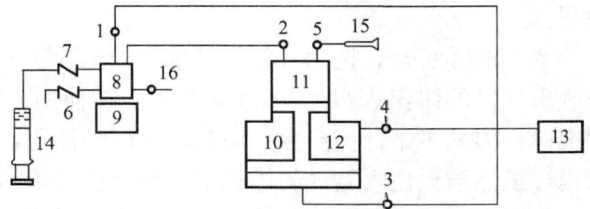

图 7-7   变径活塞法全脱气装置原理结构图

1、2、5、6—二通电磁阀；3、4—三通电磁阀；
7—手动二通阀；8—油杯（脱气室）；9—磁力搅拌器；
10—缸体；11—集气室；12—变径活塞；13—真空泵；
14—油样容器；15—取气注射器；16—限量洗气管

正是替代了可以变形的水银，使系统产生了死体积的问题。为了解决这种不利影响，该装置增加了间断补入少量空气到脱气室的操作。由于这种处理，变径活塞法全脱气装置就同时具有了真空法和气体洗脱法的特点，是两种不同技术结合的产物。

该方法的优点是：装置本身的自动化程度高；与溶解平衡法相比，因是全脱气方法，脱出气体的浓度相对较高。

该方法的缺点是：装置较为复杂，阀门众多，运行的可靠性相对较低。

变径活塞全脱气方法的计算公式如下：

$$X_i = C_{ig} V''_g / V''_1 \tag{7-7}$$

$$V''_g = V_g(p/101.3)[293/(273+t)] \tag{7-8}$$

$$V''_1 = V_1[1+0.0008 \times (20-t)] \tag{7-9}$$

式中 V''_g——校正到 20℃、101.3kPa 状况下气体体积，mL；

V''_1——校正到 20℃下的油样体积，mL。

不同的脱气方法，对分析结果的影响也不同。我国曾做过不同脱气装置的比较试验，但由于种种原因，没有发表正式报告。现将 IEC 和 ASTM 组织的由美国、加拿大一些实验室参加的，利用标准油样进行比较试验，以评价脱气方式对试验结果的影响的数据列入表 7-4 中，从表中可以看出洗脱脱气法较好。

表 7-4　　　　　　　　　DGA（油中溶解气体分析）结果的综合准确度

项　　目	与其实值的偏差（%）		项　　目	与其实值的偏差（%）	
	样品 A	样品 B		样品 A	样品 B
真空（单级泵）	13	40	最佳实验室	7	14
真空（多级泵）	23	35	最差实验室	39	70
洗脱	22	27	对一种气体的最大偏差	150	400

注　1. 样品 A：中等浓度，烃 $9\sim60\mu L/L$，CO、CO_2 为 $100\sim500\mu L/L$。
　　2. 样品 B：低浓度，烃 $1\sim10\mu L/L$，CO、CO_2 为 $30\sim100\mu L/L$。

三、仪器标定

油中溶解气体组分含量分析采用的是单点校正外标法，因此在分析样品之前，必须首先进行仪器的标定。

所谓的仪器的标定，就是用已知浓度的标准气体，通过定量进样分析，求出各组分的绝对校正因子。

电力系统在早期的色谱分析中，曾采用过绝对校正因子和相对校正因子联合使用的状况，如在使用 H_2、CO_2、C_2H_4 共 3 个组分的标准气体时，就是用 H_2 的绝对校正因子计算 H_2 组分的含量；CO 的含量是用其与 CO_2 的相对校正因子计算出来的；而 CH_4、C_2H_6、C_2H_2 组分的含量，则采用其与 C_2H_4 的相对校正因子进行计算。

目前电力系统普遍采用了 H_2、CO_2、CO、CH_4、C_2H_4、C_2H_6、C_2H_2 共 7 个组分的混合标准气体进行定量的方法。

仪器标定的方法是：用注样器准确取出一定量的已知浓度 C_i 的标准样品，快速注入色谱仪中，在记录仪或色谱数据工作站上，就会得到具有一定面积 A_i 的色谱峰，根据式（7-19），就可求出各组分的校正因子 f_i 值。

为了便于区分未知组分的浓度和峰面积，通常已知标准样品的浓度和峰面积，分别用 C_s、A_s 表示，即把公式（6-19）改写成式（7-10）的形式。

$$f_i = C_s/A_s \tag{7-10}$$

1. 校正因子在实际分析上的意义

（1）反映检测灵敏度的高低。绝对校正因子 f_i 值的物理意义是单位峰面积的浓度，在仪器噪声相同或相近的情况下，其数值越小，灵敏度越高。

（2）可以判断仪器的稳定性。对于操作条件稳定的仪器来说，如不考虑人员的进样误差，f_i 值是不变的常数。对同一台仪器而言，在不同时间使用时，若 f_i 值发生了明显的变化，则意味着操作条件发生了改变或仪器没有达到稳定状态。

（3）可以判断 FID 检测器的工作状态。对 FID 检测器来说，在最佳的工作条件下，用峰面积计算的 f_i 值符合碳数定律，即含一个碳分子有机物的校正因子数值是含两个碳分子的有机物的二倍。这是峰高校正因子所没有的规律。根据表 6-4 所列数据，计算出的烃类气体的相对体积校正因子见表 7-5。

本书表 6-4 虽然引用的是上世纪 70 年代相关文献的数据，当时分析仪器的制造水平和分析检测手段远不及现在，表现在计算出的数据上存在较大的误差。但即使如此，表 7-5 的计算数据也清楚地说明了 FID 检测器对含碳有机物体积校正因子的碳数响应规律。作者近20 年的工作实践也证明了这一点。

表 7-5   烃类气体的相对体积校正因子

组分名称	分子量	FID 检测器的相对重量校正因子 $f'_w = (f'_M M)/100$	计算出 FID 检测器的相对体积校正因子 f'_M
CH_4	16	1.03	6.44
C_2H_6	30	1.03	3.43
C_2H_4	28	0.98	3.50
C_2H_2	26	0.94	3.62
C_6H_6	78	0.89	1.14

因此，在实际分析中，如果 FID 检测器对含碳有机物体积校正因子数值不符合碳数响应定律，则可以断定 FID 检测器的操作条件不合理或检测器本身存在问题。

（4）可以判断分析人员的操作水平。在仪器稳定的前提下，f_i 值是个不变的常数。若操作人员在实际分析时，测定的 f_i 值忽高忽低，重复性、重现性不好，则说明分析人员操作水平低。

（5）可以判断所用标准气的质量。在仪器稳定的前提下，对油中溶解气体的 6 个含碳组分来说，甲烷、一氧化碳、二氧化碳 3 个组分的校正因子应近似相同，且应近似等于乙烯、乙烷、乙炔 3 个组分的二倍，若其中的某个或几个组分的校正因子明显不符合这个规律，则说明标准气失效或有问题。

2. 标准气的浓度及相关要求

现在电力系统使用的标准混合气体都是外购的，用户在购买时应向供应商提出标准气组分的浓度的相关要求，以便于分析使用。

（1）标准气的底气应与色谱仪载气相同，因电力系统色谱仪大多用高纯氮气做载气，故标准气也应用高纯氮气做底气。

（2）充装混合气体的标准气瓶及阀门材质应具有良好的化学稳定性，即不会因吸收标准气体组分或与标准气体组分发生化学反应，影响标准气体的浓度稳定性。

（3）充装气体的压力不要过高。因为若压力过高，使用时则必须用减压阀减压，增加了引入误差的机会。

（4）混合气体的浓度要适宜，不要过高和过低。为了降低分析误差，单点标定要求标准气体的浓度应与样品气中的浓度相同或相近。由于油中溶解气体分析的特点难以满足这一要求，通常以设备油中溶解气体的注意值来确定。按此原则 H_2 的浓度为 $500\sim1000\ \mu L/L$，CH_4、C_2H_4、C_2H_4 的浓度为 $100\sim150\mu L/L$，而 C_2H_2 的浓度应小于 $100\mu L/L$。

3. 标定时应注意的事项

（1）从标准气瓶取样时要确保其代表性。标准气体的浓度是分析定量的依据，若取出标准气体的浓度发生了变化，则分析误差很大。具体操作时应注意：①要用针头放空标准气取样阀内的死体积，若用减压阀减压，则必须确保将其内部存留的气体全部排净；②要用标准气体冲洗注样注射器 3 次以上。

（2）进样速度要快。为了减少气体的扩散损失，从取出标准气体到完成进样过程，其时间间隔应尽可能地缩短，且在此过程中注射器针头不要与任何其他的物体接触。

（3）多次标定的重复性误差应小于 1.5%。在样品分析时，由于受脱气量的限制及气体易扩散特点的影响，通常一个样品只做一次进样。那么如何保证这一次进样的准确性呢？这就需要分析人员平时练习的基本功。

一般来说，使用定量卡注射器时，其进样的体积的一致性是容易保证的，但分析人员进样的习惯和速度却需要长期地培养，只有练到每次进标准气样时，其同一组分的重复性误差均小于1.5%，一次进样的准确性才有保证。

由于目前使用的是7组分混合气体，作者建议读者在练习时，不必计算每个组分的进样重复性误差，只计算代表TCD检测器的H_2和代表FID检测器的CH_4组分即可。

四、进样分析

仪器经标定后，得到了各组分的绝对校正因子，那么只需将脱出的油中溶解气体，取出与标定时相同的体积，进入色谱仪中分析即可。在专用的色谱数据处理工作站上，可自动测量出各组分的峰面积，给出定量结果。

在进样分析中主要应注意以下几个问题。

1. 进样注射器要充分冲洗

为了充分保证标准气标定与样品分析进样气体体积的一致性，要求使用同一只注射器。

一般在仪器标定完成后，接下来就进行样品分析。为了防止注射器存留的标准气对样品气的污染，进样品气前，要用空气或高纯氮气对进样注射器进行3次以上的冲洗，再用样品气冲洗后进样分析。

2. 对高浓度样品气的处理

在样品分析中，有时会遇到诸如瓦斯气、事故变压器等浓度很高的样品气体，对有的色谱仪或数据处理工作站，其输出信号或超过了检测器的线性范围或超出了信号处理能力，此时若不采取应对措施，则分析误差会很大，甚至得不到分析结果。

在此，作者提醒读者，对上述类似的样品，可以通过减少进样量或对样品进行定量稀释后，再进行分析。按常规分析得到数据后，再乘上减少进样量的倍数或定量稀释的倍数。

五、数据处理

目前电力系统普遍采用专用的色谱数据处理工作站，这不但解决了峰面积测量误差大的问题，而且实现了分析计算的自动化。但是计算机专用的色谱数据处理软件并不是万能的，在许多情况下，必须进行人工干预才能得到正确的分析结果。

分析人员在使用计算机专用的色谱数据处理工作站时，主要应注意以下几个问题。

1. 要人为确认识别组分峰

专用色谱数据处理工作站是按照设定的参数处理识别色谱峰组分的，其识别参数主要有峰宽、保留时间及斜率等。由于油中溶解气体分析周期通常为10min左右，组分的峰宽和斜率是不断变化的，如保留时间小的组分峰宽小、斜率大；而保留时间大的组分则峰宽大、斜率小。因此用固定的峰处理识别参数，很难满足所有组分的识别。尤其在样品分析时，因组分含量差别较大，小组分峰的识别更为困难。

人工识别组分峰的方法是：利用工作站提供的谱图处理手段，把色谱图充分放大，看小组分保留时间处是否有组分峰，注意组分峰与噪声的差别，别把二者混淆。组分峰的特征是有与标气峰相同或相近的峰宽和保留时间；而噪声往往是保留时间与标气峰相同或相近，而峰宽差异很大。

2. 组分峰的峰面积要人工修正

组分峰的峰面积应是从峰起点到峰终点作切线所包围的面积。与识别组分峰同样的道理，专用色谱数据处理工作站给出组分的峰起点和终点往往是不准确的，对于类似标准气那样的高组分峰，因其峰起点和终点的不准确影响峰面积的比例很少，分析误差也较低。但对于小组分样品峰而言，这种不准确引起的峰面积失真很大，则必须予以人工修正，否则分析误差很大。

图 7-8 是基线漂移时人工修正的峰面积实例；图 7-9 是组分峰以肩峰形式出现时，人工修正的峰面积实例。

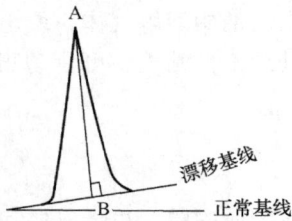

图 7-8　基线漂移时人
工修正的峰面积

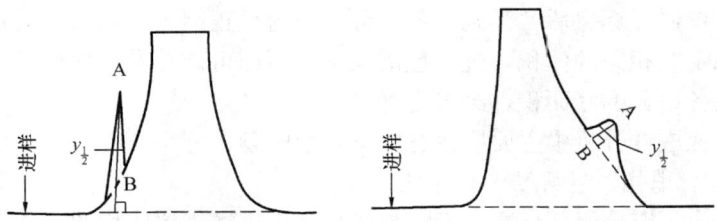

图 7-9　组分峰以肩峰形式出现
时人工修正的峰面积

3. 选用正确的分析方法

一般专用色谱数据处理工作站都给出了面积归一法、外标法、内标法和真空法或振荡法等色谱分析方法，供用户选择。

在上述分析方法中，真空法、振荡法都是为电力系统油中溶解气体分析专门设计的，从分析化学的角度来说，它们不是一种独立的分析方法，实际上只是外标法的具体应用，可以称为扩展外标法。

用户在做样品分析前，要根据所采用的脱气方式正确地选用。如用振荡脱气，则选振荡法；用其他脱气方式，则选真空法。需要指出的是，若用户分析瓦斯气样，则必须选用外标法。

六、出具报告

分析报告的内容主要包括 3 大部分：①分析仪器及样品说明部分，包括色谱仪名称及型号、计量有效期、样品名称、取样时间、分析时间等；②分析结果部分，包括分析数据、分析结论；③分析人员相关信息，包括分析单位、分析人员、审核人员、批准人员等。

气相色谱仪是计量器具，必须定期计量，并在有效期内使用。

分析人员和审核人员必须具有相应资质，具体来说，就是持有电力系统颁发的色谱分析岗位证书，对分析数据负责。

分析数据要注意有效数字的使用，不能照抄计算机给出的结果；分析结论是要求分析人员根据分析数据做出设备是否存在异常的结论或提出应采取的措施。作者在此指出，对色谱分析结果做出合格或不合格的结论是错误的，因为色谱分析的目的是判断运行设备是否存在潜伏性故障，而判断潜伏性故障并没有固定的依据标准。

七、色谱检测周期

1. 投运前的检测

对于新设备及大修后的设备，投运前至少作一次检测。如果在现场进行感应耐压和局部放电试验，则应在试验后再作一次检测。

大修后的设备，验收试验应在注油静置 24h 后取样检测。

2. 投运后的检测

新投运的变压器、电抗器至少应在投运后 4 天、10 天、30 天时各作一次检测，无异常，则可转为定期检测。（500kV 设备还应在投运后 1 天增加一次）。

110kV 及以上互感器应在投运后一年内取样检测，连续检测 3 年，设备无异常则转入正常检测周期。

3. 运行设备的检测

电力行业标准 DL/T 722—2000《变压器油中溶解气体分析和判断导则》中，对检测周期的规定见表 7-6。表中所给出的检测周期是电力系统的最低要求，各单位可根据电气设备的重要性和实验室的检测能力，制定更为严格的检测周期。

表 7-6 　　　　　　　　　　　运行设备的色谱检测周期

设备名称	电压等级及容量	检测周期
变压器 电抗器	电压 330kV 及以上 容量 240MVA 及以上 所有发电厂升压变压器	3 个月
	电压 220kV 及以上 容量 120MVA 及以上	6 个月
	电压 66kV 及以上 容量 8MVA 及以上	1 年
	电压 66kV 及以下 容量 8MVA 及以下	自行规定
互感器	电压 66kV 及以上	1～3 年
套管		必要时

注　厂家规定全密封互感器在保证期内不作检测

4. 特殊情况下的检测

当设备出现异常情况（如瓦斯动作，受大电流冲击或过磁等）或测试结果异常时，应立即取样测试，并根据设备状况，适当缩短检测周期，进行跟踪分析。

第三节　油中溶解气体的在线监测

实验室油中溶解气体的气相色谱分析是间隔一定时间的周期分析，它能够检测出变压器内部潜伏期长、发展缓慢的故障。但对发展快，甚至突发性的故障，则往往容易漏检，而难以预防此类事故的发生。

对于发电企业来说，因其监督分析的设备数量有限，缩短实验室分析周期是现实可行的。而对供电部门来说，由于监督的设备数量众多，变电站网点分散等，缩短实验室分析周期则非常困难，故在线检测是较为可行、经济的选择。

变压器油中溶解气体含量在线监测，就是为了弥补其实验室周期分析的不足而发展起来的。从理论上来说，即使突发性故障，也有一个发生、发展的时间过程，只要及时进行检测分析，就可以在很大程度上避免所谓突发性事故的发生。

目前，国内外对变压器油中溶解气体的在线监测工作，还处在探索、发展和完善阶段，有些试验装置已经投入实际应用。现就国内外变压器在线监测的发展应用状况作简要介绍。

一、在线监测装置应达到的要求

1. 在线监测的最低周期

目前应用的在线监测装置基本上都难以达到真正意义上的连续不间断检测，实际上也都是一种周期性分析，只不过监测周期较短而已。为了尽可能符合在线监测的本质要求，并与变压器油中溶解气体循环周期相适应，在线监测周期应不大于 4h。

2. 在线监测装置检测数据的准确性

目前在线监测主要还是实验室检测的补充检测手段，其主要作用是捕捉变压器内部可能发生的故障能量高、发展速度快的异常情况。因此要求其对组分的检测速度快、检测灵敏度高，分析数据的重复性好，也就是说，能够迅速反映出设备内油中溶解气体变化的情况。

至于检测数据的准确性及与实验室分析数据的可比性，不是在线监测必须达到的要求。

3. 在线监测装置要稳定可靠

在线监测装置是连续运行的设备，在电、磁干扰的运行环境下，要求其装置的自动化程度高，安全、稳定、可靠性好。若装置本身的故障率高、维护工作量大，就失去了在线监测的作用和意义。

二、在线监测装置的主要类型

目前使用最为普遍是的色谱在线监测装置，其基本构成主要有 4 大部分：集气或脱气部分、气体组分分离部分、检测器检测部分及故障诊断报警部分（见图 7-10）。

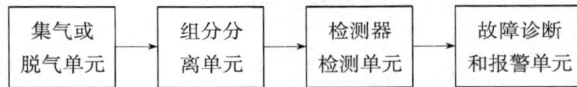

集气或脱气单元 → 组分分离单元 → 检测器检测单元 → 故障诊断和报警单元

图 7-10　线监测装置构成框图

需要指出的是，也有部分在线监测装置不是采用色谱分析原理的，因而没有组分分离单元。表 7-7 是国内外主要在线监测装置的技术特点汇总。

表 7-7　　　　　　　　　　　国内外主要在线监测装置的技术特点汇总

产品型号	国别	检测器技术	用油量	脱气方式	载气	检测周期		对 H_2 的检测范围
Server True Gas1D	美国	GC/TCD	240L	毛细管平衡渗透	高纯氦气	4h	10	2000
Morgan Schaffer Calisto	加拿大	TCD	108L	PTEE 渗透膜	N/A	3h	0	50000
Mitsubishi C-TCG-6C	日本	SEM/GC	200mL	真空	压缩空气	1h	20	2000
Hydran 201Ri	加拿大	SEM	与油接触面积小	半透膜	—	—		
Hydran 2010	加拿大	SEM		半透膜	—	—		
Faraday TNU	加拿大	FTIR	无用	半透膜	—	—	10	2000
Kelman Transfix	英国	PAS	80mL	动态顶空	—	1h	6	5000
Cantronic C202-6	中国	GC/TCD	无用	渗透膜	高纯氦气	4h	1	1000
Ligong MGA2000A	中国	GC/TCD	无用	毛细管平衡渗透	压缩空气	1h	1	2000
Zhongfen 3000	中国	GC/TCD	无用	动态顶空	高纯氦气	30min	1	5000

三、在线监测技术要点

评价在线监测装置性能的好坏，主要应看其装置的稳定可靠性及检测结果的重复性。前者需要完善的制造工艺做保证，而后者需要先进的研发技术为基础。

从分析技术的角度来说，在线监测装置的性能主要取决于油气分离、组分分离及检测器测定 3 个环节。

1. 油气分离

把变压器油中溶解的气体组分定量地分离出来，与实验室分析一样，是在线监测的关键所在。与实验室分析不同的是，在线分析对油—气分离装置的要求更高。因在线分析的需要，要求其油气分离装置自动化程度更高，结构更简单、分离更快速，且便于与检测部分连用。

从表 7-7 所列装置使用的油气分离方法来看，可以归结为 3 大类，即膜分离、顶空分离和真空分离。

顶空分离和真空分离是成熟的分离技术，在实验室分析中都有应用，只要装置设计合理，其油—气分离的稳定性和可靠性是能够保证的。在此，只介绍装置结构简单，应用最为普遍的膜分离技术。

膜分离技术的原理是：利用特殊结构的高分子薄膜，把变压器油与集气室隔开，油中的溶解气体组分渗透穿过薄膜进入集气室，经过一定的时间后，油侧油中气体的浓度会与集气室气侧的浓度达到动态平衡，通过检测集气室内气体的浓度，计算出变压器油中组分的浓度。由此可见，高分子薄膜分离出的气体只是油中溶解气体的一部分，而薄膜两侧气体达到平衡是定量的条件和基础。

由于油中溶解气体的组分向集气室的渗透需要时间，而不同气体组分对同一种渗透膜的渗透率是不同的，因而薄膜两侧油—气达到平衡需要一定时间，且不同组分达到平衡的时间也有差异。另外，变压器油的温度、渗透膜与油的接触面积及油中气体的浓度等，都影响薄膜两侧气体的浓度达到平衡的时间。故使用膜分离技术时，必须要采取保证渗透膜渗透率稳定、缩短各组分油—气平衡时间的措施。

毛细管渗透膜技术是平面膜技术的发展和提高。毛细管渗透膜解决了平面膜存在的不足：①增加了膜与变压器油的接触面积，分离气体效率更高，达到平衡的时间更快；②不直接安装在变压器本体上，设计成一个独立的控温部分，既增强了油样的代表性，又稳定了渗透膜的渗透率。

但是不管使用什么形式的高分子薄膜，只要采用渗透膜技术，就存在着因膜表面污染、膜溶胀及膜老化等引起的渗透率不稳定，油—气平衡时间较长，分析结果重复性较差等问题。

2. 气体组分分离

采用色谱（GC）技术的在线监测装置，是实验室色谱分析技术的改进和应用。

在线色谱技术的主要问题有：①如何保证自动化进样的重复稳定性；②如何长期保证色谱柱对各组分分离度。

3. 组分检测

目前在线监测装置主要使用 4 类检测器，即热导池检测器（TCD）、半导体热敏检测器（SEM）、红外分光光谱检测器（FTIR）、光声光谱检测器（PAS）。

（1）热导池检测器（TCD）。使用柱色谱分离，利用热导池检测器是成熟的实验室分析技术。

热导池检测器的优点是能够检测油中溶解的所有气体组分，但其检测灵敏度相对较低。对于近年来发展起来的微型热导池检测技术，虽然其检测灵敏度有了很大的提高，但对一氧化碳和二氧化碳的检测灵敏度仍然没有大的突破。

使用色谱技术的另一个主要缺点是需要气体载气。用高纯瓶装气体，需要定期更换；而使用压缩空气，则既影响一氧化碳和二氧化碳的定量，又影响色谱柱的使用寿命。

（2）半导体热敏检测器（SEM）。半导体热敏检测器种类很多，检测原理也不尽相同。总体上，它是根据气体组分的特征物理参数设计的专用检测器。

该类检测器有两种使用方式，一种是像热导池检测器那样，接到色谱柱的出口，对分离的组分进行检测；另一种是同时采用多个不同参数的检测器，利用检测器本身的选择性特点，直接检测未经分离的混合气体组分。

一般来说，第一种使用方式有类似热导池检测器的特点；而第二种使用方式则因其检测组分的单一、固定，对每一种组分都有较高的检测灵敏度。

（3）红外分光光谱检测器（FTIR）。傅里叶红外光谱（Fourier transform infrared）检测器应用于油中溶解气体的在线监测，是近年才出现的新生事物。

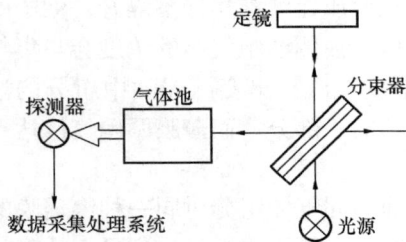

图 7-11　FTIR 光谱仪的检测原理

典型的 FTIR 光谱仪的检测原理如图 7-11 所示。当动镜移动时，透过气体样品池的光束照射在探测器上，探测器将得到强度不断变化的干涉光进行傅里叶变换，得到各频率相应的光强度，再经过一系列的数学运算获得样品的吸收光谱。根据吸收光谱频率识别气体的组分，根据光谱的吸收强度计算气体组分的含量。

该检测技术的特点是：不用载气和色谱柱，气体组分不需要分离；检测线性范围宽，检测灵敏度高（用 10cm 检测池，乙炔的最低检测限小于 $3\mu L/L$）；分析数据重复性好，准确度高。

该类装置的主要缺点是难以测量 H_2，且价格昂贵。

（4）光声光谱检测器（PAS）。光声光谱是一种光声效应的检测技术，图 7-12 是其检测原理示意图。

光声光谱的检测原理是：光谱光源发出的光束经调制、滤光后，将特定频率的光波顺序投射到气体样品池。特定频率的光波激发样品池中某一特定的组分分子，引发其分子平均动能的增加，从而在样品池中产生特定频率的压力声波。这种声波的强度被装在样品池两侧的拾音器检测和记录下来，用于组分的定量。

光声技术就是利用不同组分分子对不同特定频率光波的吸收和激发之间的对应关系，通过检

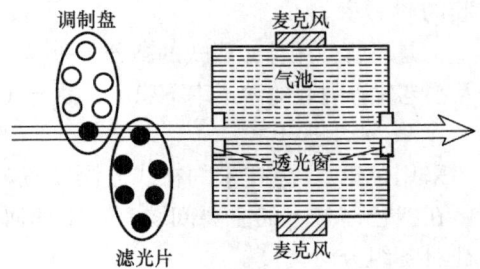

图 7-12　光声光谱检测原理

测激发后的声波强度，进行定量分析的。吸收、激发光束的频率由调制盘和滤光片决定；其检测到的声波强度只与吸收该频率的特定组分分子数量有关，即与样品池中该气体组分的浓

度成正比。

基于光声效应原理，英国克耳曼公司（Kelman）研制出了光声光谱（Photo Acoustic Spectroscopy）在线监测装置。该装置的检测灵敏度及线性检测范围不仅优于目前使用的在线监测仪器，而且其分析精度与实验室气相色谱仪相当，表 7-8 是该检测器的性能指标。表 7-9 是作者在实验室用同一油样所做的对比试验结果。

表 7-8　　　　　　　　　　　　　光声光谱检测器（PAS）的性能指标

气体组分	最低检测浓度（$\mu L/L$）	检测范围（$\mu L/L$）	气体组分	最低检测浓度（$\mu L/L$）	检测范围（$\mu L/L$）
CH_4	1	1～50000	CO	1	1～50000
C_2H_6	1	1～10000	CO_2	2	2～10000
C_2H_4	1	1～10000	H_2	6	6～5000
C_2H_2	0.5	0.5～10000	微水		≥5

表 7-9　　　　HP6890 气相色谱仪与 Kelman Transport X（便携式仪器）实验室比对结果

组分名称	HP6890 气相色谱仪的分析数据（$\mu L/L$）		Kelman Transport X 便携式仪器的分析数据（$\mu L/L$）	
	1	2	1	2
CH_4	4.3	4.3	4.7	4.6
C_2H_6	13.6	13.4	15.2	14.5
C_2H_4	11.1	10.8	11.4	12.4
C_2H_2	7.5	7.2	7.0	7.1
CO	2.1	1.8	2.6	1.4
CO_2	451	427	364	364
H_2	0	0	<1	<1
说明	用振荡脱气		仪器本身显示不出小数，数据中的小数是从计算机软件中读出的	

四、故障诊断

油中溶解气体的组分含量与变压器内部潜伏性故障之间没有确定的对应关系，尽管国内外许多科研人员做了很大努力和探索，但因故障部位及能量固有的偶然性、个性化特点，其故障诊断的结果也只能做参考。

在线监测的优势在于及时、准确地反映变压器油中溶解气体的变化情况，至于油中溶解气体变化量的大小、含量的准确数值不是现阶段应该追求的目标。因此，在线监测装置性能的好坏，应主要以分析数据的重复性和再现性来评判。

思 考 题

1. 油中溶解气体分析的主要组分有哪几种？
2. 色谱分析用样品采样时应注意哪些事项？
3. 分配系数 K 的物理意义是什么？主要受哪些因素影响？
4. 油中溶解气体分析对色谱仪的主要要求有哪些？
5. 油中溶解气体分析用什么定量方法？
6. 试绘出你认为理想的色谱分析流程图，并简要说明选择理由。

第八章　充油电气设备潜伏性故障诊断

油中溶解气体分析之所以能够用于诊断充油电气设备内部的潜伏性故障，一是因为设备有故障时，故障的异常能量会引起设备绝缘材料的裂解，产生特定种类及含量的低分子气体；二是因为产生的低分子气体会全部或部分溶解、分布在绝缘油中；三是因为低分子气体的种类、含量大小，反映了故障的类型和严重程度。

油中溶解气体分析（DGA）是变压器运行维护人员掌握变压器状态、预测寿命最有价值的有效方式。设备的故障导致油中溶解气体组分含量的增加；油中溶解气体组分含量的相对变化则反映了故障的性质和严重程度。虽然油中溶解气体分析结果不能确切指出故障发生的具体部位，但基本上有助于判别故障是否涉及固体绝缘。

油中溶解气体分析从 20 世纪 20 年代就开始了探索。最初是收集继电器中的气体，看其是否可燃，如可燃烧，则说明设备有故障；其后，检测油中氢气的含量，若存在氢气则说明设备有缺陷；目前发展到测试氢气、氧气、一氧化碳、二氧化碳、甲烷、乙烷、乙烯、乙炔等多组分分析，并推导总结出了不同性质故障变压器的产气规律，如乙炔的存在则意味着高温或放电，一氧化碳的明显升高则意味着固体绝缘存在高温过热现象等。

因此，要准确诊断充油电气设备内部的潜伏性故障，就必须掌握故障状况与绝缘材料的裂解产气间的特征关系。

第一节　充油电气设备故障产气原理

充油电气设备所用材料主要有绝缘材料、导体（金属）材料两大类。绝缘材料包括绝缘油、绝缘纸、白布带、树脂及绝缘漆等；金属材料主要是铜、铝、硅钢片等材料。

油中溶解气体的主要来源是绝缘纸和绝缘油的热解裂化。

一、绝缘纸裂解产生的气体

一台大型变压器内使用的固体绝缘材料（主要是绝缘纸）多达几吨乃至十几吨，这些纤维性绝缘材料在运行高温的作用下，会发生高温裂化反应，从而产生裂解气体。

一般绝缘纸裂解的有效温度在 300℃左右。但如果长时间加热，在 120～150℃也会裂解，产生一氧化碳和二氧化碳气体，同时伴生少量低分子烃类气体。表 8-1 是某研究机构进行的绝缘纸热解模拟实验结果。

表 8-1　　　　　　　　　　绝缘纸热解温度与产气组分（无氧条件下）

产气组分（%）　　热解温度	300℃（几秒）	500℃（几秒）	800℃（几秒）
H_2	23	6	9
CO	3	33	50
CO_2	73	59	25
烃类气体	1	2	16
产气量（$\mu mol/g$ 纸）	38	880	10600

二、绝缘油热裂解产生的气体

大型变压器使用的绝缘油为 40t 左右，绝缘油是一种烃类液体混合物，其主要成分是烷烃、环烷烃、芳香烃化合物。在电或热的作用下，绝缘油分子中 C—H 键和 C—C 键会产生断裂，形成氢气和低分子烃类。绝缘油分子中 C—H 键、C—C 键，C＝C 键，C≡C 键断裂需要的温度或能量依次增高：

$$C—H 键 \quad 338kJ/mol（键能）；$$

$$C—C 键，706kJ/mol（键能）；$$

$$C＝C键，720kJ/mol（键能）；$$

$$C≡C键，960kJ/mol（键能）。$$

研究表明，温度对碳氢化合物分子的分解有着直接影响。油分子受热后，吸收能量生成自由基团，不同自由基团复合生成低分子量气体。生成的自由基团种类及多少、复合后形成的气体组成和含量与温度密切相关。

绝缘油在 300℃ 左右就开始热分解，若延长加热时间或存在催化剂，则在 150～200℃ 也会产生热分解。在变压器发生故障的情况下，故障源温度或能量低时，只能产生低分子饱和烃；在较高温度或能量低时，才会产生不饱和的烯烃；只有在温度高于 800℃ 或高能量电弧放电时，才产生不饱和度更高的炔烃。即随着变压器故障温度或能量的升高，绝缘油裂解组分出现的顺序依次为烷烃—烯烃—炔烃。表 8-2 是某研究机构进行的绝缘油热解模拟实验结果。

表 8-2　　　　　　　　　绝缘油热解温度与产气组分（无氧条件下）

产气组分(%) ＼ 热解温度	300℃	500℃	800℃
CH_4	37	25	16
C_2H_6	13	8	6
C_2H_4	19	27	31
C_2H_2	—	—	—
C_3H_8	12	7	0.8
C_3H_6	19	16	20
H_2		17	16
CO	—	—	—
CO_2	—	—	—
产气量(μmol/g 油)	38×10^{-3}	29×10^{-2}	9.5

图 8-1、图 8-2、图 8-3 都是研究绝缘油温度与产生气体种类和数量关系的直观表示方式，其得出的结论与表 8-1 表示的结果是一致的。

从图 8-2 中可以看出：在较低温度时，绝缘油热解产生的气体主要是氢气和甲烷；随着温度的升高，开始生成乙烷，甲烷含量则降低，乙烷/甲烷比值增大；在较高温度下，乙烷

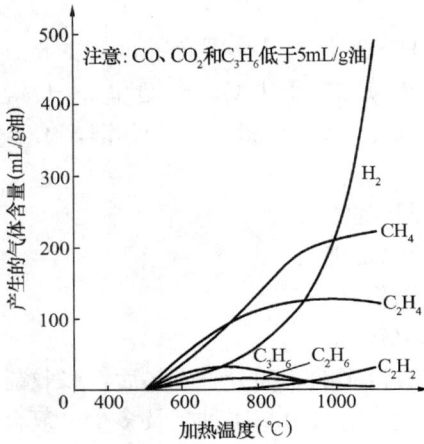

图 8-1　变压器绝缘油热分解
温度与产生的烃类气体

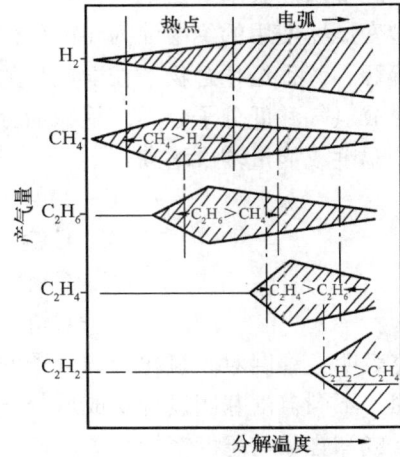

图 8-2　分解温度与产气量之间的关系

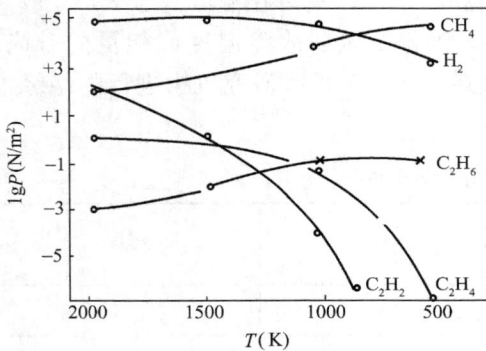

图 8-3　油中溶解气体组分分压力
随温度变化的曲线

生成速率降低，乙烯开始出现且迅速超过乙烷的量；在更高温度下，出现乙炔，且随着温度的升高，成为主要气体。

图 8-3 是油中溶解气体组分分压力随温度变化的曲线。从图中可以看出，故障气体的分压力随着温度的升高而增加。两个图得出的结论是一致的，只不过图 8-2 更易理解。

三、其他绝缘材料

白布带、树脂、绝缘漆等材料在一定温度下也会发生热解产生气体。但其产气特征与绝缘油、绝缘纸有所不同，这些材料在相对较低的温度条件下易于产生乙炔。表 8-3 是几种固体绝缘材料模拟热解实验结果。

表 8-3　　　　　　　　　　　　　固体绝缘材料热解产气组分

材料 产气组分（%）	W-10 型绝缘漆	W-25 型绝缘漆	环氧树脂	PL-131 胶木	层压板
CH_4	14.20	20.10	17.70	3.70	2.20
C_2H_4	0.80	2.00	0.20	0.20	0.03
C_2H_2	0.10	0.60	0.02	0.02	0.05
C_2H_6	0.04	1.70	1.20	0.10	—
H_2	0.10	0.50	0.85	0.06	0.02
CO	83.40	69.00	72.10	95.00	97.40
CO_2	1.20	0.80	4.40	—	0.05
其　他					

四、绝缘材料热解产气规律

从上述模拟实验结果可以发现，绝缘材料热解产气有其一定的规律性。

（1）绝缘油在140℃以下，发生蒸发汽化和较缓慢速的氧化，主要产生少量的一氧化碳和二氧化碳。

（2）绝缘油在140℃～500℃时，主要分解产生烷烃类气体，其中主要成分是甲烷和乙烷；当温度升高至500℃以上时，绝缘油分解急剧增加，乙烯的增长显著；当温度进一步增加到800℃左右时，就会产生乙炔。

（3）绝缘油温度超过1000℃时，裂解产生的气体大部分是乙炔和氢气，并有一定的甲烷和乙烯气体等。

（4）在较高电场下的气隙放电条件下，产生的气体主要是氢和少量甲烷。

（5）固体绝缘材料在低于140℃温度时，老化产生的气体主要是CO和CO_2。

（6）固体绝缘材料在高于200℃时，除产生碳的氧化物之外，还分解有氢、烃类气体；随温度的升高，CO/CO_2的比值不断上升，至800℃时，CO/CO_2的比值达到2.5以上，而且还伴随少量的甲烷、乙烯等烃类气体。

（7）金属材料在绝缘油的热分解过程大多会起到催化作用，而加速热解的进程。当有水存在时，铁、铝等金属材料还会直接与水反应而产生H_2。

第二节　故障气体在充油电气设备内的转移交换

充油电气设备故障条件下，产生的主要是H_2、CO、CO_2、CH_4、C_2H_6、C_2H_4、C_2H_2等永久性气体。这些气体是以气泡的形式进入变压器油中的，气泡在与变压器油接触的过程中，会发生一系列交换作用。

故障能量不同，产生气体的组成和体积也不同，形成气泡的体积大小和数量也有差异，这种差异当然会影响油中溶解气体的浓度。

一、气体在油中的溶解度

当油中气体溶解的速度等于气体从油中析出的速度时，则气体在油中的溶解量达到饱和状态，气体在油中的饱和度称为油中气体的溶解度。

气体在油中的溶解度是符合平衡分配定律的。气体在油中的溶解度的大小与气体的性质、变压器油的组成及温度有关。

在常温、常压条件下，油中溶解气体的饱和值约为10%（占油体积）。其中O_2占30%，N_2占70%，这与空气中O_2占21%，N_2占78%的比例是有区别的。由此可见，变压器油对氧气组分具有较强的选择吸收能力，这对防止或减缓变压器油的老化是非常不利的。这种选择性吸收现象表现在油中溶解气体的色谱分析中，就是样品气中氧气峰往往远大于进纯空气时氧气峰的峰高或峰面积。

大部分气体在油中的溶解度随温度升高而降低，但也有如H_2、N_2、CO等少量气体随温度升高，而溶解度增大。表8-4是部分气体在变压器油中的溶解度。

二、故障气体在油中的扩散与交换

变压器故障源产生的热解气体，以气泡的形式进入油中，并在变压器油浮力的作用下缓慢上升，最后进入气体继电器。气泡上升的速度取决于气泡体积的大小和油的黏度。一般来说，小气泡上升的速度慢，与油接触的时间长；而大气泡上升速度快，与油接触的时间短。

表 8-4　　　　　部分气体在变压器油中的溶解度（25℃、101.3kPa 静态平衡条件下）

气体名称	溶解度(%)(v/v)	气体名称	溶解度(%)(v/v)	气体名称	溶解度(%)(v/v)
H_2	7	C_2H_4	280	N_2	8.6
CO	9	C_2H_2	400	Ar	15
CH_4	30	C_3H_6	1800	O_2	16
C_2H_6	280	C_3H_8	1900	CO_2	120

气泡在上升过程中，气泡中的气体组分会与附近溶解在油中的气体组分重新进行平衡分配。在气泡与油的接触过程中，气泡中在油中溶解气体大的气体组分（K_i值大）向油中扩散的速度，大于油向气泡中的扩散速度，使与之接触的油中气体组分浓度升高，而气泡中的组分浓度降低；相反，对于难溶于油中的气体（K_i值小的）如 H_2、空气等，则因气泡中的气体组分向油中扩散的速度小于油向气泡内的扩散速度，使与之接触的油中气体浓度降低，而气泡中的浓度升高。

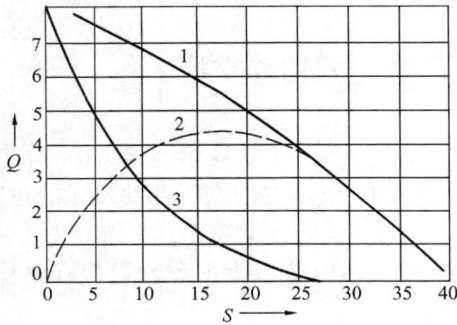

图 8-4　气泡中的组分与油中气体的交换过程
Q—气体量；S—气泡到瓦斯继电器的行程；
1—气泡中总含气量；2—油中气体进入气泡的量；3—气泡中原有的热解气量

对于含气量低的不饱和变压器油而言，若形成气泡的体积较小（与油的接触面积大），则在油中上升的速度缓慢（气泡与油接触的时间充分），气泡中的气体组分会完全溶解到油中，而使气泡消失；反之，若形成气泡的体积较大，则因接触面积小、接触时间不足，气泡中的气体组分只会因部分溶解而使气泡变小，最终大部分气体进入瓦斯继电器气室，参见图 8-4。

溶解在变压器油中的气体组分通过油的循环对流和扩散传递到变压器油的各个部位，使整个变压器内油中溶解气体含量趋于均匀一致。

进入瓦斯继电器气室中的气体，随着气体的累积，压力逐步升高，最终会引发异常信号。

由此可见：气泡的大小、运动速度的快慢以及油中溶解气体的饱和度等因素，决定了热解气体溶解在油中的组分含量大小。

热解气体在变压器油中的交换过程既解释了在不同故障情况下，瓦斯继电器内气体组分与油中溶解气体组分含量的关系，又为故障诊断提供了平衡判据。当变压器潜伏性故障处于早期阶段，大多为低温热点，此时热解作用小，产气率低，形成气泡的体积小，在气泡上升的过程中全部或大部分溶解于油中，只有很少量的气体进入瓦斯继电器；而当变压器存在轻度故障时，产生的热解气体较多，在气泡上升过程中，由于气体交换的结果，溶解度大的组分溶解于油中，而进入瓦斯继电器中的气体主要是溶解度较小的气体，引起轻瓦斯信号动作；当变压器有严重故障时，所产生的热解气体气量大，形成的气泡体积也大，因而气泡上升速度快，气泡内的热解气体组分不能与油充分交换就进入继电器中，因此瓦斯继电器中会出现溶解度较大的组分，并使瓦斯继电器动作，甚至重瓦斯动作。

三、气体从油中析出和逸散

前面所讲的油中的气体的溶解度是静态平衡条件下的测试数据。实际上，运行变压器中油中溶解气体的含量，还会受到油的循环方式、运行油温、机械振动及电场等因素的影响。如强迫油循环，易引起循环涡流而析出气泡；铁芯的机械振动也会引起空穴和气泡的析出；使用高芳香烃含量的变压器油，因其自身的吸气性而使油中溶解气体的组分浓度降低，而组成发生改变。因此，在研究油中溶解气体的交换传递过程时，必须注意实际运行中的各种因素。

对于开放式变压器，还存在着油中气体向空气逸散的问题。气体向外逸散的速率与变压器运行温度的变化幅度及气体组分的性质有关。一般来说，K_i 值小的气体组分逸散损失大；变压器油温变化幅度大，气体各组分的逸散损失也大。

第三节　充油电气设备产气故障的类型及特征

变压器等充油电气设备内部的故障一般可分为两大类：即过热和放电。过热故障按温度的高低可分低温、中温和高温过热 3 种情况。放电故障则按照能量的大小，可分为局部放电、火花放电和高能量（电弧）放电三种类型。

一、过热故障

运行变压器有空载损耗和负载损耗。这些损耗源于变压器绕组、铁芯和金属构件损耗的能量转化为热量，并以自身温度升高的形式表现出来；由于发热体与周围介质（如绝缘材料、变压器油等）温差的作用，使周围介质的温度逐渐升高；具有较高温度的周围介质，再通过油箱和冷却装置把热量散发至空气中。当各部位的温差达到产生的热量与散发的热量平衡时，各部位的温度不再变化，而趋于稳定。但若变压器中的某个部位发热量高于设计预期值或散热量低于预期值，即发热和散热达不到平衡状态，则该部位的温度就会继续升高而产生过热现象。

过热性故障占变压器运行故障的比例很大，其危害性虽然不像放电性故障那样迅速、严重，但任其发展也会造成设备的严重损坏，酿成恶性事故。

1. 故障的类型

过热性故障的分类方法很多。若按故障发生的部位，可分为内部过热和外部过热；若按过热性故障的性质，可分为发热异常型过热和散热异常型过热。电力运行部门一般按故障源温度的高低，将过热性故障分为 4 种类型。

（1）轻微过热——故障源温度低于 150℃；

（2）低温过热——故障源温度在 150～300℃之间；

（3）中温过热——故障源温度在 300～700℃之间；

（4）高温过热——故障源温度大于 700℃。

2. 产生故障的原因

电力运行监督人员最为关心的是，发生在变压器内部的过热性故障。对内部过热性故障，按其发生的部位，通常将其归纳为 3 类：

（1）接点与接触不良。如引线连接不好，分接开关接触不良，导体接头焊接有问题等。

（2）导体故障。如线圈不同电压比并列运行引起循环电流发热、导体超负荷过电流发热、导体绝缘膨胀堵塞油道而引起的散热不良等。

（3）磁路故障。如铁芯两点或多点接地、铁芯短路引起涡流发热、铁芯与穿芯螺丝短路、漏磁引起的夹件（压环）等局部过热。

3. 故障的产气特征

过热故障产生的部位不同、能量不同，其产气特征也不相同。

（1）裸金属过热性故障。对于不涉及固体绝缘的裸金属过热性故障，其气体的来源是变压器油的高温裂解。变压器油裂解产生的气体，主要是低分子烃类，其中以甲烷、乙烯为主，一般二者之和占总烃的 80% 以上。

当故障点温度较低时，甲烷占的比例大；随着热点温度的升高，乙烯、氢气组分含量急剧增加，比例增大；当发生严重过热，故障点温度达 800℃ 以上时，也会产生少量的乙炔气体。

（2）涉及固体绝缘材料的过热性故障。该类过热性故障除了引起变压器油的裂解，产生低分子烃类气体外，由于固体绝缘材料的裂解，还产生较多的一氧化碳和二氧化碳气体，且随着温度的升高 CO/CO_2 的比值逐渐增大。

对于只限于局部油道堵塞或散热不良的过热性故障，由于过热温度较低，且过热面积较大，对绝缘油的热解作用不大，因而产生的低分子烃类气体也不多。

总之，一氧化碳和二氧化碳含量的高低是反映过热性故障是否涉及绝缘及故障能量高低的重要指标。

二、放电故障

变压器在运行过程中，由于受到水分、杂质、短路冲击、雷击及其他因素的影响，使局部场强过高或场强发生畸变，超出了该部位绝缘所能承受的正常水平，就会导致绝缘击穿而发生放电性故障。

引发放电故障的因素很多，原因非常复杂。不同原因、不同部位发生的故障的放电能量也是不同的。在分析放电性故障时，一般按放电故障能量的高低，将其分为高能放电、低能放电和局部放电 3 类。

1. 高能量放电

高能量放电亦称电弧放电。在变压器、套管、互感器内均会发生。引起电弧放电故障的原因，通常是线圈匝间绝缘击穿、过电压引起内部闪络、引线断裂引起电弧、分接开关飞弧和电容屏击穿等。

这类故障产气剧烈，产气量大，故障气体往往来不及溶解于油中而迅速进入气体继电器内部，引发瓦斯继电器动作。这类故障多是突发性的，从故障的产生到酿成事故的时间较短、预兆不明显，难以分析预测。

在目前情况下，多是在故障发生后，对油中的气体和瓦斯气体进行分析，以判断故障的性质和严重程度。

这类故障的产气特征是乙炔、氢气的含量较高，其次是乙烯和甲烷。由于故障能量大，总烃含量很高。

若高能量放电故障涉及到固体绝缘材料，则瓦斯气体和油的溶解气体中，除乙炔特征气体含量较高外，一氧化碳的含量也很大。

2．低能量放电

一般指火花放电，它是一种间歇性放电故障。如铁芯钢片之间、铁芯接地不良造成的悬浮电位放电；分接开关拨叉悬浮电位放电；电流互感器内部引线对外壳放电；一次线圈支持螺帽松动，造成线圈屏蔽铝箔悬浮电位放电等。

火花放电产生的主要气体成份是乙炔和氢气，其次是甲烷和乙烯，但由于故障能量低，总烃含量不高。

3．局部放电

局部放电是指液体和固体绝缘材料内部形成桥路的一种放电现象。一般可分为气隙性和气泡性两类局部放电。在电流互感器和电容套管故障中，这类放电比例较大。设备受潮、制造工艺不良和安装维护质量差都会造成局部放电隐患。

局部放电常发生在油浸纸绝缘中的气体空穴内或悬浮带电体的空间内。局部放电产生的气体主要是氢气，其次是甲烷。当放电能量高时，会产生少量乙炔。

在故障检查分析时，若在绝缘纸表面看到有明显可见的蜡状物或放电痕迹，通常都认为是局部放电引起的。

需要指出的是，无论哪种放电，只要涉及到固体绝缘材料，都会使油中的一氧化碳和二氧化碳的含量明显增加。

另外，变压器油的组成对产气故障特征也有一定的影响。如在同样的电场作用下，含芳香烃较少的油容易析出氢气和甲烷；而芳香烃含量相对较高的油中，则产生的氢气和甲烷数量相对较少。

三、受潮

充油电气设备内部进水受潮也是一种内部潜伏性故障，严重时会造成设备的绝缘损坏事故。

当设备内部进水受潮时，油中的水分和杂质易形成导电"小桥"，发生水分电解而产生氢气；若固体绝缘含水量较高且内部存在气隙，则易引起局部放电而产生氢气。

另外，在电场作用下，水与铁发生化学反应，也能产生大量的氢气。

$$2Fe + 3H_2O = Fe_2O_3 + 3H_2$$

总之，充油电气设备油中溶解气体组分中氢气含量很高，而其他组分很低，是设备绝缘受潮的标志和特征。

综上所述，充油电气设备故障类型和产气组分间的特征关系见表8-5。

表 8-5　　　　　　　　　　　　　**不同故障类型的产气特征**

故障类型		主要组分	次要组分
过热	油	CH_4、C_2H_4	H_2、C_2H_6
	油＋纸绝缘	CH_4、C_2H_4、CO、CO_2	H_2、C_2H_6
电弧放电	油	H_2、C_2H_2	CH_4、C_2H_4、C_2H_6
	油＋纸绝缘	H_2、C_2H_2、CO、CO_2	CH_4、C_2H_4、C_2H_6
油、纸绝缘中局部放电		H_2、CH_4、CO	C_2H_6、CO_2
油中火花放电		C_2H_2、H_2	
进水受潮或油中气泡放电		H_2	

需要特别指出的是，充油电气设备内发生的故障是非常复杂的，其故障类型并非是单一的，往往具有双重性或多重性，如过热兼火花放电、开始是过热继而发展为放电等。因此按照表 8-5 给出的故障特征气体，有时难以判断设备的故障类型。

第四节　充油电气设备潜伏性故障诊断方法

变压器油中溶解气体组分含量分析是运行充油电气设备监督工作中的一项重要内容。多年的实践证明，它是诊断充油电气设备潜伏性故障与保证设备安全运行的一项行之有效的重要手段。

由于形成充油电气设备内在潜伏性故障的原因非常复杂，影响充油电气设备油中溶解气体的含量的因素众多，因此潜伏性故障与油中溶解气体的含量之间，并不存在简单的一一对应关系。但这并不意味变压器内部故障无法诊断。在一定条件下，使用科学合理的方法是可以判断出故障的类型、性质及发展趋势的。

一、故障诊断方法

通过油中溶解气体分析，诊断充油电器设备内部是否有潜伏性故障，原则上按照 GB/T 7252—2001《变压器油中溶解气体分析和判断导则》进行，具体操作中可按如图 8-5 所示的程序进行。

诊断充油电器设备内部潜伏性故障一般有下列几个主要步骤：通过对油中溶解气体组分含量的测试结果进行分析，判断设备是否有故障；在确定设备确有故障后，判断故障的类型；判断故障的发展趋势和严重程度；提出处理措施和建议。

1．"导则"中的注意值

（1）出厂和新投运的设备的气体含量。充油电气设备在出厂前，都要进行带油耐压、冲击、局部放电等电气试验；新设备现场安装以后，也要进行现场电气试验。变压器油及绝缘材料受电后，均会产生一定量的溶解气体。

为了控制新设备的制造质量及现场的安装质量，为用户提供新设备质量验收依据，"导则"提出了对出厂和新投运设备的气体含量要求，见表 8-6。

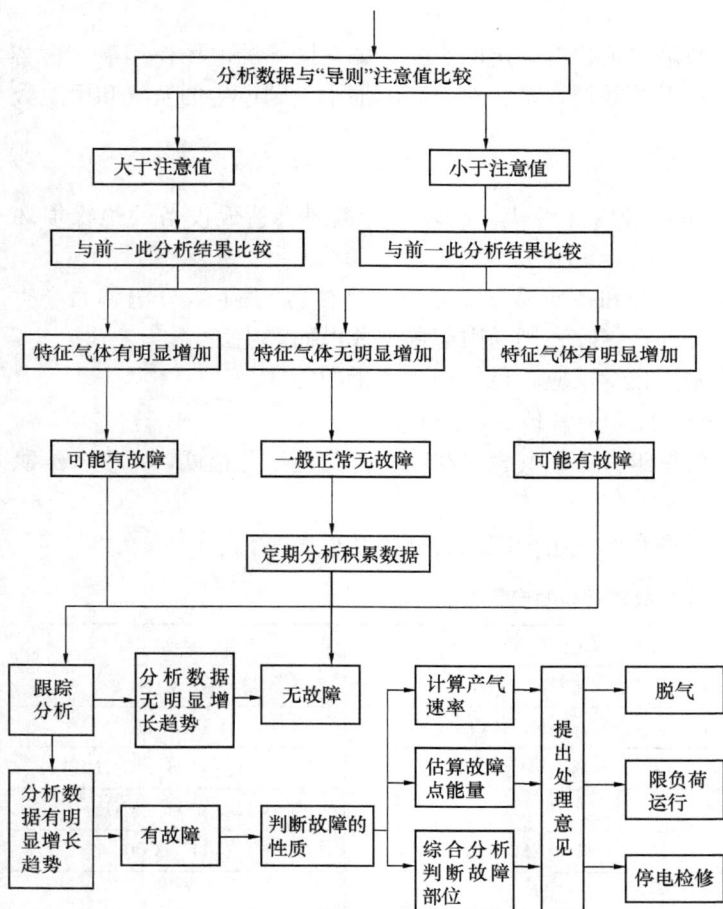

图 8-5　故障判断程序示意图

这一要求是必要的，因为新设备充入的新油中，溶解气体含量几乎为零，若经过短时间的出厂电气试验或现场验收电气试验，油中的溶解气体含量就有显著的提高，甚至存在乙炔，则说明新设备的制造或安装质量有问题。

表 8-6　　　　　　　　　　**对出厂和新投运设备的气体含量要求**　　　　　　μL/L

气体	变压器和电抗器	互感器	套管
氢	<30	<50	<150
乙炔	0	0	0
总烃	<20	<10	<10

（2）运行设备的注意值。运行充油电气设备的固体绝缘材料和变压器油受电场、电磁、温度、老化等作用，其油中溶解气体的组分含量会缓慢地逐步增加，即使设备没有异常，油中也有一定含量的溶解气体组分。为了监督上的方便，20 世纪 80 年代，电力系统对全国6000 余台变压器、近万台互感器、3000 多支套管油中溶解气体的含量进行了统计分析，统计出了充油电气设备中变压器油中溶解气体的正常允许含量，形成了"注意值"的概念。

根据不同设备结构、运行特点，"导则"对不同设备规定了不同组分含量的注意值。表8-7 是变压器、电抗器和套管油中溶解气体含量的注意值；表 8-8 是电流互感器和电压互感器油中溶解气体含量的注意值。

表 8-7　　　　　　**变压器、电抗器和套管油中溶解气体含量的注意值**

设　　备	气 体 组 分	含量（μL/L）	
		330kV 及以上	220kV 及以下
变压器和电抗器	总　烃	150	150
	乙　炔	1	5
	氢	150	150
套　管	甲　烷	100	100
	乙　炔	1	2
	氢	500	500

表 8-8　　　　　　**电流互感器和电压互感器油中溶解气体含量的注意值**

设　　备	气 体 组 分	含量（μL/L）	
		220kV 及以上	110kV 及以下
电流互感器	总　烃	100	100
	乙　炔	1	2
	氢	150	150
电压互感器	总　烃	100	100
	乙　炔	2	3
	氢	150	150

（3）注意值的应用。在判断设备是否有故障时，一般首先将分析结果与"导则"中规定的注意值进行比较。

如分析结果中，有一项或多项指标超过注意值时，只说明设备存在异常情况，但并不表示设备有故障。

正确的诊断方法是，将分析结果与前一次该设备的分析数据相比较，确定其故障气体含量是否有明显的增长。如有明显的增长，不管其是否超过"导则"注意值，都说明设备有故障，或故障有发展；反之，则说明设备没有故障或故障没有进一步发展。

读者应注意："导则"中的注意值不是划分设备是否有故障的标准；一次溶解气体组分含量的分析结果不能作为诊断设备是否有故障的依据。

2. 考察产气速率

根据一次油中溶解气体分析结果的绝对值，难以判断设备是否有潜伏性故障，更难以判断其严重程度。因此，必须对设备进行跟踪分析，考察故障的发展趋势，估算产气速率。

产气速率有绝对产气速率和相对产气速率之分。

（1）绝对产气速率。绝对产气速率表示的是每运行日产生某种气体的平均值，按下式计算：

$$\gamma_a = (C_{i,2} - C_{i,1})m/(\Delta t \times \rho) \tag{8-1}$$

式中　γ_a——绝对产气速率，mL/d；

　　　$C_{i,2}$——第二次取样测得油中某气体浓度，μL/L；

　　　$C_{i,1}$——第一次取样测得油中某气体浓度，μL/L；

　　　Δt——两次取样时间间隔中的设备运行天数，d；

　　　m——设备总油量，t；

　　　ρ——油的密度，t/m³。

充油电气设备在正常运行中，因受电场和热力作用，也会产生一定量的热解气体溶解在与之接触的绝缘油中，其绝对产气速率总是缓慢增长的，因此只有其增长速率达到一定的水平才视为设备异常，表 8-9 是我国经统计分析确定的绝对产气速率注意值。

表 8-9　　　　　　　　　　绝对产气速率注意值　　　　　　　　　　mL/d

气体组分	开放式	隔膜式	气体组分	开放式	隔膜式
总　烃	6	12	一氧化碳	50	100
乙　炔	0.1	0.2	二氧化碳	100	200
氢	5	10			

例 1：某隔膜式变压器运行 5 个月，油中总烃含量由 $150\,\mu$L/L 上升至 $300\,\mu$L/L，设备总油量为 50m³，求总烃的绝对产气速率？

解　$\gamma_a = (C_{i,2} - C_{i,1})m/(\Delta t \times \rho) = (300 - 150) \times 50/(5 \times 30) = 50(\text{mL/d})$

"导则"中虽然根据变压器的结构特点，分别提出了开放式和隔膜式绝对产气速率的注意值，但"导则"中规定的产气速率的注意值也不是判断设备有无故障的绝对标准。使用时，应注意产气速率的变化情况，弄清其与设备的运行方式、运行参数后再下结论。

（2）相对产气速率。相对产气速率是指每运行月（或折算到月）某种气体组分含量增加原有值百分数的平均值，按下式计算：

$$\gamma_r = (C_{i,2} - C_{i,1})/(\Delta t) \times 100\% \tag{8-2}$$

式中　γ_r——相对产气速率，%/月；

$C_{i,2}$——第二次取样测得油中某气体浓度，$\mu L/L$；

$C_{i,1}$——第一次取样测得油中某气体浓度，$\mu L/L$；

Δt——两次取样时间间隔中的设备实际运行时间，月。

与绝对产气速率的概念类似，一般认为设备油中总烃的相对产气速率大于 10%/月时，设备可能存在异常缺陷，应引起注意。

例 2：某台变压器在 1990 年 3 月周期性检测油中溶解气体组分含量时，发现其特征气体异常，跟踪分析结果表明，特征气体增长显著，分析数据见表 8-10，求总烃的相对产气速率？

表 8-10

日　期	H_2	CH_4	C_2H_6	C_2H_4	C_2H_2	CO	CO_2	C_1+C_2
1990 年 3 月 17 日	9.0	5	0	33	0	57	2900	38
1990 年 10 月 2 日	14	29	18	174	0	75	3040	221

解　相对产气速率为

$$\gamma_r = (C_{i2} - C_{i1})/(C_{i1} \times \Delta t) \times 100\% = (221 - 38)/(38 \times 6.5) \times 100\% = 74\%/\text{月}$$

（3）设备异常时油中气体产气速率变化的规律。作者从事多年的变压器故障诊断工作，现将省内 7 台 220kV 薄膜密封式故障变压器产气速率汇总于表 8-11，从中可以得出如下结论：

1）设备有故障时，其产气速率往往超过"导则"的注意值。

2）放电故障和过热故障的特征气体的产气速率是不同的。放电故障 H_2、C_2H_2、CH_4 的产气速率高，C_2H_4 相对较低；而过热故障 C_2H_4 的产气速率高。

3）对于不同类型的故障，其气体的增长速率是不同的。一般过热性故障比放电性故障产气速率低，如济宁 4 号产气速率比其他过热性故障变压器产气速率高。

4）开始发现烃类气体含量异常时，一般产气速率较低。当产气速率随着时间的增加而增长时，可以认为故障源扩大或故障能量提高。如济宁 4 号起初几天乙炔的产气速率为 86.4mL/d，后来几天达到 384mL/d。

5）对总烃起始含量很低的变压器，不宜用产气速率来衡量变压器有无异常。

表 8-11　　　　　　　　　　　**密封式故障变压器产气速率**

变压器名称	绝对产气速率（mL/d）			
	CH_4	C_2H_4	C_2H_2	总　烃
红卫 1 号	50.4	141.6	3.6	204
红卫 2 号	76.8	100.8	2.88	196.8
黄埔 2 号	74.4	84	3.36	175.2
招远 2 号	76.8	86.4	0	208.8
黄台 6 号	103.2	156	1.18	264
济宁 4 号	148.8	100.8	120	384
魏庄 3 号	15.36	62.4	0.82	103.2

3. 熟悉设备的历史和变化情况

要了解设备的结构、安装、运行及检修情况等，弄清气体异常的原因，排除非故障因素可能引起的误判。工作中常遇到的情况见表 8-12。

表 8-12　　　　　　　　　　　　　　造成误判的常见非故障因素

非 故 障 原 因	对油中气体组分变化的影响
属于设备结构方面： (1) 有载调压开关油向本体渗漏 (2) 不稳定绝缘材料造成的热分解（如使用 1030 号醇酸绝缘漆） (3) 使用活性金属材料，促进油的分解	本体油乙炔等烃类气体浓度增加 产生 CO、H_2 等油中 $CO>300\mu L/L$ 增加油中 H_2 含量，$H_2>200\mu L/L$
属于安装运行维护方面： (1) 充氮保护使用不合格的氮气 (2) 设备受潮或进水 (3) 油与绝缘间有空气泡 (4) 检修中带油补焊 (5) 油处理时，油加热器不合格，使油过热裂解 (6) 充用有过故障，且未脱气或脱气不完全的旧油	氮气含 H_2、CO_2 等杂质 油中 H_2 含量增加 因气泡放电，产生 H_2、CH_4 甚至少量乙炔 增加烃类含量，严重时有少量乙炔 增加烃类气体含量 溶解度大的烃类气体含量高
属于辅助设备或其他原因： (1) 潜油泵继电器触点火花放电或电机缺陷 (2) 油取栏时，容器不净或进入杂质（如电石粉等）	增加乙炔等可燃性气体 增加污染气体或乙炔的含量

　　另外要做好设备气相色谱分析数据的台账记录工作，以便于分析结果的比较，判断设备是否有故障和故障的发展趋势。

二、故障类型的判断

　　设备确实存在故障时，应判断故障的类型。国内外对故障类型的判断方法做了许多探索，其中以国际电工委员会 IEC 599（1978 年版）三比值法与日本的电协研法应用最为普遍，也为读者所熟悉。

　　1. IEC 三比值法

　　1997 年，IEC 对原三比值法进行了较大的修订，并于 1999 年颁布实施，即 IEC 60599—1999 "运行中矿物油浸电气设备溶解和游离气体分析判断导则"。新版 IEC 三比值法省略了编码规则，简化了比值判断标准，对故障性质的判断更为明确。表 8-13 是故障诊断总表；表 8-14 是 IEC 判断故障性质简表；表 8-15 是专用于判断套管故障的简表。

表 8-13　　　　　　　　　　　　　　故障诊断总表

情　况	特 征 故 障	C_2H_2/C_2H_4	CH_4/H_2	C_2H_4/C_2H_6
PD	局部放电（见注 3）	NS[①]	<0.1	<0.2
D1	低能量局部放电	>1	$0.1\sim0.5$	>1
D2	高能量局部放电	$0.6\sim2.5$	$0.1\sim1$	>2
T1	热故障 $t<300℃$	NS	>1 但 NS	<1
T2	热故障 $300℃<t<700℃$	<0.1	>1	$1\sim4$
T3	热故障 $t>700℃$	<0.2[②]	>1	>4

　　注　1. 上述比值在不同地区可稍有不同；
　　　　　2. 至少上述气体之一超过正常值，并超过正常增长率时，计算的比值才有效。
　　　　　3. 在互感器中，$CH_4/H_2<0.2$ 时，为局部放电；在套管中 $CH_4/H_2<0.7$ 时，为局部放电。
　　　　　4. 气体比值落在极限范围之外，而不对应表中的故障特征，可认为是混合故障或一种新故障。这个新故障包含了高含量的背景水平。这种情况下本表不能提供诊断。
　　①　NS 表示无意义。
　　②　C_2H_2 的总量增加，表明热点温度增加，高于 $1000℃$。

表 8-14　　　　　　　　　　　IEC 判断故障性质简表

故障性质	C_2H_2/C_2H_4	CH_4/H_2	C_2H_4/C_2H_6
PD 局放		<0.2	
D 放电	>0.2		
T 过热	<0.2		

表 8-15　　　　　　　　　　　充油套管的比值判断简表

	C_2H_2/C_2H_4	CH_4/H_2	C_2H_4/C_2H_6	CO_2/CO
PD 局放		<0.07		
D 放电	>1			
T 过热			>1	
TP 绝缘过热				<1 >20

新版 IEC 标准颁布使用的时间较短，应用经验较少，其对故障诊断的准确性，还需要一个经验积累过程。

2. 改良电协法

该方法是在 IEC 599（1978 版）法基础上，由日本电气协会改进形成的，见表 8-16。

该方法比原 IEC 三比值法有两个优势：①它采用编码全，能够覆盖所有计算出的比值；②只要计算出 C_2H_2/C_2H_4 一个比值，就可以基本判定故障的性质。如 C_2H_2/C_2H_4 比值为 0，则该设备的故障属过热性；该比值为 2，则设备存在弱放电性故障；该比值为 1，则设备存在强放电性故障。

表 8-16　　　　　　　　　　　改良电协研法

比值范围	比值范围编码		
	C_2H_2/C_2H_4	CH_4/H_2	C_2H_4/C_2H_6
<0.1	0	1	0
≥0.1~<1	1	0	0
≥1~<3	1	2	1
≥3	2	2	2

编码组合			故障类型	故障实例（参考）
C_2H_2/C_2H_4	CH_4/H_2	C_2H_4/C_2H_6		
0	1	0	局部放电	高温度含量引起油中低能量密度局部放电
	0	1	低温过热（150℃）	绝缘导体过热，注意 CO、CO_2 量及其 CO/CO_2 的比值
	2	0	低温过热（150~300℃）	分接开关接触不良，引线夹件螺丝松动或接头焊接不良，涡流引起铜过热，铁芯漏磁，局部短路和层间绝缘不良，铁芯多点接地等
	2	1	中温过热（300~700℃）	
	0，1，2	2	高温过热（>700℃）	

编码组合			故障类型	故障实例（参考）
C_2H_2/C_2H_4	CH_4/H_2	C_2H_4/C_2H_6		
2	0, 1	0, 1, 2	火花放电	引线对电位未固定的部件之间连续火花放电，分接头引线间油隙闪络，不同电位之间油中火花放电或悬浮电位之间火花放电等
	2	0, 1, 2	火花放电兼过热	
1	0, 1	0, 1, 2	电弧放电	线圈匝、层间短路、相间短路、分接头引线油隙闪络，引线对箱壳放电，线圈熔断，引线对其他接地放电，分接开关飞弧，环电流引起电弧等
	2	0, 1, 2	电弧放电兼过热	

3. 使用三比值法应注意的问题

（1）引用三比值法时的条件。

1）一般当油中溶解气体某个或几个组分含量达到或超过"导则"规定的注意值，并初步认定设备有异常时，才能使用三比值法。

2）使用分析数据时，需要考虑分析方法的检测灵敏度和分析误差。因为当油中溶解气体组分含量很低时，分析误差较大，把这样的数据引入三比值中，可能造成误判。

3）注意设备油中气体组分含量的起始值。由于设备以前曾发生过故障等历史原因，油中某些气体组分含量可能较高。若把具有较大背景含量的分析数据直接引入三比值法中，就会造成误判。这种情况下，应采用将一定时间间隔内两次测定结果的差值引入三比值法中进行计算的方法。

（2）注意运行中三比值的变化情况。在对故障设备的跟踪分析中，通过考察气体组分比值的变化，发现故障类型的变化和故障发展的过程。如比值组合由 020 变化为 122，则可以判定，故障是由过热发展到电弧放电。

（3）注意设备的结构。油系统的保护方式不同，对比值应修正。自由呼吸的开放式油箱与薄膜密封式油枕不同，开放式油箱气体组分的逸散损失更大（如 H_2 的逸散损失约为 CH_4 的 3～4 倍），在引用数据进行三比值计算时，必须予以重视。

若是有载调压变压器，若发现油中溶解气体中乙炔含量增长明显，而其他气体组分的增长明显小于乙炔的增长速率，就要考虑这种异常是否是有载开关油箱漏油所致。

（4）注意设备的运行情况。采用三比值监视时，最好在故障发生、发展的过程中进行。如果产气故障停止（如停电后），将会使比值发生某些变化而带来误差。

表 8-17 是作者用三比值法诊断变压器故障性质的几个实例。

表 8-17　　故障变压器诊断实例

变压器名称	油中溶解气体含量（$\mu L/L$）					三比值法		查实结果
	H_2	CH_4	C_2H_4	C_2H_6	C_2H_2	计算编码	故障性质	
南山变	250	63	66	3.8	120	102	高能量放电	操作过电压，引起内部闪络
黄埔 2 号	220	340	480	42	14	022	>700℃ 的过热	分接开关三相烧伤

变压器名称	油中溶解气体含量（μL/L）					三 比 值 法		查实结果
	H_2	CH_4	C_2H_4	C_2H_6	C_2H_2	计算编码	故障性质	
济宁4号	160	90	17	27	5.8	100	低能量局部放电	分接开关操作杆与分头之间接触不良，引起火花放电
招远1号	130	440	730	180	0	022	>700℃的过热	接地铜片与铁芯多处搭接，接地铜片烧毁

三、判断故障的发展趋势和严重程度

当故障类型确定以后，必要时应进一步判断故障的发展趋势和严重程度，以便提出设备的处理意见和建议。现将有关资料作一简明介绍，供诊断故障时参考。

1. 故障源热点温度的估算

前文提到，绝缘油、纸热解产生的气体种类和含量与故障的类型、故障源的温度密切相关。因而从理论上来说，可以用相关气体的组分浓度估算故障源的温度。

（1）当故障源不涉及固体绝缘材料，且热点温度高于400℃时，用C_2H_4/C_2H_6的浓度比值估算热点温度 T：

$$T = 332\lg(C_2H_4/C_2H_6) + 525 \tag{8-3}$$

（2）当故障源涉及固体绝缘材料，若CO/CO_2比值大于0.33，则存在固体绝缘的裂化现象。

若故障源温度在300℃以下，纸过热温度通过（8-4）式计算：

$$T = -214\lg(CO_2/CO) + 373 \tag{8-4}$$

若热点温度在300℃以上，用式（8-5）估算热点温度 T：

$$T = -1196\lg(CO_2/CO) + 660 \tag{8-5}$$

表8-18是作者对故障变压器热点温度估算的几个实例。从表中可以看出，用C_2H_4/C_2H_6的浓度比值计算的热点温度与三比值法推定的温度基本吻合。

表 8-18　　　　　　　多种方法诊断故障变压器实例

变压器名称	油中溶解气体含量(μL/L)					三比值法		特征气体法	估算温度（℃）	查实结果
	H_2	CH_4	C_2H_4	C_2H_6	C_2H_2	计算编码	故障性质			
魏庄3号	81	130	230	74	2.9	022	>700℃的过热	一般过热	680	铁芯多点接地
黄埔♯2	220	340	480	42	14	022	>700℃的过热	较严重过热	870	分接开关三相烧伤
济宁♯4	160	90	17	27	5.8	100	低能量局部放电	局部放电	460	分接开关操作杆与分头之间接触不良，引起火花放电
招远♯1	130	440	730	180	0	022	>700℃的过热	一般过热	720	接地铜片与铁芯多处搭接，接地铜片烧毁

续表

变压器名称	油中溶解气体含量（μL/L）					三比值法		特征气体法	估算温度（℃）	查实结果
	H_2	CH_4	C_2H_4	C_2H_6	C_2H_2	计算编码	故障性质			
红卫♯1	50	90	260	18	5.9	022	＞700℃的过热	较严重过热	900	箱底铁片引起铁芯多点接地
红卫♯2	170	330	430	77	13	022	＞700℃的过热	较严重过热	770	箱底铁片引起铁芯多点接地
黄台♯6	170	320	520	53	3.2	022	＞700℃的过热	一般过热	840	接地铜片与铁芯多处搭接，接地铜片烧毁
济宁♯4	260	130	84	29	92	102	高能量放电	介于火花与电弧放电之间	670	低压引线两相在箱体内相碰

2. 利用平衡判据确定故障的发展趋势

对于运行中的变压器，若瓦斯继电器动作，在排除继电器误动的情况下，可能主要有如下原因：①设备有较为严重的故障，高温热解产生的大量气体致使继电器动作；②设备本体没有故障，因潜油泵负压区漏气，大量空气进入变压器本体所致；③新投运设备检修、安装时，真空滤油、注油环节工艺不当，设备积存的或油中溶解的空气，在设备投运后因温度升高，空气析出所致。

因此分析比较油中溶解气体和瓦斯继电器中游离气体的浓度，就可以判断气体继电器的动作原因，进而判断故障的发展趋势，这一方法称为平衡判据。

该方法适合隔膜密封变压器，一般当瓦斯继电器发信号时才使用。其具体做法是：同时取瓦斯继电器气样和设备本体的油样；用色谱法分别测定其气体组分的含量；利用分配定理，把瓦斯继电器气样的组分含量折算为平衡条件下相应油中组分含量理论值（或将油中溶解气体含量折算为平衡条件下相应瓦斯继电器气样的组分含量理论值）；将折算出的油中组分含量理论值与变压器本体取样测定的组分含量进行比较，判断故障的发展趋势。

$$C_{ioil} = K_i C_{igas} \qquad (8-6)$$

式中　C_{ioil}——平衡条件下，油中某组分的含量，μL/L；

　　　C_{igas}——平衡条件下，瓦斯气体中某组分的含量，μL/L；

　　　K_i——某组分在一定温度下的溶解度系数。

平衡判据使用方法如下：

（1）若理论值与实测值基本相同，且数值均较大，可以认为故障气体是平衡条件下产生的，一般说明设备存在持续时间较长的潜伏性故障。但如各故障气体组分含量很低，则说明设备正常，瓦斯继电器动作是外部原因所致。

（2）若理论值明显高于实测值，且数值均较大，则说明故障气体是在非平衡条件下产生的，故障较为严重，发展较快。

表8-19是用平衡判据诊断的两台故障变压器实例。从中可以看出，瓦斯继电器中气体组分的实测值除 CO、CO_2 外，均比气体理论计算值大得多，说明故障与主绝缘无关，但发展较快。

表 8-19　　　　　　　　　　平衡判据诊断故障变压器实例

变压器名称	数据来源	分析及计算气体组分结果（μL/L）							
		H_2	CO	CO_2	CH_4	C_2H_4	C_2H_6	C_2H_2	总烃
石炭坞 1 号	油样实测值	60	71	10000	40	110	9.9	70	230
	气样实测值	53000	720	870	6700	4400	490	10000	21590
	油样折算为气样的理论值	1000	592	10870	102	75	4.3	69	250
南定 3 号	油样实测值	90	320	8000	160	330	54	29	573
	气样实测值	90000	1800	5800	3800	860	42	46	4748
	油样折算为气样的理论值	1500	2667	8696	410	226	23	28	687

查实结果：石炭坞 1 号主变分接开关电弧放电；南定♯3 主变低压侧两套管引线相碰，且铁芯多点接地。

第五节　充油电气设备故障与诊断分析

电力变压器是电网中最重要的设备，它的可靠性直接关系到电网能否安全、高效、经济地运行。减少变压器故障则意味着提高电网的经济效益。

由于变压器长期连续在电网中运行，不可避免地会发生各种故障和事故。对这些故障和事故的起因分析和监测是运行维护人员多年来关注的热点问题。

一、变压器故障和事故

变压器在运行中会受各种因素的影响而造成其部件不能正常工作，最严重时会造成变压器失效，从而影响电网的正常经济运行，造成巨大的经济损失。

1. 变压器故障

变压器故障的定义：如果在运行中变压器某个部位或部件经检查、试验，证实存在问题或缺陷，但通过检修的方式能够使变压器继续正常运行，或因变压器自身原因跳闸，但不需要修理便可重新投入运行的情况，均属于故障。

故障又可细分为两类：在运行中出现的必须停电检修的故障，属于一类故障；运行中出现的不必立即停电检修，而可坚持到检修周期的故障，属于二类故障。

2. 变压器事故

事故定义：凡是由于变压器自身原因或系统其他原因，致使运行变压器出现跳闸或被迫停运，同时变压器受到明显的破坏，必须经维修才能再次重新投入运行。

3. 变压器事故率及原因

变压器事故率是电力系统评价高压设备运行状况的重要指标，也是衡量产品质量的一项基本标准。按照规定事故率的计算公式是

$$事故率＝事故台数/（统计总台数×年）×100\%$$

造成变压器事故的原因是多方面的，如按照运行时间分析事故率分布，则投运不到一年的变压器事故率最高，占事故总数的 1/5；投入运行不到 5 年的变压器事故率约占事故总数的 1/3。这期间的事故一般成为早期损坏事故。

从变压器的结构来说，变压器设计结构不合理和工艺材料控制不严等方面是造成高事故

率的主要原因。

变压器的运行实践表明，安装质量问题引起的事故往往在变压器投运的初期就较早地暴露出来；新投运的变压器经过一段时间的运行后，其事故率呈下降趋势。究其原因是变压器经过初始事故期后，变压器处于较为稳定的状态。在经过这段稳定期后，变压器将进入结构部件的老化期，在这一时期，变压器又进入高事故率期。

由于老化而造成变压器损坏的事故并不多见，其主要原因是状态维修时，已经对存在的问题进行了处理和解决。

运行经验表明，只有制造质量和运行维护两方面都做得较好，变压器的事故率才较低。

4. 变压器事故率的分布

（1）变压器设计、制造问题。由于变压器设计结构不合理、制造工艺和材料控制不严等方面原因造成的事故约占80%。

（2）运行安装问题。因运行和安装问题导致的变压器事故率约为20%。其主要原因有：①变压器投运后，器身或部件进水受潮，如防爆筒薄膜破损等；②变压器检修或维护不当，如检修时造成设备的损伤；③外部原因，如雷击、过电压运行、污闪等。

历年来电力部门对变压器事故统计分析表明，变压器出现事故的主要部位是绕组、主绝缘和引线等绝缘系统，其次是分接开关和套管。

二、变压器故障诊断分析

有人认为油中溶解气体分析是解决变压器所有运行问题的方法，但实际情况并非如此，该方法对于诊断运行设备内部的潜伏性故障虽然十分灵敏，但由于方法本身的技术特点，却也有局限性。如无法确定故障的部位，对涉及同一气体特征的不同故障类型易于误判。因此必须结合电气试验、油质分析、设备运行及检修情况等进行综合分析，才能较为准确地判断出故障的部位、原因及严重程度，从而制订出合理的处理措施。

需要指出的是，并不是设备一有异常都必须立即停电检修。为了减少电力生产的损失，同时避免故障发展为事故，分析检测人员的责任是，提供可靠的判断结论并提出正确处理建议。对有些类型的故障，如低温、中温过热等故障，不需要停电可以继续运行，只需缩短分析周期，跟踪故障的发展趋势，等故障发展到一定程度后再停电检修，否则既会给电力企业造成损失，又会使初期较为轻微的故障难以查找和发现；对高温过热或有电弧放电性质的故障，则应及时停电检修，不能拖延，否则很容易由设备故障酿成严重的安全事故。

现用第四节阐述的方法，对几例变压器的故障进行分析诊断。

1. 用三比值法诊断

例3：某大型发电机变压器（22kV/440kV）投运几个星期后，油中溶解气体组分含量远远超过了新变压器应有的水平，其分析结果见表8-20。表中也列出了计算的IEC三比值。由表中可知，其比值为120，偶然情况为020。由表8-16可知，设备存在着"电弧放电兼过热"。

表8-20　　　　　　　　变压器油中溶解气体组分含量分析结果及三比值

运行天数	油中溶解气体组分含量（μL/L）					三　比　值		
	H_2	CH_4	C_2H_6	C_2H_4	C_2H_2	CH_4/H_2	C_2H_4/C_2H_6	C_2H_2/C_2H_4
0	50	50	4.5	50	5	0	2	0
30	40	53	4	40	4	1	2	0

运行天数	油中溶解气体组分含量（μL/L）					三 比 值		
	H_2	CH_4	C_2H_6	C_2H_4	C_2H_2	CH_4/H_2	C_2H_4/C_2H_6	C_2H_2/C_2H_4
42	60	50	8	73	7	0	2	0
86	57	39	6	59	5	0	2	0
96	65	60	7	62	5	0	2	0
102	81	71	10	88	8	0	2	0
117	92	95	10	120	9	1	2	0
122	115	105	12	130	10	0	2	0
138	85	100	14	140	11	1	2	0
160	120	125	18	148	11	1	2	0
205	75	102	9	95	8	1	2	0
228	93	115	15	126	9	1	2	0
239	74	113	20	148	10	1	2	0
247	80	127	20	160	10	1	2	0
269	50	140	23	185	11	1	2	0

现场吊罩检查发现：问题出在铁芯框架之间与铁芯框架和油箱的绝缘部位。分析认为是变压器运输期间绝缘遭到破坏，因此在铁芯框架之间发生电弧，铁芯框架和油箱之间出现循环电流。修复发生电弧的部位的绝缘后，设备重新投入运行，油中溶解气体组分含量恢复到正常水平，从而证实了故障判断、变压器维修是成功的。

例4：某设备为一台 19.5kV/300kV 的发电变压器，设备在运行的 14 年过程中，产气量一直不断增加，直到瓦斯继电器动作，退出运行。表 8-21 是该变压器油中溶解气体组分含量分析结果及三比值。

表 8-21　　　　　变压器油中溶解气体组分含量分析结果及三比值

运行年度	油中溶解气体组分含量（μL/L）					三 比 值		
	H_2	CH_4	C_2H_6	C_2H_4	C_2H_2	CH_4/H_2	C_2H_4/C_2H_6	C_2H_2/C_2H_4
1969	120	105	15	21	16	0	1	1
	91	134	35	21	21	1	0	1
	106	119	20	21	21	1	1	1
	92	164	46	19	26	1	0	1
1970	18	17	6	0	6	0	0	1
	62	60	16	11	20	0	0	0
	76	106	25	11	25	1	0	1
1971	107	76	17	11	25	0	0	1
	107	194	41	20	30	1	0	2
	107	184	41	30	35	1	0	1

续表

运行年度	油中溶解气体组分含量（μL/L）					三 比 值		
	H_2	CH_4	C_2H_6	C_2H_4	C_2H_2	CH_4/H_2	C_2H_4/C_2H_6	C_2H_2/C_2H_4
1972	107	208	57	30	40	1	0	1
	107	179	51	21	30	1	0	1
1973	19	17	6	2	6	0	0	1
	49	46	6	10	11	0	1	2
	77	91	21	10	26	1	0	1
1974	93	81	21	10	26	0	1	1
	77	91	21	21	26	1	1	1
1975	93	91	21	41	30	0	1	1
	77	91	21	31	25	1	1	1
1976	93	91	21	42	25	0	1	1
	77	77	17	22	25	1	1	1
	50	34	8	22	15	0	0	1
1977	66	35	8	12	20	0	2	0
	97	122	28	130	54	1	2	0
	139	136	28	110	44	0	2	0
1978	109	108	22	90	30	0	2	1
	154	37	22	71	49	0	1	0
	2	4	2	13	6	1	2	1
1979	79	47	7	22	30	0	1	1
	122	77	17	42	44	0	2	1
1980	79	78	17	42	39	0	2	1
	153	106	22	81	54	0	2	1
	226	120	26	90	70	0	2	1
	211	106	26	90	65	0	2	1
1981	95	90	26	70	54	0	1	1
	109	76	22	50	15	0	1	1
	94	76	22	50	54	0	1	1
1982	65	61	16	40	50	0	1	1
	80	61	22	40	50	0	1	1
	95	61	22	30	45	0	1	1
1983	66	61	16	29	40	0	1	1
	95	61	16	29	45	0	1	1
	151	105	21	99	40	0	2	1

注 阴影部分的数据是油脱气后的分析结果。

从上表可以看出，在设备运行长达 14 年中，没有固定的三比值，难以给出准确的故障诊断。造成的原因主要是：设备连续发生系列小故障；操作维护人员对设备频繁脱气，导致分析数据的虚假现象。

当变压器油中溶解气体含量增加时，维护人员有时会陷于两难的境地，因为如果不脱气，故障释放出的气体会进入瓦斯继电器，严重时，会导致瓦斯继电器动作，造成停电事故；而脱气虽然会降低油中的溶解气体含量，避免瓦斯继电器动作的状况，但会给故障诊断带来麻烦，因为在脱气时，主要脱除了油中的气体，绝缘材料中的溶解气体含量却很高，其中的气体会不断向油中扩散，在达到平衡前，即使设备内故障没有继续发展或故障没有消除，油中的溶解气体含量还会继续增加，这种气体的生成速率与故障无关。因此，对故障诊断时，最好不要对油进行脱气处理。

该设备解体后检查发现：绕组夹紧调节螺栓处有电弧放电；与绕组应力屏蔽相连处有电弧放电；铁芯钢板边缘有严重的循环电流灼烧；铁芯框架和临近铁芯框架绝缘过热。

该诊断实例说明，有时仅依靠油中的溶解气体含量的分析结果，难以得出有价值的结论，它只能够对故障可能性作出提示。至于变压器是否立即退出运行、变压器故障的确切位置等问题，需根据多方面的信息和经验确定。对于有些部位的故障（如绕组内部的故障）、某些轻微的初发故障（如中温以下的过热故障等），有时甚至停电检查也难以发现和确定故障的部位。

2. 综合诊断

例5：某台 25MVA/110 双绕组变压器，自投运后运行一直很正常。在1990年3月周期性检测油中溶解气体组分含量时，发现其特征气体异常，跟踪分析结果表明，特征气体增长显著，分析数据见表8-22。

表 8-22　　　　　　　变压器油中溶解气体组分含量跟综分析结果

测试日期	油中溶解气体组分含量（$\mu L/L$）							
	H_2	CH_4	C_2H_6	C_2H_4	C_2H_2	CO	CO_2	C_1+C_2
1990 年 3 月 17 日	9.0	5	0	33	0	57	2900	38
1990 年 9 月 21 日	12	23	9	98	0	54	2375	130
1990 年 10 月 5 日	14	29	18	174	0	75	3040	221

（1）计算故障产气速率：相对产气速率为

$$\gamma_{r1} = (C_{i2}-C_{i1})/(C_{i1}\times\Delta t)\times100\% = (130-38)/(38\times6)\times100\% = 40\%/ 月$$
$$\gamma_{r2} = (C_{i2}-C_{i1})/(C_{i1}\times\Delta t)\times100\% = (221-130)/(130\times0.5)\times100\% = 140\%/ 月$$

总烃的产气速率很高，远大于 $10\%/$月的要求，且有明显的增长趋势。说明设备有故障，而且故障的发展很快。

（2）三比值法：计算结果为022，属于高于700℃的高温过热。

（3）特征气体分析：由于 C_2H_4 是总烃的主要成分，且没有 C_2H_2，因此故障的性质是过热；另外，因 CO、CO_2 在故障前后增长不明显，可以判定过热不涉及绝缘材料，属裸金属过热。铁芯是变压器中主要的裸金属，由此可以基本确定是铁芯过热。

（4）电气试验：停电做绕组直流电阻、介质损耗因数试验，结果均正常。这进一步说明故障不在电气回路和主绝缘部位。

用万用表测量接地电阻，其示值为零。由此可以肯定是铁芯多点接地故障。

（5）验证检查：吊罩检查发现，因紧固铁芯的不锈钢带松动，致使绝缘垫块脱落，使钢带与铁芯相碰，形成短路接地。

例 6：某台 120MVA/220 变压器，自投运后运行正常。1992 年 4 月进行预防性电气试验数据也正常，但油中溶解气体组分含量检测结果异常，跟踪分析数据见表 8-23。

表 8-23　　　　变压器油中溶解气体组分含量跟踪分析结果

日　　期	油中溶解气体组分含量（μL/L）							
	H_2	CH_4	C_2H_6	C_2H_4	C_2H_2	CO	CO_2	C_1+C_2
1992 年 4 月 3 日	18	135	59	208	0	891	2078	402
1992 年 11 月 19 日	25	373	129	486	0	853	2996	988

（1）计算故障产气速率：相对产气速率为

$$\gamma_r = (C_{i2} - C_{i1})/(C_{i1} \times \Delta t) \times 100\% = (988 - 402)/(402 \times 7.5) \times 100\% = 19\%/\text{月}$$

总烃的产气速率很高，远大于 10%/月的要求，说明设备有异常。

（2）三比值法：计算结果为 022，设备存在高于 700℃的高温过热。

（3）特征气体分析：由于 C_2H_4 是总烃的主要成分，且没有 C_2H_2，因此故障的性质是过热；另外，因 CO、CO_2 在故障前后增长不明显，可以判定过热不涉及绝缘材料，属裸金属过热。

（4）电气试验：停电做绕组直流电阻试验，发现中压 C 相直流电阻偏大，超出三相平均值的 2%，见表 8-24。由此判定故障在中压 C 相导电回路。而导电回路裸金属过热的最大可能性是引线。

表 8-24　　　　中压绕组三相直流电阻试验结果

测试时间	A　相	B　相	C　相	相间差（%）
1992 年 3 月	0.155	0.155	0.156	0.71
1993 年 9 月 10 日	0.155	0.1556	0.1563	0.83
1994 年 3 月 17 日	0.1551	0.1549	0.1575	1.67
1994 年 6 月 4 日	0.1552	0.1551	0.1583	2.05

（5）验证检查：吊罩检查发现，中压 C 相套管导电杆严重烧损。这是因为穿线电缆与电容芯子铜管下部相碰，致使引线绝缘损伤，使裸铜线与铜管直接接触，产生分流和环流而引起过热。

例 7：某台 370MVA/500 变压器，自投运后运行正常。2001 年 5 月油中溶解气体组分含量检测结果异常，跟踪分析数据见表 8-25。

表 8-25　　　　变压器油中溶解气体组分含量跟踪分析结果　　　　μL/L

日　　期	H_2	CH_4	C_2H_6	C_2H_4	C_2H_2	CO	CO_2	C_1+C_2
2001 年 5 月 25 日	187	207	67	253	0	294	1990	528
2001 年 7 月 28 日	416	515	190	670	0.76	501	2073	1376

（1）故障产气速率：相对产气速率

$$\gamma_r = (C_{i2} - C_{i1})/(C_{i1} \times \Delta t) \times 100\% = (1376 - 528)/(528 \times 2) \times 100\% = 80\%/\text{月}$$

总烃的产气速率很高，并远大于 10%/月的要求，说明设备存在异常。

（2）三比值法：计算结果为 022，设备内部存在高于 700℃的高温过热。

（3）特征气体分析：由于 C_2H_4 是总烃的主要成分，且 C_2H_2 很小，因此故障的性质是过热；另外，因 CO、CO_2 在故障前后增长明显，可以判定过热涉及绝缘材料。

（4）电气试验：停电做绕组直流电阻试验，发现高压三相电阻不平衡率增加，且其大小排序也发生改变，B 相绕组由原来出厂时直流最小，变为同等试验条件下最大，因此可以基本判定高压 B 相绕组存在缺陷，见表 8-26。

表 8-26　　　　　　　　　　**高压绕组三相直流电阻试验结果**

测 试 时 间	A　相	B　相	C　相	相间差（%）
出厂数据	0.6728	0.6692	0.6709	0.54
1997 年 11 月 18 日	0.6253	0.6222	0.6239	0.50
2000 年 11 月 13 日	0.6207	0.6049	0.6016	0.55
2001 年 12 月 26 日	0.5967	0.6064	0.5954	1.80

（5）验证检查：排油后，通过人孔进入检查，只发现低压侧铁芯拉板与下夹件的连接螺栓及垫圈有变黑和过热痕迹。显然该故障与直流电阻测试数值不吻合。

吊罩检查，测量高压 B 相绕组的分电阻，确定绕组导线间存在短路点。经仔细查找，发现高压侧由下向上数第三饼白布带上有一米粒大小的黑点，剖开白布带，露出 1mm 厚绝缘纸板垫条已经炭化，该匝导线有一股因焊接质量问题，开焊形成过热。

第六节　变压器余寿命的评估

一般将变压器故障分成 3 种基本模式：变压器绝缘受到破坏，导致内部出现电气击穿；由于变压器内部存在严重过热，导致故障；由于不能承受外部故障影响，导致变压器发生机械方面失效。

上述 3 种基本模式中，前两种是实际性的故障，在故障酿成事故之前，可以借助溶解气体分析方法提供诊断依据，对设备进行检修处理，防止事故的发生。

对第三种来说，它是变压器寿命终结式失效。当变压器绝缘在经受长期劣化，机械强度很差时，虽然变压器不会立即失效，尚能维持正常运行，但电网其他设备一旦发生故障，处于使用寿命边缘的变压器绝缘系统就需要承受"冲击"性机械负载，从而酿成绝缘事故。因此，电力部门最好在出现这种故障前，将变压器退出运行。提前几年退出并报废老化变压器，虽然没有实现变压器的全部利用价值，会造成经济上的一定损失，但若等变压器自然失效，则会付出因变压器的断电引起的经济上，甚至法律上的巨大代价。故近年来，人们对变压器余寿命的评估越来越重视。

一、变压器温升对变压器寿命的影响

1. 变压器温升对绝缘材料寿命的影响

变压器达到热稳定的时间因变压器的容量大小和冷却方式的不同而有所差别，小容量油浸变压器一般需要 10h 左右即可达到热稳定状态，而大型变压器则需要 20h 左右方可达到热稳定状态。

运行变压器中，铜损和铁损产生的热量引起变压器正常温升。变压器的温升极限值以其使用寿命为基础。在相关国家标准中，对变压器不同负载运行时的温升极限值和热点温度都做了相应的限定。如采用 A 级绝缘材料的油浸变压器，在额定运行状态下，长期工作的最高温度为 105℃；在变压器短路时，在规定的时间内，其铜绕组最高允许平均温度为 250℃；在周期性负载或超过额定负载时，绕组的最热点温度不超过 140℃。

GB/T 15614—1994《油浸式电力变压器负载导则》规定：在 20℃时，变压器绕组热点温度的基准值是 98℃，在该温度下绝缘的相对老化率为 1。在 80～140℃ 范围内，温度每增加 6℃，其老化速率增加一倍。由此可定义相对老化率：

$$V = 2^{(Q-98)/6} \tag{8-7}$$

由于变压器温度计指示的是变压器油的平均温度，如果变压器的油温接近 98℃，那么可以肯定该变压器内部存在局部高于 98℃ 的温度，即存在过热现象。即使运行变压器的油温在 60～80℃ 的正常范围内，也难以保证设备内不存在局部过热问题。而变压器的使用寿命恰恰取决于局部绝缘材料，尤其是绝缘纸的老化程度。

假如变压器内部存在局部过热，在 140℃ 的条件下运行 1h，通过上式可以计算出，相当于在 98℃ 下运行 128h。由此可见变压器的使用寿命会大大地缩短。表 8-27 是在不同运行温度下的绝缘寿命损耗速率。

表 8-27　　　　　　　　　　　　在不同运行温度下的绝缘寿命损耗速率

运行温度 θ_h（℃）	寿命损耗速率	运行温度 θ_h（℃）	寿命损耗速率
80	0.125	116	8.0
86	0.25	122	16.0
92	0.5	128	32.0
98	1.0	134	64.0
104	2.0	140	128.0
110	4.0		

计算实例：变压器在 104℃ 温度下持续运行 10h，在 86℃ 温度下持续运行 14h，变压器的寿命损耗是 $10\times2+14\times0.25=23.5$h。

同理，也可求出变压器在一天内，高热点温度下运行时间造成的绝缘寿命损耗（其余时间按寿命损耗可以忽略不计的低温下运行），即 24h 运行周期的等效寿命损耗。

在 24h 正常运行寿命前提下，在变压器运行为温度 θ_h 时，所允许运行的时间 h。表 8-28 给出了保持正常温度下 24h 运行寿命，在热点温度下变压器可以运行的时间。

表 8-28　　　　　　　　　　　　热点温度下变压器 24h 等效运行时间

热点温度 θ_h（℃）	允许运行时间（h）	热点温度 θ_h（℃）	允许运行时间（h）
98	24	116	3
101.5	16	119.5	2
104	12	122	1.5
107.5	8	125.5	1.0
110	6	128	0.75
113.5	4	131.5	0.5

由此可见，变压器的运行温度，尤其是变压器内部的热点温度对变压器绝缘的使用寿命影响巨大，因而变压器的冷却方式和冷却效果与变压器的寿命密切相关。

2.变压器冷却效果对温升的影响

变压器的温升不仅取决于损耗的大小，而且与设备的冷却效果密切相关。因此，为了把变压器的温升稳定在要求的范围内，则要求变压器必须具备一定的散热能力。由于变压器的损耗（热源）是随本身的容量增大而增加的，损耗基本上与变压器的重量或尺寸的平方成正比，但在实际变压器制造方面，通常散热面积的增加跟不上损耗的增加，为此，必须根据变压器容量大小，采用适当的冷却方式，以控制变压器的运行温升。

油浸自冷式（ONAN）：为容量 6300kVA 以下的变压器所采用。它是通过油箱壁或在油箱上焊接油管或散热片组成的散热器，是一种自然油循环、自然空气冷却方式。

油浸风冷式（ONAF）：为容量在 8000～40000kVA 或 110～220kV 电力变压器所采用。它是在自冷式散热器上加装风扇吹风以提高散热冷却效果的。

强迫油循环风冷（OFAF）：为容量大于 31500kVA 的大型变压器所采用。它是将高效风冷散热器直接与变压器油箱连接，用潜油泵把变压器油打入散热器，由风扇吹风冷却的。

变压器的冷却效果和散热能力不仅与变压器的散热面积有关，还与油循环冷却方式、冷却装置等因素有关。变压器的高效冷却是防止变压器过热故障，提高变压器使用寿命的重要前提条件。

二、评价变压器寿命的依据

变压器的温升促进了绝缘材料的老化速度；绝缘材料的老化降低了其抗拉机械强度，最终导致变压器寿命的终结。

绝缘纸是变压器中的主要固体绝缘材料。研究表明，绝缘纸的机械强度取决于绝缘纸的聚合度（DP），如图 8-6 所示。从图中可以看出，绝缘纸的机械强度随着聚合度的降低而迅速下降。

大家知道，绝缘纸是由纤维素组成的，纤维素的分子式可以简写为 $(C_6H_{10}O_5)_n$，式中 n 即为聚合度，其结构式如图 8-7 所示。

对于新绝缘纸来说，聚合度 n 为 1100～1200。为了提高绝缘纸的绝缘强度，大型变压器绝缘纸的含水量一般要求低于 0.5%，因此新绝缘纸在使用之前，均需要进行高温干燥脱水处理，在干燥过程中因纤维分子的热分解，其聚合度会迅速下降，一般在 850～900 之间，工程上将该数值视为

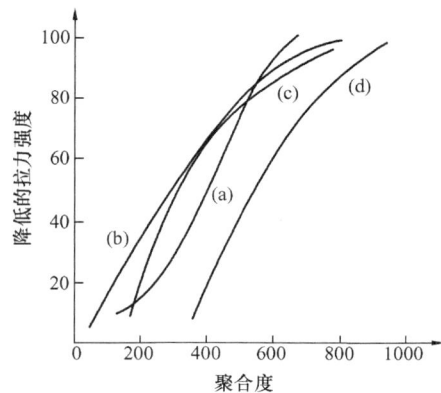

（a）（b）（c）（d）这 4 条曲线分别
代表 4 种类型的绝缘纸

图 8-6 聚合度与机械强度的关系

新变压器绝缘纸分子聚合度的典型值。运行变压器中的绝缘纸因承受温度、电场的长期作用，其聚合度会逐步下降，试验表明，当聚合度降至 250 时，绝缘纸会突然失去它的剩余机械强度，绝缘强度也只有原来的一半左右，绝缘纸的寿命便达到极限；聚合度下降到 150 时，绝缘纸的机械强度几乎为零。因此绝缘材料的聚合度（DP）可直接反映绝缘材料机械强度。

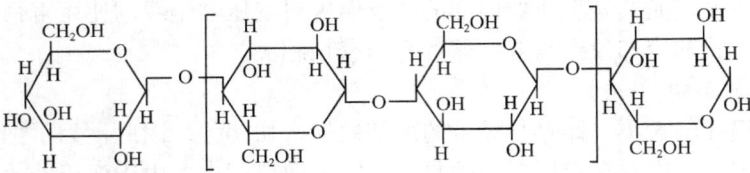

图 8-7　纤维素的结构式

有了上述认识，从理论上来说，判断变压器的寿命就非常简单了，只要从变压器中采取绝缘纸样品，测试出其聚合度即可。然而，问题却并非如此简单，其根源是如何确定并采取完全代表高温热点部位的样品。目前解决这一问题的办法是，在变压器投运前，在其内部可能的最高温处放置绝缘纸监测样品，用测试监测样品的聚合度推测评估变压器的余寿命。虽然该方法确定的热点温度不是非常准确，但因为根本无法预测变压器热点的部位，它仍是一种相对较好的方法。

三、评估变压器寿命的方法

测试绝缘材料的聚合度虽然简单、直观，但受诸多方面的限制：①只有在停电检修（大修）时才可以取出监测绝缘纸样品；②不能进行连续运行监测。因此运行监督人员希望找到一种运行过程中连续监测绝缘材料劣化程度的方法。

众所周知，绝缘材料老化、劣化时，除产生大量的一氧化碳和二氧化碳外，还会产生糠醛组分扩散溶解到变压器油中，当然变压器油中溶解的一氧化碳和二氧化碳、糠醛含量与绝缘纸的聚合度密切相关，因此可以利用上述数据评估变压器的寿命。

1. 绝缘纸老化与油中一氧化碳和二氧化碳含量的关系

绝缘纸老化分解的主要产物是一氧化碳和二氧化碳，产生的这两种气体会大部分溶解在与之接触的绝缘油中，因此通过绝缘油油中溶解气体组分含量分析，就可容易地检测出其含量的大小。

若绝缘油中的一氧化碳和二氧化碳气体全部来自绝缘纸的老化分解，且变压器密封良好，没有扩散损失，那么一氧化碳和二氧化碳气体含量的高低就反映了绝缘纸的老化程度，即绝缘纸的聚合度。

由于其他绝缘材料，如绝缘油老化也产生一氧化碳和二氧化碳气体，以及变压器因检修、密封等问题均产生气体损失等因素的影响，一氧化碳和二氧化碳气体的含量并不存在与绝缘纸聚合度一一对应的关系，而是反映了聚合度的变化趋势。图 8-8 是某研究单位给出的绝缘纸的聚合度与单位质量绝缘纸中一氧化碳和二氧化碳气体含量的关系。

因此，通过检测分析绝缘油中一氧化碳和二氧化碳气体含量，可以大致了解绝缘纸的老化程度，而难以给出明确的判定标准。

前文指出，变压器的寿命主要取决于局部温升引起的局部绝缘纸非正常老化，而绝缘纸非正常老化产生的气体以一氧化碳为主要成分。在绝缘油中存在溶解氧的条件下，因部分一氧化碳气体可以转化为二氧化碳气体，故也难以用单一的一氧化碳气体含量来判定变压器内部是否存在非正常老化。

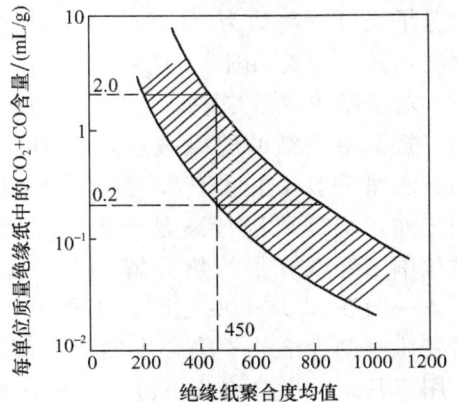

图 8-8　绝缘纸的聚合度与单位质量绝缘纸中一氧化碳和二氧化碳气体含量的关系

研究认为 CO_2 与 CO 浓度比值小于 3 或大于 10 时，变压器绝缘有可能存在非正常老化。

2. 绝缘纸老化与油中糠醛含量的关系

绝缘纸老化产生的另一类产物是糠醛（亦称呋喃），这是绝缘油老化不可能产生的物质。糠醛是一种较为稳定的极性液体物质，易溶于绝缘油中，因此可通过测定绝缘油中糠醛的含量来判定绝缘纸的老化程度，即聚合度的高低。图 8-9 是某研究单位给出的聚合度与单位质量绝缘纸中糖醛含量的关系。

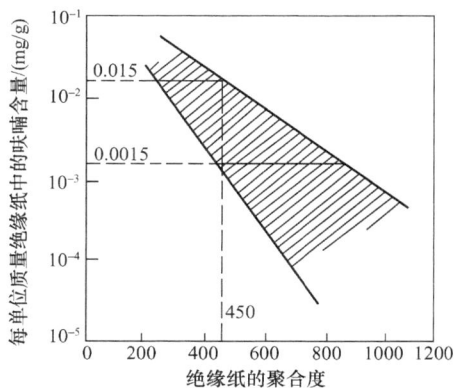

图 8-9　聚合度与单位质量绝缘纸中
呋喃（糠醛）含量的关系

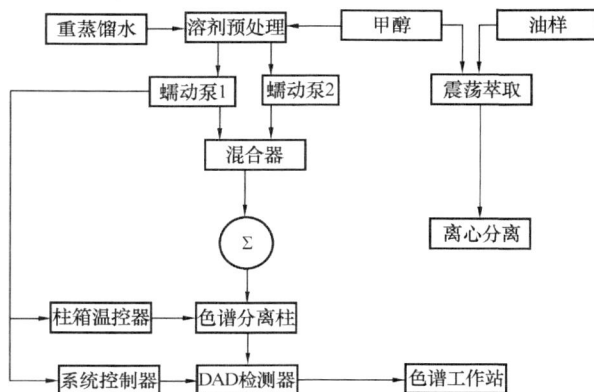

图 8-10　糠醛检测分析流程

研究表明，油中糠醛浓度达到 0.5mg/L 时，变压器的整体寿命为中期；糠醛浓度达到 $1\sim2$mg/L 时，绝缘严重老化；糠醛浓度达到 3.5mg/L 时，变压器的整体寿命为终止。

糠醛检测：糠醛是绝缘纸降解产物，它是一类物质，如 2-糠醛、5-羟基-2-糠醛、5-甲基-2-糠醛等。目前检测糠醛的方法是液相色谱法，即将油样与甲醇混合，在一定的温度条件下，萃取油中的化合物，然后用液相光谱进行分析测定。检测流程如图 8-10 所示；其检测条件如表 8-29 所示；其检测图谱如图 8-11 所示。

表 8-29	糠醛检测条件	
色 谱 柱	C_{18}	
	粒径：10 μm	
	柱长：300mm	
流 动 相	20％水＋80％甲醇	
	流速：1.5mL/min	
检 测 器	紫外检测器	
	波长：216nm	

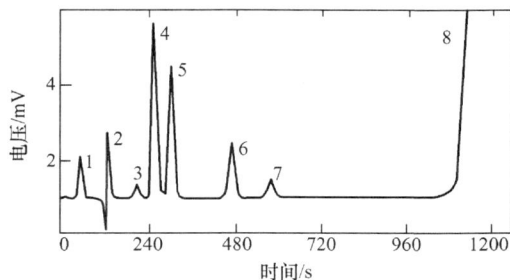

图 8-11　液相色谱法油中提出的劣化产物谱图
1—甲醛；2—溶剂前沿；3—5-羟基甲基-2-糠醛；4—2-糠醇；5—2-糠醛；6—2-乙酰糠醛；7—5-甲基-2-糠醛；8—甲醇中溶解的油化合物

研究表明，在这些化合物中，2-糠醛是运行变压器检测出的常见化合物，且含量相对较高，易于检测。因此在实际应用中，可以用 2-糠醛的含量作为判断变压器寿命的主要依据。

实践证明利用糠醛含量检测绝缘纸的劣化是有效的。但该方法也存在着与油中溶解气体分析相似的问题，即并没有确定正常变压器存在的糠醛含量标准。因此，不能像人们所希望的那样，对全部变压器进行糠醛含量的测定，以确定出绝缘过早老化的变压器。目前，尚没有一种可以有效区分轻微劣化和局部严重劣化的方法，而对于大面积的轻微劣化和小面积的局部严重劣化，油中的糠醛含量有可能相差不大，甚至前者大于后者，而就其危害来说，后者则远大于前者。

另外，有时设备因短期的过载会引起绝缘短时间的严重劣化，产生一定量的糠醛，但随后进入正常的负载运行，过热现象消失，糠醛被绝缘纸吸收，在一定条件下，糠醛又会从绝缘纸中释出。因此糠醛分析与油中溶解气体分析类似，可将糠醛含量的突然上升作为绝缘劣化或变压器故障的标志。

3. 变压器绕组变形试验

利用一氧化碳、二氧化碳及糠醛含量检测方法虽然解决了运行监测的问题，但由于其测定的数据是变压器所有材料的平均变化情况，难以反映人们最为关心的变压器热点部位绝缘老化的程度，因而对变压器寿命的判断准确性较差。因为变压器材料的体积、用油量、绝缘材料含水量、酸度、负荷变化等均影响油中溶解的一氧化碳和二氧化碳、糠醛含量。

为此，研究人员提出了另一种评估变压器寿命的方法，即对绕组施加低压脉冲后，计算绕组的位移。

由于绝缘老化后会收缩，因此尽管变压器制造时的夹紧力能使绕组处于轴向挤压状态，但随着寿命终结期的来临，材料自身的收缩会产生一定的疏松度。疏松度本身就是对绝缘机械强度的破坏，疏松度能够使绕组产生位移。如果绕组出现位移，在很高的贯通电流下，绕组的轴向力便会进一步增加。通常的做法是把变压器与系统断开，以免受外部电路的影响，降低检测绕组变化的难度。有学者已经尝试利用声音传感器探测绕组对冲击电压振动的响应，判断绕组变形位移。另一项研究是根据绕组电感和电容值的微小变化导致自然谐振频率变化的原理，判断绕组变形位移。

以上所有方法均与变压器的状态测量参数有关，选择准确的测量参数非常困难，不同的测量参数会使最终结果相差许多倍，因此短期内很难取得有意义的结果。

总之，变压器寿命的诊断仍然是运行变压器监督中的一项重要课题，目前还没有切实、有效的解决方案，上述介绍的方法还处于探索、研究阶段。

思　考　题

1. 为什么油中溶解气体中的组分及含量，可用于诊断充油电气设备的故障？
2. 诊断变压器故障一般经过哪几个主要步骤？
3. 使用 IEC 三比值法诊断故障时，应注意哪些问题？
4. 特征气体注意值是判断设备是否有故障的标准？
5. 某变压器总油量 40t（密度 $0.895g/cm^3$），其油中溶解气体的分析结果见表 8-30：

表 8-30　　　　　　　　　　　油中溶解气体的分析结果

分析日期	油中溶解气体浓度（$\mu L/L$）						
	H_2	CO	CO_2	CH_4	C_2H_4	C_2H_6	C_2H_2
2003 年 3 月 10 日	52	850	1749	58	42	27	0

分析日期	油中溶解气体浓度($\mu L/L$)						
	H_2	CO	CO_2	CH_4	C_2H_4	C_2H_6	C_2H_2
2003 年 4 月 10 日	83	862	1867	93	58	31	1.2
2003 年 4 月 20 日	152	880	1941	169	96	53	9

（1）试问该变压器是否有故障？

（2）通过计算，试判断最终故障的类型和性质。

（3）试求出该变压器后期的绝对产气速率和相对产气速率。

第三篇　六氟化硫绝缘气体

天然永久性气体（如空气、氮气等）因其具有介电性，能承受一定的电场应力起到绝缘作用，在日常生活中广为应用，如空气开关、架空电缆等。然而由于该类气体的绝缘性能较低，需要的绝缘距离较大，因而其设备体积、占地面积或占有空间也较大。另外由于气体本身的导热性差，因而限制了其应用领域。

矿物绝缘油因其良好的绝缘性能和传热性能，在现代大型电气设备中得到普遍应用。但绝缘油因具有易于氧化、劣化及可燃性特点，其使用寿命及安全性受到了严重的挑战。

作为人工合成的六氟化硫新型绝缘介质，因其化学稳定性好、绝缘性能高、且具有不燃、不易爆的特点，不仅取代了断路器上传统使用的空气和绝缘油介质，而且正逐步应用于变压器领域。

总之，六氟化硫气体因具有良好的绝缘、灭弧、不燃性及 SF_6 气体变电站设计紧凑、低噪声、抗污染等优点，使六氟化硫绝缘气体广泛应用于断路器、互感器和套管等电气设备。本篇主要讨论六氟化硫气体的基本性质以及使用中的监督管理。

第九章　六氟化硫气体的基本性质

虽然 20 世纪初期，人们就合成、发现了 SF_6 气体，但直到 40 年代才开始用于电气设备。随着人类对 SF_6 气体物理、化学性质研究的深入，SF_6 气体在高压开关、变压器、高压电缆、粒子加速器、X 光设备、超高频（UHF）系统等领域都有广泛的应用。

为了更好地做好 SF_6 气体绝缘设备的监督工作，必须了解和掌握六氟化硫气体的基本性质。

第一节　六氟化硫气体的物理化学性质

SF_6 在常温、常压下是一种无色、无味、无毒、不可燃性气体，其密度为 $6.16g/L$，约为空气的 5 倍，是已知的最重气体之一。

一、六氟化硫的分子结构的特点

SF_6 分子的基本结构很大程度上决定着其物理化学性质。SF_6 分子直径约为 4.58×10^{-10} m，比 O_2 和 N_2、H_2O 的分子直径大，其键能为 $318.2kJ/mol$，F—S—F 键角为 $90°$，为完全对称型无极性分子，其分子量为 146。

在 SF_6 分子中，六个氟原子围绕着一个中心硫原子呈正八面体排列，如图 9-1 所示。这种结构极为奇特，因为处于基态的硫在共价键 M 层有 6 个电子，只需获得两个电子就呈现惰性稳定结构。然而，共价键的 s 和 p 电子对用极小的能量就能激励而形成另外的不对称电子，见表 9-1 和图 9-2。

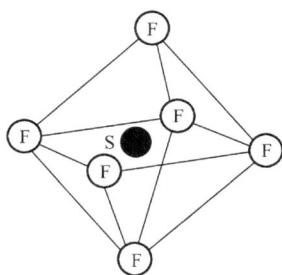

图 9-1 SF₆ 分子结构

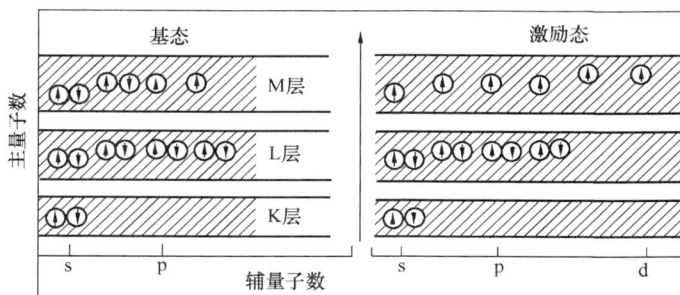

图 9-2 硫和氟原子的电子层结构图

表 9-1 硫和氟原子的电子层结构

电 子 层		K	L		M		
亚 层 符 号		1s	2s	2p	3s	3p	3d
原 子	状 态	电 子 层					
$S_{(16)}$	基 态	2	2	6	2	4	—
S	激励态	2	2	6	1	3	2
$F_{(9)}$	基 态	2	2	5	—	—	—

被激发的硫原子可与强电负性的氟原子结合形成六共价键。中心原子和成键原子愈小、电负性愈强，则这种键合愈稳定。正因如此，在所有卤族元素中，只有氟原子才能与硫原子结合形成稳定的六共价键，而不会出现与 SF₆ 类似的其他分子，诸如 SCl_6、SBr_6、SI_6。

虽然其他第 Ⅵ 主族的原子能够与氟原子形成与 SF₆ 类似的其他分子，如六氟化硒（SeF_6）和六氟化碲（TeF_6），但由于硒和碲原子的半径大，且电负性小，其稳定性远低于 SF₆，见表 9-2。

表 9-2 SF₆ 和近族元素的物理参数

元素	符 号	共价键半径 ($10^{-4}\mu m$)	电负性系数	符号	原子半径 ($10^{-4}\mu m$)	电负性系数	与氟的键合距离 ($10^{-4}\mu m$)
氟	F	0.72	4.0	S	1.04	2.5	1.58
氯	Cl	0.99	3.0	Se	1.17	2.4	1.68
溴	Br	1.14	2.8	Te	1.34	2.1	1.82
碘	I	1.33	2.4				

注 电负性是指与其他元素结合时获得电子的能力。

由此可见，正是 SF₆ 分子所独有的结构特点使六氟化硫气体具有独特的物理化学性能和电气性能。

二、六氟化硫的物理性质

1. SF₆ 在不同溶剂中的溶解度

（1）SF₆ 气体在水中的溶解度。SF₆ 气体在水中的溶解度很低，且随着温度的升高而降低，见表 9-3。

表 9-3 **SF$_6$ 在水中的溶解度（折算到 25℃、101.3kPa 条件下的体积）**

温度（℃）	溶解度（cm^{3}SF$_6$/kg 水）	温度（℃）	溶解度（cm^{3}SF$_6$/kg 水）
5.0	11.39	25	5.44
10	9.11	30	4.79
15	7.48	40	3.96
20	6.31	50	3.52

（2）SF$_6$ 气体在有机溶剂中的溶解度。SF$_6$ 气体虽然难溶于水，但却易溶于变压器油和某些有机溶剂中，见表 9-4、表 9-5。

表 9-4 **SF$_6$ 在变压器油中的溶解度（折算到 25℃、101.3kPa 条件下的体积）**

温度（℃）	27	50	70
溶解度（cm^{3}SF$_6$/ cm^{3}油）	0.408	0.344	0.302

表 9-5 **SF$_6$ 在不同溶剂中的溶解度（25℃、101.3kPa）**

溶 剂	溶解度（mol×10^{-4}）	溶 剂	溶解度（mol×10^{-4}）
$C_6H_5CH_3$	33.95	$C_6H_{11}CH_3$	70.15
$n-C_7H_{16}$	100.55	CCl_4	65.54
CS_2	9.254	$C_2Cl_3F_3$	278.6
C_7H_{16}	224.4	$n-C_8H_8$	153.5

2. SF$_6$ 气体的热力学特性

SF$_6$ 气体的导热系数虽然比空气小，但 SF$_6$ 气体的定压比热为空气的 3.4 倍，因此其对流散热能力比空气好得多，故其综合表面散热能力比空气更优越，参见表 9-6、表 9-7、表 9-8、图 9-3。

表 9-6 **SF$_6$ 气体的定压比热（101.3 kPa）**

温度（K）	比热 [J/（mol·K）]	温度（K）	比热 [J/（mol·K）]
298	97.26	573	134.51
373	112.45	600	136.07
400	116.39	673	140.21
473	125.89	773	144.35
500	128.54	1273	152.62

表 9-7 **SF$_6$ 气体与空气传热性能的比较**

气 体	导热系数 [W/（m·K）]	定压比热 [J/（mol·K）]	表面导热系数 [W/（m^2·K）]
SF$_6$	0.0141	97.1	15
空气	0.0214	28.7	6

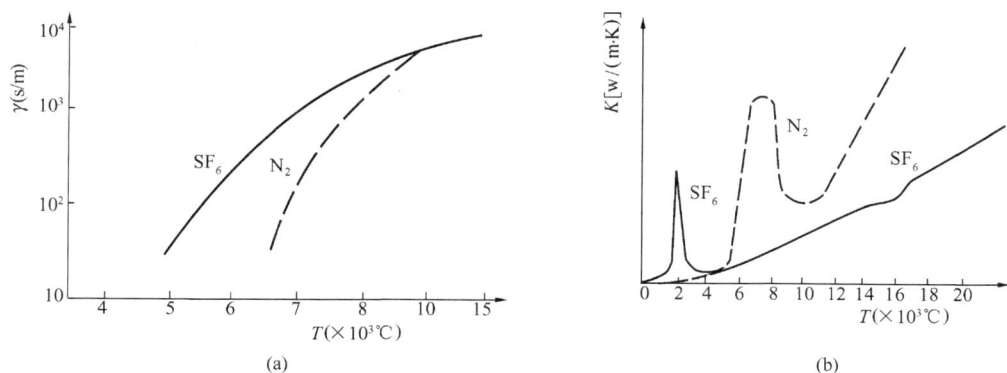

图 9-3　SF_6 气体、N_2 的导电率和导热率比较示意图

（a）导电率比较示意图；（b）导热率比较示意图

表 9-8　　　　　　　　　　　　SF_6 与空气和绝缘油的电气性能对比

结　果　项　目	比　较　对　象	
	空　气	绝　缘　油
绝缘能力	2～3 倍	
电弧时间常数 Ms	空气＝1 SF_6＝10^{-2}	
介电常数	同等	与固体组合的情况下，比绝缘油差
电弧作用下的分解	SF_6 会生成有毒产物	因电弧分解可能爆炸（油）
比重	5 倍	1/140
不燃性	5 倍	闪点 140℃（油）
冷却性	比空气好	热导率为油的 2/9
防音性	比空气好	比油好
热稳定性	200℃以下（SF_6）	105℃以下（油）
热损坏性	在 SF_6 气氛中不发生材料的劣化变质	油本身发生劣化损坏

三、六氟化硫的化学性质

1. 热稳定性

由于 SF_6 分子呈正八面体结构，且键合距离小，键合能量高，故其稳定性在不太高的温度下，接近惰性气体的稳定性。

当温度很高，如高于 1000K 时，高纯度的 SF_6 气体才发生热离解，使不同的硫-氟键合物变成单质的硫和氟或其离子，见图 9-4。

在工程条件下，只有在电弧的作用下才能达到这样高的离解温度。在 500K 以下的温度持续作用下，不必担心 SF_6 的气体分解，更不必担心与其他电工材料会发生化学反应。

由图 9-4 可见，SF_6 在常温甚至较高温度下一般不会发生自分解反应。SF_6 气体的分解温度约为 1000K，而空气中的主要成分氮气的分解温度为 7000K。正是因为 SF_6 容易分解，

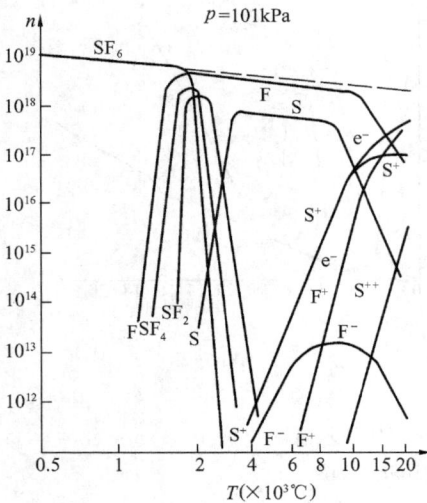

图 9-4　0.1MPa 时 SF_6 热离解物
的离子密度与温度的关系

分解时吸收大量的能量的特点，SF_6 气体与空气相比，对电弧弧柱的冷却作用更强，更适宜做断路器中的绝缘、灭弧介质。

SF_6 热分解时形成的组分十分复杂，这个问题将在后续部分讨论。

2. 高能粒子辐射下的化学反应

SF_6 在多种高能粒子辐射下，例如：γ 射线、红外线、紫外线以及低能量电子的轰击下，作为一种特殊的电子受体，会影响最终反应产物的组成。

例如水中溶解了 SF_6 气体，在 γ 射线的辐射作用下，则会产生大量的氟离子；而 SF_6 与 NO 的混合物在红外线的照射下，则会产生 SOF_2；SF_6 在光子的作用下，又会产生 SF_6^+、SF_5^+、F 等离子或原子。总之，在不同条件下，SF_6 的辐射产物的组成同样复杂多变。

3. 高温下的化学反应

SF_6 在一定的温度下，可以与若干化学活性强的物质发生氧化还原（SF_6 为氧化剂）、置换或其他反应，例如：

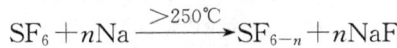

$$SF_6 + nNa \xrightarrow{>250℃} SF_{6-n} + nNaF$$

$$SF_6 + AlCl_3 \xrightarrow{180\sim200℃} AlF_3 + \cdots$$

$$SF_6 + UO_2 \xrightarrow{750\sim900℃} UF_6 + SO_2$$

用差热分析法发现，绝大多数金属在 $500\sim600℃$ 时，均可与 SF_6 反应，生成各类金属氟化物。

第二节　六氟化硫的电气性质

SF_6 是一种惰性气体，由于氟原子的高负电性及 SF_6 分子的大质量，而使得 SF_6 具有优异的电气性能。

一、电负性

SF_6 具有较高绝缘强度的主要原因是 SF_6 有很强的电负性。所谓电负性就是分子或原子吸收自由电子形成负离子的特性。

电负性的大小表示分子或原子吸收自由电子能力的强弱。电负性的大小一般以"电子亲和能"衡量。分子吸收自由电子时释放出能量，称为"电子亲和能"。

分子与电子结合，释放出的能量愈多，则电子亲和能愈大，该物质的电负性愈强。表 9-9 是几种元素的电子亲和能。表 9-10 是不同气体的电气性能指标。

表 9-9　　　　　　　　　　　　　　　几种元素的电子亲和能

元　素	氟	氯	溴	碘	氧	硫	氮
与电子的亲和能（eV）	4.10	3.78	3.43	3.20	3.80	2.06	3.04
在元素周期表中的位置(族)	Ⅶ	Ⅶ	Ⅶ	Ⅶ	Ⅵ	Ⅵ	Ⅴ

表 9-10　　　　　　　　　　　　　　　不同气体的电气性能指标

数据指 $p=0.1MPa$ 和 $\nu=0℃$ 而言		电强度	相对分子量	密度	电子自由行程长度	电离能	冷凝点
气体或蒸气	符　号	$E_d^{①②}$ (kV/cm)	M	ρ (kg/m³)	$\lambda_E^{①}$ /μm	$W_i^{①④}$ /eV	ν_k /℃
氦	He	3.7	4	0.17	1.10	24.6	−269
氖	Ne	4.2	20	0.87	0.70	21.5	−246
氩	Ar	6.5	40	1.73	0.39	15.7	−186
氪	Kr	8.8	84	3.59	0.30	14.0	−153
氢	H₂	15	2	0.09	0.65	15.8	−243
甲烷	CH₄	21	16	0.72	0.29	13.1	−162
二氧化碳	CO₂	25	45	1.91	0.24	14.4	−29
氧	O₂	27	32	1.38	0.40	12.1	−183
水蒸气③	H₂O	≈30	18	0.78		13.0	+100
空气	—	32	(29)	1.25	0.37	—	−193
氮	N₂	33	28	1.21	0.35	15.7	−196
四氟化碳	CF₄	36	88	3.81		15.4	
二氧化氮	NO₂	40	44	1.94	0.24	12.9	−90
一氧化碳	CO	42	28	1.24	0.36	14.1	−192
氯	Cl₂	52	71	3.22	0.16	11.8	−34.6
二氧化硫	SO₂	64	64	2.93	0.17	13.4	−10
氟里昂	CF₂Cl₂	80	121	5.33	0.30	≤18.0	−28
六氟化硫	SFe	89	146	6.39	0.22	15.9…19.3	−63
六氟化硒③	SeF₆	144	193	≈8.2			+49
四氯化碳③	CCl₄	180	154	6.65	0.08	11.1	+77
氟	F₂		18	1.695		16.5	−188

①　因参考文献中的数据差异很大，故给出的数据供作参考。

②　这里的电强度指板-板电场中当 $a=1cm$ 时的击穿场强。

③　$\nu=\nu_k$。

④　$1eV=1.602×10^{-19}J$。

　　SF₆ 的电负性主要是由氟元素决定的。因为氟在周期表中是Ⅶ族元素，最外层有 7 个电子，很容易吸收一个电子而形成稳定的电子层（8 个电子）。从电负性的强弱来看，在所有元素中，氟元素的电子亲和能最大，其电负性最强。

　　氟与硫化合形成 SF₆ 后，SF₆ 仍保留了这种电负性，表示它容易与电子结合形式负离子，削弱电子间的碰撞，从而阻碍电离的形成和发展。

　　SF₆ 电离的主要机理是电子的共振捕获与分离附加，可用下列两式表示：

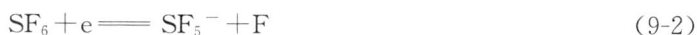

$$SF_6+e = SF_6^-　　　　　　　　　　　　　　　　(9-1)$$

$$SF_6+e = SF_5^-+F　　　　　　　　　　　　　(9-2)$$

　　式（9-1）吸收 0.05eV 的能量；式（9-2）吸收 0.1eV 的能量。

　　从表 10-10 中可以看出，由于 SF₆ 分子直径较大，易于捕获游离运动中的电子，使电子在 SF₆ 气体中的平均自由行程缩短，不易在电场中积累能量，从而减少了电子的碰撞能力。

　　SF₆ 气体的分子量大，约为空气的 5 倍。因此所形成的 SF₆ 离子的运动速度比空气中氮、氧离子运动速度更小，正负离子间更容易发生复合作用，从而使 SF_6 气体中带电质点减少，阻碍了气体放电的形成和发展，不易被击穿。SF_6 正负离子的复合如下式：

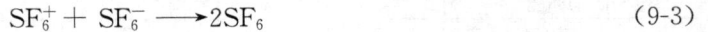

$$SF_6^+ + SF_6^- \longrightarrow 2SF_6 \tag{9-3}$$

其中 SF_6^+ 是 SF_6 分子游离生成的，即

$$SF_6 \longrightarrow SF_6^+ + e \tag{9-4}$$

综上所述，由于 SF_6 气体中氟原子是极强的电负性元素，所形成的 SF_6 分子仍然保持着较强的负电性，具有极强的吸收电子能力；另外由于 SF_6 分子量大，分子直径大，因而具有电子捕获截面大，正负离子复合概率高的特点，因此 SF_6 气体的绝缘强度高。

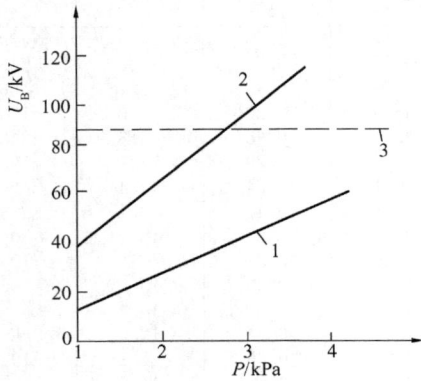

图 9-5　在工频电压下 SF_6 气体、空气、
变压器油击穿电压的比较示意图
1—空气；2—SF_6 气体；3—变压器油

从表 9-10 中同样可以看出，虽然六氟化硒和四氯化碳电场强度高于 SF_6 气体，但因其常温下呈液态，不具有气体绝缘的优势。

二、介电常数

在 20℃、1.0133bar、23.340MHz 的状况下，SF_6 的介电常数是 1.0021，当气体压力上升至 2MPa 时，该值提高 6%。

在 −50℃、10～500kHz 范围内，液体 SF_6 的介电常数保持不变，为 1.81±0.02。

三、介电强度

SF_6 是一种良好的气体绝缘介质。在相同的气压下，均匀的电场中，SF_6 气体的绝缘强度约为空气的 2.5～3 倍。在 294.2kPa 下，SF_6 气体的绝缘强度与变压器油大致相当，见图 9-5。

由于 SF_6 分子与高能量电子的相互作用，电子的共振捕获与分离附加大大降低了电子的能量，因此 SF_6 气体只在高电场强度下才会被击穿，见图 9-6、图 9-7。

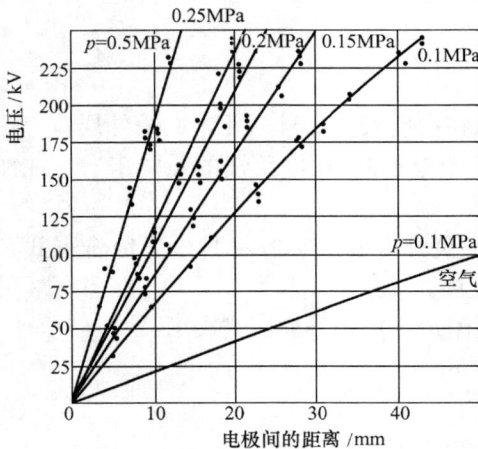

图 9-6　SF_6 气体在 50Hz 的均匀电场中
击穿电压与电极距离的关系

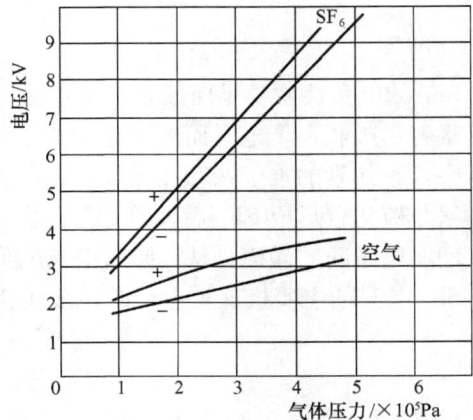

图 9-7　不同气体压力下的空气、
SF_6 气体的起晕电压

空气中加入少量 SF_6 气体，就能显著提高空气的击穿电压；相反，纯正的 SF_6 气体中

混入少量的空气，就会显著的降低 SF$_6$ 气体的击穿电压。混入 10% 的空气，SF$_6$ 气体的击穿电压下降约 3%；混入 30% 的空气，SF$_6$ 气体的击穿电压下降约 10%。图 9-8 是 SF$_6$ 气体、空气及混合气体灭弧能力的比较。

SF$_6$ 气体的击穿电压与频率无关，故是超高频设备中理想的绝缘气体。

四、灭弧能力

SF$_6$ 气体广泛应用于高压开关的重要原因之一就在于其优越的灭弧性能。

灭弧时，在电弧过零的瞬间，电极间的电子与 SF$_6$ 分子结合形成 SF$_6^-$ 离子，因 SF$_6^-$ 离子的质量为电子质量的几十万倍，故移动得很慢，使电子失去了再次冲击的速度，从而使电弧熄灭。

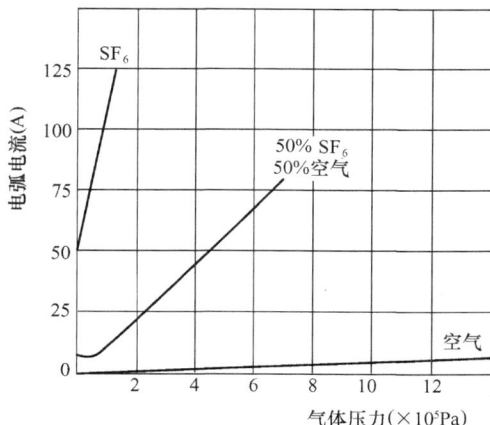

图 9-8　SF$_6$ 气体、空气及
混合气体灭弧能力的比较

SF$_6$ 灭弧能力约为空气的 100 倍，因此，特别适用于高电压、大电流的开断。我国 500kV 的开关，基本上全是 SF$_6$ 开关。

SF$_6$ 的灭弧能力较空气、绝缘油等介质优越的主要原因有以下几个方面：

1. SF$_6$ 电负性强

SF$_6$ 即使在电弧作用下，也不会像绝缘油那样产生导电碳粒，而是分解出与 SF$_6$ 电气性能相似的低氟化物和氟原子，这些分解产物具有较强的电负性，在电弧中吸收大量的电子，从而减少了电子密度，降低了电导率，促使电弧熄灭。

另外，由于 SF$_6$ 分子捕获电子后，形成的 SF$_6^-$ 离子运动速度慢，SF$_6^-$ 与 SF$_6^+$ 复合形成 SF$_6$ 的概率增加，有利于电弧的熄灭。

2. 电弧时间常数小

电弧时间常数是反映灭弧速度的一个重要技术指标。对圆柱形电弧而言，该值与电弧半径的平方成正比。即使在静止状态下，SF$_6$ 的电弧时间常数也是极小的，比空气等介质小两个数量级以上。正是由于 SF$_6$ 的极小时间常数，加上在电弧作用下分解产物的迅速复合能力（$10^{-5} \sim 10^{-4}$ s），使 SF$_6$ 断路器具有巨大的绝缘恢复特性。

SF$_6$ 分子中，各 S—F 原子间的距离均为 1.85Å，这种结构使它能在非导电区域温度（非离子化温度）2100K 附近急剧解离，且其解离温度范围极窄，几乎没有中间物质生成，又能迅速完成复合过程，因而提高了灭弧能力。

氮气的临界温度范围在 300 ～ 7000K，因而高导热区域温度范围宽，径向温度梯度小，难以形成狭窄的弧心，

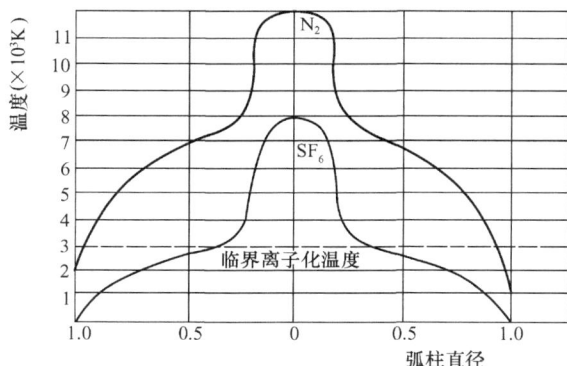

图 9-9　SF$_6$ 气体和氮气弧柱温度辐射曲线

电弧直径大。故其电弧时间常数也大,其灭弧能力自然也劣于 SF$_6$。图 9-9 是 SF$_6$ 气体和氮气弧柱温度辐射曲线。

总之,SF$_6$ 气体的灭弧原理与空气和绝缘油不同,它主要是依靠自身具有的强电负性和热化特性灭弧的。因此,在 SF$_6$ 断路器中及时供给大量的 SF$_6$ 中性分子,并使之与电弧充分接触,是熄灭电弧的关键所在。

五、损耗因数

SF$_6$ 气体的损耗因数极低,小于 $2.0×10^{-7}$;$-50℃$ 的液体 SF$_6$ 的损耗因数低于 10^{-3}。

有关 SF$_6$ 电气性能和数据,可查阅 MILEK 的 SF$_6$ 数据表。

第三节　六氟化硫的状态参数及其应用

SF$_6$ 气体和许多气体一样,在不同温度和压力下存在三态,即气态、液态和固态。SF$_6$ 气体与其他永久性气体不同的是,它在较高的温度、较低的压力条件下,就能实现三态的相互转化。

在常温下,SF$_6$ 易于由气态转化为液态的特点,虽然为介质的长途运输和储存带来了便利,但也为电气设备的运行使用设定了环境条件。

一、SF$_6$ 气体状态参数

SF$_6$ 的主要物理性质见表 9-11,为了便于比较,表中也列入了 N$_2$ 的有关参数。

表 9-11　　　　　　　　　　　SF$_6$、N$_2$ 的基本特性参数

序　号	性　　质		SF$_6$	N$_2$
1	分子量		146	28
2	临界温度(℃)		45.6	-146.8
3	临界压力(MPa)		3.75	3.35
4	熔点(℃)		-50.8	-210
5	沸点(℃)		-63.8	-195.8
6	介电常数		1.002 (101.3kPa, 25℃)	1.0005
7	气体常数		5.81 (101.3kPa, 0℃)	30.26
8	密　度	气态 (g/L)	6.45 (101.3kPa, 0℃)	1.215
		液态 (g/cm³)	1.57 (0℃)	
		固态 (g/cm³)	2.51 (-50℃)	
9	音速 (m/s)		134 (20℃)	349
10	绝热指数		1.088~1.057 (1atm, 1~100℃)	1.40~1.35
11	导热指数 [W/ (m・℃)] ×10^{-3}		14.1 (30℃)	21.4
12	定压比热 (J/mol・℃)		97.1 (101.3kPa, 25℃)	28.7
13	表面散热系数 (W/m²・K)		15	6
14	原子的电子亲和能 eV		4.10 (F)	0.04 (N)

1. SF$_6$气体的临界温度和压力

临界温度表示气体可以被液化的最高温度；临界压力则表示在临界温度下液化所需的最低气体压力。从表中可以看出，SF$_6$在临界温度为45.6℃、临界压力为3.75MPa。

我国大部分地区环境温度一般都低于45.6℃，因此SF$_6$气体在常温下很容易液化。环境温度越低，其液化所需要的压力也越低。

电力系统新购的SF$_6$介质都是瓶装气体。在瓶装状态下，SF$_6$介质实际上不是以纯气态形式存在，而是液态—气态共存。故瓶装气体的压力是环境温度的函数，在不同温度下，同一瓶气体的压力示值是不同的，见表9-12。

表 9-12　　　　　　　　不同的环境温度下瓶中气体的绝对压力

环境温度（℃）	—20	—10	0	10	20
气体绝对压力（MPa）	0.80	1.05	1.26	1.75	2.21

对于瓶装SF$_6$来说，不能像常用的氢气、氮气及空气等永久性气体那样，以气体压力的高低，判断瓶装气体的多少。因为只要瓶中存在液态SF$_6$，其气体压力与气体的质量多少就无关。换言之，只有当瓶中不存在液态SF$_6$的时候，SF$_6$气体的压力才与其质量相关，即随着压力的降低，其质量也随之减少。这一特性可以用图9-10示意说明。

故对瓶装20kg和50kg的两瓶SF$_6$新气来说，在环境温度0℃时的压力，均为1.2MPa，而20℃时，则均为2.2MPa。正是由于SF$_6$瓶装气体的这一特点，在现场向电气设备充装气体时，必须称量其充气前后的质量差，来确定该设备充入气体质量的多少。

图 9-10　瓶装 SF$_6$ 气体压力—质量特性

2. SF$_6$气体的升华温度

SF$_6$气体的沸点温度为—63.8℃，该温度也称升华温度或汽化温度。其物理含义是在该温度、大气压力（0.1MPa）条件下，SF$_6$气体可不经液体状态，而直接转变为固体。

3. SF$_6$气体的液化温度

SF$_6$气体的熔点为—50.8℃，该参数的物理意义是，该温度是固态与液态相互转化的起始温度。对呈固态的SF$_6$介质来说，这是开始熔化为液体的最低温度；对液态SF$_6$介质而言，这是转化为固体的最高温度。

二、SF$_6$气体状态参数曲线

在通常情况下，大多数气体可视为理想气体，它们的状态参数之间的关系可用理想气体状态方程表示。

$$PV = nRT \qquad (9-5)$$

式中　　P——气体压力，$\times 10^{-1}$MPa；

n——气体摩尔数，mol；

R——气体常数；

T——气体温度，K。

根据理想气体状态方程，很容易计算出气体状态变化时各参数之间的关系。在一般的工程使用范围内，大多数气体与理想气体的特性差异很小，按理想气体计算误差不会很大。

SF$_6$ 气体则不然，由于 SF$_6$ 气体分子量大，分子间相互作用强，理想气体状态方程难以描述各参数之间的相互关系。实验表明，当 SF$_6$ 气体的压力高于 0.5MPa 时，压力与密度之间就失去了理想气体应有的线性关系。

为了便于工程应用，通常把 SF$_6$ 气体状态参数绘成状态参数曲线图供使用者查阅，图 9-11 是 SF$_6$ 气体的三态图；图 9-12 是常用 SF$_6$ 气体绝缘使用压力范围状态参数曲线；图 9-13 是 20℃时，SF$_6$ 气体压力与密度的关系。

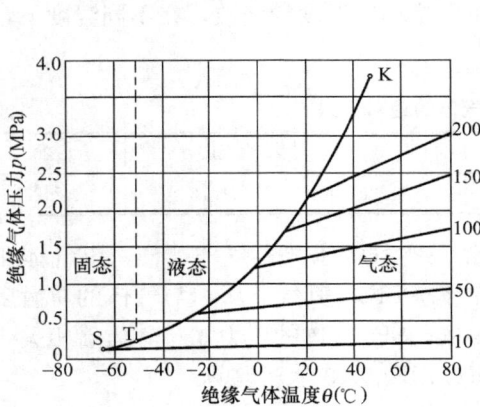

图 9-11　SF$_6$ 状态参数曲线

K—临界点；T—熔点；S—升华点

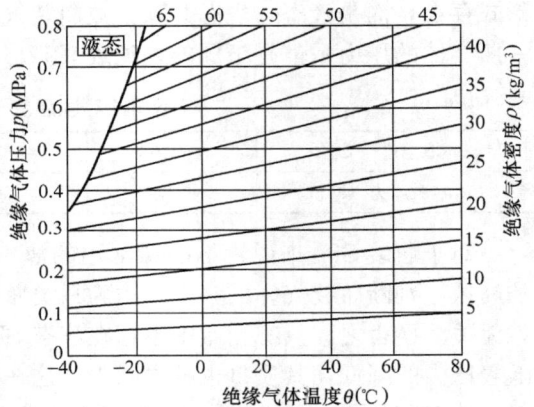

图 9-12　常用 SF$_6$ 气体绝缘使用
压力范围状态参数曲线

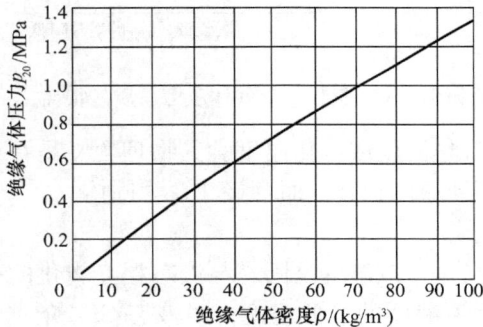

图 9-13　20℃时，SF$_6$ 气体压力
与密度的关系

三、SF$_6$ 气体状态参数图的应用

在实际工程应用上，SF$_6$ 状态参数图有着非常重要的指导意义和使用价值。

1. 判断压力随温度变化的范围

对特定的 SF$_6$ 电气设备，其充气体积是一定的，充装 SF$_6$ 气体的额定压力通常指的是 20℃条件下的压力。

根据理想气体状态方程 $PV=nRT$，在一定体积下，气体的压力是温度的单质函数（不考虑液化问题），因此运行设备的实际压力不是恒定的，而是动态变化的。故对于使用压力继电器设定报警、闭锁的电气设备，必须具有温度补偿功能，否则就会造成设备的误动。

对于一定充气体积和压力的电气设备，因其气体的密度不受环境温度的影响（忽略液化问题），故采用密度继电器设定报警、闭锁值，比压力继电器更为可靠安全。

充装 SF$_6$ 气体的电气设备，其压力随温度变化是非常明显的，可以利用状态参数图进行计算，其使用方法用下例说明。

例 1： 某断路器在 20℃条件下，额定压力为 0.45MPa，若气温下降至 −10℃时，SF$_6$ 断路器允许的压力是多少？

解　由图 9-12 中查得温度 20℃、绝对压力 0.55MPa 时，气体的密度为 35kg/m³。由于设备中体积一定，当温度下降时，气体压力虽然也下降，但密度不变，故按 35kg/m³ 密度线查找 −10℃时的绝对压力为 0.49MPa，从而计算出该温度下相应的表压应为 0.39MPa。

此例的实用意义在于，若当地的最低气温环境为 −10℃，若压力继电器没有温度补偿功能，其报警值必须设定在 0.39MPa 以下，才安全可靠。

2. 确定 SF_6 气体的液化温度

常用的氢气、氮气及空气等永久性气体，因其临界温度很低，在使用中无须考虑气体的液化问题。而 SF_6 气体则不同，因其临界温度高、临界压力低，在环境温度下，也存在液化问题，对于 SF_6 电气设备而言，这是绝不允许的。

虽然 SF_6 气体的介电强度随气体压力的升高而增大，但应以不产生液化为前提，否则提高压力毫无意义。因此，SF_6 气体不能在过低温度和过高压力下使用，以防止 SF_6 气体出现液化现象。

对于充装 SF_6 气体的电气设备，其液化温度也可以利用状态参数图进行计算。

例 2：某断路器在 20℃条件下，额定压力为 0.45MPa，求气温下降至多少时，SF_6 断路器中的气体开始液化？

解　因 20℃、绝对压力 0.55MPa 时，SF_6 气体的密度为 35kg/m³。由于设备中气体体积一定，当温度下降时，气体的密度不变，故只需在状态参数图 9-12 上，把 35kg/m³ 密度线延至状态曲线上的气、液分界线，二者交点对应的横坐标温度为 −35℃，其交点对应的纵坐标压力 0.45MPa。故 −35℃，就是断路器中 SF_6 气体开始液化的临界温度；0.35MPa（表压）就是 SF_6 气体开始液化的临界工作压力。

以例 2 推论，若从 −35℃开始，温度继续下降，则气体不断凝结成液体，此时气体的密度不再是常数，而是按液化曲线快速下降，且气体的压力比密度下降得更快。压力的快速下降当然会引起断路器绝缘、灭弧性能的迅速下降。

3. 确定 SF_6 气体绝缘设备的最大充气压力

例 2 说明了 SF_6 断路器在低温运行环境下就容易产生液化现象，从而影响电气设备的安全运行。那么对我国来说，SF_6 气体绝缘设备的最大充气压力为多少合适呢？下面用例 3 来回答这个问题。

例 3：若要求断路器中的 SF_6 气体，在 −20℃下不液化，在 20℃时的最大允许充气压力是多少？

解　从图 9-12 中可以查到温度 −20℃时，SF_6 气体的临界绝对压力为 0.72MPa，此时气体的密度约为 56kg/m³。由于设备中气体体积一定，当温度上升时，气体压力虽然上升，但密度不变，故按 56kg/m³ 密度线可以查到，20℃时的绝对压力为 0.88MPa，即 SF_6 气体允许的最大充气压力为表压 0.78MPa。

由于我国大部分地区冬季的户外温度均高于 −20℃，故 SF_6 气体绝缘电气设备在额定充气压力低于 0.7MPa 时，均无须考虑气体的液化问题。这也是目前我国高压户外断路器使用的额定充气压力一般不高于 0.7MPa 的原因。

但对于冬季户外温度较低的东北、西北地区，在选用六氟化硫设备时，则必须考虑所用设备的充气压力，是否能够适应当地最低气温环境。在这些地区使用时，需要采取相应降低 SF_6 气体的额定充气压力，或采取室内保温等措施，防止因 SF_6 气体的液化，引发设备安全隐患。

第四节　六氟化硫电弧作用下的分解产物

SF_6 气体的化学性质是极为稳定的，纯 SF_6 是无毒的，但其在电弧作用下的分解气体却是有毒或剧毒的。

SF_6 气体在灭弧过程中会经历一个解离—复合过程，如果在 SF_6 氛围中，不存在任何其他材料和杂质，解离的 SF_6 气体会完全复合成 SF_6。但是对 SF_6 气体绝缘设备来说，SF_6 气体不与任何其他材料接触是不可能的。当 SF_6 气体中含有水分、空气等杂质，且与电极、绝缘材料接触时，一小部分离解的 SF_6 产物就会与这些物质发生复杂的化学反应，生成难以复合的有毒低氟化物，这些低氟化物虽然对 SF_6 气体的电气性能影响不大，但其对设备的腐蚀及对工作人员健康的影响却是不能忽视的。

SF_6 在电弧下的反应大体上可分为 3 类，即氧化还原、非均化和水解。这 3 种反应在实际电弧分解过程中所处的地位依电弧能量、设备材质等因素而定。分解物质的组分和含量也与上述因素有关。

许多学者认为：SF_6 在电弧下的主要分解产物是 SF_6 电极或容器金属的氧化物。在有水分、氧存在时，则会有 SOF_2、SO_2F_2、HF 等化合物生成。

一、SF_6 气体自身的分解反应

$$SF_6 \Longrightarrow SF_4 + F_2$$

二、SF_6 与电极触头材料的反应（以铜—钨电极为例）

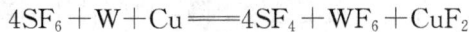

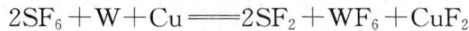

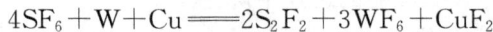

$$4SF_6 + W + Cu \Longrightarrow 4SF_4 + WF_6 + CuF_2$$

$$2SF_6 + W + Cu \Longrightarrow 2SF_2 + WF_6 + CuF_2$$

$$4SF_6 + W + Cu \Longrightarrow 2S_2F_2 + 3WF_6 + CuF_2$$

以上反应可以看作是 SF_6 在电弧作用下第一阶段的分解过程。此外在电弧高温下，生成的 SF_2、S_2F_2 还会发生非均化反应，即

$$2SF_2 \Longrightarrow SF_4 + S$$

$$2S_2F_4 \Longrightarrow SF_4 + 3S$$

曾有报导 SF_6 与 Cu 反应可能产生剧毒的 S_2F_{10}，即

$$2SF_6 + Cu \Longrightarrow CuF_2 + S_2F_{10}$$

德国学者对此问题作了详细研究后指出，SF_6 在电弧作用下确有 SF_5 基团产生，而且会发生下列反应：

$$2SF_5 \Longrightarrow S_2F_{10}$$

$$2SF_5 + 1/2O_2 \Longrightarrow S_2F_{10}O$$

但是 S_2F_{10} 和 $S_2F_{10}O$ 受热极易分解，在高于 $150℃$ 时，即会发生热分解反应，生成 SF_4 和 SF_6，且不可逆，即

$$S_2F_{10} \longrightarrow SF_4 + SF_6$$

因此，在较高温度下生成的 SF_5 基团只有在迅速冷却的条件下，方能生成 S_2F_{10}。而这

在断路器的运行过程中是不可能的。对于 $S_2F_{10}O$ 而言，同样如此。实验也证明电弧分解气中，没有发现 S_2F_{10} 和 $S_2F_{10}O$。

三、SF_6 电弧分解产物与水分的反应

实验证明 SF_6 气体中含水量的多少对电弧分解产物的组分和含量影响极大，这是因为电弧水解产物和新气中的杂质均能与水分发生水解反应，其主要有

$$SF_4 + H_2O = SOF_2 + 2HF$$
$$SOF_2 + H_2O = SO_2 + 2HF$$
$$SO_2 + H_2O = H_2SO_3$$
$$SOF_4 + H_2O = SO_2F_2 + 2HF$$
$$WF_6 + H_2O = WOF_4 + 2HF$$
$$WOF_4 + 2H_2O = WO_3 + 4HF$$

法国工业电器实验中心的系统研究表明，随着 SF_6 气体中水分含量的增加，会导致如下后果：

（1）随着 SF_6 气体中水分含量的增加，分解气中 SOF_2 含量增加。

（2）水含量增加，SO_2F_2 含量增加，而 SOF_4 含量减少。

（3）随着水分含量增加，WF_6 含量略有下降。

（4）与上述各点关联，HF 含量明显升高。

日本富士公司的研究报告，与上述结论基本一致。

四、SF_6 电弧分解产物与氧气的反应

氧气的存在对 SOF_2 的形成看不出明显的影响，但对 SO_2F_2 的形成影响较大，即随着氧气含量的增加，SO_2F_2 含量增大。在 SOF_4 的形成上，氧气起主导作用，随着氧气含量的增加，SOF_4 迅速增加，这是因为 SOF_4 主要是通过反应转化而来的缘故。

$$SF_4 + 1/2O_2 = SOF_4$$

应该说，在 SF_6 设备中存在杂质的条件下，SF_6 及其电弧分解产物与杂质之间的反应是非常复杂的，最终所形成的产物和含量还与运行设备所用的材质及运行条件密切相关，很难详尽地定量描述。上述反应式，只是提供了分解产物可能产生的途径。

五、SF_6 电弧分解产物的数量与危害

1. SF_6 电弧分解产物的数量

关于 SF_6 分解产物的数量，许多国家都作了研究，一般的结论是：在正常运行情况下，SF_6 绝缘设备中的有害气体分解量都在 10^{-4} 级。即使在强化条件下，也只有 10^{-3} 数量级左右。有报道称，某电站运行两年后，SF_6 设备中所产生的分解产物仍是极微量的。表 9-13 为日本某公司 SF_6 中分解气体的分析报告；图 9-14 是某设备局部放电后的色谱分析图谱及分解产物

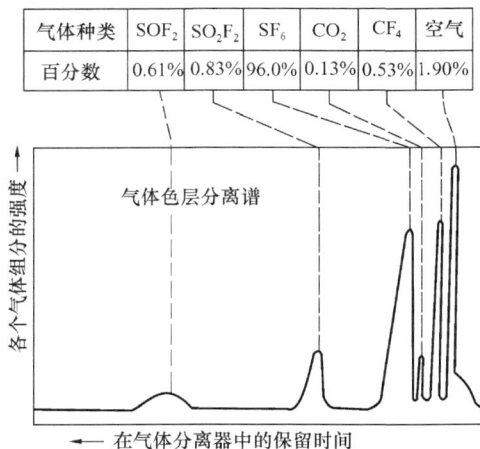

气体种类	SOF_2	SO_2F_2	SF_6	CO_2	CF_4	空气
百分数	0.61%	0.83%	96.0%	0.13%	0.53%	1.90%

图 9-14 某设备局部放电后的色谱分析图谱及分解产物的组分含量

的组分含量。

表 9-13 　　　　　　　　**开断条件下 SF_6 中分解气体含量（体积%）**

开条件 断件分解气体	断路器 50kA 15 次,50kA 9 次,30kA 4 次	断路器 5kA 100 次	断路器 运行两年 （有吸附剂）	断路器 运行 3.5 年 （有吸附剂）	模型实验 A	模型实验 B
SO_2	0	0	0	0	0.03	0.03
SOF_2	0.31	0.05	0.02	0.01	0.33	0.65
SO_2F_2	0	0	0	0	0.08	0.02
CF_4	0.10	0.13	0.04	0.04	0.05	0.28
SiF_4	0	0	0.01	0	0.04	0.03
CO_2	0.05	0.04	0.05	0.04	0.08	0.06
F_2	0.18	0.17	0.31	0.14	0.08	0.39

2. SF_6 电弧分解产物的危害

SF_6 电弧分解产物的危害有两个方面：①对监督运行人员的健康的危害；②对设备的损害。

虽然 SF_6 电弧分解产物在正常运行设备中的含量很低。但 SF_6 电弧分解产物大多具有刺激性臭味，对皮肤、呼吸道黏膜有强刺激作用，可引发肺水肿、肺炎等，有的分解产物毒性与光气相当。因此，现场检修、运行人员一定要加强人身防护，防止发生中毒事故。表9-14是空气中保证人员安全的 SF_6 及其分解产物的最大容许含量。

表 9-14 　　　　　　　　**空气中 SF_6 及其分解产物的容许含量**

毒性气体及固体名称	容许含量（TLV—TWA）	毒性气体及固体名称	容许含量（TLV—TWA）
SF_6	1000ppm	SiF_4	$2.5mg/m^3$
SF_4	0.1ppm	HF	3ppm
SOF_4	$2.5mg/m^3$	CF_4	2.5ppm
SO_2	2ppm	CS_2	10ppm
SO_2F_2	5ppm	AlF_3	$2.5mg/m^3$
S_2S_{10}	0.025ppm	CuF_2	$2.5mg/m^3$
SOF_{10}	0.5ppm	$Si(CH_3)_2F_2$	$1mg/m^3$

SF_6 发生电弧分解，虽然也能一定程度上降低 SF_6 气体的纯度，但这种降低对其绝缘性能的影响是微不足道的。SF_6 发生电弧分解的产物对设备的危害主要体现在：在有水分存在的条件下，因易形成强腐蚀性的氢氟酸（HF），对设备造成一定性的腐蚀。

思 考 题

1. 六氟化硫绝缘气体与绝缘油相比，主要有哪些优点？
2. 六氟化硫绝缘气体为什么具有窒息性？
3. 为什么六氟化硫气体具有优良的绝缘性能？
4. 六氟化硫电弧分解气体有什么危害？
5. 瓶装六氟化硫气体常温下的压力可能高于 5MPa 吗？

第十章　六氟化硫气体的质量监督与管理

六氟化硫气体的质量监督的主要内容是：新气的质量验收、设备安装过程中的质量监督和运行气体的质量检测。

第一节　六氟化硫新气的质量验收

国内外生产 SF_6，均采用单质硫与单质氟直接合成的工艺流程。在合成的 SF_6 粗品中，一般含有总量约 5％的 S_2F_2、S_2F_{10}、SOF_2、SO_2F_2、SO_2、HF、CF_4、O_2、N_2 等十几种杂质，净化后的纯度可达 99.8％以上。但是 SF_6 新气仍可能因提纯工艺和充装等因素造成质量问题，因此必须对 SF_6 新气进行验收。

一、SF_6 新气的验收标准

国产 SF_6 新气应执行 GB 12022—1989《工业六氟化硫》标准，见表 10-1。该标准与 GB/T 8905—1996《六氟化硫电气设备中气体管理和维护导则》规定的新气指标完全相同，但与 DL/T 941—2005《运行中变压器用六氟化硫质量标准》略有差异，因在 DL/T941 标准中增加了密度指标。

进口的 SF_6 新气执行合同协议标准或 IEC 标准，见表 10-2。

表 10-1　国产六氟化硫质量标准

杂质或杂质组合	规定值（重量比）
空气（N_2+O_2）	≤0.05％
四氟化碳（CF_4）	≤0.05％
水　分	≤8 $\mu g/g$
酸度（以 HF 计）	≤0.3 $\mu g/g$
可水解氟化物（以 HF 计）	≤1.0 $\mu g/g$
矿物油	≤10 $\mu g/g$
纯　度	≥99.8％
毒性生物试验	无　毒

表 10-2　IEC 六氟化硫质量标准

杂质或杂质族	最大允许浓度（重量比）
四氟化碳	<0.05％
空气（氧＋氮）	<0.05％
水	<15 $\mu g/g$
酸度（以 HF 计）	<0.3 $\mu g/g$
可水解氟化物（以 HF 计）	<1.0 $\mu g/g$
矿物油	<10 $\mu g/g$

从表 10-1、表 10-2 的对比中，可以发现：国标中除增加了纯度和生物毒性试验二项指标外，对六氟化硫新气的水分要求也更高。

国产新气按照表 10-1 逐项验收，进口气按合同协议标准验收。如没有规定，则按照表 10-2 逐项验收。

二、SF_6 新气验收和存储

1. 查验产品及出厂报告

六氟化硫气体生产厂商在产品出厂前,其生产质量检测部门都应逐批检验,保证其产品质量符合国家或协议标准的要求。每批出厂的六氟化硫气体都应附有相应的质量检测报告,其主要内容应包括:生产厂名称、产品名称、生产批号、气瓶编号、气体净重、生产日期和适用标准编号等。

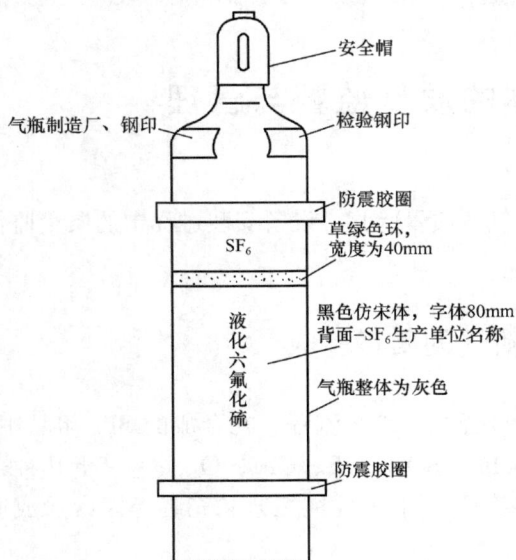

图 10-1　SF₆ 气体钢瓶的外观要求示意图

因此用户首先应向厂方索取并查验产品的出厂报告，然后查验所购买的产品和质量是否与出厂报告和购买合同相符。六氟化硫瓶装气体的应符合如图 10-1 所示的外观标识和规定。

2. 抽检数量

按照部颁文件《SF₆ 气体监督管理条例》规定，SF₆ 新气到货一个月内，用户必须对 SF₆ 新气进行质量验收。

六氟化硫气体质量验收的方法是按照有关规定进行抽检。我国 DL/T 596—1996《电力设备预防性试验规程》规定，每批产品按 3/10 的抽检率进行复核分析；而 GB 12022—1989《工业六氟化硫》中则规定每批产品的抽检瓶数应符合表 10-3 所列的要求；按照 DL/T 941—2005《运行中变压器用六氟化硫质量标准》的规定，从同批气瓶抽检样品的瓶数应符合表 10-4 的规定要求。

表 10-3　　　　　　　　　　　GB 12022 标准规定的抽检瓶数

每批气瓶数	抽检的最少瓶数	每批气瓶数	抽检的最少瓶数
1	1	41～70	3
1～40	2	71 以上	4

表 10-4　　　　　　　　　　　批次总瓶数与抽检样品的瓶数

项　　目	1	2	3	4*	5*
批次总瓶数	1～3	4～6	7～10	11～20	20 以上
抽检的瓶数	1	2	3	4	5

*　除抽检瓶数外，其余瓶数测定湿度和纯度。

由此可见，国家标准和行业标准甚至行业标准之间，在规定用户验收的抽检数量上是不尽相同的，按照发布标准的时间顺序及验收从严的原则，电力行业应执行表 10-4 所列的规定。

3. 六氟化硫气体的存储

验收合格的六氟化硫瓶装新气应直立存储在阴凉通风的干燥库房中，严禁露天暴晒和靠近易燃、易爆的物品。

未经验收或回收的六氟化硫瓶装气体应有明确的标识，分别存储，以免混淆。

六氟化硫瓶装新气存放半年以上时，使用前用户应复测气体的湿度和空气含量，达到新气指标方可使用。

三、验收检测时的注意事项

1. 六氟化硫气体检测设备的计量检定

检测六氟化硫气体纯度、水分等项目的仪器都是计量设备，需要定期计量，不能超周期使用，否则会造成较大的检测误差。

2. 取六氟化硫气瓶中的液体样品

六氟化硫气瓶属压力容器，六氟化硫在气瓶中呈液态。为了保证六氟化硫气瓶的运输使用安全，气瓶中不允许完全充满液体六氟化硫。因而在六氟化硫气瓶中就有气态和液态两相，六氟化硫新气中存在的杂质在气—液两相的分配比例是不同的。

从前文介绍过六氟化硫气体的性质可知，若气瓶中存在空气组分，因氧气、氮气的临界温度很低，在气瓶压力下是不会液化的，因此它们主要以气态的形式存在于瓶内的气相空间中。

对于六氟化硫瓶装气体中的水分，因六氟化硫气体难溶于水，同样水也难溶于六氟化硫液体，因此少量的水分主要以水蒸气的形式存在于瓶内的气相空间中。与水分相反，因六氟化硫气体易溶于矿物变压器油中，故矿物油组分主要存在于液态六氟化硫中。

由此可见，在六氟化硫气体的验收过程中，取样方法对其检测结果有明显的影响。若气瓶直立直接通过减压阀取样，首先取出的是气瓶中的气相部分，因此会出现空气、水分含量较高，而矿物油含量较低的情况。实验室分析也证明，气瓶直立取气比放倒取气测定的水分、空气含量高。

验收的新气应是气瓶中的液态六氟化硫，因此在验收试验时，应确保从气瓶中的液态部分采样。其方法是：把气瓶放倒后，在气瓶尾部垫高 50～10cm 的状况下采样检测。

3. 注意所用减压阀、连接管路等外接部件对检测结果的影响

瓶装六氟化硫新气压力较高，检测时必须使用减压阀。但减压阀的结构和状况对某些指标的检测结果影响很大。如使用橡胶减压结构的减压阀，会使水分合格的六氟化硫新气检测结果超标，甚至达到 1000 μL/L 以上。因此在六氟化硫检测中，建议选用金属减压结构的减压阀，并在使用前进行适当的干燥处理。

在六氟化硫检测中，最好使用不锈钢或厚臂聚四氟乙烯材料的气路或连接管路，以最大限度地降低气路渗透性，减少外部大气对检测结果的影响。

第二节　六氟化硫气体绝缘设备的现场充装工艺与质量监督

大型六氟化硫气体绝缘设备都是分体运输、现场充气的，六氟化硫气体绝缘设备的现场安装工艺直接影响六氟化硫气体充入设备后的气体质量，进而影响设备的运行安全。因此必须作好六氟化硫气体绝缘设备现场安装阶段的气体质量监督与检测。

一、密封性检测

大型六氟化硫气体绝缘设备现场安装完毕后，一般首先对设备进行密封性检验。

密封性检测的方法是真空法，即把真空泵与设备连接，启泵抽真空。当设备的真空度达到 133×10^{-6} MPa 时，再继续抽气 30min，停泵 30min，记录真空度 A，间隔 5h 后，读取真空度 B，若 $B-A$ 值$<133 \times 10^{-6}$MPa，则认为安装质量合格，否则应对设备进行重新处理，直至真空检验密封合格为止。

二、高纯氮气干燥

六氟化硫气体设备在安装过程中，不可避免会与高湿度的大气接触，因此设备气室内的

绝缘材料就会吸湿受潮，水分含量增加。为了保证充入六氟化硫气体后的湿度合格，必须现场对六氟化硫气体设备进行干燥处理。

现场干燥处理的方法是：抽真空至 133×10^{-6} MPa 后，再继续抽气 30min，然后停泵，充入湿度小于 $30 \mu L/L$ 的高纯氮气至额定压力，利用湿气向高纯氮气扩散的原理，将湿气置换出来，从而达到对设备干燥的目的。

由于湿气向高纯氮气扩散的速度受温度的影响较大，因此环境温度高时，置换的速度快，且效果好。为了充分利用高纯氮气，保证干燥效果，一般在充氮气 24h 后，测定设备内氮气的湿度，若其湿度远小于六氟化硫气体的交接试验标准，则排掉氮气后，再抽真空，即可充入验收合格的六氟化硫气体，基本可保证充入后六氟化硫气体湿度合格；反之，若其湿度高于或接近六氟化硫气体的交接试验标准，则排掉氮气后，需再次抽真空，再次充高纯氮气干燥，直至充入高纯氮气的湿度合格后，方可进行六氟化硫气体的充装。

高纯氮气置换干燥工艺是充入六氟化硫气体湿度一次合格的基本保证措施。该工艺受环境温度的影响很大，如在夏季环境温度高时，由于湿气向氮气扩散的速度快，且在高温烘烤效应的作用下，湿气向氮气转移得较为彻底，虽然往往需要多次干燥处理，但干燥效果好，设备投运后，湿度上升幅度较低，不容易引起湿度超标问题。相反，在环境温度较低的冬季，虽然需要干燥处理的次数少，但干燥效果较差，这也是冬季安装湿度合格的设备在其他季节检测时湿度超标的主要原因。

三、六氟化硫气体的充装

在充入干燥氮气 24h 后，检测其湿度合格时，方可进行六氟化硫气体的充装。

其充装程序是：排放氮气；抽真空至 133×10^{-6} MPa 后，再继续抽气 30min，然后停泵；充入验收合格的六氟化硫气体至额定工作压力；24h 后检测充入的六氟化硫气体的湿度，若湿度不合格，则需要回收六氟化硫气体，进行重新充装。

四、充装六氟化硫气体时应注意的问题

（1）六氟化硫气瓶应放倒，充液体部分的六氟化硫气体。若要确定充入设备中六氟化硫气体的质量，需称重充气前后六氟化硫气瓶的质量，用差减法求得。

（2）使用专用的减压表、充气接头和管路，充气回路应密封不漏，防止减压表和管路材料影响充入六氟化硫气体的湿度。

（3）充气速度应缓慢，尽量避免因气体汽化制冷引起的管路结露。

（4）当六氟化硫气瓶气体的压力降至 0.1MPa 时，应停止使用剩余的气体。

（5）充入六氟化硫气体后，应至少间隔 24h 方可检测六氟化硫气体湿度，检测时的环境温度应高于 0℃，0℃以下的检测结果仅供参考。

第三节　运行六氟化硫绝缘气体湿度的控制标准

SF_6 设备中的水分不但会参与 SF_6 电弧分解气的反应，生成有害的低氟化物及具有腐蚀作用的酸性物质，影响设备的使用寿命；还会影响 SF_6 气体的电气绝缘性能，影响其安全运行。因此六氟化硫设备中气体水分含量的监督、控制是运行监督最重要的一项工作内容。

一、水分对 SF_6 电气性能的影响

研究人员曾做过这样的试验：在密闭的容器中充入 0.25MPa 的 SF_6 气体，然后把容器

表面冷却至 $-40℃$，使水分凝结在容器面壁上，然后在自然放置的环境条件下，施加一均匀的电场，绘制出容器表面温度与闪络电压的关系，见图 10-2。图中的数值为容器中水分的分压。

从图 10-2 中可以看出：当温度在 0℃ 以下时，由于 SF_6 气体中的水分结成冰或霜，此时的闪络电压与干燥状态相近；而随着温度的上升，由于以冰或霜形式存在的水分逐渐融化为液滴，闪络电压明显下降，而且水分越大，闪络电压下降得就越大；当温度继续上升，使形成液滴的水分蒸发至 SF_6 气体中时，闪络电压又回升至接近于干燥状态的水平。

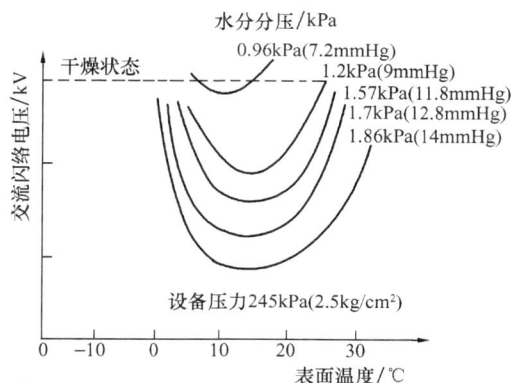

图 10-2　容器表面温度与闪络电压的关系

图 10-3 是利用脉冲电压所做的试验，也能得到类似的试验结果。

由此可见，SF_6 气体在干燥状态下（无水分），无论表面温度高低，SF_6 的闪络电压均不变；但是一旦出现液体水滴的情况，则闪络电压就会明显下降；而当容器内水分完全蒸发至 SF_6 气体中时，其 SF_6 容器内的闪络电压又会恢复至接近干燥状态的水平。

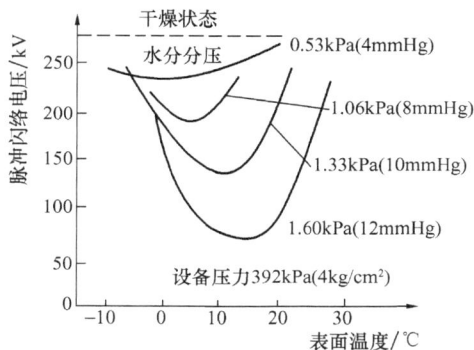

图 10-3　表面温度与脉冲闪络电压的关系

由此可以得出如下结论：要保持 SF_6 气体的介电性能不变，必须确保 SF_6 气体中没有液态水分。

二、SF_6 电气设备中气体水分的控制标准

从上边的实验中可以推论出：在 SF_6 电气设备中，只要控制 SF_6 气体中的含水量低于 0℃ 露点的饱和水分值，在 0℃ 以上的工作条件下，就不会出现液态水分，对设备来说就是安全的；即使设备在 0℃ 以下运行，因为此时过量的水分不是凝结成水滴，而是结成冰或霜，所以对设备也不会造成危害。

但是，由于 SF_6 电气设备结构复杂、体积较大，内、外腔体升温、降温的速度不同，用 0℃ 露点时的饱和水分值作为 SF_6 设备气体水分含量的控制标准是不恰当的。

为了保证设备的安全，并留有安全裕度，一般国内外都把 $-10℃$ 露点的饱和水分值作为 SF_6 设备中气体水分含量的控制标准。为了降低水分参与 SF_6 电弧分解产物化学反应所带来的危害，对产生电弧分解产物的断路器室，其含水量的控制标准更高，一般为 $-20℃$ 露点的饱和水分值。

为了阐述上的方便，在上面论述 SF_6 气体中水分的饱和含量时，没有涉及压力的影响。实际上，SF_6 气体中水分的饱和含量不但与温度有关，而且与气体的压力有密切的关系。当温度一定时，水分的饱和含量与压力的关系如下：

$$\phi_v = n_{H_2O}/n_{SF_6} \approx n_{H_2O}/n_总 = P_a/P_0 \tag{10-1}$$

式中　ϕ_v——温度 $t℃$、设备压力为 P_0 时的水分的饱和含量，$\mu L/L$；

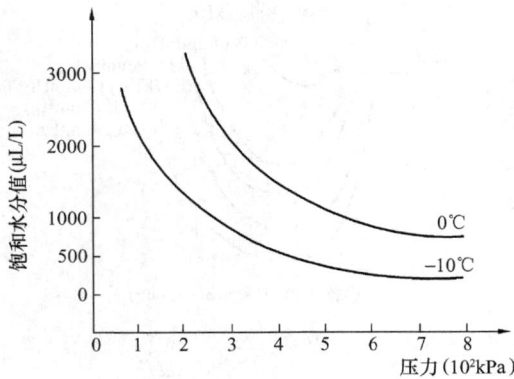

图 10-4　SF$_6$ 设备不同压力下
的水分控制曲线

n_{H_2O}——t℃时饱和水蒸气的克分子数；

n_{SF_6}——SF$_6$ 气体的克分子数；

$n_总$——n_{SF_6} 和 n_{H_2O} 的总和；

p_a——t℃时的饱和水蒸气压力，Pa；

P_0——设备绝对工作压力，MPa。

所以，从理论上说，SF$_6$ 设备工作压力不同，其相应的水分控制标准也应不同。表 10-5 是从水（冰）的饱和蒸气压力表中查出的几个典型温度下水蒸气的饱和蒸气压力。表 10-6 是根据式（10-1）分别计算出在 0℃、−5℃、−10℃、−20℃露点时，不同设备工作压力下气体水分的最大允许含量。图 10-4 是根据表 10-6 绘出的 0℃，−10℃露点时，相应压力下的饱和水分值曲线。

表 10-5　　　　　　不同温度下水分的饱和蒸汽压（0.1MPa 条件下）

温度（℃）	−20	−15	−10	−5	−0	5	10	20
压力（×10^{-4}MPa）	1.05	1.68	2.64	4.09	6.22	8.90	12.52	23.83

表 10-6　　　　　　不同设备压力下 SF$_6$ 气体中水分的饱和含量

设备内气体的绝对压力 (20℃)（MPa）	气体中的饱和水分（μL/L）			
	露点−20℃	露点−10℃	露点−5℃	露点 0℃
0.3	350	880	1363	2073
0.4	242	660	1022	1555
0.5	210	528	818	1244
0.6	175	440	682	1037
0.7	150	377	584	888
0.8	130	330	511	778
1.4	75	188	292	444

　　显然在相应设备压力下，SF$_6$ 气体的水分值在 0℃线上方，就有在 0℃运行条件下结露的危险，这是不允许的，是水分控制的红线。

三、水分控制标准的讨论

　　我国部颁标准 DL/T 596—1996《电力设备预防性试验规程》第十三章中规定了 SF$_6$ 设备内水分控制标准，见表 10-7。

表 10-7　　　　　　　　设备内 SF$_6$ 水分控制标准

隔室	有电弧分解物的隔室（μL/L）	无电弧分解物的隔室（μL/L）
交接试验值	150	250
运行允许值	300	500

　　从表 10-7 中可以看出，其对有电弧分解物的隔室的控制交接试验值，基本符合表压

0.6MPa设备－20℃露点值，运行允许值略高于该压力下－10℃的露点值；对无电弧分解物的隔室的控制交接试验值，略高于表压0.6MPa设备－10℃露点值，运行允许值略高于该压力下－5℃的露点值。

需要指出的是：在行业标准中虽没有给出适用设备压力，但从上述分析中可以发现，该标准基本上是按照表压0.6MPa设备设定的。由于SF₆电气设备的工作压力范围较宽（0.25～1.4MPa），如果不管压力高低，均按统一的标准执行，既不科学，也不经济。

例如对0.3～0.4MPa低压电气设备，按照表10-7标准执行，虽可保证设备的运行安全，但因标准的安全裕度过大，给设备现场的安装带来了不必要的麻烦，增加了不必要的工作量。编者曾经在夏季现场安装一台SF₆短路器，为了现场充高纯氮气干燥设备，花费了近20天的时间，才使水分达到了控制标准。

相反，对于GIS设备中可能存在的1.2～1.4MPa高压气室，则该标准所定的控制数值则较低，因为1.4MPa的0℃的露点值为$444\mu L/L$，低于无电弧分解物的隔室的运行允许值，理论上来说是不安全的。

表10-8是GB/T 8905—1996《六氟化硫电气设备中气体管理和检测导则》规定的20℃时湿度允许值。该标准与行业标准最大的区别在于提高了无电弧分解物隔室的运行允许值。但该标准存在的问题在于：对于表压0.5MPa以上的设备，运行允许值定得过大，因为该工作压力下，0℃下的理论饱和水分值仅为$1037\mu L/L$，若考虑现场测量误差，而不考虑设备内表面的水分吸附因素，执行该标准是不安全的。

表 10-8　　　　　　　　　　设备中SF₆气体水分允许含量标准

隔　　室	有电弧分解物的隔室（$\mu L/L$）	无电弧分解物的隔室（$\mu L/L$）
交接试验值	≤150	≤500
运行允许值	≤300	≤1000

在SF₆设备内气体水分控制标准问题上，国外一些公司的做法值得借鉴。如日本三菱公司对不同工作压力的SF₆设备提出了不同的水分控制标准，见表10-9。

表 10-9　　　　　　　　　　日本三菱公司水分控制标准

气室压力（MPa）	水分控制标准（$\mu L/L$）	气室压力（MPa）	水分控制标准（$\mu L/L$）
0.15	24000	0.7	750
0.3	1500	1.4	400

再如法国MG公司对SF₆断路器中气体水分的控制数值，也是按其额定工作压力的不同，分别规定了不同的水分允许含量，见表10-10。

表 10-10　　　　　　　　　法国MG公司SF₆断路器水分控制标准

额定工作压力（表压，MPa）	0.55	0.35
允许水分值（$\mu L/L$）	649	1020

总之，制订合理的水分控制标准，既是六氟化硫设备气体水分监督的需要，也是保证设备绝缘性能的措施和手段。

第四节　六氟化硫设备内气体水分的检测

六氟化硫设备中气体水分的检测方式一般都是监督人员携带仪器到现场，直接进行在线测量。

SF_6 水分检测的仪器种类很多，检测原理各不相同，每种仪器都有其使用的条件和适用的范围，若仪器选择、使用不当会引起较大的测量误差。

一、六氟化硫设备中的气体水分来源

SF_6 电气设备中的水分主要来源于以下 4 个方面。

1. SF_6 新气带入的水分

我国规定 SF_6 新气中的水分为 $8\mu g/g$（相当于 $65\mu L/L$），IEC 规定值为 $15\mu g/g$（相当于 $122\mu L/L$）。

2. 安装 SF_6 设备时混入的水分

大型设备都是现场安装、充气的。在安装完成后，充 SF_6 新气前虽然进行了抽真空及高纯氮干燥等工艺，但不可能把设备内壁吸附的水分除净，设备中会存留一定量的水分。

3. 固体绝缘释放出的水分

SF_6 设备中的固体绝缘材料（如环氧树脂等）本身含有一定量的水分，随着运行时间的延长和温度的变化，其内部的水分缓慢地释放到 SF_6 气体中。

4. SF_6 设备渗漏进入的水分

SF_6 设备中气体的压力虽然比大气压力大，但只要设备存在漏点，空气中的水分仍会缓慢地渗透到设备内部。这是因为 SF_6 设备内部的水分分压远小于大气中的水分分压所致。

设备内的水分分压为

$$p_1 = p_{总} n_1 \tag{10-2}$$

大气中水分的分压为

$$p_2 = p_b n_2 \tag{10-3}$$

式中　$p_{总}$——SF_6 设备气体的绝对压力；

　　　p_b——大气压力；

　　　n_1——SF_6 设备内的水分克分子数；

　　　n_2——大气中水分的克分子数。

由于 SF_6 设备中要求其气体的水分含量很低，仅为几百 $\mu L/L$；而大气中的水分含量很高，一般为 $1\%\sim4\%$。因此 $n_2 \gg n_1$，所以 $p_2 \gg p_1$。那种认为设备压力高，即使漏气，水分也不会进入设备的观点是错误的。这也是要求在水分测量时，连接管路应密闭不漏的原因所在。

二、SF_6 设备内气体水分数值的表示方法

SF_6 设备内气体水分数值的表示方法很多，就目前使用的控制标准和测试仪器的显示方式来说，主要有体积比、质量比、露点三种。

1. 水分的体积比

从理论上来说，气体的压力是气体分子平均动能的宏观表现形式；气体的绝对温度是分子平均动能的量度。所以，在相同温度下，所有气体的分子动能都是相同的，每种气体的分

压力与其分子的数量成正比，气体的总压力是每种气体分压力之和。由此可以推导出计算 SF_6 气体水分的体积比的 ϕ_v 公式（10-1）为

$$\phi_v = p_{H_2O}/p_{SF_6} \approx p_{H_2O}/p$$

2. 水分的质量比

由理想气体状态方程可知

$$pV = nRT = (m/M)RT$$

则

$$m = (pVM)/(RT)$$

$$\phi_W = m_{H_2O}/m_{SF_6} \approx \phi_V(M_{H_2O}/M_{SF_6}) \tag{10-4}$$

式中　　ϕ_W——水分的质量比，$\mu g/g$；

m_{H_2O}、m_{SF_6}——分别为气体中水分、SF_6 气体的质量；

M_{H_2O}、M_{SF_6}——分别为水和 SF_6 的分子量。

3. 水分的露点

在人们的日常生活中，常常可以看到空气中水蒸气的结露、结霜现象。产生这一自然现象的原因是由于空气温度的下降，空气中含有的水蒸气达到过饱和后冷凝形成的。

对于一个密闭的液态水—气两相体系而言，在一定的温度下，经过一定的时间，液态水—气态水蒸气会达到动态平衡，气体中的水蒸气达到饱和状态，此时气体中水蒸气的分压力称为饱和蒸汽压，气体中水的饱和蒸汽压力只与温度有关，是温度的单值函数。

在达到平衡的液态水—含水蒸气气体的两相体系中，若温度升高，平衡被打破，液态水会继续汽化，气体中水蒸气含量增加，水蒸气分压力会继续升高，在更高的温度上建立新的平衡；反之，若温度降低，气体中的水蒸气就会冷凝析出，回到液态水中，气体中水蒸汽含量降低，水蒸气分压力减少，在低温度水平上建立新的平衡。由此可见，在一定条件下，温度的高低可以反映气体中水分含量的大小。图 10-5 是饱和水蒸气分压与温度的关系曲线。

对于某温度下，水蒸气含量没有达到饱和的气体，此时若人为地降低温度，气体中的水蒸气含量就会逐步趋于饱和，当温度降至气体中的水蒸气因饱和而析出液态或固态水分时，称这一温度为露点或霜点温度。一般来说，若达到饱和的温度高于 0℃，此时析出的水分是液态露滴，称该温度为露点；若达到饱和的温度低于 0℃，此时析出的水分是固态冰霜，称该温度为霜点，图 10-6 是露点与霜点饱和曲线的差别。

气体中水蒸气开始结露或结霜的温度都是气体中水蒸气含量正好达到饱和的标志，所以这个温度反映了气体中水蒸气含量的大小，是表示气体中水蒸气含量高低的重要参数。

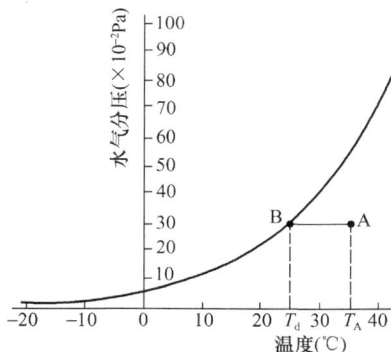

图 10-5　饱和水蒸气压
与温度的关系曲线

若露点温度高于 0℃，应从本教材《水的饱和蒸汽压表（0～100℃）》（附录 A）查出该温度下的饱和水蒸气压力；若露点温度低于 0℃，应从《冰的饱和蒸汽压表（0～−100℃）》（附录 B）查出该温度下的饱和水蒸气压力。通过计算，可以得到被测气体水分的体积比、质量比和设备压力下的露点值。

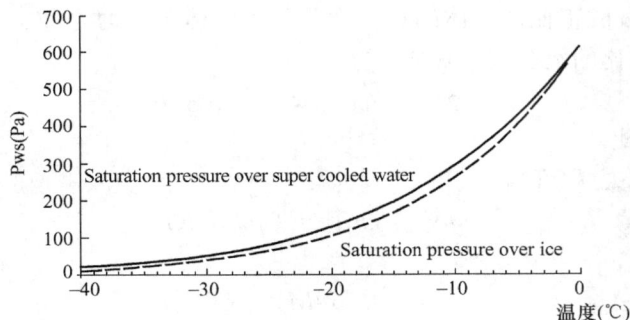

图 10-6　露点与霜点的饱和曲线

4. 湿度表示方法之间的差别

目前在 SF$_6$ 气体中水分含量的控制标准中，上述三种表示方法都有应用，在使用时应注意其表示的含义及数值之间的差别。

从保证 SF$_6$ 气体绝缘电气设备安全的角度来说，用露点表示方法更好。因为 SF$_6$ 气体中水分含量控制的原则是以气体中的水蒸气在运行环境温度下不结露为前提的。若设备内气体中水分的露点温度低于 0℃，那么气体的绝缘水平就有保障。

气体中水分的体积比或质量比控制标准是根据露点数值原则制定的，它不能直观地与设备的绝缘水平相联系，必须通过查表计算才能知道。

然而，从测试的角度来说，用气体中水分的体积比或质量比表示更为方便。因为水分测试通常都是在大气压力下进行的，气体中水分的体积比或质量比与设备压力无关，仪器测试出的数值就代表设备压力下的数值。而测试的露点则不同，在大气压力下仪器测得的露点数值必须通过查表换算成设备压力下的露点值。下面举例来说明它们之间的差别。

例 1： 某 SF$_6$ 气体断路器的额定压力为 0.45MPa，在大气压力条件下，20℃时用露点仪测得的气体露点为 −25℃，试计算 SF$_6$ 设备内气体中的含水量。

解　查 −25℃露点下饱和水蒸气压力为 $p_{H_2O} = 63.3008$Pa；测试压力为 $p = 0.1$MPa。

（1）若以测试条件计算，则

水分的体积比为

$$\phi_V = p_{H_2O}/p = 63.3008/0.1 = 633(\mu L/L)$$

水分的质量比为

$$\phi_w = \phi_V(M_{H_2O}/M_{SF_6}) = 633 \times (18/146) = 78(\mu g/g)$$

（2）若以设备压力条件计算，则

水分的体积比为

$$\phi_V = p_{H_2O}/p = (63.3008/0.1 \times 0.55)/0.55 = 633(\mu L/L)$$

水分的质量比为

$$\phi_w = \phi_V(M_{H_2O}/M_{SF_6}) = 633 \times (18/146) = 78(\mu g/g)$$

（3）若以设备内水分的露点表示，则需要根据设备内水分的分压力求得。

设备内水分的分压力为

$$p'_{H_2O} = p\, p_{H_2O} = (0.55/0.1) \times 63.3008 = 348(Pa)$$

查表得到设备内气体的露点值为：−6.7℃。

例 2：某 SF_6 气体断路器的额定压力为 0.55MPa，在大气压力条件下，20℃时仪器测得的气体水分含量为 $960\mu L/L$，试问该设备在 $-5℃$ 的运行环境条件下安全吗？

解　由式 $\phi_V = p_{H_2O}/p$ 可知，测试时气体水分的分压力为

$$p_{H_2O} = \phi_V\, p = 960 \times 0.1 = 96(Pa)$$

设备内水分的分压力为

$$p'_{H_2O} = p\, p_{H_2O} = (0.65/0.1) \times 96 = 624(Pa)$$

查附录 A 表知，该设备的露点温度为 0.3℃。因此若不考虑断路器内绝缘材料对水分的吸附效应，在 0℃ 以下的运行环境下是不安全的，因为在设备内气体降至 0℃ 前，气体中的水分会达到饱和而结露。

三、水分测试仪器与方法

SF_6 气体水分的测量方法主要有 4 种，即重量法、电解法、阻容法和露点法。由于每种测量方法的原理不同，其适用的测试范围也不同。

1. 重量法

重量法是电力行业 SF_6 气体水分测量的仲裁方法，其测量装置见图 10-7。

其测量原理是：用恒重的无水高氯酸镁吸收一定体积的六氟化硫气体中的水分，

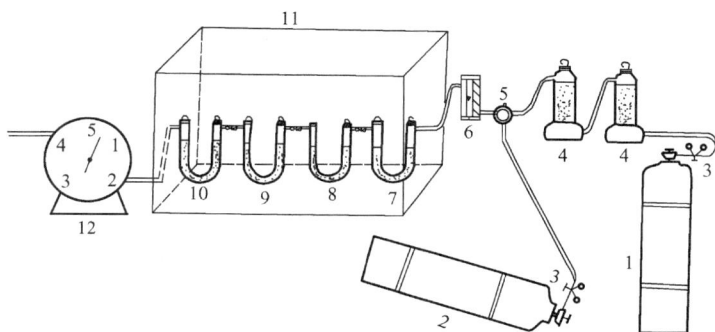

图 10-7　重量法水分测定装置示意图

1—氮气瓶；2—六氟化硫气瓶；3—减压阀；4—干燥塔；
5—四通阀；6—流量计；7、8、9、10—吸收管；
11—干燥箱；12—湿式气体流量计

并测量其增加的重量，以计算六氟化硫气体中的水分含量。

该方法的优点是：用传统的重量分析方法直接测量气体中的湿度，非常直观。

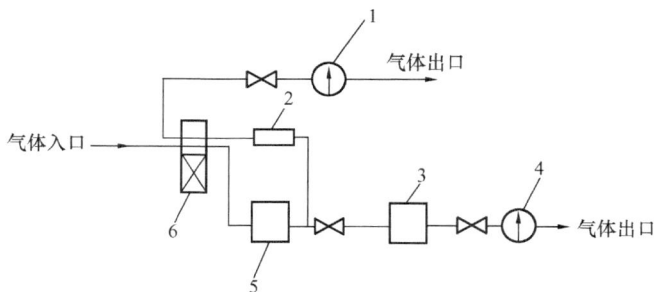

图 10-8　电解法水分测量装置示意图

1—旁路流量计；2—连通管；3—电解池；
4—测量流量计；5—干燥器；6—控制阀

该方法的缺点是：对试验条件的控制要求严格，对操作人员的操作技能要求高，操作繁琐，测试时间长，且只适用于实验室，不适合现场采用。

2. 电解法

电解法亦称库仑法，是电力行业早期现场普遍使用的 SF_6 气体湿度测量方法，图 10-8 是其测量示意图。

该方法的测量原理是：当 SF_6 气体流经一个特殊结构的电解池时，其中的水蒸气被电解池内涂敷的五氧化二磷（P_2O_5）吸湿薄膜吸收、电解。当吸收和电解达到平衡时，电解电流正比于气样中的水蒸气含量，这样可以通过测量电解电流的大小，根据法拉第定律计算出被测气体的湿度。电解过程可用下

列方程式表示。

吸收水分：$P_2O_5 + H_2O \longrightarrow 2HPO_3$

电解：$2HPO_3 \longrightarrow P_2O_5 + H_2 + 1/2\ O_2$

合并两式：$H_2O \longrightarrow H_2 + 1/2\ O_2$

根据法拉第定律和气体状态方程，可推导出电解电流 I 与气体湿度之间的关系：

$$I = QpT_0FU/(3p_0TV_0) \times 10^4 \tag{10-5}$$

式中　Q——气体流量，mL/min；

　　　　p——环境压力，Pa；

　　　　T_0——临界热力学温度，273K；

　　　　F——法拉第常数，96485C；

　　　　U——气体含水量，μL/L；

　　　　p_0——标准大气压力，101.325kPa；

　　　　T——环境温度，K；

　　　　V_0——摩尔体积，22.4L/mol。

该方法的优点是：测量原理成熟，电流测量准确，因而测量结果可靠，适合测量纯净气体。

该方法的缺点是：因电解池的结构不尽合理，在测量运行气时，易受气体中的导电颗粒影响造成电解池短路，引起测量仪器失效；测量前须预先干燥，测量时平衡速度慢，耗气量大；测量流量要稳定，流量计需要校准。

3. 阻容法

目前电力行业普遍采用阻容法，测量 SF_6 气体的水分含量。较有代表性的两类仪器是氧化铝传感器法和高分子薄膜传感器法。

(1) 阻容法测量原理。所谓电容器，顾名思义就是储存电荷的"容器"，它是由两块相互接近，并由绝缘介质隔开的金属板构成的，见图10-9。当电容器两极板间接上直流电源时，在电场的作用下，电源负极的自由电子移动到 B 板上，B板积存负电荷；而电源中的正电荷则移动到 A 板上，A 板积存正电荷。这个过程就是电容器的充电过程。

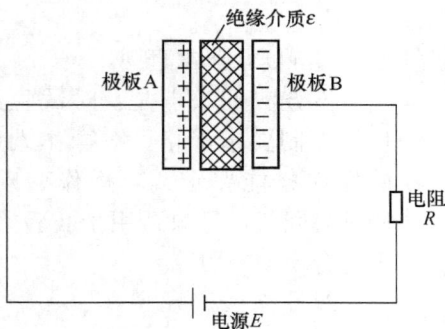

图 10-9　电容器结构及原理图

电容器储存电荷的能力与电容器的结构密切相关。若极板的面积为 S，极板间的距离为 d，极板间绝缘材料的介电系数为 ε，则电容器的电容量 C 与极板的面积 S 及材料的介电系数 ε 成正比，与极板间的距离 d 成反比，即有下列关系：

$$C = \varepsilon S/d \tag{10-6}$$

从上式可见，若电容器极板的面积、距离不变，电容器的电容量 C 与绝缘材料的介电系数 ε 成正比。也就是说电容量的大小反映了介电材料介电系数的大小，而绝缘材料的介电系数是与其干燥程度有关的。对于吸湿性绝缘材料而言，水分含量高，则介电系数小；水分含量低，则介电系数大。

　　阻容法就是利用电容器间绝缘材料，如氧化铝薄膜、高分子薄膜等因吸收水蒸气，改变其介电系数，最终导致电容变化的原理制造的测量仪器。

　　（2）氧化铝传感器。氧化铝传感器是在带有多孔氧化铝层的铝基片上，用特殊工艺蒸发上一薄层金金属膜，这样铝基片与镀金层就构成了电容器的两块极板，其间的氧化铝薄膜就成为绝缘介质。图 10-10 是其结构及等效电路示意图。

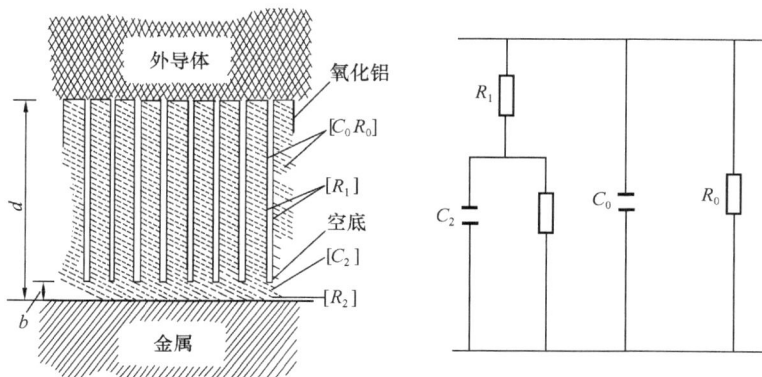

图 10-10　氧化铝传感器结构及等效电路示意图

　　当含水气体通过多孔氧化铝薄膜时，氧化铝薄膜就会从气体中吸收水分，使两极板间的电容发生变化，其变化量与气体中的水分含量密切相关。这种响应关系是非线性的（见图 10-11），可通过预先标定处理得到，这样得到了电容的变化量，就知道了水分含量。

　　（3）高分子薄膜传感器。高分子薄膜传感器与氧化铝传感器的结构相似，见图 10-12。不同的是高分子薄膜具有快速吸收和释放水分的特点，很少的水蒸气就能引起较大的电容变化，测试灵敏度高，且电容的变化与水分的含量成正比。仪器标定方便、容易。

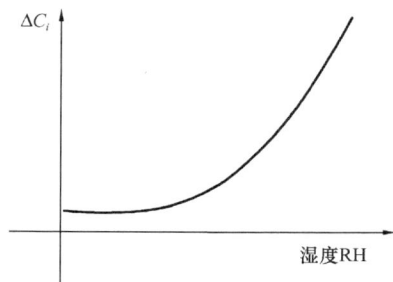

图 10-11　氧化铝传感器湿度与
电容变化间的响应关系

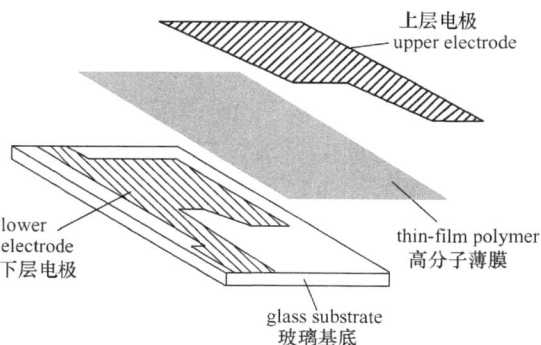

图 10-12　高分子薄膜传感器结构示意图

　　高分子薄膜传感器与氧化铝传感器测量水分的原理虽然相同，但由于氧化铝薄膜易受运行设备分解的腐蚀性气体影响，其稳定性较差。另外其电容的变化量与气体水分含量之间是非线性响应关系，仪器的标定、校准均比较麻烦，故正逐步被高分子薄膜传感器原理的仪器所替代。

　　4. 露点法

　　露点法是利用电制冷原理制造的测量仪器，它是一种直接测量方法。其测量过程为：被测气体以一定的压力、流量通过一个小的人工制冷的镜面时，气体中的水蒸气随着镜面温度的逐渐降低而达到饱和，当镜面上出现露或霜的时候，镜面的温度不再继续下降而趋于稳定，此时的仪器指示的温度即为气体的露点温度。露点温度的高低反映了气体水分含量的大小。

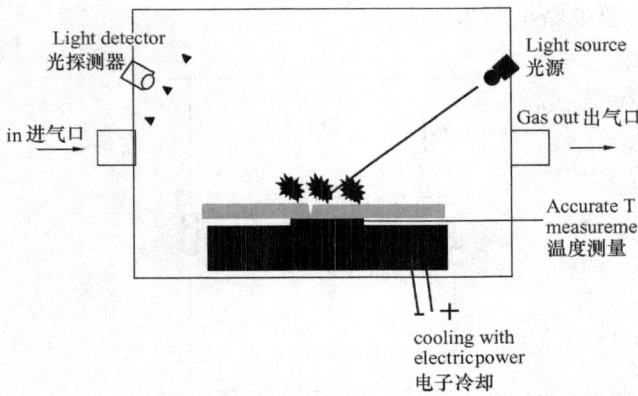

图 10-13　光学法露点检测原理示意图

露点法识别气体是否结露（霜）的方法有两种：一种是光学方法，另一种是表面波法。

光学法是利用入射光与反射光偏移的原理识别的。当镜面上没有结露时，入射光的角度等于反射光的角度，光电检测器检测到的信号强度没有变化；而当镜面上结露后，反射光的角度发生散射和偏移，光电检测器的信号减弱。由于镜面上的灰尘、盐积物等都会引起入射光的散射和偏移，因而会产生检测误差。图 10-13 是光学法检测原理示意图。

为了克服光学识别法存在的杂质干扰问题，近年来发明了表面声波法识别原理。由于镜面上的杂质对声波的影响小，因而其检测精度大为提高。图 10-14 是表面声波法露点检测原理示意图。

露点法特别适合在实验室条件下，测量洁净气体中的水分。其测试速度快，测试精度高。

露点法不太适合现场使用，其主要原因是：①运行设备中的气体往往含有腐蚀性成分及灰尘等颗粒杂质，镜面易受灰尘等颗粒杂质的污染或气体腐蚀，而影响测试结果的准确性；②在夏季高温环境下，因空气冷却效果较差，难以制冷到很低的温度，无法测试低含量气体中的水分；③设备内存在的挥发性高沸点溶剂对检测结果有干扰，使测试结果失真。

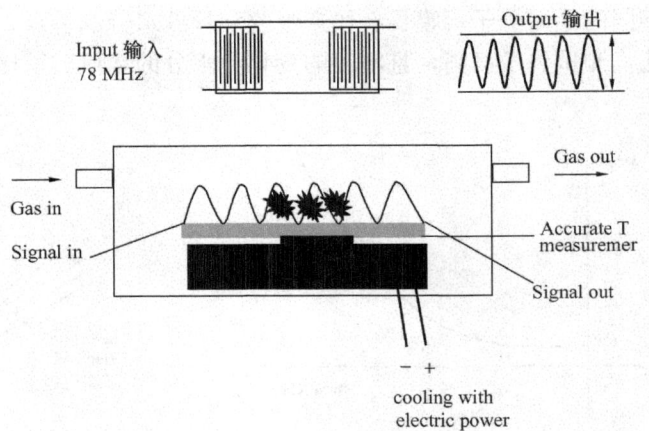

图 10-14　表面声波法露点检测原理示意图

四、环境温度对 SF_6 设备内气体水分数值的影响

SF_6 设备中的水分主要以两种形式存在：一种是在 SF_6 气体中以自由气体的形式存在，即存在于气相中；另一种是吸附在设备的内表面，设备内的绝缘材料及设备内部装填的吸附剂上，即存在于固相中。

在 SF_6 设备中，水分存在的形式依环境温度的不同，始终处于一个动态平衡过程中，即当温度降低时，气相中的水分会向固相中转移，使气相中的水分所占设备内总水分的比例下降，而固相中所占的比例上升；反之，当温度升高时，则出现相反的情况。而在 SF_6 设备内气体的水分测试中，测得的只是设备内气相中的水分，因此对同一台 SF_6 设备，在水分的实际测试中，夏天测试数值大，而冬天测试数值低的现象也就不奇怪了，图 10-15 是不同设备中六氟化硫气体中的水分随温度变化的实测曲线；图 10-16 是某 GIS 设备内气体水分随季节温度变化的实测数据曲线。

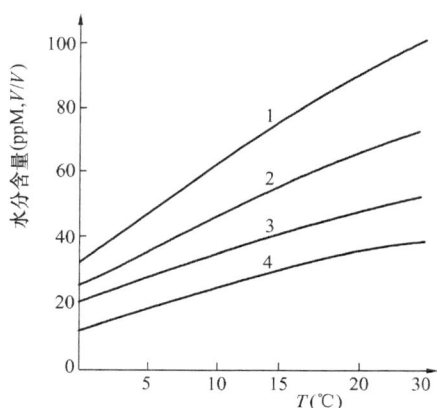

图 10-15　不同设备气体中的
水分随温度变化的实测曲线

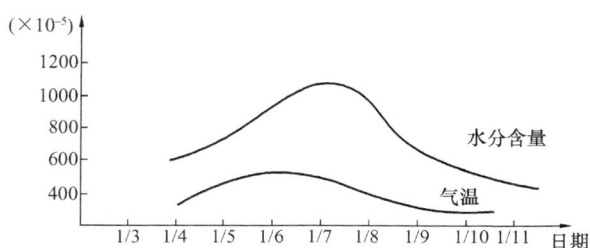

图 10-16　某 GIS 设备内气体水
分随季节温度变化的情况

SF_6 设备内水分在气相—固相的动态平衡，与 SF_6 设备内表面的处理情况（如粗糙度），绝缘材料本身的含水量以及 SF_6 设备的安装质量有关，即与 SF_6 设备内部的总含水量有关。故不同的 SF_6 设备，在同一温度下，其气体中的水分含量没有可比性。对同一台设备，其气体中的含水量则是温度的函数，即随着温度的升高，其气体中的含水量增加。表 10-11 是某单位 6 台 500kV SF_6 断路器（额定压力 5.5bar），在不同温度条件下的测试结果。

表 10-11　　　　　　　　　某电厂 500kV 断路器内 SF_6 气体水分测试数据

设备编号	相别	1986 年 11 月交接值		1987 年 11 月测		1988 年 5 月测		1988 年 10 月测	
		温度（℃）	水分（ppm_v）	温度（℃）	水分（ppm_v）	温度（℃）	水分（ppm_v）	温度（℃）	水分（ppm_v）
5011	A	20.5	146	14	370	31.5	820	15	285
	B	20.5	128	10	280	32	800	13.5	310
	C	14	77	10	200	13.5	840	11.5	330
5012	A	15	76	10	330	30	840	17	500
	B	15	69	14	340	28.5	710	18.5	400
	C	15	72	14	300	27	670	19	370
5013	A	19	94	12.8	295	33	780	20	450
	B	14	70	13	315	33.5	860	18	480
	C	14	76	13	300	33.5	960	15	350
5021	A	4	100	12.8	300	29.5	860	16.5	385
	B	14	80	12.8	300	29	890	20	455
	C	14	60	12.8	280	29.5	840	20	400

续表

设备编号	相别	1986 年 11 月交接值		1987 年 11 月测		1988 年 5 月测		1988 年 10 月测	
		温度 （℃）	水分 （ppm$_v$）	温度 （℃）	水分 （ppm$_v$）	温度 （℃）	水分 （ppm$_v$）	温度 （℃）	水分 （ppm$_v$）
5022	A	4	95	15	355	30	900	18.5	385
	B	4	78	12	325	30	840	18	365
	C	−1	40	12	280	26	610	21	460
5023	A	3	120	−1	165	29	860	18	380
	B	0	94	18	385	28	800	20	380
	C	1.5	80	18	350	28	680	17	375

从表中可以发现，同一台设备在相近的测试温度下，交接试验值明显偏低，数据相差几倍。这是因为交接试验值是在设备充气后，间隔 12～24h 后测得的，而 SF$_6$ 设备内的水分要达到气相—固相的动态传质平衡却需要很长的时间，有资料证明绝缘材料如释放出 50％的水分需 1 年时间。因此交接试验值是在设备内的水分没有达到气固两相平衡的情况下测出的，主要反映的是 SF$_6$ 新气所带入的那部分水分。这在同一表中，后续相近温度下的测试数据也相近的事实可以证明。

需要指出的是，表 10-11 中的测试数据是 SF$_6$ 断路器没有填装吸附剂的支柱中的水分。因为没有吸附剂，因而水分的实测数值随环境温度的变化现象非常明显。对于装有吸附剂的 SF$_6$ 设备，其测试水分的数值随环境温度的变化虽然不会这样大，但这种影响和变化趋势却是客观存在的。

由于 SF$_6$ 设备内气体中的水分是温度的函数，因此，在测定 SF$_6$ 设备内气体中的水分时，必须同时测定和记录环境温度，并在分析报告中予以注明，以便监督人员分析设备绝缘状况时参考。

监督人员不能把 SF$_6$ 测试水分数值绝对化，只机械地套用国标或部标中的控制标准。必须明白，低温下所测试的水分超标和高温下所测试的水分超标所反映的意义是不同的。

如两台相同类型绝对压力为 0.6MPa 的 SF$_6$ 断路器，其无电弧分解气室没装吸附剂，其中一台在 0℃时测得的水分数值为 1000μL/L，而另一台在 30℃时测出的水分数值也为 1000μL/L。虽然上述两台设备 SF$_6$ 气体中的含水量相同，均超过了部颁标准，达到了国标的上限，但由于测试温度不同，其所反映出的 SF$_6$ 设备的绝缘水平也是不一样的。对于前者，由于 SF$_6$ 气体中的水分已经达到了 0℃时的饱和水分值，如环境温度降至 0℃或 0℃以下，设备内表面存在着凝结水滴或将要形成凝结水滴，而有发生闪络的危险；而对于后者，由于 SF$_6$ 气体中的水分远没达到 30℃时的饱和值，而在设备表面降至 0℃的凝露温度前，其 SF$_6$ 气体中的一部分水分会被设备内表面吸附，因而 0℃时 SF$_6$ 气相中的水分会远小于 1000μL/L 的饱和值，所以不会在设备内表面产生凝结水滴，不存在闪络电压下降的问题。由此可见，在国标和部标的水分控制标准中，应规定一个测试参考温度或温度范围，否则就有可能造成虽有标准，但无法执行的局面，失去了应有的可操作性。

五、测试 SF$_6$ 气体水分的注意事项

（1）测定 SF$_6$ 气体水分所用的管道应用吸湿率低的专用管路，且要保持清洁干燥，减少测试误差。

（2）SF_6 气体水分测定仪与 SF_6 设备之间的管路连接应密闭不漏。

（3）做 SF_6 设备内 SF_6 气体水分的验收试验时，从 SF_6 气体充入设备到测试，时间间隔应至少不低于 24h。

（4）运行 SF_6 设备气体水分，一般应选择环境温度为 20℃ 左右时的天气测定，并在报告中注明测试温度。

（5）SF_6 设备投运的第一年，一般应至少每半年测定一次，若无异常，可隔年测定一次。

（6）SF_6 气体水分测定仪应定期校正，一般每年校正一次。

（7）以露点表示或显示的仪器，其测试结果如要以体积比（$\mu L/L$）或质量比（$\mu g/g$）表示时，应查该露点下的饱和蒸汽压，并按运行设备的实际压力进行换算。

（8）用露点法测试水分时，要注意设备内部绝缘材料中挥发出的有机溶剂对检测结果的影响。

第五节　六氟化硫电气设备故障诊断分析技术

充油电气设备的故障诊断分析技术不但已被分析监督人员熟识和掌握，而且在安全生产中发挥了不可替代的作用。然而，当电气设备中使用的矿物油被六氟化硫绝缘气体取代后，探索和总结六氟化硫电气设备故障诊断分析技术，就成为监督检测人员梦寐以求的目标。

充油电气设备故障诊断分析技术经历了几十年的发展和完善历程，六氟化硫电气设备故障诊断分析技术目前还处于研究发展初期，在此简要介绍国内外在这方面的研究成果，供读者参考。

一、故障诊断原理

对六氟化硫电气设备进行故障诊断的主要依据与充油电气设备故障诊断的依据类似，即设备内部故障的类型不同，产生的六氟化硫分解产物也不同。因此通过分析六氟化硫电气设备运行气体中分解气体的组分及含量，就可诊断设备的故障类型和严重程度。

1. 六氟化硫电气设备的放电类型

六氟化硫电气设备内部的放电类型，由能量从高到低大致可分为 3 类：电弧放电、火花放电和电晕放电（局部放电）。

断路器在正常操作条件下，产生电弧放电；其他设备气室内发生短路故障时也产生电弧放电。

火花放电是一种气隙间极短时间的电容性放电，因放电能量较低，所产生的电弧分解产物有明显的不同。

电晕放电或局部放电是由于设备内某些部件具有悬浮电位或设备中存在金属杂质、气泡等引发的连续低能量放电。表 10-12 是六氟化硫电气设备内部的放电的类型和特点。

表 10-12　　　　　六氟化硫电气设备内部的放电的类型和特点

放电类型	产生放电的原因	放电的能量和特点
电弧放电	断路器开断；气室内发生短路	电弧电流：3～100kA；电弧持续时间：5～150ms；电弧能量：10^5～10^7J

续表

放电类型	产生放电的原因	放电的能量和特点
火花放电	低能量电容性放电；高压产生的闪络；隔离开关开断时	短时瞬间放电；放电持续时间 μs 级；放电能量：$10^{-1} \sim 10^2 J$
电晕放电或局部放电	具有悬浮电位的部件；导电杂质	局部放电脉冲频率：$10^2 \sim 10^4 Hz$；每个脉冲能量：$10^{-3} \sim 10^{-2} J$；放电能量：$10 \sim 10^3 PC$

2. 不同故障下的气体分解产物

大量的研究表明，不同放电类型产生电弧分解产物的特点是不同的。

在电弧放电产生的分解气体中，SOF_2 是分解产物的主要成分。一般认为它是由电弧初始分解产物 SF_4 与气体中的水分发生水解反应形成的。

在火花放电产生的分解气体中，SOF_2 也是分解产物的主要成分。但与电弧放电产生的分解产物相比，火花放电产生的分解气体 SO_2F_2/SOF_2 比值较高。另外，在火花放电产生的分解气体中，还可检测到电弧放电分解产物中所没有的 S_2F_{10} 和 $S_2F_{10}O$ 成分。

在电晕放电产生的分解气体中，SOF_2 仍然是分解产物的主要成分。但 SO_2F_2/SOF_2 比值既远高于电弧放电产生的分解产物的比值，也略高于火花放电产生的分解产物比值。

研究认为，分解产物中的 SO_2F_2 成分是 SF_6 初始分解产物 SF_4、SF_2 与气体中存在的氧气和水分发生反应形成的。SF_2 与氧气反应形成 SO_2F_2；SF_4 与氧气反应首先形成 SOF_4，SOF_4 再进一步与水分反应，最终形成 SO_2F_2。

六氟化硫电气设备中若发生过热，在一定条件下，六氟化硫气体也会产生热分解，其主要产物为 SOF_2、SO_2F_2 和 SO_2。一般认为 SO_2 是 SOF_2 与水分反应产生的。

试验表明，在六氟化硫气体分解产物中，随着六氟化硫气体中水分的含量增加，SO_2 组分的含量也增加，而 SOF_2 组分的含量相应降低。表 10-13 是不同放电类型下产生 SOF_2 和 SO_2F_2 量的典型数据。

表 10-13　　　　　　　　不同放电类型下产生 SOF_2 和 SO_2F_2 量的典型数据

放电类型	放电时间或操作次数	SO_2F_2（体积分数）（$\mu L/L$）	SOF_2（体积分数，$\mu L/L$）	SO_2F_2/SOF_2（比值）
电晕放电（局部放电）：$10 \sim 15 PC$	260h	15	35	0.43
火花放电：170kV 隔离开关开断产生的电容性放电	200 次	5	97	0.05
	400 次	21	146	0.14
电弧放电：245kV 断路器开断产生的电弧放电	31.5kA，5 次	<50	3390	<0.01
	18.9 kA，5 次	<50	1560	<0.03

由此可见，只要能够准确检测出运行六氟化硫电气设备气体中的 SOF_2 和 SO_2F_2 含量及增长变化情况，就可大致了解和诊断设备的健康状况。

二、电弧分解产物组分含量的检测

诊断运行六氟化硫电气设备的故障是以分析气体中的组分含量和变化情况为依据的。因此验收六氟化硫气体中杂质含量的化学分析方法不能用于设备的故障诊断，早期使用的半定量气体检测管法也难以满足诊断要求。

目前使用的主要分析方法有气相色谱法（GC）和气相色谱法-质谱法（GC-MS）。

关于气相色谱法的基础知识，在本书的第七章已经作了较为详细的介绍。从理论上来说，气相色谱法完全可以分析运行六氟化硫气体中各种分解产物，当然包括 SOF_2 和 SO_2F_2 组分含量。然而，由于受分解气体组分标准样品、检测器检测能力、样品组分稳定性及快速分析等诸多方面的限制，一般只检测 CF_4、SF_4、SOF_2、SO_2F_2、SO_2、H_2S、S_2F_{10}、$S_2F_{10}O$ 等部分分解产物组分。

（1）色谱仪配用热导检测器（TCD）。电力行业标准 DL/T 920—2005《六氟化硫气体中空气、四氟化碳的气相色谱测定法》可检测六氟化硫气体中的空气、四氟化碳、二氧化碳及六氟化硫气体组分，并用以确定六氟化硫气体的纯度。

（2）色谱仪配用热导检测器（TCD）和火燃光度检测器（FPD）。在色谱仪上热导检测器

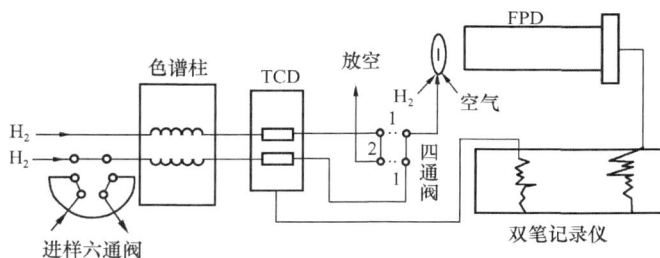

图 10-17　TCD 和 FPD 串联色谱流程图

和火燃光度检测器串联使用，除了利用热导检测器检测六氟化硫气体中含量较高的空气、四氟化碳、二氧化碳及六氟化硫气体组分外，还可以利用火燃光度检测器对含硫物质检测灵敏度高的特点，检测其中的微量气体分解产物，如 SF_4、SOF_2、SO_2F_2、SO_2、H_2S、S_2F_{10}、$S_2F_{10}O$ 等。图 10-17 是色谱仪配用热导检测器（TCD）和火燃光度检测器（FPD）的串联色谱流程图；图 10-18 是该色谱串联流程分析的色谱图谱。

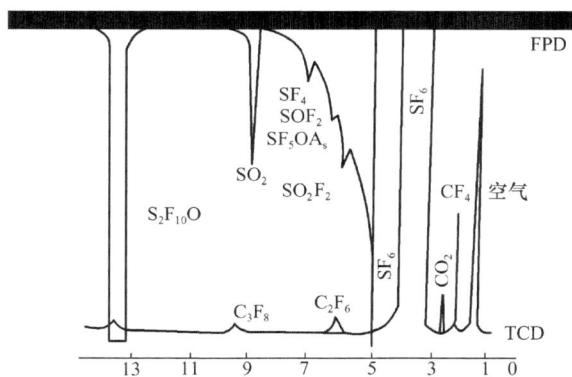

图 10-18　色谱串联流程分析的色谱图谱

如图 10-17 所示色谱流程图的工作程序是：样品气经进样六通阀定量注入色谱仪中，载气把样品带入色谱柱，色谱柱把样品组分进行分离，在色谱柱上保留时间短的组分，如空气、CF_4、CO_2、SF_6 最先离开色谱柱，进入 TCD 检测器被检测出来；为了防止高含量的 SF_6 组分进入 FPD，屏蔽或干扰后续分解产物的定量分析，在 TCD 检测器出口安装一个四通或六通阀，将高含量的 SF_6 组分排空（排放时间通过实验确定，通过设定仪器切换参数自动完成），然后再把色谱柱分离出 SF_6 组分后的微量低氟化物引入 FPD，用 FPD 检测出来。

色谱定性分析是定量分析的前提，在没有或较难获得纯物质的条件下，一般通过相关文献资料定性。表 10-14 是几种六氟化硫气体中典型杂质气体组分的相对保留时间。

表 10-14 六氟化硫气体中典型杂质气体组分的相对保留时间

气体组分	空气	CF_4	CO_2	SF_6	SO_2F_2	SOF_4	SOF_2	SF_4	HF	SO_2	S_2F_{10}
相对保留时间 (min)	2.6	3.1	4.6	5.7	7.6	8.2	11.2	11.2	16.5	24.5	60

色谱条件：色谱柱 Porpak-Q　　　　温度　100℃

柱长　　3m　　　　　　载气　氮气

柱径　　0.97cm　　　　流量　60mL/min

六氟化硫气体中杂质气体组分的定量是色谱分析最为困难的问题，其主要原因有 3：①FPD 属非线性检测器，其定量校正因子必须通过试验求得，不能采用文献数值；②分解产物组分本身不稳定，难以获得纯物质；③分解产物组分含量往往很低，对检测器的检测灵敏度要求高。正是由于这些原因，限制和阻碍了该项工作的开展、推广。

（3）气相色谱-质谱联用分析。气相色谱-质谱联用分析技术实际上就是利用色谱仪中的色谱柱分离样品中的组分，然后利用质谱仪进行组分的定性和定量分析。

该方法与气相色谱法相比，最大的优势是定性准确、快速、方便，这主要原于质谱仪的特点；但该方法仍然没有解决色谱法中存在的定量困难问题。

三、诊断技术的发展

上面介绍的分析方法基本上都属于实验室分析技术，因此分析定量结果还需要考虑采样方法误差。为了减少或消除采样可能引入的分析误差，满足快速分析诊断要求，近年来有关仪器设备生产商开发出了许多便携式检测仪器，在设备运行现场进行在线检测，极大地方便了用户的检测使用要求。

这类设备有基于色谱分析原理的，用特定的专用检测器分析分解气体中的某几种组分的含量，进而给出诊断建议结果；有采用动态离子漂移原理的，宏观检测设备内部气体组成的变化情况，进而给出定性分析建议的等。

总之，目前六氟化硫运行气体分解产物的检测诊断工作还处于探索积累数据阶段，没有现成的依据标准和方法。

思 考 题

1. 六氟化硫设备气体中水分控制的原则是什么？
2. 常用六氟化硫气体中水分的表示方法有哪些，应用时应注意什么问题？
3. 现场六氟化硫气体中水分的测量方法有哪些，应用时应注意什么问题？
4. 试写出电力行业标准规定的六氟化硫气体中水分含量的标准值。

第十一章　六氟化硫设备运行气体的管理

六氟化硫电气设备中运行气体管理主要包括泄漏管理、纯度管理、湿度管理3项内容。由于湿度管理已在第十章中详尽介绍，故本章主要阐述泄漏管理和纯度管理的基本知识。

第一节　六氟化硫运行气体的泄漏管理

SF₆电气设备在安装完毕后，一般先对设备的法兰接口等结合面，进行定性检漏，如发现 SF_6 气体泄漏部位时，再进行定量检漏。GB/T 8905—1996《六氟化硫电气设备中气体管理和检测导则》中规定：每个气隔的年漏气率应不大于1%。

一、六氟化硫运行气体的泄漏检测

由于是电负性气体，具有很强的吸收自由电子形成负离子的特性，因而人们利用六氟化硫气体的这种特性，设计出了多种气体泄漏的检测方法，常用的主要有紫外电离、电子捕获、真空高频电离和负电晕放电检测四种。

1. 紫外电离检测

紫外电离检测是利用紫外线将被检气体中的氧气和六氟化硫气体离子化，根据它们的离子迁移速度和对电子吸收能力的差异，迅速检测出被检气体中微量六氟化硫气体的浓度。

图 11-1 是紫外电离检测的原理图。其检测原理是：紫外检测器中的紫外灯 2 以 2kHz 振荡频率振动，发射出 1849×10^{-10} m 的紫外光；紫外光透过石英窗 3 和网状加速电极 4，直接照射到光电面 5 上，使光电面 5 释放出自由光电子；当被测气体通过光电面和加速电极之间时，其中的氧气和六氟化硫气体吸收光电面释放出的光电子形成负离子；形成的负离子在光电面和加速电极之间施加的电压作用下，以各自的迁移速度向光电面移动；由于氧气和六氟化硫气体的电负性不同，捕获光电子的能力也不同，加之形成离子的质量不同，因此其向光电面迁移的速度就大为不同；利用离子向光电面迁移速度差别所形成的离子流相位差就可检测出六氟化硫气体的浓度。上述迁移所形成的离子流可用下式表示：

$$i = \sum_{k=1}^{n} eV_k / d \qquad (11-1)$$

式中　e——离子的电荷；

　　V_k——离子迁移速度；

　　d——光电面与加速电极间的距离；

　　n——离子数；

　　i——离子电流。

由式（11-1）可知，由于光电面与加速电极间的距离 d 是固定的，因此离子电流 i 取决于离子的电荷数和离子迁移速度 V_k。而对于特定种类的离子，在固定的施加电压作用下，其离子迁移速度 V_k 也是一定的，故离子流的大小主要取决于气体中的离子总数 n，即气体中可被离子化的分子总数，对含有六氟化硫气体的被测气体来说，就是六氟化硫气体的浓度。

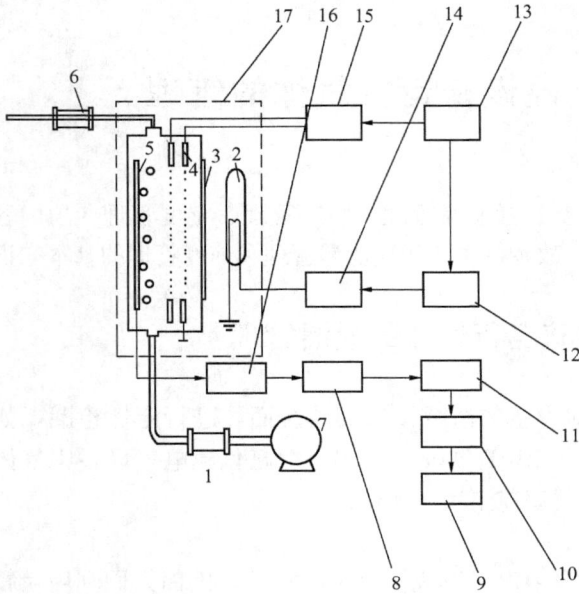

图 11-1　紫外电离检测的原理图

1、6—气体净化管；2—紫外灯；3—石英窗；4—网状加速电极；5—光电面；7—抽气泵；8—波形处理；9—指示仪表；10—直流增幅；11—相位检波；12—振荡电路；13—电源；14—紫外灯电源；15—加速电压电源；16—信号放大器；17—检测器

由于被测气体中的粉尘和水分会干扰检测器的电离状态，故需在被测气体出、入口安装气体净化器。

2. 电子捕获检测

电子捕获检测采用放射性同位素 Ni^{63} 作为检测器的离子源。该类仪器只对具有电负性的气体产生信号响应，其检测灵敏度也随被检气体电负性的高低而不同。

电子捕获的检测原理是：当载气通过同位素 Ni^{63} 放射源时，放射源所产生的 β 射线的高能电子使载气电离形成正离子和慢速电子，在外加直流电场的作用下，它们向极性相反的方向定向迁移，形成一定的基流。当含有电负性气体的被测气体通过检测器时，电负性气体捕获检测器中的慢速电子形成负离子，因负离子的质量远大于电子，故其在电场中的迁移速度远低于自由电子，从而使原来形成的稳定基流降低，基流减少的量与被测气体中电负性气体的浓度成正比。因此，基流的变化量大小就表示了被测气体中电负性气体浓度的高低。

由此可见，该类检测器是通过比较载气与被测气基流变化的大小来进行浓度检测的，因而对载气纯度的要求较高。

3. 负电晕放电检测

负电晕放电检测是根据六氟化硫气体的电负性具有抑制负电晕放电特性的原理而研制的检测方法。图 11-2 是负电晕放电检测器原理图。

负电晕放电的检测原理是：抽气泵 4 使气体经过净化层（除去水和粉尘）2，进入检测器 3 中，检

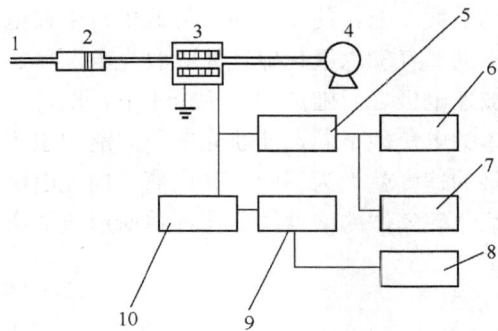

图 11-2　负电晕放电检测器原理图

1—探头；2—净化层；3—检测器；4—抽气泵；5—信号放大器；6—指示仪表；7—报警器；8—电源；9—自动跟踪电路；10—高压脉冲发生器

测器 3 在脉冲高压电场的作用下产生连续电晕放电，被测气体中的电负性气体因吸收电晕放电产生的电子，使电晕放电电流降低，从而对电晕电场起到抑制作用。被测气体中的电负性气体电负性越强、浓度越高，对电晕电场抑制的作用越大，电晕放电电流降低得也越多。因此电晕放电电流降低的程度就反映了被测气体中电负性气体浓度的高低。

该类检测器易受空气中的粉尘、腐蚀性气体的污染，而使检测灵敏度降低。因此，对检测器应进行定期清洗和标定。

4. 真空高频电离检测

真空高频电离检测是根据电负性气体在高频电场中电离程度的差别而设计的检测方法。图 11-3 是真空高频电离检测原理图。

该方法的检测原理是：由于高频线圈产生的高频电场和磁场共同作用于电离腔内稀薄的气体，使之产生高频无极电离现象。当电离腔内通过的空气不含六氟化硫或卤族元素气体时，腔体吸收高频电场和磁场所给予的能量，致使谐振回路内的 Q 值显著下降，同时引起高频振荡器的振幅值大大下降；然而当空气中含有六氟化硫或卤族元素等电负性气体时，因电负性气体大量地捕获电离

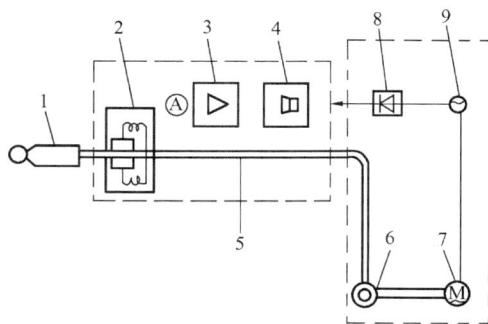

图 11-3　真空高频电离检测原理图
1—针阀；2—电离腔及振荡回路；3—指示仪表及放大电路；
4—音频报警器；5—真空软管；6—高速真空泵；7—交流电动机；
8—直流稳压电源；9—交流电源

腔内的自由电子，使电离腔内的电离度减弱，进而促使振荡器的幅值增加，增加的幅度与被测气体中电负性气体的浓度成正比。因此测量出振荡器的幅值增加的幅度，就可得到被测气体中电负性气体的浓度。

在上述 4 种检漏方法中，以电子捕获检测法灵敏度最高，稳定性好，但对载气气源的纯度要求高，且价格昂贵；紫外电离法检测灵敏度适中，稳定性较好；负电晕放电法检测准确性较差，但价格低廉；高频电离法虽然检测灵敏度高，检测范围宽，但因稳定性差，只适合做定性和半定量测定，国外已基本淘汰。

二、设备检漏方法

六氟化硫设备气体的泄漏检测是运行维护的一项重要常规工作。六氟化硫设备气体的泄漏不仅会产生环境污染，而且会引发电网的安全事故。

六氟化硫设备气体的泄漏检测一般分为定性检漏和定量检漏两类。

1. 定性检漏

定性检漏的目的是确定六氟化硫电气设备是否漏气、漏气的具体部位、大致判断漏气量的大小。

常用判断设备漏气的方法有：气体压力降法、密度降法、定性检漏仪法及真空检漏法等。

（1）气体压力降法和密度降法。对于运行设备，一般当发现同一温度下相邻两次 SF_6 气体压力表上的读数相差 $0.01\sim0.03MPa$ 时，即可定性判断设备存在漏气现象。

对于装有密度继电器的运行设备，若发现密度计指示的气体密度连续下降，也可判定设备存在漏气现象。

上述方法可大致判断设备的漏气量，但不能确定漏气部位。

（2）定性检漏仪法。在设备安装、检修完毕后，一般用手持式 SF_6 气体定性检漏仪沿设备的连接密封部位缓慢移动，查找漏气点，若发现漏点需进行有效的处理，至确定设备没有漏气部位为止。

在怀疑运行设备存在漏气时，也常用定性检漏仪查找漏气部位。

（3）真空检漏法。真空检漏法一般只适用于现场设备安装和检修后的检测，其方法是：对设备抽真空至 $133×10^{-6}MPa$ 后，继续抽真空 30min，停泵 30min 后读取真空度 A，再过 5h 后读取真空度 B，若 B-A 差值小于 133Pa，则可认为设备密封不漏，否则需要进行处理，消除漏气点。

2. 定量检漏

定量检漏方法主要有扣罩法、挂瓶法、局部包扎法及压力降法。

由于六氟化硫设备结构复杂、体积庞大，六氟化硫气体浓度在密闭空间分布不均匀以及密闭空间体积难以准确计算等特点，因此在生产现场用扣罩法、挂瓶法、局部包扎法等既费时、费力，又很难准确检测、计算出设备的漏气量。故现场很少采用，因而运行设备年泄漏率小于 1‰ 的控制标准只对生产制造商具有更大的约束作用和指导意义。

对运行设备，监督人员常用压力降法或密度降法估算设备的漏气率。其具体做法是：运行人员连续记录设备中气体的压力（密度）和温度，并换算出相应的密度，经过一段较长的时间间隔后，根据密度的变化计算出该设备的漏气率。

该方法的优点：①简便易行；②可及早发现设备的漏气现象，为定性检漏和设备检修提供依据。

第二节　六氟化硫电气设备中运行气体的管理

影响 SF_6 设备内气体纯度的杂质主要有：氮气、氧气、水分及 SF_6 电弧分解气体。应该说，影响 SF_6 设备内气体纯度的杂质主要是空气，而空气的主要是气体泄漏所致；水分及 SF_6 电弧分解气体对纯度的影响很小，其主要影响设备运行的安全性。

一、运行气体的质量管理标准

研究表明：如果 SF_6 设备中，在没有水分存在的条件下，杂质气体对 SF_6 设备的电气性能影响很小。但当水分与 SF_6 电弧分解气体共存时，由于水分参与了 SF_6 电弧分解气体的反应，生成具有腐蚀性的 HF、H_2SO_3 等物质，对 SF_6 设备构成腐蚀，影响了设备的运行安全。

1. 交接试验和大修后的六氟化硫气体质量要求

电力行业标准 DL/T 941—2005《运行变压器用六氟化硫质量标准》中，明确提出了六氟化硫变压器交接试验时和大修后的六氟化硫气体质量要求，见表 11-1。

表 11-1　　　　　　　六氟化硫变压器交接试验时和大修后的气体质量要求

序号	项　　目	单　　位	指　　标
1	泄漏（年泄漏率）	‰	≤1（可按照每个检查点泄漏值不大于 $30\mu L/L$ 的标准执行）
2	湿度（H_2O）（20℃，101325Pa）	露点温度，℃	箱体和开关≤−40℃ 电缆箱等其余部位≤−35℃

续表

序号	项　目	单　位	指　标
3	空气（$O_2 + N_2$）	质量分数，%	$\leqslant 0.1$
4	四氟化碳（CF_4）	质量分数，%	$\leqslant 0.05$
5	纯度（SF_6）	质量分数，%	$\geqslant 97$
6	有关杂质组分（CO_2、CO、HF、SO_2、SF_4、SOF_2、SO_2F_2）	$\mu g/g$	有条件时报告（记录原始值）

　　虽然上表中的控制标准是针对变压器用六氟化硫气体制订的，但对没有明确给出交接试验和大修质量指标的其他六氟化硫气体绝缘设备也可参照执行。

　　2. 运行六氟化硫气体质量标准

　　DL/T 941—2005《运行变压器用六氟化硫质量标准》中明确给出了运行六氟化硫变压器的质量标准，见表 11-2。其检测项目和周期见表 11-3。

表 11-2　　　　　　　　运行六氟化硫变压器气体质量标准

序号	项　目	单　位	指　标
1	泄漏（年泄漏率）	‰	$\leqslant 1$（可按照每个检查点泄漏值不大于 $30\mu L/L$ 的标准执行）
2	湿度（H_2O）（20℃，101325Pa）	露点温度，℃	箱体和开关$\leqslant -35$℃ 电缆箱等其余部位$\leqslant -30$℃
3	空气（$O_2 + N_2$）	质量分数，%	$\leqslant 0.2$
4	四氟化碳（CF_4）	质量分数，%	比原始测定值大 0.01% 时应引起注意
5	纯度（SF_6）	质量分数，%	$\geqslant 97$
6	矿物油	$\mu g/g$	$\leqslant 10$
7	可水解氟化物（以 HF 计）	$\mu g/g$	$\leqslant 1.0$
8	有关杂质组分（CO_2、CO、HF、SO_2、SF_4、SOF_2、SO_2F_2）	$\mu g/g$	有条件时报告（记录原始值）

表 11-3　　　　　　　运行六氟化硫变压器气体质量检测项目和周期

序号	项　目	周　期	检测方法
1	泄漏（年泄漏率）	日常监控，必要时	GB/T 11023
2	湿度（H_2O）（20℃，101325Pa）	1 次/年	DL/T 506 和 DL/T 915
3	空气（$O_2 + N_2$）	1 次/年	DL/T 920
4	四氟化碳（CF_4）	1 次/年	DL/T 920
5	纯度（SF_6）	1 次/年	DL/T 920
6	矿物油	必要时	DL/T 919
7	可水解氟化物（以 HF 计）	必要时	DL/T 918
8	有关杂质组分（CO_2、CO、HF、SO_2、SF_4、SOF_2、SO_2F_2）	必要时（建议有条件 1 次/年）	报告

在电力行业标准 DL/T 596—1996《电力设备预防性试验规程》中，对运行设备中六氟化硫气体的试验项目和周期提出了表 11-4 的要求。

表 11-4 运行设备中六氟化硫气体的试验项目和周期

序号	项 目	周 期	要 求	说 明
1	湿度（20℃，体积分数，μL/L）	（1）1～3 年（35kV 以上） （2）大修后 （3）必要时	（1）短路器灭弧气室：大修后不大于150；运行中不大于 300 （2）其他气室：大修后不大于250；运行中不大于 500	（1）按 GB 12022、SD 306《六氟化硫气体中水分含量测定法（电解法）》和 DL 506—1992《现场 SF₆ 气体水分测定方法》进行 （2）新装及大修后 1 年内复测一次，如湿度符合要求，则正常运行中 1～3 年一次 （3）周期中的"必要时"是指新装及大修后 1 年内复测湿度不符合要求或年漏气率超过 1% 和设备异常时，按实际情况增加的检测
2	密度（标准状态下，kg/m³）	必要时	6.16	按 SD 308《六氟化硫新气中密度测定法》进行
3	毒性	必要时	无毒	按 SD 312《六氟化硫气体毒性生物试验方法》进行
4	酸度（质量分数，μg/g）	（1）大修后 （2）必要时	≤0.3	按 SD 307《六氟化硫新气中酸度测定法》或用检测管进行测量
5	四氟化碳（体积分数,%）	（1）大修后 （2）必要时	（1）大修后≤0.05 （2）运行中≤0.1	按 SD 311《六氟化硫新气中空气、四氟化碳的气相色谱测定法》进行
6	空气（体积分数,%）	（1）大修后 （2）必要时	（1）大修后≤0.05 （2）运行中≤0.2	按 SD 311《六氟化硫新气中空气、四氟化碳的气相色谱测定法》进行
7	可水解氟化物（质量分数，μg/g）	（1）大修后 （2）必要时	≤1.0	按 SD 309《六氟化硫气体中可水解氟化物含量测定法》进行
8	矿物油（质量分数，μg/g）	（1）大修后 （2）必要时	≤10	按 SD 310《六氟化硫气体中矿物油含量测定法（红外光谱法）》进行

目前，我国在 GB/T 8905—1996《六氟化硫电气设备中气体管理和检测导则》中，除明确规定了六氟化硫气体的湿度检测指标和周期外，均没有其他项目的控制标准和检测周期。而 DL/T 596—1996 标准中，基本套用了六氟化硫新气的检测项目和指标，对除了湿度指标以外的检测项目及试验周期仅提出了检测原则，因此 DL/T 941—2005 标准对其他六氟化硫电气设备中的气体管理有着重要的借鉴意义。

3. 运行设备的气体采样

由于在上述运行检测项目中，泄漏率必须现场检测，湿度指标也需现场在线检测，其他项目大都需要采样后，在实验室进行分析。

由于气体的纯度在取样及分析环节易受空气的污染；低氟化物、硫化物及氢氟酸等物质含量极低，且化学活性很高，易与取样容器材料发生化学反应或被取样容器器壁吸附；矿物油、可水解氟化物及生物毒性试验分析需气量大。故取样分析时，必须高度重视取样环节和取样容器可能引入的分析误差。

关于从运行六氟化硫电气设备中取样的原则，按照 GB/T 8905—1996《六氟化硫电气设备中气体管理和检测导则》中有关规定执行。

二、SF_6 运行气体的管理

所谓 SF_6 运行气体的质量管理，主要是 SF_6 气体纯度、电弧分解气体和水分含量的管理，即确保 SF_6 气体纯度达到 97% 以上；确保 SF_6 气体的湿度合格，满足设备绝缘要求；降低和去除 SF_6 气体中的电弧分解产物，防止设备腐蚀。

1. 确保 SF_6 气体纯度、湿度合格的措施

SF_6 气体绝缘设备属免维护设备，正常情况下，影响设备安全性能的主要气体指标——纯度、湿度一般不会出现超标问题。

客观地说，SF_6 气体纯度、湿度指标主要依赖设备的制造质量和安装、检修质量。因为影响气体纯度、湿度的主要成分是空气和空气中的水分，而空气主要来源于气体的渗漏和安装、检修时的残留。因此设备的制造质量和现场安装、检修工艺对 SF_6 气体的质量指标影响很大。

（1）电气设备质量好。

1）设备密封件质量合格；

2）绝缘材料化学稳定性、热稳定性符合要求；

3）设备部件制造、处理工艺严格，吸附水分及其他杂质含量低，挥发成分少；

4）电气性能指标符合相关规定的要求。

（2）安装、检修质量高。

1）设备现场安装工艺控制严格，密封检验合格；

2）干燥处理工艺得当，湿度符合要求；

3）新气质量合格，充装工艺、方法正确。

（3）回收净化。当在日常监督检测中发现 SF_6 气体的纯度或湿度超标时，首先应检查设备是否存在泄漏，找出漏点进行检修。

在对设备进行解体检修以前，应利用专用 SF_6 气体回收净化装置对运行气体进行回收。回收净化的运行气体经实验室检测，符合新气标准后，可重复使用。图 11-4 是典型的 SF_6 气体回收净化装置示意图。

2. 降低 SF_6 气体中的电弧分解产物

运行 SF_6 设备气体中的杂质有几十种之多，其中主要有 SOF_2、SO_2F_2、SO_2、HF、CO_2、CF_4 等。依新气的来源、使用时间及设备不同，这些杂质的含量和比例亦有较大的差异，但含量都在 $\mu L/L$ 级水平上，基本上不影响运行气体的纯度。

这些杂质气体尽管含量很低，但对电气设备却构成了腐蚀性危害，进而影响设备的电气性能，危及设备的安全运行。因此必须降低或除去运行气体中的这些杂质气体。为此，目前的普遍做法是：在 SF_6 设备内装填固体吸附剂，用吸附剂对 SF_6 气体进行净化处理。

（1）吸附剂及其吸附性能。SF_6 电气设备对吸附剂有如下要求：要有足够的机械强度；

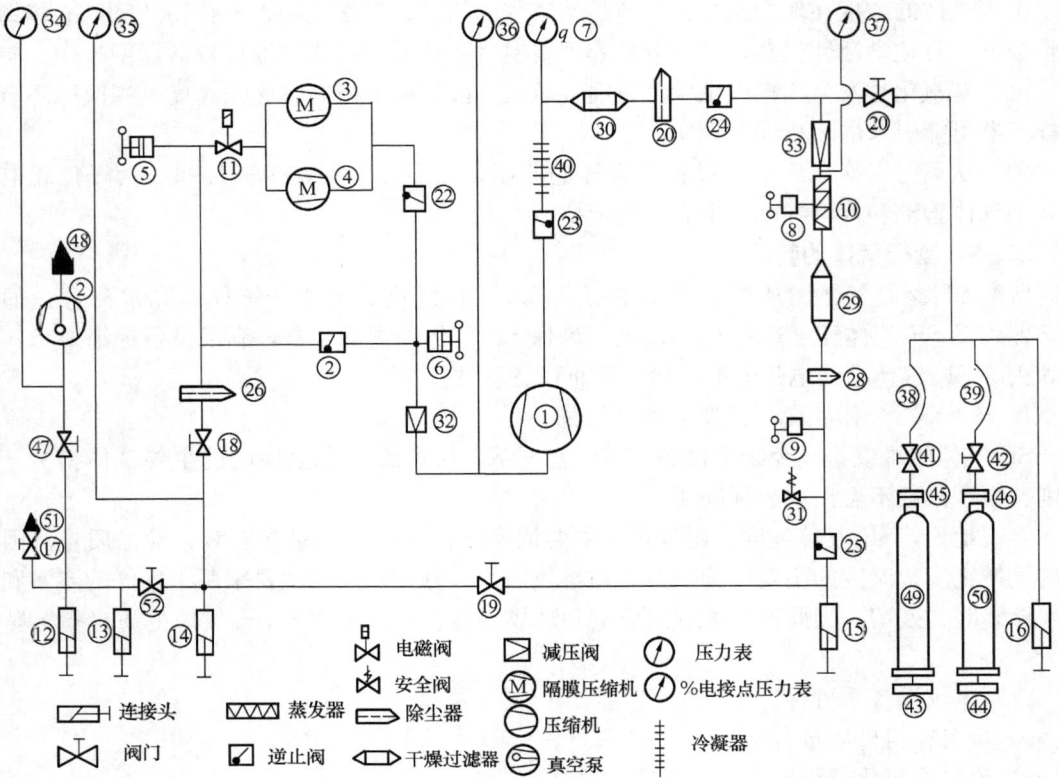

图 11-4　典型的 SF$_6$ 气体回收净化装置示意图

有足够的吸附容量；对多种杂质及水分都有很好的吸附能力；不含导电性或低介电常数物质；能耐高温或电弧的冲击。

由此可见，尽管像活性炭那样的常用吸附剂对多种物质都有很好吸附作用，但由于它本身所具有导电性，并不适合用于 SF$_6$ 设备。目前国内、外所用的吸附剂主要是分子筛和氧化铝，表 11-5 是实际使用中的几种吸附剂的主要物理参数。

表 11-5　　　　　　　　　　　净化 SF$_6$ 气体吸附剂的主要物理参数

指标 吸附剂名称	粒度 （mm）	堆比重 （g/mL）	耐压 ≥（kg）	吸附水 （mg/g）	比表面积 （m^2/g）
美国某公司分子筛	ϕ1.5 条形	0.60	正压：0.3 侧压：0.3	159	404.1
国产 5A 分子筛	ϕ3～ϕ5	0.72	1.1	115	—
国产 13X 分子筛	ϕ3～ϕ5	0.65	—	—	—
国产活性氧化铝	ϕ3～ϕ5	0.7～0.8	2.4	363	235.1

我国北京劳动保护研究所曾对分子筛型和氧化铝型吸附剂做了静止和动态吸附 SO$_2$F$_2$、SOF$_2$、SO$_2$、HF、S$_2$F$_{10}$O 这 5 种气体的性能比较实验，分别见表 11-6、表 11-7。

表 11-6　　　　　　　　　　吸附剂对 SF_6 电弧分解气的净化结果（静态）

净化结果　　　　　　　　吸附剂	分子筛型			Al_2O_3 型	
分解气初始浓度（$\mu L/L$）	4A	5A	13X	Al_2O_3（低硅）	Al_2O_3
SO_2F_2 400	400	320	10	未检出	未检出
SO_2F_2 5.3	5.1	5.1	5.2	5.0	4.9
SO_2 100	0.5	0.5	0.90	0.50	未检出
$S_2F_{10}O$ 400	240	320	180	230	220
HF 15	—	<0.26	<0.26	<0.26	<0.26

表 11-7　　　　　　　　　　吸附剂对 SF_6 电弧分解气的净化效果（动态）

净化结果　　　　　　　　吸附剂	分子筛型			Al_2O_3 型	
分解气初始浓度（$\mu L/L$）	4A	5A	13X	Al_2O_3（低硅）	Al_2O_3
SO_2F_2 400	350	350	117	未检出	未检出
SO_2F_2 5.3	5.3	5.3	1.6	2.5	1.6
SO_2 100	1.2	1.2	0.4	未检出	未检出
$S_2F_{10}O$ 400	270	290	44	未检出	未检出

从表中可以看出：活性氧化铝吸附剂比分子筛吸附剂对 SO_2F_2 的吸附效果好。由于 SOF_2 可水解易水解，因而在初次开断的 SF_6 气体中，SOF_2 浓度较高，时间稍长后由于水解而浓度降低，久置的电弧分解气中很难测出 SOF_2，因水解形成的 SO_2、HF、H_2SO_3 等可进一步与碱性物质生成稳定的氟化物或亚硫酸盐，所以吸附剂中含有碱性物质及水分有利于净化，因此表中所有的吸附剂对 SO_2 和 HF 都有很好的吸附净化效果。对于 $S_2F_{10}O$ 的吸附，静态试验所用吸附剂均不理想，但动态实验中 Al_2O_3 型较好。

由此可见，Al_2O_3 型吸附剂对电弧分解气的吸附效果较好。这可能是由于 Al_2O_3 型主要是化学吸附，而分子筛主要是物理吸附所致。

（2）吸附剂对 SF_6 气体中水分的吸附净化。SF_6 设备中，注入的新气要求水分含量在 $8\mu g/g$ 以下，运行设备中要求水分含量不能超过 $300\mu L/L$。由于固体吸附剂不仅能够吸附电弧分解气体，而且能吸收气体中的水分。因此，在设备中放入干燥剂，既是除去电弧分解气体的有效措施，也是控制水分含量的有效方法。目前使用的吸附剂主要有活性氧化铝和分子筛。

活性氧化铝和分子筛不但是一种良好的电弧分解气体的吸附剂，而且作为干燥剂在工业上被普遍采用。它们有很强的吸水能力，能把气体中的水分降至几个 $\mu g/g$ 以下，且机械强度高，耐水性强。

关于这两种吸附剂对水分的吸附特性，人们通常只了解较高含量范围内的情况，对于像 SF_6 设备内气体含水量很低的吸附特性了解的较少。图 11-5 是两种吸附剂在低湿度范围内的

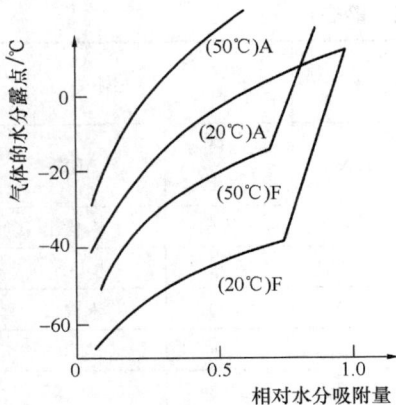

图 11-5　吸附剂对水分的吸附特性
A—氧化铝吸附剂；F—分子筛吸附剂

吸附特性—吸附等温线。

从图中可以看出：在低湿度范围内，分子筛较活性氧化铝的水分吸附能力大。而活性氧化铝的吸湿量则随着湿度的增大量增加。这可能是由于其吸附剂各自特有的微孔结构所致。这两种吸附剂对水分的吸附均属物理吸附，因而随着温度的升高，其吸水量急剧下降。

3. 吸附剂的使用方法

（1）吸附剂的预处理。吸附剂在出厂时，一般要把吸附剂预处理后，密封包装起来。按其密封的方式可大致分为两种：一种是简单的防潮包装，如使用一层或两层塑料膜密封的软包装，外面没有硬保护层。这种包装密封可靠程度低，使用前必须进行处理；另一种是有可靠的密封手段，如用塑料真空包装后再装入金属容器，对于这样包装的产品，如使用前没有漏气现象则可直接使用。

吸附剂预处理的目的是为了除去吸附剂使用前所吸附的水分和其他杂质，因为这些物质的存在将降低吸附剂在设备中的吸附能力，影响对设备内部气体的净化效果和吸附剂的使用寿命。

吸附剂的预处理方法主要有常压干燥法和真空干燥法。常压干燥法一般是在干燥箱或高温炉中进行。对于活性氧化铝，一般干燥温度控制在 $180\sim200℃$；对分子筛控制在 $450\sim550℃$。真空干燥法要在真空干燥炉内进行。当干燥温度低于 $200℃$ 且用量较小时，可在真空干燥箱内进行。真空度越高处理效果越好。两种处理方法相比，后者比前者好，但只要干燥方法得当，都能满足要求。

（2）吸附剂的用量。吸附剂的用量应当满足吸附规定开断次数的电流所产生的有害气体，并把含水量控制在允许标准之内，即吸附剂的装入量应是设备在运行中所需的吸附分解气和吸附水分需要量的总和。

从理论上来说，吸附剂的用量应通过计算来确定。但是由于 SF_6 设备的运行方式不同，制造、安装质量等因素的不同，要准确计算吸附剂的需要量较为困难。因此，国内外 SF_6 制造单位一般不进行估算，而是按设备充气质量的 $1/10$ 填装。实践证明，这种填装量完全可以满足设备的运行需要。

（3）附剂的吸附净化方式。吸附剂的净化吸附方式主要有两种，即静吸附和循环吸附。静吸附是把吸附剂直接装入设备内部，通过设备内部气体自身的对流、扩散作用，使分解气体和水分到达吸附剂表面而被吸附；循环吸附则是把 SF_6 电弧分解气强制输送至吸附层，使分解气体和水分与吸附剂充分接触而被吸附。一般来说，静态吸附使用方法简便，而所需的净化时间较长；循环吸附则设备装置结构复杂，但所需的吸附净化时间短。因此静态吸附适用于在设备内填装，而循环吸附则适合于 SF_6 电弧分解气的回收净化处理。

对 SF_6 设备内的运行气体分析试验表明：对于装有吸附剂的 SF_6 设备，其 SF_6 气体中的电弧分解产物及水分的含量均比不装吸附剂的设备低的多，完全可以满足 SF_6 设备对 SF_6 气体纯度及水分允许含量的要求。

第三节　六氟化硫设备运行和解体检修时的安全防护

六氟化硫设备在运行使用过程中，会不可避免地产生泄漏现象。检修人员在对故障设备检修时，也不可避免地会接触六氟化硫运行气体及气体腐蚀产物。由于六氟化硫运行气体中和检修设备中均存在一定含量的有毒低氟化物和腐蚀产物，因此，运行、检修人员在工作场所必须采取有效的安全防护措施，避免中毒事故的发生。

一、运行场所的安全防护

对于室内安装的六氟化硫电气设备，其设备安装地点与运行人员值班控制室之间要采取有效的隔离措施，以防泄漏的有毒运行气体扩散至值班控制室，对运行人员身体造成危害。

设备室内安装场所均应安装可靠的通风换气装置，其排风口应紧靠地面或室内最低处。运行人员经常出入的场所每班至少换气 15min，换气量要达到空间体积的 3～5 倍；对运行人员不经常出入的场所，进入前应先换气 15min 以上。在室内地面位置安装带有报警装置的六氟化硫和氧气含量监测仪器。要确保空气中六氟化硫气体的浓度不超过 $1000\mu L/L$，空气中氧气的含量大于 18%。

在设备现场检修、采样测量操作及一般性泄漏处理时，要在室内充分换气的条件下，戴专用的防毒面具和手套进行。

当六氟化硫电气设备发生故障引起大量六氟化硫气体外逸时，运行人员应立即撤离事故现场。

若室内安装的设备发生故障，引起气体的大量泄漏，工作人员在撤离事故现场前，应开启室内通风换气装置，事故发生 4h 内，任何进入室内的人员必须穿防护服、带手套、戴护目镜及自氧式氧气呼吸装置；事故后，清扫故障场所及设备内部的固体分解产物时，工作人员也应采取同样的安全防护措施；进入事故清扫现场的所有人员必须对身体的各部位进行彻底清洗，将换下的工作服进行有效的适当处理。对发生中毒征兆的工作人员，需及时送医院诊治。

二、设备解体、检修时的安全防护

检修人员在对故障设备解体前，应穿衣裤联体的专用工作服，戴塑料式软胶手套和专用防毒面具。六氟化硫设备解体后，检修人员应立即撤离作业现场，并对作业场所采取强力通风措施，在通风换气 30～60min 后再进入现场工作。

解体检修中使用的吸尘器过滤袋、抹布、防毒面具中的吸附剂、气体回收装置用过的吸附剂、严重污染的工作服及从设备内部取出的吸附剂等，都应作为有毒废物处理。

有毒废物处理的方法是：将有毒废物置于专用的金属容器中，放入适量的苏打粉，然后注入一定量的水浸没废物进行碱解，48h 后将碱解废液用适当浓度的盐酸溶液中和后，作普通废水排放；剩余的固体废物作普通垃圾处理。在上述处理过程中，完全可用适当浓度的氢氧化钠碱液替代固体苏打粉。

防毒面具、塑料手套、橡皮靴等其他防护用品最好也在适当的容器中用一定浓度的碱液浸泡处理，冲净晾干后重复使用。

三、安全防护用品的管理和使用

运行检修人员应配备的安全防护用品有：工作手套、工作鞋、密封式工作服、防毒面具、防护目镜、氧气呼吸器等。

配备的安全防护用品应设专人专地妥善保管，防毒面具和氧气呼吸器等应定期检查，确保处于良好的备用状态，以便随时取用。

需要使用和佩戴防毒面具或氧气呼吸器的工作人员需定期进行体检，心肺功能正常者方可使用；佩戴防毒面具或氧气呼吸器工作时，现场需设专门的监护人进行监护，防止出现意外事故。

设备运行、检修人员应加强相关安全防护知识的学习，电力安检、生产部门应定期组织相关人员进行安全防护知识的培训和考试，增强工作人员的自我保护意识和能力。

思 考 题

1. 现场常用的定性检漏方法有哪几种？
2. 现场常用的定量检漏方法有哪几种？
3. 设备中填装吸附剂有什么作用？操作中应注意什么问题？
4. 六氟化硫运行气体允许向大气直接排放吗？为什么？
5. 检修六氟化硫运行设备时，应注意哪些问题？

附 录 A

水的饱和水蒸气压（0～100℃）   Pa

温度 (℃)	0.0	0.1	0.2	0.3	0.4	0.5	0.6	0.7	0.8	0.9
0	611.213	615.667	620.150	624.662	629.203	633.774	638.373	643.003	647.662	652.350
1	657.069	661.819	666.598	671.408	676.249	681.121	686.024	690.958	695.923	700.920
2	705.949	711.010	716.103	721.228	726.386	731.576	736.799	742.055	747.344	752.667
3	758.023	763.412	768.836	774.294	779.786	785.312	790.873	796.469	802.100	807.766
4	813.467	819.204	824.977	830.786	836.631	842.512	848.429	854.384	860.375	866.403
5	872.469	878.572	884.713	890.892	897.109	903.364	909.658	915.991	922.362	928.773
6	935.223	941.712	948.241	954.810	961.419	968.069	974.759	981.490	988.262	995.075
7	1001.93	1008.83	1015.76	1022.74	1029.77	1036.83	1043.94	1051.09	1058.29	1065.52
8	1072.80	1080.13	1087.50	1094.91	1102.37	1109.87	1117.42	1125.01	1132.65	1140.33
9	1148.06	1155.84	1163.66	1171.53	1179.45	1187.41	1195.42	1203.48	1211.58	1219.74
10	1227.94	1236.19	1244.49	1252.84	1261.24	1269.68	1278.18	1286.73	1295.33	1303.97
11	1312.67	1321.42	1330.22	1339.08	1347.98	1356.94	1365.95	1375.01	1384.12	1393.29
12	1402.51	1411.79	1421.11	1430.50	1439.93	1449.43	1458.97	1468.58	1478.23	1487.95
13	1497.72	1507.54	1517.43	1527.36	1537.36	1547.42	1557.53	1567.70	1577.93	1588.21
14	1598.56	1608.96	1619.43	1629.95	1640.54	1651.18	1661.89	1672.65	1683.48	1694.37
15	1705.32	1716.33	1727.41	1738.54	1749.75	1761.01	1772.34	1783.73	1795.18	1806.70
16	1818.29	1829.94	1841.66	1853.44	1865.29	1877.20	1889.18	1901.23	1913.34	1925.53
17	1937.78	1950.10	1962.48	1974.94	1987.47	2000.06	2012.73	2025.46	2038.27	2051.14
18	2064.09	2077.11	2090.20	2103.37	2116.61	2129.92	2143.30	2156.75	2170.29	2183.89
19	2197.57	2211.32	2225.15	2239.06	2253.04	2267.10	2281.23	2295.44	2309.73	2324.10
20	2338.54	2353.07	2367.67	2382.35	2397.11	2411.95	2426.88	2441.88	2456.94	2472.13
21	2487.37	2502.70	2518.11	2533.61	2549.18	2564.85	2580.59	2596.42	2612.33	2628.33
22	2644.42	2660.59	2676.85	2693.19	2709.62	2726.14	2742.75	2759.45	2776.23	2793.10
23	2810.06	2827.12	2844.26	2861.49	2878.82	2896.23	2913.74	2931.34	2949.04	2966.82
24	2984.70	3002.68	3020.74	3038.91	3057.17	3075.52	3093.97	3112.52	3131.16	3149.90
25	3168.74	3187.68	3206.71	3225.85	3245.08	3264.41	3283.85	3303.38	3323.02	3342.76
26	3362.60	3382.54	3402.59	3422.73	3442.99	3463.34	3483.81	3504.37	3525.05	3545.83
27	3566.71	3587.71	3608.81	3630.02	3651.33	3672.76	3694.29	3715.94	3737.69	3759.56
28	3781.54	3803.63	3825.83	3848.14	3870.57	3893.11	3915.77	3938.54	3961.42	3984.42
29	4007.54	4030.77	4054.12	4077.59	4101.18	4124.88	4148.71	4172.65	4196.71	4220.90
30	4245.20	4269.63	4294.18	4318.85	4343.64	4368.56	4393.60	4418.77	4444.06	4469.48
31	4495.02	4520.69	4546.49	4572.42	4598.47	4624.65	4650.96	4677.41	4703.98	4730.68
32	4757.52	4784.48	4811.58	4838.81	4866.18	4893.68	4921.32	4949.09	4976.99	5005.04
33	5033.22	5061.53	5089.99	5118.58	5147.32	5176.19	5205.20	5234.36	5263.65	5293.09
34	5322.67	5352.39	5382.26	5412.27	5442.43	5472.73	5503.18	5533.78	5564.52	5595.41
35	5626.45	5657.64	5688.97	5720.46	5752.10	5783.89	5815.83	5847.93	5880.17	5912.58
36	5945.13	5977.84	6010.71	6043.73	6076.91	6110.25	6143.75	6177.40	6211.22	6245.19
37	6279.33	6313.62	6348.08	6382.70	6417.48	6452.43	6487.54	6522.82	6558.26	6593.87
38	6629.65	6665.59	6701.71	6737.99	6774.44	6811.06	6847.85	6884.82	6921.95	6959.26
39	6996.75	7034.40	7072.24	7110.24	7148.43	7186.79	7225.33	7264.04	7302.94	7342.02

温度 (℃)	0.0	0.1	0.2	0.3	0.4	0.5	0.6	0.7	0.8	0.9
40	7381.27	7420.71	7460.33	7500.13	7540.12	7580.28	7620.64	7661.18	7701.90	7742.81
41	7783.91	7825.20	7866.67	7908.34	7950.19	7992.24	8034.47	8076.90	8119.53	8162.34
42	8205.36	8248.56	8291.96	8335.56	8379.36	8423.36	8467.55	8511.94	8556.54	8601.33
43	8646.33	8691.53	8736.93	8782.54	8828.35	8874.37	8920.59	8967.02	9013.66	9060.51
44	9107.57	9154.84	9202.32	9250.01	9297.97	9346.03	9394.36	9442.91	9491.67	9540.65
45	9589.84	9639.25	9688.89	9738.74	9788.81	9839.11	9889.62	9940.36	9991.32	10042.51
46	10093.92	10145.56	10197.43	10249.52	10301.84	10354.39	10407.18	10460.19	10513.43	10566.91
47	10620.62	10674.57	10728.75	10783.16	10837.82	10892.71	10947.84	11003.21	11058.82	11114.67
48	11170.76	11227.10	11283.68	11340.50	11397.57	11454.88	11512.45	11570.26	11628.32	11686.63
49	11745.19	11804.00	11863.07	11922.38	11981.96	12041.78	12101.87	12162.21	12222.81	12283.66
50	12344.78	12406.16	12467.79	12529.70	12591.86	12654.29	12716.98	12779.94	12843.17	12906.66
51	12970.42	13034.46	13098.76	13163.33	13228.18	13293.30	13358.70	13424.37	13490.32	13556.54
52	13623.04	13689.82	13756.88	13824.23	13891.85	13959.76	14027.95	14096.43	14165.19	14234.24
53	14303.57	14373.20	14443.11	14513.32	14583.82	14654.61	14725.69	14797.07	14868.74	14940.72
54	15012.98	15085.55	15158.42	15231.59	15305.06	15378.83	15452.90	15527.28	15601.97	15676.96
55	15752.26	15827.87	15903.79	15980.02	16056.57	16133.42	16210.59	16288.07	16365.87	16443.99
56	16522.43	16601.18	16680.26	16759.65	16839.37	16919.41	16999.78	17080.47	17161.49	17242.84
57	17324.51	17406.52	17488.86	17571.52	17654.53	17737.86	17821.53	17905.54	17989.88	18074.57
58	18159.59	18244.95	18330.66	18416.71	18503.10	18589.84	18676.92	18764.35	18852.13	18940.26
59	19028.74	19117.58	19206.76	19296.30	19386.20	19476.45	19567.06	19658.03	19748.35	19841.04
60	19933.09	20025.51	20118.29	20211.43	20304.95	20398.82	20493.07	20587.69	20682.68	20778.05
61	20873.78	20969.90	21066.39	21163.25	21260.50	21358.12	21456.13	21554.51	21653.28	21752.44
62	21851.98	21951.91	22052.23	22152.93	22254.03	22355.52	22457.40	22559.68	22662.35	22765.42
63	22868.89	22972.75	23077.02	23181.69	23286.76	23392.23	23498.12	23604.40	23711.10	23818.20
64	23925.72	24033.65	24141.99	24250.74	24359.91	24469.50	24579.51	24689.93	24800.78	24912.04
65	25023.74	25135.85	25248.39	25361.36	25474.76	25588.58	25702.84	25817.53	25932.66	26048.22
66	26164.21	26280.64	26397.52	26514.83	26632.58	26750.78	26869.42	26988.51	27108.04	27228.02
67	27348.46	27469.34	27590.68	27712.46	27834.71	27957.41	28080.57	28204.19	28328.26	28452.80
68	28577.81	28703.28	28829.21	28955.61	29082.48	29209.82	29337.64	29465.92	29594.68	29723.92
69	29853.63	29983.82	30114.49	30245.65	30377.28	30509.40	30642.01	30775.10	30908.68	31042.75
70	31177.32	31312.37	31447.92	31583.97	31720.51	31857.55	31995.09	32133.14	32271.68	32410.73
71	32550.29	32690.35	32830.93	32972.01	33113.61	33255.71	33398.34	33541.48	33685.13	33829.31
72	33974.01	34119.23	34264.97	34411.24	34558.03	34705.36	34853.21	35001.59	35150.51	35299.96
73	35449.95	35600.47	35751.54	35903.14	36055.29	36207.98	36361.21	36514.99	36669.32	36824.20
74	36979.63	37135.61	37292.15	37449.24	37606.89	37765.10	37923.87	38083.21	38243.10	38403.56
75	38564.59	38726.19	38888.36	39051.10	39214.41	39378.30	39542.76	39707.80	39873.42	40039.63

温度 (℃)	0.0	0.1	0.2	0.3	0.4	0.5	0.6	0.7	0.8	0.9
76	40206.41	40373.78	40541.74	40710.28	40879.42	41049.14	41219.46	41390.37	41561.88	41733.99
77	41906.69	42080.00	42253.91	42428.42	42603.54	42779.27	42955.61	43132.55	43310.11	43488.29
78	43667.08	43846.48	44026.51	44207.16	44388.43	44570.33	44752.85	44936.00	45119.77	45304.18
79	45489.23	45674.91	45861.22	46048.17	46235.76	46424.00	46612.87	46802.39	46992.56	47183.38
80	47474.85	47566.79	47759.74	47953.17	48147.25	48342.00	48537.40	48733.47	48930.20	49127.60
81	49325.67	49524.40	49723.81	49923.89	50124.64	50326.08	50528.19	50730.98	50934.45	51138.61
82	51343.45	51548.98	51755.20	51962.11	52169.72	52378.01	52587.01	52796.70	53007.10	53218.20
83	53430.00	53642.50	53855.72	54069.64	54284.28	54499.63	54715.69	54932.47	55149.97	55368.19
84	55587.13	55806.80	56027.20	56248.32	56470.17	56692.76	56916.08	57140.13	57364.92	57590.45
85	57816.73	58043.74	58271.51	58500.02	58729.27	58959.28	59190.05	59421.57	59653.84	59886.87
86	60120.67	60355.23	60590.55	60826.64	61063.50	61301.27	61539.52	61778.70	62018.65	62259.38
87	62500.89	62743.18	62986.26	63230.12	63474.78	63720.22	63966.45	64213.48	64461.31	64709.93
88	64959.35	65209.58	65460.61	65712.45	65965.09	66218.55	66472.82	66727.90	66983.80	67240.52
89	67498.06	67756.42	68015.60	68275.62	68536.46	68798.13	69060.64	69323.98	69588.15	69853.17
90	70119.03	70385.73	70653.28	70921.67	71190.91	71461.01	71731.96	72003.76	72276.42	72549.95
91	72824.33	73099.58	73375.70	73652.68	73930.54	74209.27	74488.87	74769.35	75050.71	75332.95
92	75616.07	75900.08	76184.98	76470.77	76757.44	77045.02	77333.49	77622.86	77913.13	78204.30
93	78496.38	78789.36	79083.26	79378.06	79673.78	79970.42	80267.97	80566.45	80865.85	81166.17
94	81467.42	81769.60	82072.71	82376.75	82681.73	82987.65	83294.51	83602.31	83911.06	84220.75
95	84531.40	84842.99	85155.54	85469.05	85783.51	86098.94	86415.33	86732.68	87051.00	87370.29
96	87690.56	88011.80	88334.01	88657.20	88981.38	89306.54	89632.68	89959.82	90287.94	90617.06
97	90947.17	91278.28	91610.39	91943.50	92277.62	92612.74	92948.87	93286.02	93624.18	93963.35
98	94303.54	94644.76	94986.99	95330.26	95674.55	96019.87	96366.23	96713.62	97062.05	97411.51
99	97762.02	98113.58	98466.18	9819.83	99174.54	99530.30	99887.11	100244.99	100603.93	10093.93
100	101324.99									

附 录 B

冰的饱和水蒸气压（0～-100℃）　　　　　　Pa

温度 (℃)	0.0	0.1	0.2	0.3	0.4	0.5	0.6	0.7	0.8	0.9
0	611.153	606.140	601.164	596.225	591.323	586.458	581.630	576.837	572.081	567.360
−1	562.675	558.025	533.411	548.830	544.285	539.774	535.297	530.853	526.444	522.067
−2	517.724	513.414	509.136	504.891	500.679	496.498	492.349	488.232	484.146	480.091
−3	476.068	472.075	468.112	464.80	460.278	456.406	452.564	448.751	444.968	441.213
−4	437.488	433.791	430.123	426.483	422.871	419.287	415.731	412.202	408.700	405.226
−5	401.779	398.358	394.964	391.597	388.256	384.940	381.651	378.387	375.149	371.936
−6	368.748	365.585	362.446	359.333	356.244	353.179	350.138	347.121	344.128	341.158
−7	338.212	335.289	332.389	329.512	326.658	323.826	321.017	318.230	315.465	312.722
−8	310.001	307.302	304.624	301.967	299.332	296.717	294.124	291.551	288.998	286.467
−9	283.955	281.464	278.992	276.540	274.108	271.696	269.303	266.923	264.575	262.239
−10	259.922	257.624	255.345	253.084	250.841	248.617	246.410	244.222	242.051	239.898
−11	237.762	235.644	233.543	231.459	229.393	227.343	225.310	223.293	221.293	219.309
−12	217.342	215.391	213.456	211.537	209.633	207.745	205.873	204.017	202.175	200.349
−13	198.538	196.742	194.961	193.194	191.442	189.705	187.982	186.274	184.579	182.899
−14	181.233	179.581	177.942	176.318	174.706	173.109	171.524	169.953	168.396	166.851
−15	165.319	163.800	162.294	160.801	159.320	157.852	156.396	154.952	153.521	152.101
−16	150.694	149.299	147.915	146.544	145.184	143.835	142.498	141.173	139.858	138.555
−17	137.263	135.982	134.713	133.453	132.205	130.968	129.741	128.524	127.318	126.123
−18	124.938	123.763	122.598	121.443	120.298	119.163	118.038	116.923	115.817	114.721
−19	113.634	112.557	111.489	110.431	109.381	108.341	107.310	106.288	105.275	104.271
−20	103.276	102.289	101.311	100.341	99.3809	98.4284	97.4843	96.5485	95.6210	94.7016
−21	93.7904	92.8872	91.9920	91.1047	90.2253	89.3537	88.4898	87.6336	86.780	85.9439
−22	85.1104	84.2842	83.4655	82.6540	81.8498	81.0528	80.2629	79.4801	78.7043	77.9355
−23	77.1735	76.4184	75.6701	74.9286	74.1937	73.4655	72.7438	72.0286	71.3199	70.6176
−24	69.9217	69.2321	68.5487	67.8716	67.2005	66.5356	65.8768	65.2239	64.5770	63.9360
−25	63.3008	62.6715	62.0479	61.4300	60.8178	60.2112	59.6101	59.0146	58.4245	57.8399
−26	57.2607	56.6868	56.1182	55.5548	54.9966	54.4436	53.8958	53.3530	52.8152	52.2824
−27	51.7546	51.2317	50.7136	50.2003	49.6919	49.1882	48.6892	48.1948	47.7051	47.2199
−28	46.7393	46.2632	45.7916	45.3244	44.8616	44.4031	43.9489	43.4991	43.0534	42.6120
−29	42.1748	41.7417	41.3126	40.8877	40.4667	40.0498	39.6368	39.2278	38.8226	38.4213
−30	38.0238	37.6301	37.2402	36.8540	36.4714	36.0926	35.7173	35.3457	34.9776	34.6131
−31	34.2521	33.8945	33.5404	33.1897	32.8423	32.4983	32.1577	31.8203	31.4862	31.1554
−32	30.8277	30.5032	30.1819	29.8637	29.5486	29.2365	28.9275	28.6215	28.3185	28.0185
−33	27.7214	27.4272	27.1358	26.8474	26.5617	26.2789	25.9988	25.7215	25.4469	25.1751
−34	24.9059	24.6394	24.3755	24.1142	23.8555	23.5993	23.3457	23.0947	22.8461	22.5999

续表

温度 (℃)	0.0	0.1	0.2	0.3	0.4	0.5	0.6	0.7	0.8	0.9
−35	22.3563	22.1150	21.8762	21.6397	21.4056	21.1739	20.9444	20.7173	20.4924	20.2698
−36	20.0494	19.8312	19.6152	19.4014	19.1898	18.9803	18.7729	18.5675	18.3643	19.1631
−37	17.9640	17.7669	17.5717	17.3786	17.1874	16.9982	16.8108	16.6254	16.4419	16.2603
−38	16.0805	15.9025	15.7264	15.5521	15.3795	15.2088	15.0397	14.8725	14.7069	14.5430
−39	14.3809	14.2204	14.0615	13.9043	13.7488	13.5948	13.4424	13.2916	13.1424	12.9947
−40	12.8486	12.7040	12.5609	12.4192	12.2791	12.1404	12.0032	11.8674	11.7330	11.6000
−41	11.4685	11.3383	11.2095	11.0820	10.9559	10.8311	10.7076	10.5854	10.4645	10.3449
−42	10.2266	10.1095	9.99366	9.87903	9.76563	9.65343	9.54243	9.43260	9.32395	9.21646
−43	9.11011	9.00490	8.90082	8.79785	8.69598	8.59521	8.49552	8.39690	8.29934	8.20283
−44	8.10736	8.01292	7.91950	7.82708	7.73567	7.64525	7.55580	7.46733	7.37981	7.29325
−45	7.20763	7.12294	7.03917	6.95631	6.87436	6.79330	6.71313	6.63384	6.55542	6.47785
−46	6.40114	6.32526	6.25022	6.17601	6.10262	6.03003	5.95824	5.88725	5.81704	5.74761
−47	5.67894	5.61104	5.54389	5.47749	5.41182	5.34688	5.28267	5.21917	5.15638	5.09429
−48	5.03290	4.97219	4.91216	4.85280	4.79411	4.73608	4.67870	4.62196	4.56587	4.51040
−49	4.45556	4.40134	4.34773	4.29473	4.24233	4.19052	4.13930	4.08866	4.03860	3.98910
−50	3.94017	3.89179	3.84397	3.79669	3.74996	3.70375	3.65808	3.61293	3.56829	3.52417
−51	3.48056	3.43744	3.39483	3.35270	3.31106	3.26990	3.22921	3.18900	3.14925	3.10996
−52	3.07113	3.03275	2.99481	2.95731	2.92025	2.88362	2.84742	2.81165	2.77628	2.74134
−53	2.70680	2.67266	2.63893	2.60559	2.57265	2.54009	2.50791	2.47611	2.44469	2.41364
−54	2.38296	2.35263	2.32267	2.29306	2.26381	2.23490	2.20633	2.17810	2.15021	2.12265
−55	2.09542	2.06852	2.04193	2.01567	1.98972	1.96408	1.93874	1.91371	1.88898	1.86455
−56	1.84042	1.81657	1.79301	1.76974	1.74674	1.72403	1.70159	1.67942	1.65752	1.63589
−57	1.61452	1.59340	1.57255	1.55195	1.53160	1.51150	1.49165	1.47204	1.45266	1.43353
−58	1.41463	1.39596	1.37752	1.35931	1.34133	1.32356	1.30602	1.28869	1.27157	1.25467
−59	1.23797	1.22149	1.20520	1.18912	1.17324	1.15756	1.14207	1.12678	1.11167	1.09676

mPa

温度 (℃)	0.0	0.1	0.2	0.3	0.4	0.5	0.6	0.7	0.8	0.9
−60	1082.03	1067.49	1053.12	1038.94	1024.94	1011.11	997.462	983.980	970.668	957.524
−61	944.545	931.731	919.079	906.587	894.253	882.076	870.053	858.183	846.465	834.895
−62	823.473	812.196	801.064	790.074	779.225	768.514	757.941	747.504	737.201	727.030
−63	716.990	707.079	697.297	687.640	678.109	668.700	659.414	650.248	641.200	632.270
−64	623.457	614.758	606.172	597.698	589.335	581.081	572.935	564.895	556.961	549.131
−65	541.403	533.778	526.252	518.826	511.497	504.265	497.128	490.086	483.137	476.280
−66	469.514	462.838	456.250	449.750	443.337	437.009	430.765	424.605	418.527	412.530
−67	406.613	400.776	395.017	389.335	383.730	378.200	372.745	367.363	362.054	356.817
−68	351.650	346.553	341.525	336.566	331.674	326.848	322.088	317.393	312.761	308.193
−69	303.688	299.244	294.860	290.537	286.273	282.068	277.920	273.829	269.795	265.816
−70	261.892	258.023	254.206	250.443	246.732	243.072	239.463	235.904	232.394	228.934

温度 (℃)	0.0	0.1	0.2	0.3	0.4	0.5	0.6	0.7	0.8	0.9
−71	225.521	222.157	218.389	215.567	212.342	209.161	206.025	202.933	199.885	196.879
−72	193.916	190.994	188.114	185.274	182.475	179.715	176.994	174.311	171.667	169.060
−73	166.491	163.958	161.461	158.999	156.573	154.182	151.824	149.501	147.210	144.953
−74	142.728	140.535	138.373	136.243	134.143	132.074	130.035	128.025	126.044	124.092
−75	122.168	120.273	118.404	116.563	114.749	112.961	111.200	109.464	107.753	106.068
−76	104.407	102.771	101.159	99.5705	98.0053	96.4631	94.9437	93.4468	91.9720	90.5190
−77	89.0875	87.6772	86.2879	84.9192	83.5709	82.2427	80.9342	79.6453	78.3757	77.1250
−78	75.89030	74.6795	73.4842	72.3069	71.1472	70.0050	68.8800	67.7720	66.6807	65.6059
−79	64.5473	63.5047	62.4780	61.4668	60.4710	59.4904	58.5246	57.5736	56.6371	55.7149
−80	54.8067	53.9125	53.0320	52.1649	51.3112	50.4706	49.6429	48.8280	48.0256	47.2356
−81	46.4578	45.6921	44.9381	44.1959	43.4652	42.7458	42.0376	41.3405	40.6541	39.9785
−82	39.3135	38.6588	38.0144	37.3800	36.7556	36.1410	35.5361	34.9407	34.3546	33.7778
−83	33.2101	32.6514	32.1014	31.5602	31.0276	30.5034	29.9875	29.4799	28.9803	28.4886
−84	28.0049	27.5288	27.0603	26.5994	26.1458	25.6995	25.2603	24.8282	24.4031	23.9848
−85	23.5732	23.1683	22.7699	22.3780	21.9924	21.6131	21.2399	20.8728	20.5116	20.1563
−86	19.8068	19.4630	19.1249	18.7922	18.4650	18.1432	17.8266	17.5152	17.2090	16.9077
−87	16.6115	16.3201	16.0336	15.7517	15.4746	15.2020	14.9339	14.6703	14.4111	14.1562
−88	13.9055	13.6590	13.4166	13.1783	12.9440	12.7135	12.4870	12.2642	12.0452	11.8299
−89	11.6182	11.4100	11.2054	11.0042	10.8065	10.6120	10.4209	10.2330	10.0483	9.86680
−90	9.68833	9.51290	9.34047	9.17098	9.00439	8.84064	8.67971	8.52153	8.36607	8.21329
−91	8.06313	7.91556	7.77053	7.62801	7.48795	7.35031	7.21506	7.08216	6.95156	6.82323
−92	6.69714	6.57324	6.45150	6.33189	6.21437	6.09890	5.98546	5.87401	5.76451	5.65694
−93	5.55126	5.44745	5.34546	5.24528	5.14686	5.05019	4.95523	4.86195	4.77033	4.68034
−94	4.59195	4.50513	4.41986	4.33612	4.25387	4.17310	4.09377	4.01585	3.93935	3.86422
−95	3.79044	3.71799	3.64685	3.57699	3.50839	3.44103	3.37490	3.30997	3.24621	3.18361
−96	3.12216	3.06182	3.00258	2.94443	2.88734	2.83129	2.77627	2.72226	2.66924	2.61720
−97	2.56612	2.51597	2.46676	2.41845	2.37103	2.32450	2.27882	2.23400	2.19000	2.14683
−98	2.10445	2.06287	2.02207	1.98202	1.94273	1.90417	1.86634	1.82921	1.79279	1.75704
−99	1.72198	1.68757	1.65381	1.62069	1.58820	1.55632	1.52505	1.49437	1.46428	1.43476
−100	1.40580									

参 考 文 献

1. R. Mvacrae. 现代实用高效液相色谱分析法. 曹志军，李宪臻，宋世廉译. 陕西：天则出版社，1991.
2. 王晓莺，等. 变压器故障与监测. 北京：机械工业出版社，2004.
3. 温念珠编著. 电力用油实用技术. 北京：中国水利水电出版社，1998.
4. 克拉曼 D（D. Klamann）. 润滑剂及其有关产品. 张溥译. 北京：烃加工出版社，1990.